Dipl.-Ing. Thorsten Janßen
Dipl.-Ing. Reinhard Soboll
Dipl.-Ing. Peter Böttle
Dipl.-Ing. Horst Friedrichs

Aufgaben und Lösungen Elektrotechnik

15., bearbeitete Auflage

Vogel Buchverlag

In der Fachbuchreihe «Die Meisterprüfung in der Elektrotechnik» sind bisher erschienen:

Böttle/Boy/Clausing: Elektrische Mess- und Regelungstechnik

Behrends/Wessels: Formeln und Tabellen Elektrotechnik

Böttle/Friedrichs: Mathematische und elektrotechnische Grundlagen

Boy/Bruckert/Wessels: Elektrische Steuerungs- und Antriebstechnik

Boy/Dunkhase: Elektro-Installationstechnik

Dugge/Eißner: Grundlagen der Elektronik

Fehmel/Behrends: Elektrische Maschinen

Folkerts/Baade: Hausgeräte-, Beleuchtungs- und Klimatechnik

Janßen/Soboll/Böttle/Friedrichs: Aufgaben und Lösungen Elektrotechnik

Siegismund: Werkstoffkunde

Im Vogel Buchverlag sind vom bfe Oldenburg erstellte Lern-CDs erschienen:

Antennentechnik

Beleuchtungstechnik

Brennstoffzellen

Drehstromtechnik

EIB Europäischer Installationsbus

Elektronik 1

Elektronik 2

Grundlagen der Elektrotechnik 1

Grundlagen der Elektrotechnik 2

Grundlagen der Elektrotechnik 3

Grundlagen der Elektrotechnik 4

Grundlagen der technischen Mathematik

Leistungselektronik

Messtechnik

Regelungstechnik

SPS Einführung in speicherprogrammierbare Steuerungen

Steuerungstechnik mit Schaltungssimulator

Wechselstromtechnik

Außerdem als CD-ROM im Vogel Buchverlag lieferbar:

Janßen/Soboll/Böttle/Friedrichs: Prüfungstrainer Elektrotechnik
Prüfungsorientiertes Lernen mit *MemoStep6*

Weitere Informationen:
www.vogel-buchverlag.de

http://twitter.com/vogelbuchverlag

www.facebook.com/vogel.buchverlag

www.vogel-buchverlag.de/rss/buch.rss

ISBN 978-3-8343-3296-7
15. Auflage. 2013

Vorwort

Dieses Buch erscheint in der Reihe *Die Meisterprüfung in der Elektrotechnik* und gilt als Ergänzung zu diesen Fachbüchern. Es enthält Aufgaben und deren Lösungen für die in der vorgenannten Buchreihe behandelten Themen. Dieser Band wurde zur Übung für den zukünftigen Meister aller elektrotechnischen Fachrichtungen geschaffen und erlangt somit eine besondere Bedeutung in der Meisterausbildung.

Zur Lösung dieser Aufgaben wird der Stoff vorausgesetzt, der in den zu dieser Buchreihe gehörenden sechs weiteren Bänden behandelt wird. Die mit diesen Aufgaben erreichbaren Lernziele entsprechen den Anforderungen, die der Zentralverband der Deutschen Elektrohandwerke für die Meisterprüfung im Elektrotechniker-Handwerk festgelegt hat. Darüber hinaus erfüllt das Buch zum größten Teil die gleichen Anforderungen bei ähnlichen Fachrichtungen.

Fachlicher und didaktischer Aufbau

In den vorangegangenen Auflagen wurden zu den Rechenaufgaben nur die Ergebnisse geliefert. Aufgrund vieler Anregungen von Lesern und Diskussionen mit anderen Schulungsstätten, erhält diese Auflage einen Lösungsteil mit ausführlichen Musterlösungen.

Die programmierten Aufgaben liegen in folgenden 3 unterschiedlichen Formen vor.

a) Aufgaben nach dem Antwortauswahlsystem sind durch einen Kreis ❍ gekennzeichnet. Dieser ist durch ein Kreuz zu markieren, wenn die Antwort zutrifft. Die Zahl der richtigen Antworten ist bei den Aufgaben unterschiedlich, d. h., es gibt Aufgaben mit einem und solche mit mehreren Kreuzen.

Beispiel
Zu welcher der Größen a) bis d) gehört der Formelbuchstabe κ?

		Lösung
a) Leitwert	❍	.... ❍
b) spezifischer Leitwert	❍	.... ⊗
c) spezifischer Widerstand	❍	.... ❍
d) Leitfähigkeit	❍	.... ⊗

Schreibweise im Lösungsteil: b); d)

b) Zuordnungsaufgaben mit nur *einer* Antwortmöglichkeit enthalten Quadrate ❑. In diese sollten die Kennbuchstaben [a); b); …] des zuzuordnenden Begriffes eingetragen werden.
Dieser Kennbuchstabe kann mehrfach zugeordnet werden. Es ist auch möglich, dass ein Kästchen nicht ausgefüllt werden kann und ein Begriff sich nicht zuordnen lässt.

Beispiel
Die Formelbuchstaben a) ϱ; b) κ; c) R; d) G sind den Größen 1. bis 5. richtig zuzuordnen.

		Lösung
1. Widerstand	❑	c
2. Spannung	❑	–
3. Leitwert	❑	d
4. Leitfähigkeit	❑	b
5. spezifischer Leitwert	❑	b

Schreibweise im Lösungsteil: 1. c); 2. –); 3. d); 4. b); 5. b)

c) Zuordnungsaufgaben mit mehreren Antwortmöglichkeiten enthalten Rechtecke.
Hier sind die Kennbuchstaben [a); b); ...] aller richtigen Begriffe einzutragen.

Beispiel
Die Größen a) Leitfähigkeit; b) Leitwert; c) spezifischer Leitwert; d) Widerstand; e) spezifischer Widerstand sind den Formelbuchstaben 1. bis 4. zuzuordnen.

1. R	▭	d)
2. κ	▭	a); c)
3. G	▭	b)
4. ϱ	▭	e)

Schreibweise im Lösungsteil: 1. d); 2. a), c); 3. b); 4. e)

Oldenburg und Würzburg — Autoren und Verlag

Inhaltsverzeichnis

A Mathematische Grundlagen

Grundrechnungsarten

Addition und Subtraktion

A1 $6d + 4d + d + 2d =$

A2 $17a + 4b + 4a + 12b =$

A3 $7h - 3h + 8h - 4h + h =$

A4 $3xz + 9z + 4x + 5xz + 21 + z + 8x + 4 =$

A5 $-3ax + 15ax - 5ax - ax =$

A6 $5cx - 3c + 3cx - 8cx + 5c =$

A7 $(+6\,\text{V}) + (+6\,\text{V}) =$

A8 $(+15\,\text{V}) + (-4\,\text{V}) =$

A9 $(-6\,\text{V}) + (+8\,\text{V}) =$

A10 $(-12\,\text{V}) + (-4\,\text{V}) =$

A11 $(+6\,\text{mA}) - (+4\,\text{mA}) =$

A12 $(+4\,\text{A}) - (-2\,\text{A}) =$

A13 $(-6\,\text{V}) - (+4\,\text{V}) =$

A14 $(-12\,\text{A}) - (-4\,\text{A}) =$

A15 $-10c + (-5c) =$

A16 $5xy + (+8xy) =$

A17 $8a - (-2a) =$

A18 $-7x - (+3x) =$

A19 $4b - (-5b) =$

A20 $-8ad - (+12ad) =$

A21 $-8a - (-5a) - (+3a) =$

A22 $6d + (-8d) + (+2d) =$

A23 $-4x - (+9x) - (-5x) =$

A24 $12b - (-8b) - (-20b) =$

A25 $10x + (3x - 4y) + (4y - 13x) =$

A26 $12 - (5x - 6) + (13x + 1) - (x - 10) =$

Multiplikation

A27 $12c \cdot 0{,}5 =$

A28 $22f \cdot 2g \cdot h =$

A29 $2a \cdot 3b + 6a \cdot 4b =$

A30 $3xy \cdot 7z - xy \cdot 8z + 2z \cdot 3xy =$

A31 $(+3ab)\,(-2cd) =$

A32 $(-3x)\,(-5y) =$

A33 $(+4)\,(-3)\,(-5)\,(-2) =$

A34 $5\,(-2)\,(-3) + 8\,(-4)\,(-5) =$

A35 $3x(-4y) + (-5x)(+3y) =$

A36 $18ab + (-2b)(-3c) - (+3c)(+4b) - (-2a)(+2b) =$

A37 $2b(-8a) - (+5b)(-7a) - (-6b)(-10a) =$

Division und Bruchrechnung

A38 $87a : 3 =$

A39 $32x : (-x) =$

A40 $-48cd : (-12d) =$

A41 $\frac{3ab}{-a} =$

A42 $\frac{+12xy}{-2x} =$

A43 $\frac{-2x}{-2} =$

A44 $\frac{x+y}{2} + \frac{x-y}{2} =$

A45 $\frac{x+y}{2} - \frac{x-y}{2} =$

A46 $\frac{x-y}{2} + \frac{3x+y}{2} =$

A47 $\frac{a-2b}{a+b} + \frac{a+3b}{a+b} =$

A48 $\frac{3a-2b}{a+b} - \frac{3a+2b}{a+b} =$

A49 $\frac{5a}{6} - \frac{4a}{5} =$

A50 $\frac{7x}{15} - \frac{4x}{25} =$

A51 $5 - \frac{x}{2y} =$

A52 $\frac{6}{e} + 7 - \frac{5}{f} =$

A53 $\frac{5}{xy} \cdot \frac{3y}{5} =$

A54 $\frac{9ab}{12x} \cdot \frac{4y}{3a} =$

A55 $\frac{12a}{am} \cdot \frac{m}{6} =$

A56 $\frac{18ab}{9hg} \cdot \frac{27h}{54a} =$

A57 $\frac{2ab}{11cd} \cdot \frac{22c}{8b} =$

A58 $12 \cdot \frac{3y}{4} \cdot \frac{7a}{2} =$

A59 $\frac{13x}{15ab} : \frac{39x}{5a} =$

A60 $\frac{81cdx}{3x} : 9cd =$

A61 $\frac{ab}{cd} : \frac{3a}{c} =$

Dreisatz- und Prozentrechnung

A62 Die Verlegung von 85 m Stegleitung kostet 45,63 €.
Wie viel kostet die Verlegung von 110 m Stegleitung?

A63 Eine Maschine stanzt 9000 Statorbleche in der Stunde.
Welche Zeit wird für das Stanzen von 3000 Statorpaketen benötigt, wenn jeder Stator 111 Bleche hat?

A64 12 Arbeiter kultivieren ein Stück Land in 6 Tagen. Wie viel Tage brauchen 4 Arbeiter dazu?

A65 Auf 3 Druckgussmaschinen werden in 8 Stunden 5760 Al-Teile abgegossen. Wie viele Druckgussmaschinen werden benötigt, wenn in 6 Stunden 7200 Teile gefertigt werden sollen?

A66 Bei einem Zinssatz von 4,5 % ergeben sich jährlich 69 € Zinsen. Wie hoch ist die Spareinlage?

A67 Eine Spannungsregelanlage liefert eine Ausgangsspannung von 230 V ±1,5 %.
Wie groß ist die Spannungsabweichung in V?

A68 Die Nettobezüge eines Handwerkers betragen 920,33 €. Die Abzüge machen 32 % der Bruttoeinkünfte aus.
Wie hoch sind die Bruttobezüge?

A69 Das Lot L-Sn 60 PbAg enthält 60 % Sn, 36 % Pb und 4 % Ag. Wie viel kg sind von jedem Metall in 3,5 kg Lot enthalten?

A70 Eine Arbeit kann in 15 Tagen von 4 Gesellen fertiggestellt werden. Sie soll jedoch in 12 Tagen beendet sein.
Wie viele Gesellen müssen zusätzlich eingesetzt werden?

A71 Ein Geselle braucht für eine Arbeit, wenn er sie allein ausführt, 8 Stunden. Ein Lehrling würde dafür 12 Stunden benötigen.
Welche Zeit benötigen sie zusammen für die Arbeit?

Klammern

Klammern auflösen!

A72 $(16x + 2)\,8 =$

A73 $(3a + 5b)\,a =$

A74 $n\,(n + 1) =$

A75 $n\,(n - 1) =$

A76 $(a - b + c)\,5 =$

A77 $2b\,(3a + 5b - 7c) =$

A78 $(a - b)\,(-x) =$

A79 $(5x - 4y + 3z) \cdot (-3x) =$

A80 $5\,(x + 2y) - 4\,(2x - 3y) =$

A81 $3 \cdot [4a - (2b + c)] =$

A82 $(-2ab)\,(-5x + 3y) =$

A83 $(x + y)\,6 + 3\,(x - y) =$

A84 $5x\,(2a + 3b - 8c)\,(-2y) =$

A85 $(y + 3)\,(x - 5) =$

A86 $(5b - 4)\,(-3 + x) =$

A87 $(7x - 8y)\,3\,(2b - 3c) =$

Klammern setzen!

A88 $14a + 63b =$

A89 $de + ef - eg =$

A90 $15ab + 3abc - 45abcd =$

A91 $b - ab =$

A92 $5ce - cd =$

A93 $4ab - 3bc + 8ab =$

A94 $16xy + 4ax - 20xz =$

A95 $\frac{2 \cdot I_1 \cdot l_1}{\kappa \cdot A} + \frac{2 \cdot I_2 \cdot l_2}{\kappa \cdot A} + \frac{2 \cdot I_3 \cdot l_3}{\kappa \cdot A} =$

A96 $\frac{\pi s D}{2} + \frac{\pi s d}{2} =$

A97 $\frac{D^2 \pi}{4} - \frac{d^2 \pi}{4} =$

A98 $R_K + R_K\,\alpha \Delta \vartheta =$

A99 $\frac{Q}{8} - \frac{Q}{8}\,d =$

A100 $R_m - R_m\,n =$

A101 $RR_1 - RR_2 =$

A102 $QR - Qr =$

A103 $\mathrm{s}n_0 - n_0 =$

Potenzen

A104 Folgende Potenzen sind auszurechnen:
6^3, 5^2, 2^4, 3^3, 12^3, $(2x)^2$, $(3y)^3$, $(3\ \mathrm{m/s})^2$

A105 Folgende Ausdrücke sind als Zehnerpotenzen zu schreiben:
200; 1200; 0,65; 0,3 mm, 400 A, 30 MW, 500 kV, 100 mV

Rechnen mit Potenzen

A106 $10^5 \cdot 10^3 =$

A107 $2^3 \cdot 2^2 \cdot 2^4 =$

A108 $\frac{10^5}{10^3} =$

A109 $\frac{10^3}{10^5} =$

A110 $\frac{10^8}{10^{-6}} =$

A111 $10^{-3} \cdot 10^4 =$

A112 $10^{-3} \cdot 10^{-4} =$

A113 $\frac{10^{-3}}{10^{-4}} =$

A114 $10^{-3} = \frac{1}{10^?} =$

A115 $\frac{1}{10^3} = 10^? =$

A116 $\frac{1}{10^{-3}} = 10^? =$

A117 $-10^2 =$

A118 $-10^3 =$

A119 $(-10)^2 =$

A120 $(-10)^3 =$

A121 $(-c)^2 \cdot (-c)^3 =$

A122 $(+x)^5 \cdot (-x)^6 =$

A123 $(a^4 + 2)^2 =$

A124 $(a^7 - b^4)^2 =$

A125 $\frac{(a+b)^4}{(a+b)^3} =$

A126 $\frac{a^5 + a^6}{a^2} =$

A127 $\frac{8x^5}{2x^3} =$

A128 $(17a)^2 =$

A129 $(0{,}05\,y)^3 =$

A130 $(2{,}7d)^2 =$

A131 $\left(\frac{6a}{5}\right)^2 =$

Wurzeln

A132 $\sqrt{\frac{1}{25}} =$

A133 $\sqrt{\frac{25}{4}} =$

A134 $\sqrt{25^2} =$

A135 $\sqrt{3} \cdot \sqrt{12} =$

A136 $\sqrt{2} \cdot \sqrt{8} =$

A137 $\sqrt{18a} \cdot \sqrt{2a} =$

A138 $\sqrt{2}\;(\sqrt{8} + \sqrt{18}) =$

A139 $\frac{\sqrt{18}}{\sqrt{2}} =$

A140 $\frac{\sqrt[3]{24}}{\sqrt[3]{3}} =$

A141 $\frac{\sqrt{8a^5}}{\sqrt{2a^3}} =$

A142 $\frac{3}{\sqrt{3}} =$

A143 $\sqrt{3^4} =$

A144 $\sqrt{3^{-2}} =$

A145 $\sqrt{3p} \cdot \sqrt{\frac{p}{3p^2}} =$

A146 $25^{\frac{1}{2}} =$

A147 $8^{\frac{2}{3}} =$

A148 $\sqrt{3a^2} =$

A149 $\sqrt[3]{125a^6b^9} =$

A150 $\sqrt{\frac{625x^2}{144y^4}} =$

A151 $\sqrt{x^2 \cdot y^6} =$

A152 $\sqrt{9a^2} =$

A153 $\sqrt{196b^2} =$

A154 $\sqrt{\frac{a^2}{b^2}} =$

A155 $\sqrt{0{,}48^2 - 0{,}36^2} =$

A156 $\sqrt{8{,}2^2 + 23{,}01} =$

A157 $\sqrt{3^2 + 5^2} =$

A158 $\sqrt{18{,}5^2 - 12^2} =$

Gleichungen

Gleichungen, die nur eine Rechenstufe enthalten

A159 $x + 26 = 81 \quad ; x =$

A160 $P_1 + P_2 = P \quad ; P_1 =$

A161 $x - 16 = 33 \quad ; x =$

A162 $R - R_1 = R_2 \quad ; R =$

A163 $82 = x - 18 \quad ; x =$

A164 $7 \cdot I = 119 \quad ; I =$

A165 $\omega \cdot L = X_L \quad ; L =$

A166 $\frac{U}{7} = 4 \quad ; U =$

A167 $\frac{7{,}5}{I} = 2{,}5 \quad ; I =$

A168 $R = \frac{\varrho \cdot l}{A} \quad ; l = \quad ; A =$

A169 $R = \frac{l}{\kappa \cdot A}; \quad l = \quad ; A =$

A170 $P = M \cdot n \;; M =$

A171 $P = \frac{F \cdot s}{t}; \quad F = \quad ; t =$

A172 $v = d \cdot \pi \cdot n \quad ; n =$

A173 $\frac{R_1}{R_2} = \frac{I_2}{I_1}; \quad I_1 = \quad ; I_2 =$

A174 $H = \frac{I \cdot N}{l}; \quad I = \quad ; l =$

Gleichungen, die mehrere Rechenstufen enthalten

A175 $5I - 3 = 17 \;; \quad I =$

A176 $2U + 7 = 13 \quad ; U =$

A177 $4 = 9 - x \quad ; x =$

A178 $10 = 12 - 2R \;; \quad R =$

A179 $10 + (6x - 5) = 17 \;; \quad x =$

A180 $\frac{x}{5} + 8 = 13 \;; \quad x =$

A181 $\frac{U}{3} - 5 = 16 \;; \quad U =$

A182 $\frac{12}{x} + 5 = 8 \;; \quad x =$

A183 $\frac{18}{-x} + 8 = 0 \;; \quad x =$

A184 $\frac{1}{R} = \frac{1}{R_1} + \frac{1}{R_2}; \quad R = \quad ; R_1 =$

A185 $R_w = R_k \cdot (1 + \alpha \cdot \Delta\vartheta) \;; \quad R_k = \quad ; \Delta\vartheta =$

A186 $Z = \sqrt{R^2 + X_L^2}; \quad R = \quad ; X_L =$

A187 $A = \frac{d^2 \cdot \pi}{4}; \quad d =$

A188 $v = v_o + a \cdot t \,; a =$

A189 $R_V = R_m\,(n-1) \,; n =$

Gleichungen, die die unbekannte Größe mehr als einmal enthalten

A190 $18 - x = 6 + x\,;\quad x =$

A191 $18 + 8a = 27 + 5a\,;\quad a =$

A192 $8x - 7 + x = 9x - 3 - 4x\,;\quad x =$

A193 $12x - 18 + 8x - 6 + 4x = 0\,;\quad x =$

A194 $3a + 2x - 4b = 5x - b\,;\quad x =$

A195 $4(10 - 2U) = 3(U - 5)\,;\quad U =$

A196 $9(x - 7) = 6(x + 6)\,;\quad x =$

A197 $7(8x - 3) + 2(5x + 9) = 63\,;\quad x =$

A198 $\frac{R}{2} + \frac{R}{3} = 5\,;\quad R =$

A199 $\frac{R}{3} - \frac{R}{4} = 1\,;\quad R =$

A200 $\frac{2}{3x} + \frac{3}{4x} = \frac{17}{24}\,;\quad x =$

A201 $R = \frac{R_1 \cdot R_2}{R_1 + R_2}\,;\quad R_2 =$

A202 $\frac{U_2}{U} = \frac{R_2}{R_1 + R_2}\,;\quad R_2 =$

A203 $s = \frac{n_0 - n}{n_0} \cdot 100\,;\quad n_0 =$

A204 $F = \frac{Q}{2} \cdot \frac{R - r}{R}\,;\quad R =$

A205 $U_0 = I \cdot R_a + I \cdot R_i\,;\quad I =$

A206 $R_p = \frac{R_m \cdot I_m}{I - I_m}\,;\quad I_m =$

A207 $\vartheta_m = \frac{m_1 \cdot c_1 \cdot \vartheta_1 + m_2 \cdot c_2 \cdot \vartheta_2}{m_1 \cdot c_1 + m_2 \cdot c_2}$

$m_2 =$

Gleichungen mit 2 Unbekannten

A208 $x + y = 7$

$x - y = 1$

A209 $6x + 2y = 22$

$2y - 6x = -2$

A210 $5x - 3y = -7$

$4y - 8x = 8$

A211 $5x = 6y - 2$

$7x + 4 = 8y$

A212 $\frac{x}{3} + \frac{y}{4} = 10$

$\frac{3}{5}x + \frac{y}{2} = 19$

A213 $\frac{R_1}{5} + \frac{R_2}{3} = -2$

$\frac{R_1}{3} - \frac{R_2}{5} = 8$

Pythagoras

A214 In einem rechtwinkligen Dreieck ist die längste Seite 17 cm, eine weitere Seite 7 cm lang.
Welche Länge hat die 3. Seite?

A215 Ein Rechteck misst 297 mm · 210 mm.
Wie lang ist die Diagonale?

A216 An Rundstahl von 60 mm Durchmesser wird ein Sechskant gefräst.
Die größtmögliche Schlüsselweite ist zu berechnen!

A217 In der Tabelle sind jeweils 2 Seiten der rechtwinkligen Dreiecke gegeben. Die fehlenden Werte sind zu berechnen!

Kathete 1	4 m	39 mm	c	0,36 m	e
Kathete 2	a	22 mm	1,8 cm	0,48 m	60 mm
Hypotenuse	5 m	b	4,2 cm	d	0,08 m

A218 In einem rechtwinkligen Dreieck sind die Katheten $a = 26{,}5$ m und $b = 32{,}7$ m.
Wie groß ist die Hypotenuse c?

A219 In einem rechtwinkligen Dreieck ist die Hypotenuse $c = 75$ m und die eine Kathete $a = 36$ m.
Wie groß ist die Kathete b?

A220 Ein Dorfteich soll als Feuerschutzteich ausgebaut werden. Seine Oberfläche soll ein Quadrat von 150 m^2 Inhalt werden.
Wie groß muss die Seite des Ufers gemacht werden? Wie groß ist die Diagonale?

A221 Die Spitze eines kegelförmigen Daches soll 8 m über dem Dachfußpunkt liegen, der 5,80 m Durchmesser hat.
Wie lang müssen die Dachsparren werden?

A222 Ein Mast soll in 18 m Höhe abgespannt werden. Der Abspannpunkt auf der Erde ist 3,10 m vom Fußpunkt des Mastes entfernt.
Wie lang muss das Abspannseil sein, wenn für die Befestigung 0,6 m zugeschlagen wird?

A223 Eine 5 m lange Leiter ist an einen Laternenmast gelehnt. Der Abstand der Leiter vom Fußpunkt des Mastes beträgt 1,6 m.
In welcher Höhe berührt die Leiter den Mast?

A224 Über eine 15 m breite Straße soll eine Lampe an einem Seil aufgehängt werden. Wie lang muss das Seil sein, wenn die Lampe nur 0,8 m durchhängen darf?

Winkelfunktionen

A225

	a)	b)	c)	d)	e)	f)	g)
$\sphericalangle\ \alpha$	44,9°						26,8°
$\sin\alpha$		0,0238					
$\cos\alpha$			0,629		0,873		
$\tan\alpha$				3,21		0,492	

Die noch fehlenden Werte sind mit dem Taschenrechner zu ermitteln.

A226 Ein Antennenmast wird durch Seile abgespannt. Zwischen Mast und Seil soll ein Winkel von 15° liegen. Die Bodenbefestigungspunkte der Seile sollen 3,2 m vom Fußpunkt des Mastes entfernt sein.
Die Seillänge ist zu berechnen!

A227 Ein Freiballon wird gleichzeitig von 2 Personen (A und B), die sich 3,8 km voneinander entfernt befinden, beobachtet.
A erblickt den Ballon senkrecht über sich, B sieht ihn unter einem Blickwinkel von 36° (Winkel zwischen Erdoberfläche und Blickrichtung). Welche Höhe hat der Ballon?

A228 Die Breite eines Hauses (Dachrinne bis Dachrinne) sei 16 m, der Dachstuhl sei 4 m hoch. Welche Länge muss ein Blitzableiter vom Dachfirst bis zum Erdboden haben, wenn sich die Dachrinne 3 m über dem Erdboden befindet? (Abstand des Drahtes von der Wand bzw. den Dachziegeln sei vernachlässigbar.)

A229 Bekannt ist die Formel $u = \hat{u} \cdot \sin\varphi$. Wie groß sind die Augenblickswerte u, wenn $\hat{u} = 230\text{ V} \cdot \sqrt{2} = 325\text{ V}$ bei folgenden Werten beträgt: $\varphi = 30°$; 45°; 60°; 75°.

A230 Es sind 3 Masten aufgestellt worden. Der mittlere Mast steht 12 m aus der Flucht von Mast 1 nach 3 und ist von beiden 35 m entfernt. Wie groß ist die direkte Entfernung von Mast 1 nach Mast 3?

A231 In dem nebenstehenden Dreieck sind jeweils sämtliche fehlenden Werte zu errechnen!

	a)	b)	c)	d)
ε	47°	73°		
η				
z	4,7 cm		3,9 mm	6,89 m
y			7,51 mm	
x		456 m		12,1 m

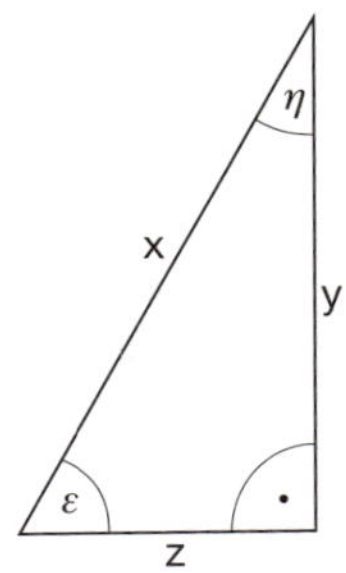

Darstellung im Koordinatensystem

A232 An einem Widerstand werden folgende Werte gemessen:
Mit den Messwerten lässt sich der Widerstand berechnen:

$R = \frac{U}{I}$ in Ω

U in V	I in A
10	0,4
20	0,8
30	1,2
40	1,6
50	2,0

Gesucht:
a) Widerstand.
b) Die Messwerte sind in ein Achsenkreuz einzuzeichnen: auf dessen Ordinate der Strom I und auf dessen Abszisse die Spannung U. Die Messpunkte sind durch eine Linie zu verbinden.

A233 Nebenstehende Tabelle liefert Messwerte für eine gleichförmige Bewegung. Der zurückgelegte Weg berechnet sich mit der Formel

$s = v \cdot t$ in m

t in s	v in m/s	$s = v \cdot t$ in m
0	4	0
1	4	4
2	4	8
3	4	12
4	4	16
5	4	20

Aufgabe:
Mit den Messwerten der Tabelle ist die Kennlinie für den Weg s als Funktion der Zeit t bei konstanter Geschwindigkeit v zu zeichnen.

A234 Für den konstanten Widerstand $R = 500\ \Omega$ soll die Leistung P in Abhängigkeit vom Strom I aufgetragen werden. Die Messpunkte sind für die Ströme 0,2 A; 0,4 A; 0,6 A; 0,8 A und 1 A zu ermitteln.

Formel: $P = I^2 \cdot R$ in W

Die Messwerte sind einzutragen
a) in ein doppelt linear unterteiltes und
b) in ein doppelt logarithmisch unterteiltes Achsenkreuz.

A235 Das Bild zeigt Stromzeitkennlinien von Sicherungen mit Nennströmen von 6 A ... 1000 A. Die Achsen sind logarithmisch unterteilt.

Gesucht:

a) Abschaltzeit einer 16-A-Sicherung bei 50 A Kurzschlussstrom
b) Abschaltzeit einer 63-A-Sicherung bei 200 A Kurzschlussstrom
c) Abschaltzeit einer 500-A-Sicherung bei 5000 A Kurzschlussstrom

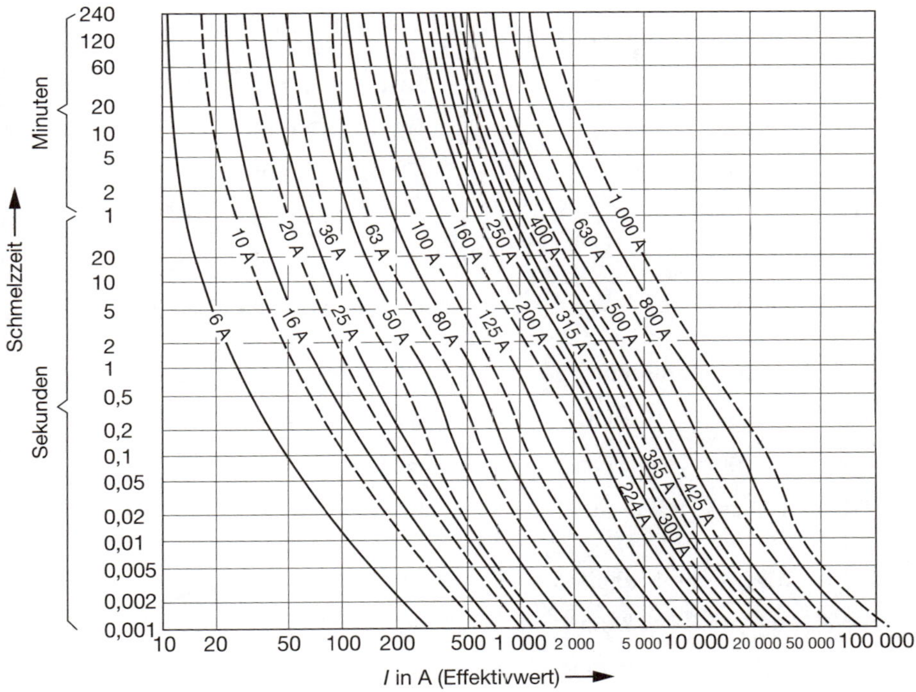

B Technisches Rechnen

Umrechnen von Einheiten

Lineare Grundeinheiten

B1	470 µm = ? mm	B7	6 µF = ? F
B2	70 cm = ? m	B8	6750 pF = ? nF
B3	12 mm = ? dm	B9	16 mH = ? H
B4	32 km = ? cm	B10	0,022 MΩ = ? kΩ
B5	65 dm = ? m	B11	2400 nF = ? µF
B6	0,6 kW = ? W	B12	0,27 MW = ? kW

Flächeneinheiten / Volumeneinheiten

B13	12 dm^2 = ? cm^2	B16	12 cm^3 = ? m^3
B14	3 dm^2 = ? mm^2	B17	3 dm^3 = ? mm^3
B15	120 cm^2 = ? m^2	B18	96 mm^3 = ? dm^3

Allgemeine Einheiten

B19	0,5 mm^2 = ? dm^2	B25	220 kV = ? V
B20	4,2 m^2 = ? mm^2	B26	25 pF = ? µF
B21	222 dm^3 = ? m^3	B27	52 A/cm = ? A/m
B22	55 mm^3 = ? dm^3	B28	0,85 kWh = ? Ws
B23	0,25 MΩ = ? Ω	B29	25 m/s = ? km/h
B24	2,2 mA = ? A	B30	500 A/cm^2 = ? A/mm^2

Flächenberechnungen

B31 Wie groß ist die Fläche einer rechteckigen Platine mit den Seiten $a = 120$ cm und $b = 0{,}9$ m?

B32 In einem quadratischen Gehäuse ist die Diagonale e = 10,6 dm. Wie groß ist die Fläche des Gehäuses?

B33 Ein Quadrat mit der Seitenlänge 5 cm soll in ein flächengleiches Rechteck verwandelt werden, bei dem die eine Seitenlänge 2,5 cm sein soll. Wie groß ist die andere Seite des Rechtecks?

B34 Aus einem Kreis mit dem Durchmesser 23 cm wird ein Sektor von 70° herausgeschnitten.
Wie groß ist die Fläche des Kreisausschnitts?

B35 Ein Rohr mit einem Außendurchmesser von 42 cm hat einen lichten Querschnitt von 965 cm².
Wie groß sind der Materialquerschnitt und der Innendurchmesser des Rohres?

B36 Wie groß ist die Fläche des E-Kernbleches in mm²?

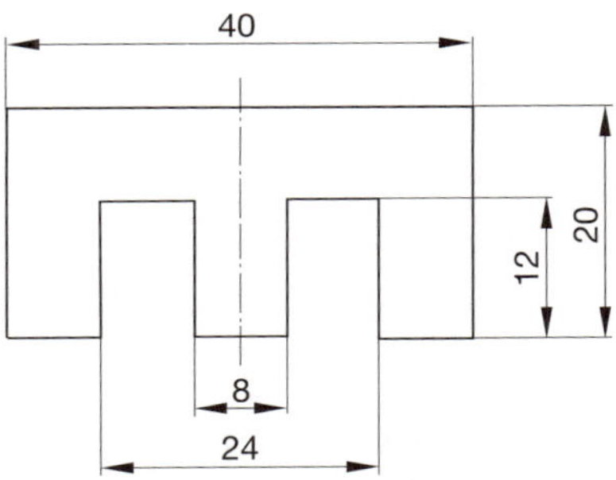

B37 Für ein Klemmbrett von der Größe 80 mm × 60 mm soll eine Blechkappe aus einem Stück hergestellt werden. Die Höhe der Kappe soll 50 mm betragen.
Wie groß muss das Stück Blech sein, wenn die vier Kanten geschweißt werden sollen?
Wie viel % beträgt der Verschnitt?

Körperberechnungen

B38 Um einen Fundamenterder in einem Fundament zu verlegen, wird eine Grube von 30 m Länge, 15 m Breite und 2,5 m Tiefe ausgehoben.
Für den Abtransport steht ein Fahrzeug mit einer Ladefläche von 6,5 m

× 1,75 m zur Verfügung, das maximal bis zu einer Höhe von 1,8 m beladen werden kann.
Wie viele Fuhren sind nötig, um den gesamten Aushub abzufahren?

B39 Ein Schwimmbecken von 12 m Länge, 6 m Breite und 1,70 m Tiefe soll in 30 Minuten leergepumpt werden. Wie viele Liter je Minute muss die Pumpe abpumpen?

B40 Ein kugelförmiger Wetterballon wird mit Gas gefüllt. Durch eine Düse strömt in 1 Minute 2 m^3 Gas in die Hülle. Nach 32,5 Minuten ist der Ballon gefüllt.
Wie groß ist der Durchmesser des Ballons?

B41 Welches Metallvolumen hat der abgebildete Stahlring?

Alle Maße in mm!

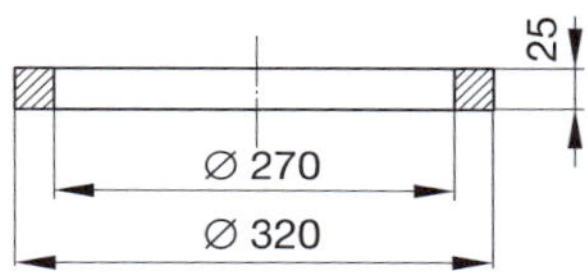

B42 Wie groß ist der stündliche Luftbedarf eines Speiseraumes, wenn je Stunde ein 8-facher Luftwechsel vorgesehen ist? Der Raum ist 20 m lang, 10 m breit und 3,5 m hoch.

B43 In dem abgebildeten Stallgebäude soll die Luft je Stunde 3-mal gewechselt werden. Wie viele Ablüfter sind notwendig, wenn jeder 900 m^3 je Stunde schafft?

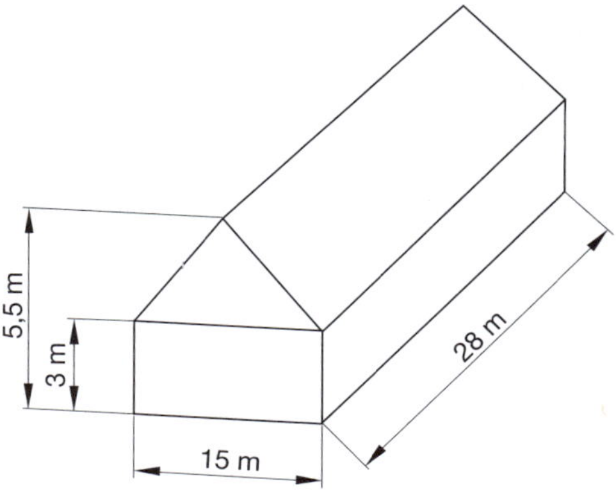

Berechnungen von Spulen

B44 Eine Kabeltrommel ist randvoll mit einem Elektrokabel bewickelt, das 25 mm Außendurchmesser hat. Die Kabeltrommel hat folgende Abmessungen: Innendurchmesser 300 mm, Außendurchmesser 700 mm, Breite 400 mm.
Gesucht:
a) Windungszahl je Lage
b) Anzahl der Lagen
c) Gesamtwindungszahl
d) Kabellänge

B45 Die Rundspule eines Relais wird mit Kupferdraht von 0,12 mm Durchmesser (blank) randvoll bewickelt. Die Wickelraumbreite beträgt 32 mm, die Wickelhöhe 8 mm und der Außendurchmesser der Spule 30 mm. Der Füllfaktor ist mit 52 % zu berücksichtigen.
Gesucht:
a) Windungszahl
b) Drahtlänge

B46 Die dargestellte Nut soll mit 60 Windungen eines Kupferdrahts gefüllt werden. Der Füllfaktor beträgt 30 %.
Welchen Durchmesser darf der Draht haben?

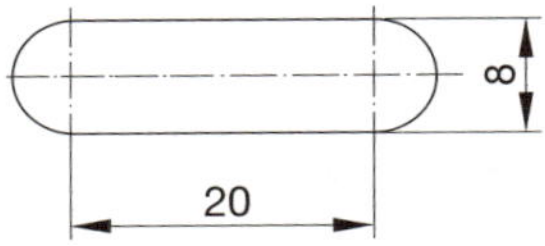

B47 Ein rechteckiger Spulkörper hat folgende Abmessungen:
Die Wickelraumbreite beträgt 30 mm, die Windungszahl $N = 7900$ und der Füllfaktor $f = 58\,\%$.
Gesucht:
a) mittlere Windungslänge
b) Drahtdurchmesser
c) Drahtlänge

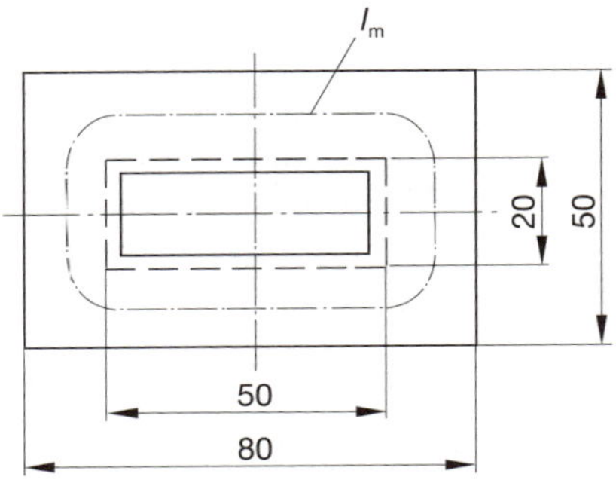

Rechnungen aus der Mechanik

Geschwindigkeit

B48 Ein Montagefahrzeug legt eine Strecke von 450 km in einer Zeit von 5,5 h zurück.
Wie groß ist die durchschnittliche Geschwindigkeit in km/h und m/s?

B49 Ein Lastenaufzug hebt eine Last in 36 s auf eine Höhe von 63 m.
Wie groß ist seine Hubgeschwindigkeit?

B50 Die Bandgeschwindigkeit eines Tonbandgerätes beträgt 9,5 cm/s.
Wie viele Minuten spielt das Tonbandgerät, wenn die Bandlänge 360 m beträgt?

Umfangsgeschwindigkeit

B51 Welchen Durchmesser muss die Riemenscheibe eines Elektromotors mit $n = 1200\ \text{min}^{-1}$ erhalten, wenn die Riemengeschwindigkeit 20 m/s betragen soll?

B52 Der Motor eines Schleifsteines hat eine max. Drehzahl von $2960\ \text{min}^{-1}$.
Welchen Durchmesser dürfen Schleifscheiben maximal haben, wenn die Umfangsgeschwindigkeit nicht größer als 25 m/s sein darf?

B53 Die Umfangsgeschwindigkeit eines Kollektors darf $\upsilon = 25$ m/s nicht überschreiten.
Welche Drehzahl darf der Motor haben, wenn der Kollektordurchmesser 12 cm beträgt?

Beschleunigung – Verzögerung

B54 Ein Lastenaufzug beschleunigt in 4 s auf seine Endgeschwindigkeit von 10 m/min.

a) Wie groß ist die Beschleunigung?
b) Welche Höhe hat der Förderkorb bei Erreichen der Endgeschwindigkeit?

B55 Ein Pkw wird mit einer Verzögerung von 2,8 m/s^2 aus 140 km/h zum Stillstand gebracht.
Gesucht:
a) Bremszeit
b) Bremsweg

Riementrieb

B56 Ein Motor mit $n = 1400\ \text{min}^{-1}$ hat eine Riemenscheibe von $d = 200$ mm. Durch einen Riementrieb soll er mit einer Scheibe von $d = 400$ mm verbunden werden.
a) Wie groß ist die Drehzahl der angetriebenen Scheibe?
b) Wie groß ist die Riemengeschwindigkeit?

B57 Eine Wäscheschleuder mit 450 mm Trommeldurchmesser soll eine Umfangsgeschwindigkeit von 65 m/s haben. Der antreibende Universalmotor hat eine Drehzahl von 6500 min^{-1}, und der Reibdurchmesser seiner Keilriemenscheibe misst 60 mm.
Welchen Reibdurchmesser muss die Keilriemenscheibe auf der Trommelwelle haben?

B58 Ein Motor mit einer Drehzahl von $n = 1450\ \text{min}^{-1}$ und einer Riemenscheibe von 150 mm Durchmesser treibt eine Transmissionsscheibe von 300 mm Durchmesser. Auf derselben Welle sitzen zwei feste Riemenscheiben, die je eine Maschine antreiben. Maschine 1 hat ein Übersetzungsverhältnis von $i = 2$, während Maschine 2 ein Übersetzungsverhältnis von $i = 3$ hat und außerdem bereits eine Riemenscheibe von 600 mm Durchmesser besitzt.
a) Welchen Durchmesser haben die beiden gleich großen Antriebsscheiben der Transmission?
b) Wie groß sind die Drehzahlen der Maschine 1 und der Maschine 2?
c) Welchen Durchmesser hat die Riemenscheibe von Maschine 1?

Zahnradtrieb

B59 Das Zahnrad einer Antriebsmaschine mit $n = 2800\ \text{min}^{-1}$ hat 12 Zähne und treibt ein anderes Zahnrad an. Das Übersetzungsverhältnis beträgt $i = 6$.
a) Wie viele Zähne hat das angetriebene Rad?
b) Welche Drehzahl hat das angetriebene Rad?

B60 Der Motor einer Sacknähmaschine in einem Kraftfutterwerk hat eine Drehzahl von 12 000 min^{-1}. Das Ritzel am Motor hat 10 Zähne und treibt ein Stirnrad mit 60 Zähnen, das auf gleicher Weise mit einem Exzenter die Auf-und-ab-Bewegung der Nadel vollführt.
Wie viele Hübe je Minute macht die Nadel?

B61 Die Doppelübersetzung eines Zahnradgetriebes hat folgende Zähnezahlen: $Z_1 = 12$, $Z_2 = 40$, $Z_3 = 10$, $Z_4 = 60$. Die Drehzahl am Zahnrad Z_4 soll 73 min^{-1} sein.

a) Wie groß muss die Drehzahl des Antriebsmotors sein?
b) Wie groß ist das Übersetzungsverhältnis i?

Schneckentrieb

B62 Eine zweigängige Schnecke treibt ein Schneckenrad, das eine Drehzahl von 80 min^{-1} haben soll. Das Übersetzungsverhältnis ist $i = 18$.

a) Wie viele Zähne hat das Schneckenrad?
b) Wie groß ist die Antriebsdrehzahl der Schnecke?

B63 Gegeben ist folgende Getriebeanordnung:

Die Motorwelle hat eine 2-gängige Schnecke. Gesucht sind die Zähnezahl Z_4 und das Übersetzungsverhältnis des Getriebes!

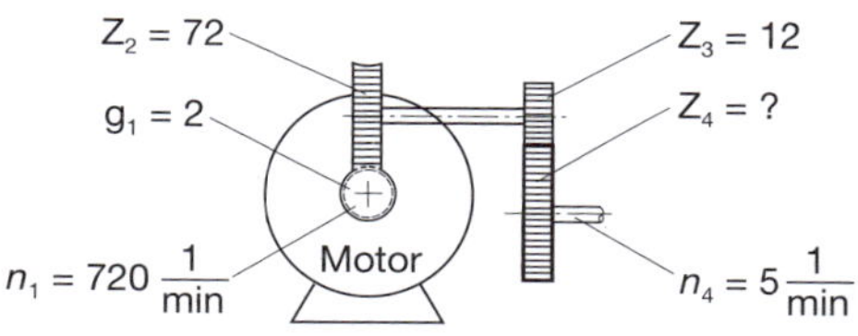

Masse (Gewicht); Kraft (Gewichtskraft)

B64 Ein Lastwagen mit einer Geschwindigkeit von 80 km/h und einer Gesamtmasse von 12 t soll auf einer Strecke von 60 m gleichmäßig bis zum Stillstand gebremst werden.

a) Wie groß ist die Verzögerung?
b) Wie groß muss die Bremskraft sein?

B65 Ein Elektrowagen wird von 0 auf 30 km/h in 4 s beschleunigt.

a) Welchen Weg legt er in dieser Zeit zurück?
b) Welche Bremskraft ist erforderlich, um den Wagen von $18 \cdot 10^3$ kg Masse auf 15 m zum Stehen zu bringen?

Masse – Dichte; Gewichtskraft

B66 Die Einheiten a) bis g) sind den Begriffen 1 .. 3 zuzuordnen:
a) g; b) MN; c) kg/dm^3; d) t/m^3; e) N; f) t; g) g/cm^3.

1. Kraft .... ☐
2. Masse .... ☐
3. Dichte .... ☐

B67 Wie groß sind die Masse und die Gewichtskraft von 1000 Isolierhülsen ($\varrho = 1{,}4\ kg/dm^3$) mit einem äußeren Durchmesser von 22 mm, einem inneren Durchmesser von 16 mm und einer Länge von 36 mm?

B68 Für eine Sammelschienenanlage aus Kupfer ($\varrho = 8{,}9\ kg/dm^3$) werden
3 × 12 m Schienen 80 mm × 10 mm,
3 × 36 m Schienen 40 mm × 6 mm,
3 × 12 m Schienen 100 mm × 20 mm benötigt.
Wie groß ist die Gewichtskraft der Schienen in N?

B69 Auf einer Rolle sind 300 m Kupferdraht aufgerollt. Der Durchmesser des Drahtes beträgt 5 mm ($\varrho = 8{,}9\ kg/dm^3$).
Wie groß sind die Masse und die Gewichtskraft des Kupfers?

B70 Der Eisenkern eines Trafos enthält 120 Dynamobleche von 0,5 mm Dicke. Die Bleche haben nebenstehendes Schnittbild (Maße in mm). Welche Masse hat der Eisenkern, wenn $\varrho = 7{,}8\ kg/dm^3$ ist?

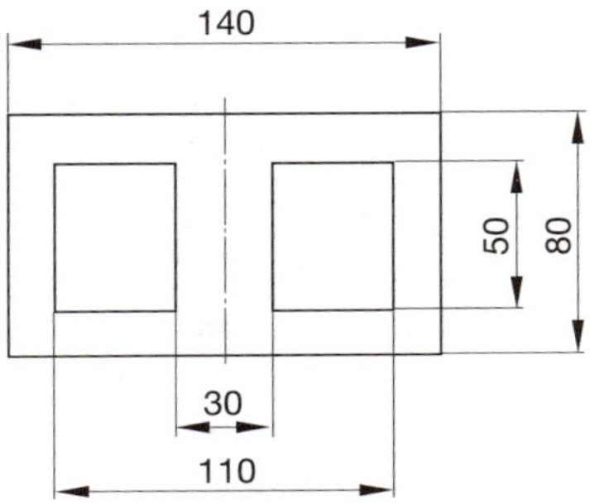

B71 Wie viele Meter Kupferdraht enthält eine Rolle, deren Kupfergewichtskraft 5 N bei einem blanken Drahtdurchmesser von 0,75 mm beträgt ($\varrho = 8{,}9\ kg/dm^3$)?

Kraft, Kräftediagramm

B72 Ein Leuchtenausleger mit den Strebenlängen 5 m und 5,5 m darf maximal mit $F = 2000$ N belastet werden.
Welche Kräfte nehmen die Leuchtenstreben auf?

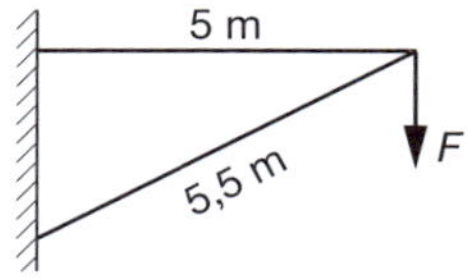

B73 Ein Beleuchtungskörper mit 80 N Gewichtskraft wird an einem zwischen 2 Werkhallen gespannten Seil aufgehängt. Er soll in der Mitte des 18 m breiten Durchganges zwischen den Hallen hängen. Der Durchhang beträgt nach der Montage 0,95 m.
Wie groß sind die Seilkräfte?

B74 Ein Mast wird durch eine waagerechte Seilspannkraft von 24000 N in 16 m Höhe belastet. Durch ein Ankerseil, das in 20 m Entfernung vom Mastfußpunkt verankert wird, soll der Mast gegen Biegung geschützt werden.
Wie groß ist:
a) die Spannkraft im Ankerseil?
b) die senkrechte Belastung des Mastes?

Drehmoment, Hebelgesetz

B75 Die Last 3000 N soll mit Hilfe einer Seilwinde gehoben werden. Der Trommeldurchmesser beträgt 150 mm, die Kurbellänge (Entfernung Achse–Griff) 700 mm, das Seil ist 8 mm dick.
Die an der Kurbel angreifende Kraft ist zu berechnen.

B76 Auf einem Prüfstand soll das Anzugsmoment eines Induktionsmotors kontrolliert werden. Laut Berechnung beträgt das Anzugsmoment 150 Nm. Welchen Durchmesser muss die Bremsscheibe mindestens haben, wenn eine Federwaage mit maximaler Belastung von 500 N zur Verfügung steht?

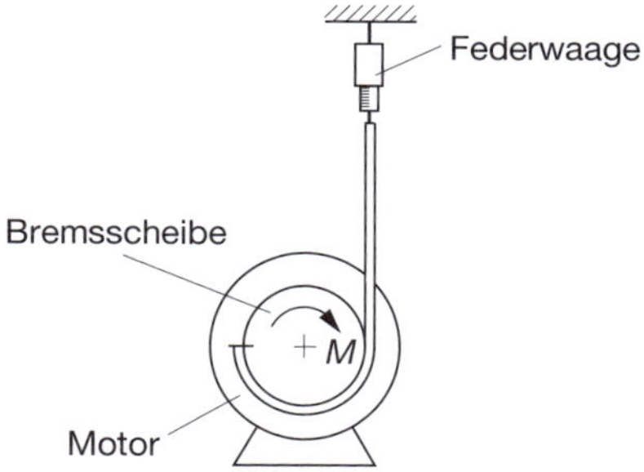

B77 An einem Asynchronmotor wird ein Bremsversuch durchgeführt.
Versuchsaufbau: siehe Skizze
Bremsscheibendurchmesser = 180 mm
Dicke des Bremsbandes = 2 mm
Dicke des Futters = 30 mm
Messdaten:
Waagschalenbelastung = 185 N
Ausgleichsbelastung =
18 N (Federwaage)

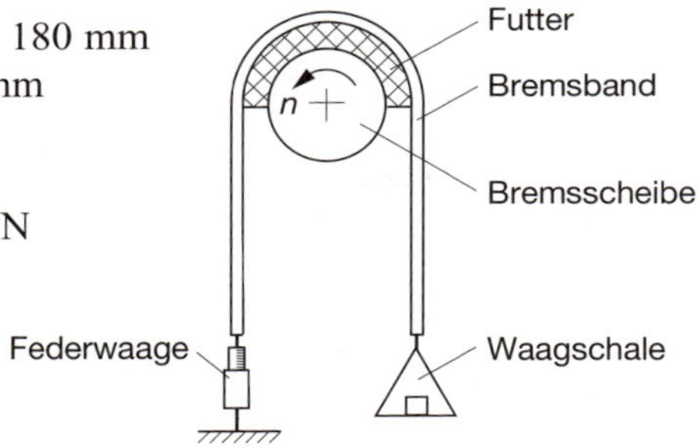

Gesucht:

a) das Bremsmoment, mit dem der Motor belastet wird,
b) die am Umfang der Bremsscheibe angreifende Kraft.

C Grundbegriffe der Physik und Chemie

C1 Unter a) und d) sind verschiedene Begriffe genannt. Ordnen Sie die Begriffe den Erläuterungen 1. bis 6. zu:
a) Atom; b) Molekül; c) chemisches Element; d) chemische Verbindung.

1. kleinstes chemisch nicht mehr teilbares Teilchen der Materie .. ❑
2. Baustein des Atoms .... ❑
3. kleinstes Teilchen einer einheitlichen chemischen Verbindung ... ❑
4. ein Stoff, der aus mehreren Grundstoffen zusammengesetzt ist, die nur auf chemischem Wege voneinander zu trennen sind ... ❑
5. ein Stoff, der sich chemisch nicht mehr in weitere Grundstoffe zerlegen lässt .... ❑
6. eine Mischung mehrerer Stoffe, die durch einfache Mittel (z. B. Aussieben, Trocknen usw.) wieder voneinander getrennt werden können .... ❑

C2 Welche Beschreibungen treffen für das Atom zu?

a) im neutralen Zustand dieselbe Protonen- wie Elektronenzahl .. ❍
b) immer dieselbe Neutronen- wie Protonenzahl .... ❍
c) Der Kern besteht aus Protonen und Neutronen, Elektronen bewegen sich auf verschiedenen Bahnen um den Kern .... ❍
d) Der Kern besteht aus Protonen und Elektronen, Neutronen bewegen sich auf verschiedenen Bahnen um den Kern .... ❍
e) Die Atomhülle wird durch Nuklearkräfte an den Atomkern gebunden .... ❍
f) Die Atomhülle wird durch elektrische Kräfte an den Atomkern gebunden .... ❍
g) Die Masse des Atoms wird durch die Anzahl der Elektronen und Protonen bestimmt .... ❍
h) Die Masse des Atoms wird durch die Anzahl der Protonen und Neutronen bestimmt .... ❍

C3 Ordnen Sie die Begriffe a) bis c) den Erläuterungen 1. bis 6. zu:
a) Elektron; b) Proton; c) Neutron

1. elektrisch negativ geladenes Teilchen des Atomkerns .... ❑
2. elektrisch neutrales Teilchen des Atomkerns .... ❑
3. elektrisch neutrales Teilchen, das den Atomkern mit hoher Geschwindigkeit umkreist .... ❑

4. elektrisch positiv geladenes Teilchen, das den Atomkern mit hoher Geschwindigkeit umkreist ❑
5. elektrisch negativ geladenes Teilchen, das den Atomkern mit hoher Geschwindigkeit umkreist ❑
6. elektrisch positiv geladenes Teilchen des Atomkerns ❑

C4 Welche der folgenden Aussagen gelten für Valenzelektronen?

a) Es sind die Elektronen auf der jeweils äußeren Schale eines Atoms ❍
b) Sie sind elektrisch positiv geladen ❍
c) Sie sind elektrisch negativ geladen ❍
d) Es sind die Elektronen, die einen wesentlichen Einfluss auf das chemische Verhalten eines Atoms haben ❍
e) Sie halten den Atomkern zusammen ❍

C5 Wodurch unterscheidet sich ein Ion von einem Atom?

a) Ionen sind elektrisch neutral, Atome sind elektrisch geladen ❍
b) Ein Ion hat mehr oder weniger Elektronen als Protonen, bei einem Atom sind beide Teilchen in gleicher Anzahl vorhanden ❍
c) Atome sind elektrisch neutral, Ionen sind elektrisch geladen ❍
d) Ionen sind immer positiv, Atome immer negativ geladen ❍
e) Ionen sind immer negativ, Atome immer positiv geladen ❍

C6 Welche chemischen Elemente bilden im Elektrolyten positive Ionen?

a) alle Nichtmetalle außer Wasserstoff ❍
b) alle Metalle und Wasserstoff ❍
c) alle chemischen Elemente außer Edelgase ❍
d) Atome mit weniger als 4 Valenzelektronen ❍

C7 Ordnen Sie die unter a) bis c) genannten Bindungsarten den unter 1. bis 5. genannten Eigenschaften zu:

a) Ionenbindung; b) Atombindung; c) Metallbindung

1. regelmäßige Anordnung positiver Ionen, zwischen denen frei bewegliche Elektronen herumschwirren ❑
2. Positive und negative Ionen sind durch elektrische Kräfte aneinander gebunden ❑
3. Atome desselben Stoffes, aber auch verschiedener Stoffe werden durch wechselseitiges Umkreisen ihrer Valenzelektronen miteinander verbunden ❑
4. Die Bindung ermöglicht hohe elektrische Leitfähigkeit durch frei bewegliche Elektronen ❑

5. Die Bindung zu einem Kristallgitter erfolgt durch Bildung von Elektronenpaaren ❑

C8 Ordnen Sie die folgenden Zustandsformen der Materie den Erläuterungen 1. bis 6. zu: a) fest kristallin; b) fest amorph; c) flüssig; d) gasförmig.

1. In diesem Zustand überwiegen abstoßende Kräfte der Moleküle, aufgrund ihrer thermischen Bewegungsenergie ❑
2. Das Volumen ist sehr stark vom äußeren Druck abhängig ❑
3. Die Molekularkräfte halten die Teilchen eng zusammen, sie bleiben jedoch gegeneinander verschiebbar ❑
4. In diesem Zustand fügen sich Moleküle bzw. Atome zu einer festgelegten Ordnung ❑
5. Die Molekularkräfte halten die Teilchen unverrückbar, jedoch ungeordnet zusammen ❑
6. In diesem Zustand besteht eine hohe Kompressibilität ❑

C9 Welche der Teilchen sind elektrisch geladen?

a) Elektron ❍
b) Proton ❍
c) Neutron ❍
d) Atom ❍
e) Ion ❍

C10 Welches sind die Ladungsträger, die in Metallen die elektrische Leitfähigkeit hervorrufen?

a) Atome ❍
b) Elektronen ❍
c) Moleküle ❍
d) Ionen ❍
e) Neutronen ❍

C11 Welches sind die Ladungsträger im Elektrolyten?

a) Elektronen ❍
b) Anionen ❍
c) Kationen ❍
d) Neutronen ❍

C12 In welchen Einheiten werden elektrische Ladungen angegeben?

a) Coulomb (C) ❍
b) Amperestunden (Ah) ❍
c) Amperesekunden (As) ❍
d) Ampere (A) ❍
e) Volt (V) ❍
f) Watt (W) ❍
g) Wattstunden (Wh) ❍
h) Wattsekunden (Ws) ❍

C13 Was ist ein elektrischer Strom?

a) die Schwingung der Atome ❍
b) die gerichtete Bewegung elektrischer Ladungen ❍
c) das Wandern von Ionen ❍

d) das Ausgleichsbestreben elektrischer Ladungen . . . . ❍
e) gerichtete Bewegung freier Elektronen . . . . ❍

C14 Welche Einheit kann für den elektrischen Strom gewählt werden?

1. As . . . . ❍
2. C/s . . . . ❍
3. A/s . . . . ❍
4. A . . . . ❍
5. e/s = Elektronen/Sekunde . . ❍
6. Ah/h . . . . ❍

C15 Zu welchen der folgenden Aussagen passen die Begriffe
a) Ladung; b) Spannung; c) Strom?

1. Ausgleichsbestreben zwischen elektrischen Ladungen . . . . ❑
2. gerichtete Bewegung von freien Elektronen . . . . ❑
3. Elektronenüberschuss in einem Körper . . . . ❑
4. Druck, der auf freie Elektronen ausgeübt wird . . . . ❑
5. Transport elektrischer Ladungen . . . . ❑
6. Elektronenmangel in einem Körper . . . . ❑
7. elektrischer Potentialunterschied . . . . ❑
8. gestörtes Gleichgewicht der Elementarladungen in einem Körper . . . . ❑
9. elektrischer Ladungsausgleich . . . . ❑

C16 Ein galvanisches Bad hat eine Stromaufnahme von 5 A. Welche Ladungsmenge ist nach 15 Minuten durch das Bad geflossen?

C17 Eine Batterie mit einer Entladekapazität von 12 Ah betreibt ein Ruhestromrelais. Welche Betriebsdauer ist zu erwarten, wenn ein Strom von 50 mA fließt?

C18 Nennen Sie die 5 möglichen Wirkungen des elektrischen Stromes und einige dazugehörige Anwendungsmöglichkeiten.

C19 Ordnen Sie die Begriffe a) bis f) den richtigen Methoden der Spannungserzeugung 1. bis 5. zu:
a) Induktionsspannung; b) Thermoelektrizität; c) Fotoelektrizität; d) Piezoelektrizität; e) Reibungselektrizität; f) galvanische Spannungserzeugung!

1. Verschiebung elektrischer Ladungen durch mechanische Krafteinwirkung auf einem speziellen Kristall . . . . ❑
2. Erzeugung eines elektrischen Stromes durch den Temperaturunterschied zwischen den Verbindungsstellen zwei verschiedener Metalle in einem Stromkreis . . . . ❑

3. Erzeugung einer elektrischen Spannung an der Grenzschicht zwischen einem Elektrolyten und einer metallischen Elektrode ❑
4. Erzeugung einer elektrischen Spannung durch Änderung des magnetischen Flusses in einer Leiterschleife . . . . ❑
5. Trennung elektrischer Ladungen durch Einwirkung elektromagnetischer Strahlung auf die Sperrschicht eines Halbleiterbauelementes . . . . ❑

C20 Es sind die Bilder anzukreuzen, bei denen die Strom- und Spannungspfeile entsprechend der angegebenen Polarität richtig eingetragen sind (technische Stromrichtung).

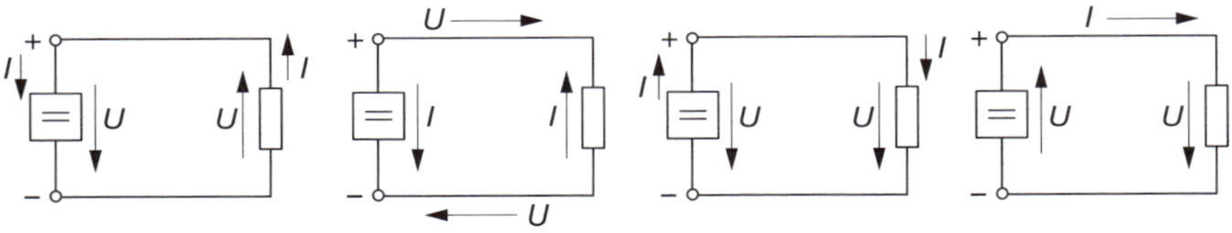

1. ❍ 2. ❍ 3. ❍ 4. ❍

C21 An einer Klemmleiste eines elektrischen Geräts werden die im Bild dargestellten Potentialdifferenzen gemessen.
a) Welches Potential hat jede Klemme, bezogen auf Masse (0 V)?
b) Welche Klemme hat das positivste und welche das negativste Potential?
c) Welche höchste Potentialdifferenz ist messbar?

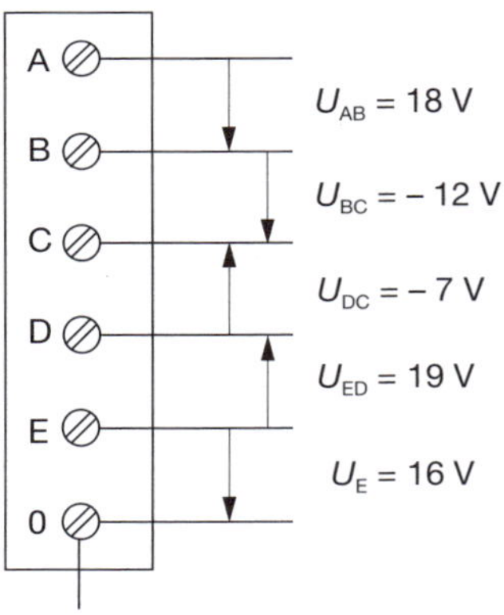

C22 In einer elektrischen Schaltung werden an verschiedenen Messpunkten die im Bild angegebenen Spannungen gegen Masse als Bezugspunkt gemessen.
Wie groß sind die Potentialdifferenzen U_{AB}; U_{AC}; U_{AD}; U_{BC}; U_{BD} und U_{CD}?

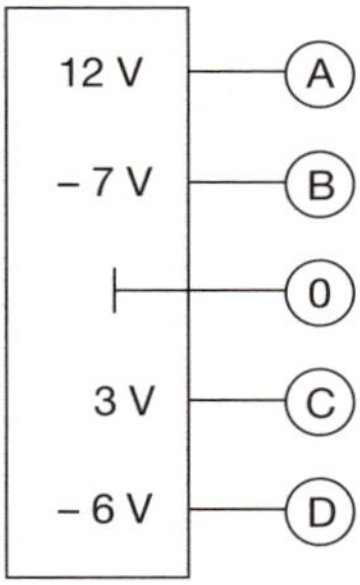

C23 In einer elektrischen Anlage werden zwischen den im Bild bezeichneten Messstellen folgende Potentialdifferenzen gemessen: $U_{AB} = -4$ V; $U_E = 5$ V; $U_{BD} = 12$ V; $U_{AE} = 1$ V und $U_{CE} = -1$ V. Wie groß sind die Spannungen dieser Messpunkte gegen Masse als gemeinsamen Bezugspunkt? Im Bild sind die gegebenen Spannungen durch Spannungspfeile zu kennzeichnen.

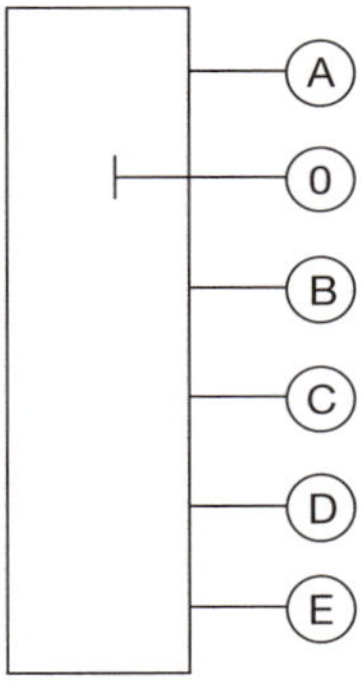

C24 Welche der folgenden Maßnahmen führt zu einer höheren Stromdichte?
a) Leiterquerschnitt verringern bei gleich bleibendem Strom .... ❍
b) Leiterlänge vergrößern bei gleichem Leiterquerschnitt .... ❍
c) Strom vergrößern bei gleichem Leiterquerschnitt .... ❍
d) Verwendung von Leiterwerkstoff mit geringerer Leitfähigkeit bei gleichem Querschnitt und Strom .... ❍

C25 Wie unterscheiden sich die maximal zulässigen Stromdichten in 2 elektrischen Leitern mit gleicher Grenztemperatur bei verschiedenen Querschnitten?
a) zulässige Stromdichte ist in beiden Leitern gleich .... ❍
b) zulässige Stromdichte ist im Leiter mit größerem Querschnitt größer .... ❍
c) zulässige Stromdichte ist im Leiter mit kleinerem Querschnitt größer .... ❍
d) zulässige Stromdichte ist vom Leiterquerschnitt unabhängig .. ❍

C26 Welche Wirkung hat die Erhöhung der Stromdichte in einem Leiter?

1. Ladungsträgerdichte wird größer .... ❍
2. Wandergeschwindigkeit der Ladungsträger wird größer ...... ❍
3. Leitfähigkeit des Leiters wird größer .... ❍
4. Erwärmung des Leiters wird größer .... ❍

C27 Der Glühfaden einer Lampe hat einen Durchmesser von 0,03 mm und wird von 270 mA durchflossen. Wie groß ist die Stromdichte?

C28 Eine Motorwicklung aus Cu-Lackdraht soll mit einer Stromdichte von 1,6 A/mm^2 belastet werden. Für die Nennleistung ist ein Strom von 2,88 A erforderlich. Wie groß sind Drahtquerschnitt und Drahtdurchmesser zu wählen?

C29 Eine Trafo-Wicklung besteht aus Kupferdraht mit 0,7 mm Durchmesser. Die Stromdichte soll 2,5 A/mm^2 nicht überschreiten. Mit welchem Strom darf die Wicklung belastet werden?

D Elektrochemie

D1 Ordnen Sie die Begriffe a) bis d) aus der Elektrochemie den Erläuterungen 1. bis 6. zu:
a) Elektrolyse; b) Elektrolyt; c) elektrolytische Dissoziation; d) elektrochemisches Äquivalent!

1. Zerlegen einer chemischen Verbindung mit Hilfe des elektrischen Stromes . . . . ❑
2. chemische Verbindung, die in gelöster oder geschmolzener Form den elektrischen Strom leitet . . . . ❑
3. die von 1 Ampere in 1 Stunde ausgeschiedene Stoffmenge in Gramm . . . . ❑
4. Auflösungsbestreben verschiedener Metalle . . . . ❑
5. Bestreben verschiedener Ionen, sich an einer Metallelektrode abzusetzen . . . . ❑
6. Aufspaltung von Ionenbindungen in positive und negative Ionen durch die lösende Wirkung des Wassers oder mit Hilfe von Wärmeenergie . . . . ❑

D2 Welche Aussagen über das Verhalten von Ionen während einer Elektrolyse sind richtig?

a) positive Metallionen wandern zur Katode . . . . ❍
b) negative Ionen geben Elektronen an die Katode ab . . . . ❍
c) negative Ionen wandern zur Anode . . . . ❍
d) Sauerstoffionen wandern zur Katode . . . . ❍
e) Wasserstoffionen werden an der Katode neutralisiert . . . . ❍
f) Sauerstoffionen geben an der Anode Elektronen ab . . . . ❍
g) Metallionen nehmen an der Anode Elektronen auf . . . . ❍

D3 Wovon ist das elektrochemische Äquivalent abhängig?

a) von der Größe des elektrischen Stromes . . . . ❍
b) von der Einschaltdauer des elektrischen Stromes . . . . ❍
c) von der Art des Stoffes . . . . ❍
d) von der Leitfähigkeit des Elektrolyten . . . . ❍
e) von der Größe der elektrischen Spannung . . . . ❍

D4 Welchen Größen ist die aus einem Elektrolyten ausgeschiedene Stoffmenge verhältnisgleich?

a) Stärke des Stromes ❍
b) Einschaltdauer des Stromes ❍
c) Leitfähigkeit des Elektrolyten ❍
d) Widerstand des Elektrolyten ❍
e) Art des auszuscheidenden Materials ❍

D5 Durch ein Kupferbad fließt ein Strom von 2,8 A. Welche Kupfermenge wird in 90 min ausgeschieden? $c = 2{,}372$ g/Ah; Stromausbeute = 80 %.

D6 Welche elektrischen Ladungen bilden den Stromfluss im Elektrolyten zwischen den Elektroden eines galvanischen Elementes?
a) Elektronen ❍
b) positive Ionen und Elektronen ❍
c) positive und negative Ionen ❍
d) negative Ionen und Elektronen ❍

D7 Die Begriffe a) bis e) aus der Elektrolyse sind den Erklärungen 1. bis 5. zuzuordnen:
a) Galvanostegie; b) Galvanoplastik; c) Metallreinigung;
d) Schmelzflusselektrolyse, e) Eloxalverfahren.
1. Gewinnung von z.B. Aluminium auf elektrochemischem Weg aus Bauxit ❑
2. Oberflächenveredelung von Metallen auf elektrochemischem Weg ❑
3. Herstellen metallischer Kopien von nichtleitenden Gegenständen ❑
4. Gewinnung von Elektrolytkupfer aus Rohkupfer ❑
5. Herstellung einer Oxidschicht auf Aluminium mit Hilfe des elektrischen Stromes ❑

D8 Die unter 1. bis 5. beschriebenen Vorgänge erfolgen:
a) an der positiven Elektrode oder
b) an der negativen Elektrode eines Galvanikbades.

Ordnen Sie die richtige Elektrode zu:
1. Gewinnung von Reinkupfer ❑
2. Herstellung metallischer Überzüge ❑
3. Zersetzung eines metallischen Körpers ❑
4. Gewinnung von Aluminium ❑
5. Herstellung einer Oxidschicht auf Aluminium ❑

Elektrochemische Spannungserzeugung und Korrosion

D9 Aufgrund welcher Eigenschaften sind die Metalle in der elektrochemischen Spannungsreihe geordnet?

a) in der Reihenfolge ihres Atomgewichtes .... ❍
b) in der Reihenfolge ihres Lösungsdruckes .... ❍
c) in der Reihenfolge ihres Bestrebens, im Elektrolyten in Lösung zu gehen .... ❍
d) in der Reihenfolge ihres Bestrebens, positive Ionen an den Elektrolyten abzugeben .... ❍
e) nach Höhe und Polarität der elektrischen Spannung, die sie gegenüber einer Wasserstoffelektrode im Elektrolyten annehmen .... ❍

D10 Welche Beschreibungen für die Elektroden Katode und Anode sind richtig?

a) Im Elektrolysebad sowie auch bei elektrochemischen Spannungsquellen bildet der Minuspol die Katode .... ❍
b) In der elektrochemischen Spannungsquelle ist der Pluspol die Katode .... ❍
c) In der Elektrolysezelle bildet der Pluspol die Katode .... ❍
d) Im galvanischen Element ist der Minuspol die Katode .... ❍
e) Im Elektrolysebad wird der Minuspol als Katode bezeichnet .. ❍
f) Der Pluspol wird im galvanischen Element als Katode bezeichnet .... ❍
g) Die Anode wird in der Elektrolyse vom Pluspol gebildet ..... ❍
h) Im galvanischen Element und in der Elektrolysezelle bildet der Pluspol die Anode .... ❍

D11 In einem Elektrolyten befindet sich eine Zinkelektrode (Lösungsdruck: −0,76 V) und eine Silberelektrode (Lösungsdruck: +0,81 V). Welche Spannung kann an der Silberelektrode gegenüber der Zinkelektrode gemessen werden?

a) +1,57 V .... ❍	c) +0,05 V .... ❍
b) −1,57 V .... ❍	d) −0,05 V .... ❍

D12 Welche Aussagen über elektrochemische Vorgänge sind zutreffend?

a) Die Anode wird im galvanischen Element und in der Elektrolysezelle zersetzt .... ❍
b) Die Katode gibt im galvanischen Element positive Metallionen an den Elektrolyten ab .... ❍

c) Von der Anode werden in der Elektrolysezelle Elektronen von negativen Ionen des Elektrolyten aufgenommen .... ❍
d) Am Pluspol des galvanischen Elementes werden positive Wasserstoffionen neutralisiert .... ❍
e) Von der Katode werden in der Elektrolysezelle positive Metallionen aufgenommen .... ❍
f) In der Elektrolysezelle werden am Pluspol positive Ionen neutralisiert .... ❍

D13 Welche Beschreibungen bzw. Eigenschaften des Braunsteinelementes (Leclanché-Element) sind zutreffend?
a) Der positive Pol besteht aus Braunstein mit Kohlepulver durchsetzt und einem Ableitkohlestift .... ❍
b) Der Elektrolyt besteht aus einer eingedickten Manganoxidlösung .... ❍
c) Der negative Pol ist das Zellengefäß aus Zink .... ❍
d) Der negative Pol ist der Stahlmantel .... ❍
e) Salmiaklösung und Quellstoff bilden den Elektrolyten .... ❍
f) Die Klemmenspannung sinkt mit fortschreitender Entladung unter 1,5 V .... ❍
g) Die Entladekapazität bleibt fast unabhängig von der Art und Dauer der Belastung konstant .... ❍
h) Bei höheren Lagerungstemperaturen nimmt die Selbstentladung zu .... ❍

D14 Ordnen Sie die Begriffe a) Polarisation b) Depolarisation den zutreffenden Beschreibungen 1. bis 5. zu:
1. Minderung der Urspannung eines Elementes durch Wasserstoffbildung an der positiven Elektrode .... ❑
2. Bildung von Wasser durch Bindung von Wasserstoff mit Sauerstoff im Element .... ❑
3. Aufspaltung chemischer Verbindungen in positive und negative Ionen durch die lösende Wirkung des Wassers .... ❑
4. Erhöhung des Innenwiderstandes eines Elementes durch Wasserstoffablagerung an der positiven Elektrode .... ❑
5. Zersetzung der negativen Elektrode eines Elementes .... ❑

D15 Ordnen Sie die Materialien a) Braunstein b) Aktivkohle c) Quecksilberoxid den passenden Beschreibungen 1. bis 6. zu:
1. Der Depolarisator entnimmt der Luft den Sauerstoff zur Bindung des Wasserstoffes zu Wasser .... ❑

2. Durch Entzug von Sauerstoff aus dem Mangandioxid (MnO_2) der positiven Elektrode wird eine Polarisation verhindert ..... ❑
3. Das mit Kohlepulver durchsetzte Metalloxid des Depolarisators erhöht die Leitfähigkeit des galvanischen Elementes .... ❑
4. Das Element, mit dem sich bei der Depolarisation bildenden umweltgefährdenden Metall darf nicht in den Hausmüll gelangen .... ❑
5. Lange Lagerfähigkeit und hohe Energiedichte kennzeichnen das galvanische Element mit diesem Depolarisator .... ❑
6. Die Sättigung des Depolarisators mit dem durch Oxidation entstandenen Wasser mindert die Leerlaufspannung und erlaubt keine hohe Energiedichte .... ❑

D16 Die Spannungsquellen a) Braunsteinelemente; b) Quecksilberoxidzelle; c) Weston-Normalelement und d) Lithiumzelle sollen den möglichen Spannungsangaben und Eigenschaften 1. bis 6. zugeordnet werden:

1. Das Element hat eine Nennspannung von 2 V und gilt bei einer Klemmenspannung von 1,4 V als entladen .... ❑
2. Bei einer Belastung unter 0,1 mA und einer Raumtemperatur von 20 °C ist die Klemmenspannung konstant 1,01865 V ..... ❑
3. Das Element findet Verwendung als genaue Referenzspannungsquelle, da die Klemmenspannung über die gesamte Entladedauer etwa mit 1,35 V konstant bleibt .... ❑
4. Die Nennspannung des Elements beträgt 1,5 V und zeigt im frisch erstellten Zustand eine Leerlaufspannung bis 1,6 V ..... ❑
5. Die Klemmenspannung beträgt bei Normalbelastung im Neuzustand 1,3 … 1,5 V; bei einer Spannung unter 0,8 V gilt das Element als entladen .... ❑
6. Die Nennspannung der Zelle beträgt 3 V .... ❑

D17 Welche Beschreibungen über die Alkali-Mangan-Zelle sind richtig?

a) Der Aufbau entspricht dem des Braunsteinelements (Leclanché-Element), innen Mangandioxid-Elektrode und außen gepresstes Zinkpulver .... ❍
b) Der Elektrolyt enthält Kalilauge .... ❍
c) Spannung und Baugrößen sind gleich den Braunsteinelementen; die Innenwiderstände sind gleichwertig .... ❍
d) Bei intermittierendem Betrieb erholt sich die Alkali-Mangan-Zelle wesentlich besser als das Braunsteinelement (Leclanché-Element) .... ❍

e) Bei Dauerbelastung kann bei der Alkali-Mangan-Zelle die gesamte Kapazität ausgenutzt werden ❍
f) Aufgrund der geringen Selbstentladung ist eine längere Lagerfähigkeit gegenüber dem Braunsteinelement gegeben ❍

D18 Welche Beschreibungen spezieller Spannungsquellen sind zutreffend?
a) Als Knopfzelle findet die Quecksilberoxidzelle Anwendung in Uhren, Fotoapparaten, Hörgeräten usw. ❍
b) Die Quecksilberoxidzelle ist ein typisches Sekundärelement der Elektronik ❍
c) Aufgrund der geringen Selbstentladung hat die Lithiumzelle nach einem Jahr Lagerung praktisch noch keinen Kapazitätsverlust ❍
d) Die Energiedichte beträgt bei einer Quecksilberoxid-Zelle gegenüber einer Lithiumzelle ca. 3 : 1 ❍
e) Die Luftsauerstoffzelle ist ein typisches Arbeitsstromelement ❍
f) Wegen der Spannungskonstanz bei geringer Belastung ist die Luftsauerstoffzelle besonders geeignet für Ruhestromanlagen ❍

D19 Der Säurespiegel bei einem Bleiakkumulator ist unter die angegebene Marke gesunken. Es ist darum folgende Maßnahme sofort zu ergreifen:
a) Akkumulator sofort entladen ❍
b) Akkumulator sofort laden ❍
c) entsalztes oder destilliertes Wasser nachfüllen ❍
d) Leitungswasser nachfüllen ❍
e) Säure nachfüllen ❍

D20 Beim Herstellen von Säure für Bleiakkumulatoren wird konzentrierte Schwefelsäure mit destilliertem Wasser gemischt. Wie muss die Mischung hergestellt werden?
a) Schwefelsäure in einem dünnen Strahl in ein säurebeständiges Kunststoffgefäß mit destilliertem Wasser gießen und dabei die Flüssigkeit ständig umrühren ❍
b) Destilliertes Wasser in einem dünnen Strahl in ein säurebeständiges Kunststoffgefäß mit Schwefelsäure gießen und dabei die Flüssigkeit ständig umrühren ❍
c) Destilliertes Wasser in einem Strahl in ein Glasgefäß mit Schwefelsäure gießen und dabei die Flüssigkeit ständig umrühren ❍

D21 Die Begriffe a) bis d) beziehen sich auf eine Bleiakkumulatorenzelle und sind den unter 1. bis 7. genannten Spannungswerten zuzuordnen:
a) Entladeschlussspannung; b) Nennspannung; c) Gasungsspannung;
d) Ladeschlussspannung

1. 1,2 V .... ❑
2. 1,8 V .... ❑
3. 2,0 V .... ❑
4. 2,2 V .... ❑
5. 2,4 V .... ❑
6. 2,6 V ... 2,8 V .... ❑
7. 4,5 V .... ❑

D22 Welche der genannten chemischen Vorgänge treten im Bleiakkumulator auf a) bei Ladung, b) bei Entladung?

1. Bleidioxid der positiven Platte und Schwefelsäure bilden Bleisulfat .... ❑
2. Bleisulfat der negativen Platte und Wasser bilden Blei .... ❑
3. Bleisulfat der positiven Platte und Wasser bilden Bleidioxid ... ❑
4. Schwefelsäure des Elektrolyten geht mit den aktiven Massen der Platten eine Bindung ein .... ❑
5. Säuredichte nimmt zu .... ❑
6. Bleischwamm der negativen Platte bildet mit Schwefelsäure Bleisulfat .... ❑

D23 Welche Aussagen treffen im Allgemeinen bei der Gegenüberstellung für
a) Stahlakkumulatoren (Nickel-Kadmium) und
b) Bleiakkumulatoren zu?

1. höherer Wirkungsgrad .... ❑
2. unbeschadete Lagerung im entladenen Zustand .... ❑
3. geringere Selbstentladung .... ❑
4. hohe Lebensdauer bei einem Minimum an Wartung .... ❑
5. höhere Nennspannung .... ❑
6. unempfindlicher gegen kurzzeitig hohe elektrische Belastung sowohl bei der Entladung als auch bei der Ladung .... ❑
7. Betriebsbereitschaft bei tiefen Temperaturen .... ❑
8. kein Austritt von ätzenden Dämpfen bei nicht gasdichter Bauform .... ❑
9. geringere Empfindlichkeit gegen höhere Elektrolyttemperaturen .... ❑

D24 Welche mathematischen Formeln beschreiben
a) die Entladekapazität Q_E, b) die Ladekapazität Q_L,
c) den Amperestundenwirkungsgrad η_{Ah}, d) den Ladefaktor,

e) die zugeführte elektrische Arbeit W_L, f) den Wattstundenwirkungsgrad η_{Wh}, g) die abgegebene elektrische Arbeit W_E?

Ordnen Sie zu:

1. $I_E \cdot t_E$ ❑	7. $U_E \cdot I_E \cdot t_E$ ❑
2. $\frac{I_E \cdot t_E}{I_L \cdot t_L}$ ❑	8. $\frac{W_E}{W_L}$ ❑
3. $U_E \cdot Q_E$ ❑	9. $\frac{U_E \cdot Q_E}{U_L \cdot Q_L}$ ❑
4. $I_L \cdot t_L$ ❑	10. $U_L \cdot I_L \cdot t_L$ ❑
5. $U_L \cdot Q_L$ ❑	11. $1/\eta_{Ah}$ ❑
6. $\frac{Q_E}{Q_L}$ ❑	

D25 Wie ist der Amperestundenwirkungsgrad definiert?
Er ist das Verhältnis:
a) Entladestrom zu Ladestrom ❍
b) Entladespannung zu Ladespannung ❍
c) Entladeenergie zu Ladeenergie ❍
d) Entladeenergie zu Ladekapazität ❍
e) Entladekapazität zu Ladekapazität ❍

D26 Worauf bezieht sich der Ladefaktor für Akkumulatoren, und welche Größenordnung hat der Ladefaktor bei Bleiakkumulatoren?

D27 Ein normal entladener Akkumulator mit der Nennkapazität von 150 Ah soll in 12 Stunden aufgeladen werden. Der Ladefaktor wird mit 1,2 angenommen.
Welche Ladestromstärke ist einzustellen?

D28 Welche Beschreibungen für einen wartungsfreien Bleiakkumulator treffen zu?
a) Ein besonderes Ventil lässt nur Außenluft hinein, aber keine Gase heraus ❍
b) Ein Nachfüllen des Elektrolyten mit destilliertem Wasser ist nicht erforderlich ❍
c) Ein Nachladen für die Erhaltung des Ladezustandes ist nicht erforderlich ❍
d) Ein Schlammraum ist nicht vorhanden, da die Plattenscheider keine Partikel heruntersinken lassen ❍

e) Die Selbstentladung ist geringer gegenüber dem normalen Bleiakkumulator ❍

D29 Welche Eigenschaften und Anforderungen gelten für Nickel-Kadmium-Akkumulatoren?

a) Für die Stromstärke bei Normalladung rechnet man mit $^{1}/_{10}$ der Nennkapazität mal dem Ladefaktor 1,4 ❍

b) Gasdichte Rund- oder Knopfzellen haben eine längere Lebensdauer gegenüber den offenen Zellen, bei denen der Elektrolyt alle 3...5 Jahre erneuert werden muss ❍

c) Nickel-Kadmium-Akkumulatoren haben einen alkalischen Elektrolyten mit einer Dichte von ca. 1,17 g/cm^3 ❍

d) Die Konzentration des Elektrolyten Kalilauge lässt wie beim Bleiakkumulator den Ladezustand erkennen ❍

e) Bei offenen Stahlakkumulatoren ist ein Nachfüllen mit destilliertem Wasser nur im geladenen Zustand ratsam, da der Elektrolytpegel mit der Ladung ansteigt ❍

f) Sinterelektroden ergeben einen größeren Innenwiderstand bei Stahlakkumulatoren als Masseelektroden ❍

g) Stahlakkumulatoren mit Sinterelektroden haben bei Temperaturen von −40 °C noch eine hohe Leistungsfähigkeit ❍

D30 Welche Spannungswerte können den Betriebsbezeichnungen 1. bis 4. von Stahlakkumulatoren zugeordnet werden?

a) 0,8 V; b) 1 V; c) 1,1 V; d) 1,2 V, e) 1,5 V;
f) 1,75 V; g) 2 V.

1. Nennspannung von Stahlakkumulatoren ❑
2. Entladeschlussspannung als Datum für Normalladung ❑
3. mittlere Ladeschlussspannung für Ni-Cd-Akkumulatoren ❑
4. mittlere Ladeschlussspannung für Nickel-Eisen-Akkumulatoren ❑

D31 Die Begriffe a) chemische Korrosion, b) Streustromkorrosion und c) Berührungs- oder Kontaktkorrosion sind den Möglichkeiten 1. bis 6. zuzuordnen.

1. Einwirkung eines Elektrolyten an einer Verbindungsstelle gleicher Werkstoffe mit schlechter elektrischer Kontaktgabe in Gleichstromanlagen ❑
2. Einwirkung eines Elektrolyten an einer Verbindungsstelle von unterschiedlichen Metallen ❑
3. Angriff von Gasen oder Flüssigkeiten auf die Oberfläche von Werkstücken ❑

4. interkristalline Korrosion bei Legierungen ❑
5. die bei Metallen an der Stromaustrittsstelle zum Elektrolyten entstehende Korrosion ❑
6. Bildung von Rost beim Eisenmetall durch Einwirkung von elektrolytischen Flüssigkeiten ❑

D32 Eine Stahlrohrleitung im Erdreich kann durch eine so genannte Opferanode gegen Korrosion geschützt werden. Welche der folgenden Aussagen treffen für den Schutz zu?

a) Die Opferanode besteht aus Kupfer und ist mit der Rohrleitung durch einen Kupferleiter verbunden ❍
b) Die Opferanode besteht aus Magnesium und ist mit der Rohrleitung durch einen Kupferleiter verbunden ❍
c) Die Opferanode besteht aus Stahl und ist mit der Rohrleitung durch einen Stahlleiter verbunden ❍
d) Die Opferanode besteht aus beliebigem Material und ist über eine fremde Gleichstromquelle so mit dem Rohr verbunden, dass der Strom (technische Stromrichtung) vom Rohr durch das Erdreich zur Anode fließt ❍
e) Eine beliebige Opferanode ist über eine fremde Gleichstromquelle so mit dem Rohr verbunden, dass der Strom (technische Stromrichtung) von der Anode in das Erdreich fließt und von dort in das Rohr eintritt ❍

D33 Folgende Bezeichnungen von Schutzmaßnahmen gegen Korrosion sind den Anwendungsmöglichkeiten des Korrosionsschutzes 1. bis 8. zuzuordnen:

a) Oberflächenschutz; b) konstruktive Maßnahmen gegen Kontaktkorrosion; c) konstruktive Maßnahmen gegen Streustromkorrosion und d) Schutzströme gegen Korrosion.

1. Anwendung von Al-Cu-Klemmen bei Verbindungen von Kupfer- mit Aluminiumleitungen ❑
2. natürlich gebildete Patina ❑
3. Herstellen von festen, elektrisch gut leitenden Verbindungen ❑
4. Anwendung von unedlen Opferanoden durch elektrische Verbindung mit dem zu schützenden Objekt ❑
5. Anstreichen des gefährdeten Gegenstandes ❑
6. Fernhalten von Elektrolyten an Kontaktstellen verschiedener Metalle durch Einfetten ❑
7. Eloxieren von Aluminiumwerkstücken ❑
8. Verbinden von im Erdreich gefährdeten metallischen Leitungen mit der negativen Sammelschiene einer Gleichstromanlage ❑

E Elektrischer Widerstand und Schaltungen mit Widerständen

Elektrischer Widerstand und Leitwert

E1 Für welche elektrischen Leiter gilt das Ohmsche Gesetz, d.h. der lineare Zusammenhang zwischen Strom und Spannung, und für welche elektrischen Leiter gilt es nicht?

1. Es gilt für alle Materialien, die von einem elektrischen Strom durchflossen werden. .... ❍
2. Es gilt für Metalle, Elektrolyte und homogene Halbleiter ..... ❍
3. Es gilt nicht für Halbleiter-Übergänge und in ionisierten Gasen ❍
4. Es gilt nicht für Freileitungen und Erdkabel. .... ❍

E2 Die Begriffe a) Ohmsches Gesetz; b) elektrischer Widerstand; c) elektrischer Leitwert sind folgenden Erläuterungen zuzuordnen.

1. Die elektrische Stromstärke ist der elektrischen Spannung verhältnisgleich und steht im umgekehrten Verhältnis zum Widerstand. .... ❑
2. Verhältnis des Stromes I zur Spannung U .... ❑
3. Der durch einen Leiter fließende Strom ist der Spannung und dem Leitwert verhältnisgleich. .... ❑
4. Verhältnis der Spannung U zum Strom I .... ❑
5. Die Spannung an einem Leiter steht im gleichen Verhältnis zum Strom und zum Widerstandswert. .... ❑
6. Kehrwert des Widerstandes .... ❑

E3 Im Gebäude eines Ihrer Kunden hat ein Mitarbeiter an verschiedenen Stellen folgende Stromstärken gemessen:

a) Hausanschluss: $I_1 = 89$ A
b) Etagenverteiler: $I_2 = 23$ A
c) Wohnungsverteiler: $I_3 = 8{,}5$ A
d) Steckdose mit angeschlossenem Heizgerät: $I_4 = 3{,}2$ A

An allen Messstellen soll die Spannung am Hausanschlusskasten von 230 V für die Berechnungen verwendet werden.
Wie groß sind die Widerstandswerte der Geräte oder Anlagenteile?

E4 In einer elektronischen Schaltung werden alle Spannungen gegen 0-Potential gemessen. Welcher Strom und welcher Spannungsfall ergeben sich an einem Widerstand von 10 kΩ, wenn an einem Anschluss ein Potential von $U_1 = +0{,}84$ V und am anderen $U_2 = -0{,}6$ V liegt?

E5 Im Netz eines Walzwerkes wurde ein Kurzschluss verursacht. Hierbei floss ein Strom von 50 kA. Der Schleifenwiderstand betrug 13,2 mΩ. Welchen Wert hatte die Nennspannung der speisenden Transformatorstation?

E6 Welcher Isolationswiderstand stellt sich ein, wenn in einer Hausinstallation bei einer Spannung von 230 V der Fehlerstromschalter bei 30 mA auslöst?

E7 Ein Spannungsmesser hat bei 250 V Vollausschlag und wird bei dieser Spannung von 50 mA durchflossen. Wie groß ist der Strom, wenn das Voltmeter eine Spannung von 160 V misst?

E8 Ein Strommesser hat einen Innenwiderstand von 0,3 Ω. Der Zeiger steht auf der Marke 5 A. Wie groß ist der Spannungsfall am Messinstrument?

E9 Am Anfang eines Kabels liegt eine Spannung von 230 V. Hin- und Rückleitung weisen zusammen einen Widerstand von 1,2 Ω auf. Der Verbraucher wird von 5 A durchflossen. Welche Spannung herrscht an seinen Klemmen?

Widerstandskennlinie

E10 In den technischen Daten eines elektrischen Gerätes ist u.a. die abgebildete Widerstandskennlinie angegeben. Welche Zusammenhänge sind aus der Widerstandskennlinie zu erkennen?

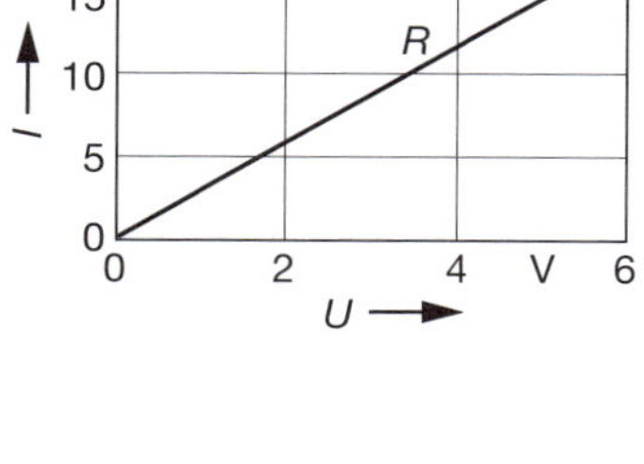

a) Der Widerstand steigt linear zur Spannung .... ❍
b) Der Strom steigt linear zur Spannung .... ❍
c) Der Widerstand steigt linear zum Strom .... ❍
d) Der Widerstand ist konstant .... ❍
e) Das Verhältnis Spannung durch Strom ist für alle Punkte der Kennlinie gleich .... ❍

E11 Durch einen Umschalter können 3 verschiedene Vorwiderstände geschaltet werden. Die Widerstandskennlinie a) bis c) sind den richtigen Widerstandswerten zuzuordnen.

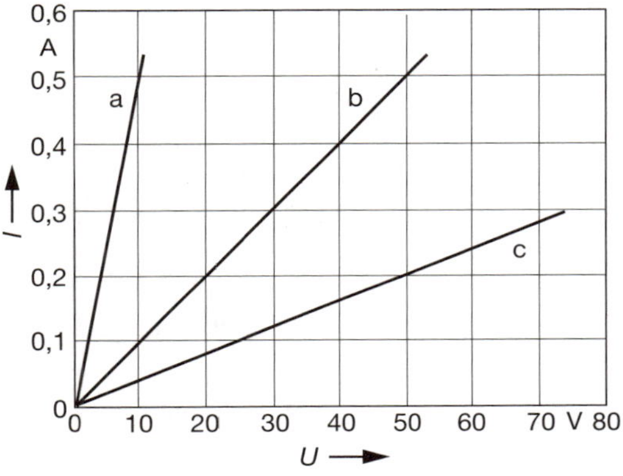

1. $R = 250\ \Omega$ .... ❑
2. $R = 20\ \Omega$ .... ❑
3. $R = 100\ \Omega$ .... ❑
4. $R = 50\ \text{m}\Omega$ .... ❑

E12 Auf der Platine einer elektronischen Baugruppe ist auch der Vorwiderstand für eine Kontrollleuchte platziert. Der Widerstandswert dieses Widerstandes soll ermittelt und seine Kennlinie aufgetragen werden. Eine Strom-Spannungs-Messung ergibt die Werte $I = 50$ mA und $U = 8$ V.

a) Die Kennlinie des zugehörigen Widerstandes ist in ein *I*-*U*-Diagramm mit geeigneter Achseneinteilung einzuzeichnen.
b) Wie hoch ist der Widerstandswert?
c) Die Spannung U_2 ist bei einem Strom $I_2 = 12{,}5$ mA grafisch zu ermitteln.
d) Der Strom I_3 ist bei einer Spannung $U_3 = 12$ V grafisch zu ermitteln.

Die Werte für die Punkte c) und d) sind durch Rechnung zu kontrollieren.

Nichtlineare Widerstände

E13 Im Datenblatt einer Z-Diode ist der Parameter «differentieller Widerstand im Arbeitsbereich» angegeben. Was versteht man unter der Bezeichnung «differentieller Widerstand»?

a) den Widerstand eines Halbleiters .... ❍

b) den Unterschied zwischen zwei verschiedenen Widerstandsmessungen an einem Bauelement .... ❍

c) das Verhältnis einer Spannungsdifferenz zur zugehörigen Stromdifferenz an einem Bauelement .... ❍

d) den statischen Widerstand eines Bauelementes bei einer speziellen Umgebungstemperatur .... ❍

E14 Zur Stabilisierung der Versorgungsspannung ist auf einer Platine eine Z-Diode eingebaut. Um welchen Betrag ändert sich die Spannung an der Z-Diode, wenn sich der Strom von $I_1 = 10$ mA auf $I_2 = 18$ mA vergrößert? Der differentielle Widerstand beträgt im Arbeitsbereich $r_Z = 10$ Ω.

E15 In den technischen Unterlagen eines temperaturabhängigen Widerstandes ist die folgende Kennlinie dargestellt.

a) Wie groß ist der statische Widerstand bei $U = 5$ V?

b) Wie groß ist der statische Widerstand bei $U = 7$ V?

c) Wie groß ist der differentielle Widerstand zwischen $U_1 = 5$ V und $U_2 = 7$ V?

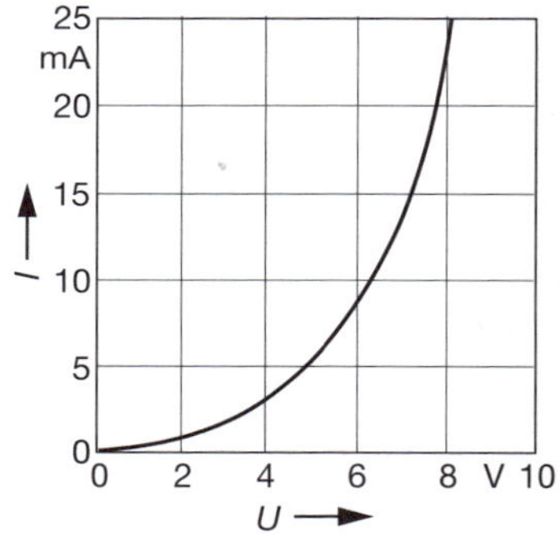

Widerstand und Material

E16 Überprüfen Sie die folgenden Aussagen auf Richtigkeit und markieren Sie die richtigen Aussagen:

a) Der Widerstand nimmt zu, wenn die Länge l zunimmt. .... ❍

b) Der Widerstand nimmt zu, wenn die Querschnittsfläche A zunimmt. .... ❍

c) Der Widerstand nimmt zu, wenn der spezifische Widerstand zunimmt. . . . . ❍
d) Der Widerstand nimmt zu, wenn die spezifische Leitfähigkeit abnimmt. . . . . ❍

E17 Ordnen Sie die Begriffe a) bis d) den Erläuterungen 1. bis 5. zu:
a) Leitwert; b) Widerstand; c) spezifischer Widerstand; d) Leitfähigkeit
1. Kehrwert des Leitwertes . . . . ❑
2. Länge eines Leiters, der bei einem Querschnitt von 1 mm^2 und einer Temperatur von 20 °C einen Widerstand von 1 Ω hat . . . . ❑
3. Widerstand eines Leiters von 1 mm^2 Querschnitt und 1 m Länge bei 20 °C . . . . ❑
4. Verhältnis Strom durch Spannung . . . . ❑
5. Kehrwert der Leitfähigkeit . . . . ❑

E18 In einem Gebäude Ihres Kunden soll eine Signalleitung verlegt werden. Auf einer Rolle befindet sich ein Schaltdraht aus Kupfer mit einer Länge von 500 m und einem Drahtdurchmesser von 0,5 mm. Welchen Widerstand hat der Schaltdraht?

E19 Ein 750-W-Heizkörper im Schaltschrank in der Außenanlage eines Industriebetriebes ist defekt und muss mit neuem Heizleiterdraht bewickelt werden. Welche Länge eines Heizleiterdrahtes aus Cronix mit der Leitfähigkeit $\kappa = 0{,}89\ \mathrm{m}/\Omega \cdot \mathrm{mm}^2$ und einem Drahtdurchmesser von 0,6 mm ist dazu erforderlich? Der Widerstand des Heizkörpers beträgt 64,5 Ω.

E20 Zur Berechnung des Spannungsfalls auf einer Leitung in der Anlage Ihres Kunden muss der Widerstand der Leitung ermittelt werden. Berechnen Sie den Widerstand dieser 20 m langen Zweidrahtleitung aus Aluminium mit einer Querschnittsfläche von 1,5 mm^2 ($\kappa = 36\ \mathrm{m}/\Omega \cdot \mathrm{mm}^2$).

E21 Zur Minimierung des Spannungsfalls auf einer 200 m langen Zuleitung soll der Widerstand dieser 2-adrigen Kupferleitung kleiner oder gleich 1 Ω sein. Welche der folgenden Querschnittsflächen müssen Sie mindestens wählen?
a) 1,5 mm^2 . . . . ❍
b) 2,5 mm^2 . . . . ❍
c) 6 mm^2 . . . . ❍
d) 10 mm^2 . . . . ❍
e) 16 mm^2 . . . . ❍

E22 Als Elektrofachkraft müssen Sie die Einheiten zu den gängigsten elektrischen Größen kennen, insbesondere wenn Auszubildende angeleitet und beraten werden sollen. Die folgenden beiden Aufgaben dienen zur Wiederholung und Festigung.
Ordnen Sie die Formelzeichen und Einheiten a) bis f) den Erläuterungen 1. bis 8. zu:
a) R; b) G; c) Siemens; d) Ω; e) A/mm^2; f) As.

1. Einheit für den Leitwert .... ❑
2. Formelzeichen für die Stromdichte .... ❑
3. Einheit für die elektrische Ladung .... ❑
4. Formelzeichen für den Leitwert .... ❑
5. Einheit für die Stromdichte .... ❑
6. Einheit für den Widerstand .... ❑
7. Formelzeichen für die elektrische Ladung .... ❑
8. Formelzeichen für den Widerstand .... ❑

E23 Ordnen Sie die Einheiten a) bis e) den Begriffen 1. bis 7. zu:

a) $\frac{\text{Volt}}{\text{Ampere}}$; b) Siemens ; c) $\frac{\Omega \cdot \text{mm}^2}{\text{m}}$; d) $\frac{\text{m}}{\Omega \cdot \text{mm}^2}$; e) $\frac{\text{Coulomb}}{\text{Sekunde}}$

1. Leitwert .... ❑
2. Stromdichte .... ❑
3. Widerstand .... ❑
4. spezifischer Widerstand ❑
5. Leitfähigkeit .... ❑
6. Strom .... ❑
7. elektrische Ladung ..... ❑

Veränderlichkeit des elektrischen Widerstandes

E24 Ein Messfühler zur Überwachung des Füllstandes einer kalten Flüssigkeit in einer Getränkeabfüllstation ist defekt und muss ausgewechselt werden. Der Strom durch den Messfühler soll ansteigen, sobald ihn die Flüssigkeit bedeckt. Welches der folgenden Bauelemente kann dazu eingesetzt werden?

a) ein PTC-Widerstand .... ❍
b) eine Feldplatte .... ❍
c) ein Kaltleiter .... ❍
d) ein Heißleiter .... ❍

E25 Das Verhalten veränderlicher nichtlinearer Widerstände soll eingeschätzt werden. Ordnen Sie dazu die folgenden 11 Aussagen den entsprechenden Bauteilen zu: a) Heißleiter; b) Fotowiderstand; c) Feldplatte; d) Kaltleiter; e) spannungsabhängiger Widerstand; f) Dehnungsmessstreifen

1. Der Widerstand nimmt bei stärkerer Erwärmung zu .... ❑
2. Der Widerstand nimmt bei stärkerem Lichteinfall ab .... ❑
3. Der Widerstand steigt bei höherer Spannung .... ❑
4. Der Widerstand verringert sich bei steigender Temperatur ..... ❑
5. Der Widerstand vergrößert sich bei stärkerem Lichteinfall ..... ❑
6. Der Widerstand wird bei stärkerer Zugbelastung größer .... ❑
7. Der Widerstand verkleinert sich bei abfallender Temperatur ... ❑
8. Der Widerstand wird bei stärkerer Stauchung größer .... ❑
9. Der Widerstand verringert sich bei steigender Spannung ...... ❑
10. Der Widerstand ist abhängig vom magnetischen Feld .... ❑
11. Der Widerstand vergrößert sich bei fallender Temperatur .... ❑

Stromdichte

E26 Was würden Sie antworten, wenn Sie folgende Frage von Ihrem Auszubildenden gestellt bekommen: «Es heißt, der elektrische Strom fließt durch den Leiter. Wie schnell fließen denn nun eigentlich die Elektronen?»

a) Die Elektronen fließen immer mit Lichtgeschwindigkeit durch einen elektrischen Leiter. .... ❍
b) Die Fließgeschwindigkeit hängt von der Stromstärke und vom Querschnitt des Leiters ab. Bei 1 A und 1 mm² Querschnitt sind dies ca. 0,1 mm/s. .... ❍
c) Die Fließgeschwindigkeit der Elektronen ist vergleichbar mit der Schallgeschwindigkeit. .... ❍
d) Der Strom breitet sich entlang eines Leiters etwa mit Lichtgeschwindigkeit aus, die Elektronen fließen jedoch mit relativ geringer Geschwindigkeit durch den Leiter. .... ❍

E27 Es soll ein Vorwiderstand zur Begrenzung des Ladestromes eines Akkumulators aus Widerstandsdraht (Konstantandraht) gewickelt werden. Dabei soll bei einem Strom von 2,5 A ein Spannungsfall von 30 V auftreten. Es stehen Konstantandrähte mit den Durchmessern 0,1 mm; 0,3 mm; 0,5 mm; 0,7 mm; 0,9 mm und 1 mm zur Verfügung.

a) Welcher Drahtdurchmesser muss gewählt werden, wenn die Stromdichte höchstens 5 A/mm² betragen darf?

b) Wie lang muss der Widerstandsdraht sein?

Temperaturabhängigkeit vom Widerstand

E28 In den technischen Daten eines Herstellers von Festwiderständen sind neben Angaben zur Baugröße und Einbaubedingungen auch Kennwerte des Widerstandes, z.B. der Temperaturbeiwert α in 1/K, zu finden. Was beschreibt der Kennwert α?

a) gibt die Temperatur in K an, die ein Widerstand von 1 Ω bei einem Strom von 1 A hat . . . . ❍

b) gibt die Widerstandsänderung eines Widerstandes von 1 Ω bei einer Temperaturänderung um 1 K an . . . . ❍

c) gibt die Temperaturänderung an bei Erhöhung der Spannung am Widerstand . . . . ❍

d) gibt die relative auf eine Temperaturerhöhung um 1 K bezogene Widerstandsänderung an. Ausgangstemperatur ist im Normalfall 20 °C . . . . ❍

e) gilt nur für Heizwiderstände und gibt die maximale Betriebstemperatur an . . . . ❍

E29 Eine Spule aus Kupferdraht in der Endstufe eines Verstärkers ($\alpha = 3{,}9 \cdot 10^{-3}$ 1/K) hat bei 20 °C einen Widerstand von 40 Ω. Laut Kundenforderung darf sich während des Betriebes die Spule auf 70 °C erwärmen. Um zu prüfen, ob dann die Funktionalität der Schaltung noch gewährleistet ist, ist der Widerstandswert der Spule bei 70 °C zu ermitteln.

E30 Während des Testlaufs eines neuen Gleichstrommotors in einem Industriebetrieb soll die Temperatur der Erregerwicklung grob ermittelt werden. Die Wicklung hat bei 20 °C einen Widerstand von 55 Ω. Nachdem der Motor längere Zeit in Betrieb war, erhöhte sich der Widerstand auf 65 Ω. Die Spule besteht aus Kupferdraht mit einem Temperaturbeiwert $\alpha = 3{,}9 \cdot 10^{-3}$ 1/K. Welche Temperatur hat die Spule angenommen?

E31 Der Strom in einer Motorspule bei Ihrem Kunden beträgt unmittelbar nach dem Einschalten 4 A bei einer Spannung von 230 V. Nach längerer Betriebszeit messen Sie nur noch einen Strom von 3,6 A. Um abzuschätzen, ob bei hohen Umgebungstemperaturen der Motor nicht überhitzt wird, ist zu ermitteln, um wie viel Kelvin sich die Spule erwärmt hat ($\alpha = 3{,}9 \cdot 10^{-3}$ 1/K).

E32 Auf einen Spulenkörper eines Relais sind 500 Windungen Kupferdraht gewickelt. Der mittlere Windungsdurchmesser beträgt 4 cm. Der Draht selbst hat einen Durchmesser von 0,12 mm. Wie groß ist der Widerstand des Drahtes bei 50 °C? ($\kappa_{20} = 56$ m/(Ω · mm²); $\alpha = 3{,}9 \cdot 10^{-3}$ 1/K)

Grundschaltungen von Widerständen

E33 Als Elektrofachkraft müssen Sie Grundgesetze elektrischer Schaltungen kennen, insbesondere wenn Sie zukünftig auch Auszubildende anleiten und beraten werden. Welche der folgenden Aussagen treffen zu:

a) In einem Stromkreis ist die Summe aller Spannungsquellen gleich der Summe aller Spannungsfälle .... ❍
b) Alle Spannungen in einem Stromkreis sind gleich aller Ströme ❍
c) Die Summe aller Ströme, die in einen Verzweigungspunkt hineinfließen, ist gleich der Summe aller herausfließender Ströme ❍
d) Addiert man alle Spannungen unter Berücksichtigung ihrer Zählrichtung entlang eines Maschenumlaufs, ergibt sich die Summe zu null .... ❍
e) Die Summe aller Spannungsquellen in einem Stromkreis ist immer dann gleich null, wenn die Summe alle Ströme gleich null ist ..... ❍

E34 Um Berechnungsmethoden und das Verständnis für die Ermittlung von elektrischen Potentialen zu trainieren, sind in der abgebildeten Schaltung die Potentiale an den Messpunkten 1 bis 7 zu bestimmen.

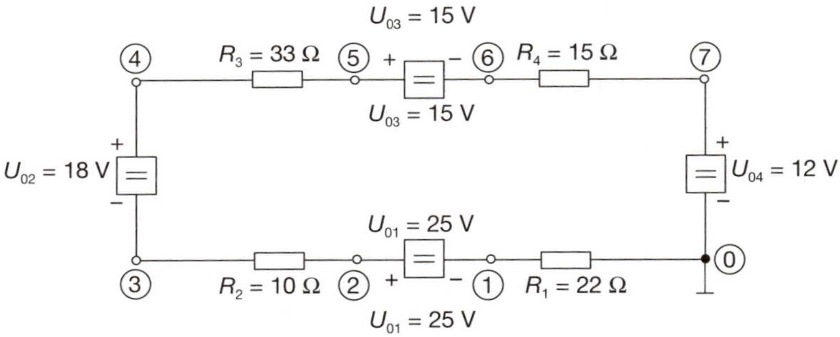

E35 In der folgenden Übungsschaltung mit zwei Maschen ist der Widerstand R_3 zu bestimmen, wenn $U_B = 6$ V beträgt. Die Vorgehensweise bei der Berechnung lässt sich am besten an solchen einfachen Schaltungen trainieren, sie ist bei komplexeren Schaltungen identisch.

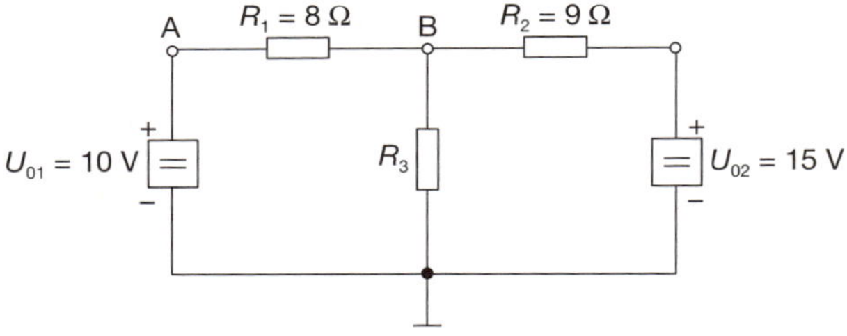

E36 In der Doppelmasche dieser Übungsschaltung sind der Widerstand R_5 und die Potentiale an den Messpunkten A bis E zu bestimmen, wenn $U_A = 4$ V bekannt ist.

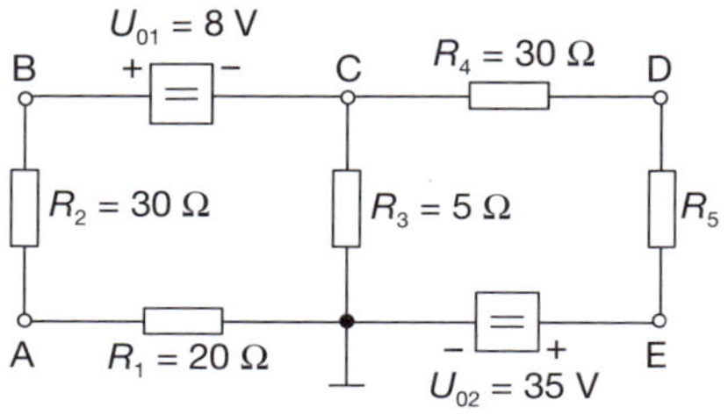

Reihenschaltung

E37 Für einen Experimentieraufbau zur Fehlersuche in einer elektronischen Schaltung ist ein Widerstand von 1 kΩ erforderlich. Im Sortiment der Werkstatt sind jedoch nur die Werte 100 Ω, 150 Ω, 220 Ω, 330 Ω, 470 Ω und 680 Ω vorhanden. Mit welchen drei Widerständen lässt sich der Ersatzwiderstand verwirklichen?

E38 Zwei Signallampen mit den Widerständen $R_1 = 150\ \Omega$ und $R_2 = 270\ \Omega$ sind in Reihe geschaltet und liegen an 230 V. Wie groß
   a) ist der Gesamtwiderstand?
   b) ist der Strom?
   c) sind die Teilspannungen?

E39 Der Strom in der Reihenschaltung von zwei Heizwiderständen in einem Schaltschrank soll 5 A betragen. Vorhanden sind die Heizwiderstände $R_1 = 39\ \Omega$ und $R_2 = 10\ \Omega$.
a) Wie groß ist R_3 zu wählen, damit die Reihenschaltung der Heizung an 400 V betrieben werden kann?
b) Wie groß sind in der Schaltung die Teilspannungen U_1, U_2 und U_3?

E40 Welche Spannung U_X liegt an den folgenden Schaltungen?

a)

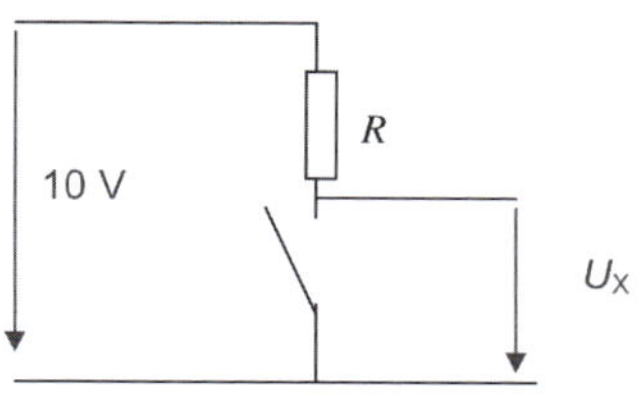

b)

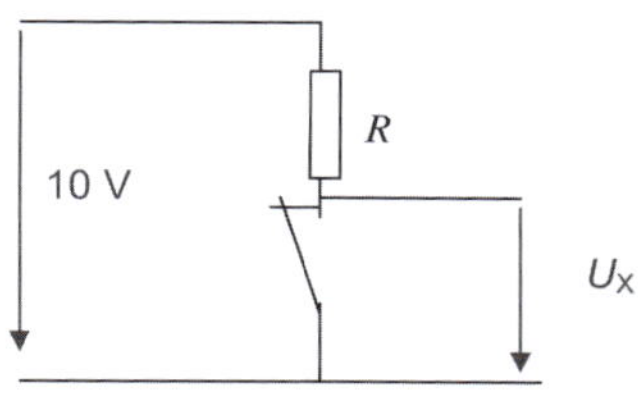

c)

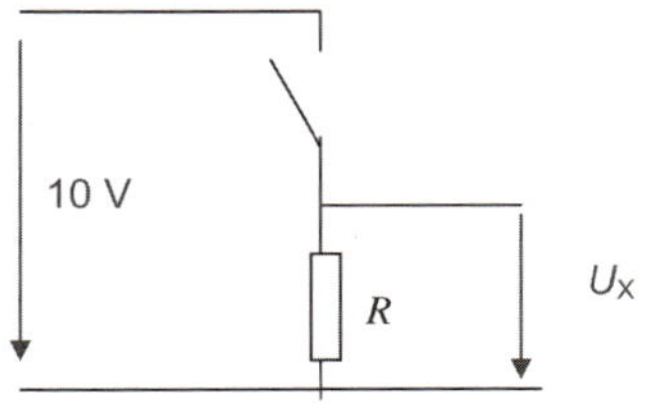

E41 In eine Lichterkette für 230 V, die aus 10 gleichen Glühlampen besteht, soll eine Ersatzlampe eingesetzt werden.
a) Für welche Nennspannung muss diese Ersatzlampe ausgelegt sein?
b) Wie hoch ist der Widerstand der einzelnen Glühlampen, wenn der Nennstrom der Lichterkette 435 mA beträgt?

E42 Zur Anzeige des Betriebszustandes einer Heizungsanlage soll eine Glühlampe 12 V, 0,5 A über einen Vorwiderstand an 48 V angeschlossen werden. Wie hoch muss der Vorwiderstand sein? Wählen Sie aus der Normreihe E12 den Widerstand so aus, dass in keinem Fall der Nennstrom von 0,5 A überschritten wird.

E43 In den Schaltungsunterlagen ist eine Widerstandsangabe für R_2 unleserlich geworden. Der abgebildete Spannungsteiler liefert bei einer Eingangsspannung $U_E = 15$ V eine Ausgangsspannung $U_{A0} = 10,3$ V. Wie groß ist dann der Widerstand R_2?

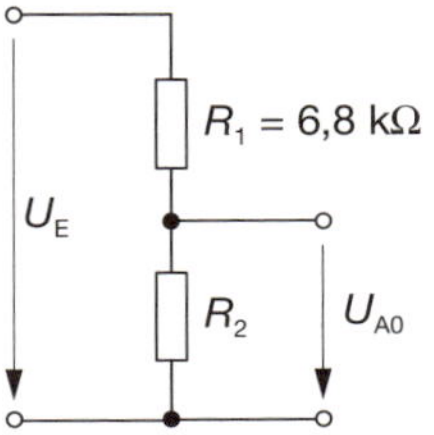

E44 In einer elektronischen Schaltung wird eine Referenzspannung von 13,5 V benötigt. Ein Spannungsteiler soll diese Ausgangsspannung $U_{A0} = 13,5$ V liefern. Die Eingangsspannung beträgt $U_E = 25$ V. Wie groß muss der Widerstand R_1 sein, wenn der Widerstand R_2 einen Wert von 47 Ω hat?

E45 Die Anlassermagnetspule eines landwirtschaftlichen Aggregates hat einen Widerstand von 120 mΩ und soll kurzzeitig während des Anlassens einen Strom von 80 A führen. Der Anschluss muss jedoch über zwei 12 m lange Kupferleiter von 4 mm² Querschnitt erfolgen. Welche Spannung muss der Spannungserzeuger (z.B. ein Akkumulator) haben?

E46 Zum Schutz eines Steuermoduls vor Überspannungen im Bordnetz eines Kraftfahrzeuges muss ein VDR eingesetzt werden. Welche Ausgangsspannung stellt sich an dem Spannungsteiler mit VDR und Vorwiderstand R_V = 1 kΩ ein, wenn die Eingangsspannung U_E = 100 V beträgt? Welcher Strom fließt, und wie groß ist dann der Widerstand des VDR?

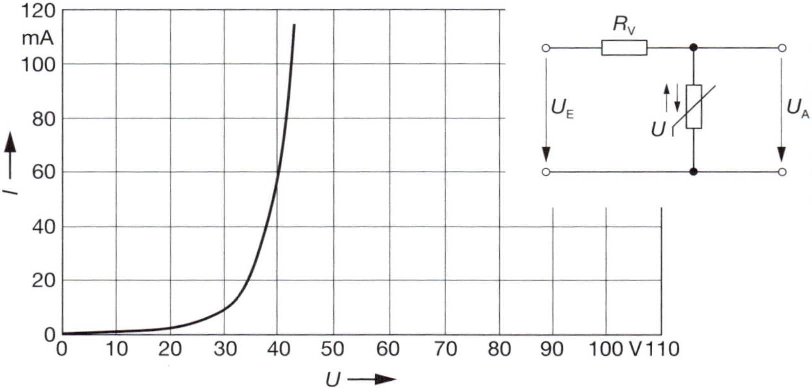

Parallelschaltung

E47 Auf einer Platine sind 3 Widerstände mit je 1,2 kΩ zueinander parallel geschaltet. Um die Höhe des Stromes abschätzen zu können, ist der Gesamtwiderstand zu errechnen.

E48 Auf einer Versuchsplatine sind 2 Widerstände parallel geschaltet. An R_1 = 15 Ω liegen U_1 = 18 V; durch R_2 fließen I_2 = 0,818 A.
a) Wie groß ist der Widerstand R_2?
b) Wie groß ist der Gesamtwiderstand?
c) Wie groß ist der Strom I_1?

E49 Während der Fehlersuche in einer elektronischen Schaltung ist ein Widerstand von 2,42 Ω erforderlich. Die Widerstände 11 Ω, 15 Ω und 8,2 Ω sind dafür bereits parallel geschaltet worden. Mit welchem vierten Widerstand lässt sich der erforderliche Ersatzwiderstand verwirklichen?

E50 Für Experimentierzwecke in der Werkstatt soll durch die Parallelschaltung zweier Widerstände ein Gesamtwiderstand entstehen, der möglichst nahe an dem Wert 820 Ω liegt. Welche beiden Widerstände der folgenden zur Auswahl stehenden Bauelemente müssen gewählt werden?

a) 470 Ω .... ❍
b) 1,2 kΩ .... ❍
c) 2,7 kΩ .... ❍
d) 4,7 kΩ .... ❍
e) 33 kΩ .... ❍
f) 560 kΩ .... ❍

E51 Durch 2 parallel geschaltete Heizwiderstände einer elektrischen Heizplatte fließt der Gesamtstrom $I = 10$ A. Wie groß sind die Teilströme I_1 und I_2, wenn einer der beiden Widerstände dreimal so groß ist wie der andere?

E52 In der abgebildeten Versuchsschaltung sind die angegebenen Werte bekannt. Wie groß sind in der Schaltung:
a) die Spannung?
b) die Ströme I_1 und I_4?
c) der Gesamtstrom?
d) der Widerstand R_2?
e) der Gesamtwiderstand?

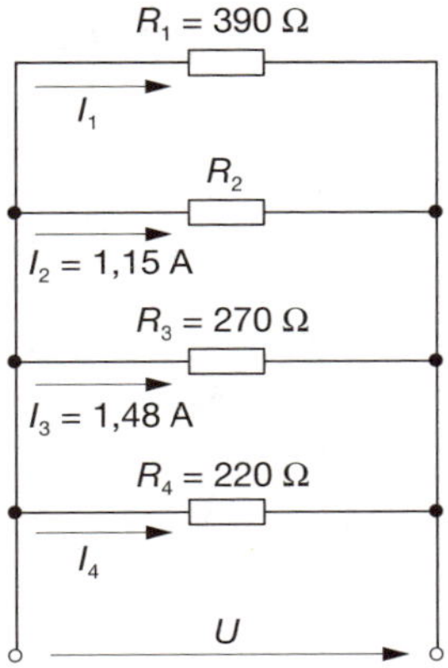

E53 Vier gleiche Widerstände sind in einer Steuerungsschaltung als «shunt» zur Strommessung parallel an die Spannung 25 V angeschlossen. Das Abtrennen eines Widerstandes verringert den Gesamtstrom um 40 mA. Zur Erneuerung der Widerstände nach einer Havarie müssen nun folgende Werte berechnet werden:
a) der Widerstandswert eines Einzelwiderstandes
b) der Gesamtwiderstand der ursprünglichen Parallelschaltung

E54 Je nachdem, ob mehrere Widerstände zueinander parallel oder in Reihe geschaltet sind, ergeben sich bestimmte Gesetzmäßigkeiten für Strom, Spannung, Widerstand und Leitwert. Zur Wiederholung dieser grundlegenden Zusammenhänge ordnen Sie folgende Aussagen zu:
Welche der unter 1. bis 9. genannten Gesetzmäßigkeiten gelten für:
a) die Reihenschaltung; b) die Parallelschaltung?

1. Jeder Widerstand liegt an derselben Spannung .... ❑
2. Der Gesamtwiderstand ergibt sich aus der Summe der Einzelwiderstände .... ❑
3. Jeder Widerstand wird vom selben Strom durchflossen .... ❑
4. Die Gesamtspannung ist gleich der Summe der Teilspannungen .... ❑
5. Die Spannungen stehen im selben Verhältnis zueinander wie die zugehörenden Widerstände .... ❑
6. Der Gesamtstrom ist gleich der Summe aller Teilströme ...... ❑
7. Die Ströme stehen im umgekehrten Verhältnis zueinander wie die zugehörenden Widerstände .... ❑
8. Der Gesamtleitwert ist gleich der Summe aller Einzelwerte ... ❑
9. Der Kehrwert des Gesamtwiderstandes ergibt sich aus der Summe der Kehrwerte der Einzelwiderstände .... ❑

E55 Mit der Schaltung nach Bild soll der Widerstand R_x bestimmt werden. Der Strommesser zeigt einen Strom von $I_A = 1{,}2$ mA an, und auf dem Spannungsmeter werden 4,5 V abgelesen. Der Spannungsmesser steht im Messbereich 5 V und hat einen Innenwiderstand 10 kΩ/V.

a) Welcher Widerstandswert für R_x wird ermittelt, wenn der Schaltungsfehler unberücksichtigt bleibt?
b) Wie groß ist R_x tatsächlich?
c) Wie viel Prozent beträgt die Abweichung?

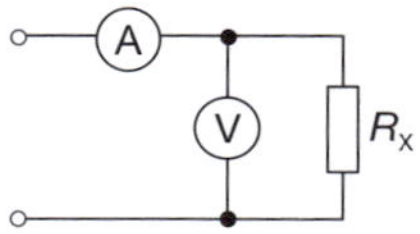

E56 Der Gesamtwiderstand der Schaltung beträgt $R_{ges} = 8\ \Omega$. Wie groß ist jeder Einzelwiderstand r der 3 gleichen Widerstände?

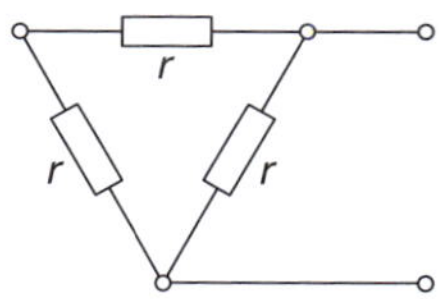

E57 Folgende Schaltung liegt an einer Spannung $U = 36$ V. Welchen Ohmwert hat jeder Einzelwiderstand, wenn alle Widerstände gleich groß sind und ein Strom $I = 3$ A in die Schaltung fließt?

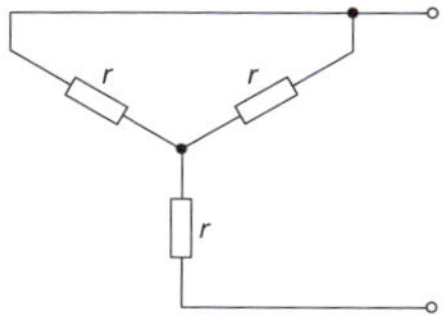

E58 Im Stromlaufplan einer Steuerungsschaltung ist der abgebildete Teil enthalten. Während der Fehlerdiagnose ist es erforderlich, den fließenden Strom I in beiden Schalterstellungen des Schalters S zu berechnen, wenn die anliegende Spannung $U = 60$ V beträgt.

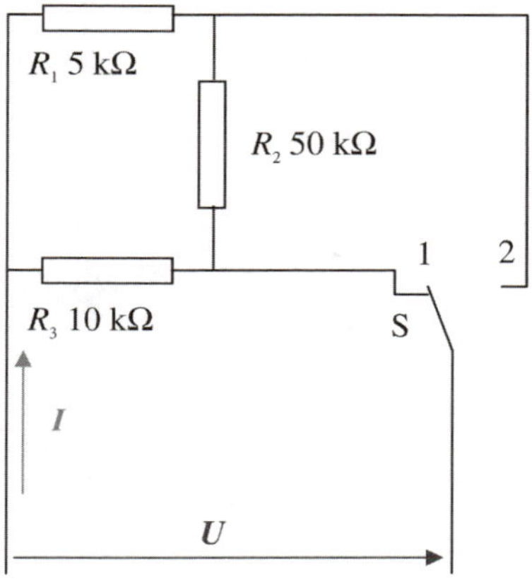

Schaltungen von Spannungsquellen

E59 Abgebildet ist das Ersatzschaltbild einer realen Spannungsquelle, wie es in der Praxis für Berechnungen der Klemmenspannung oder des Laststromes verwendet wird.

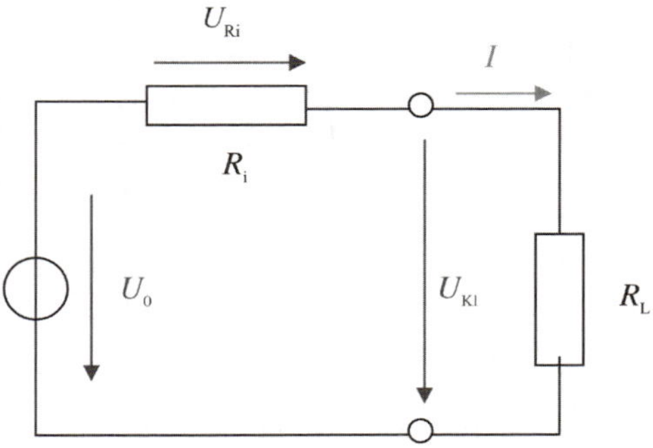

Mit welchen der folgenden Formeln kann die Klemmenspannung einer belasteten Spannungsquelle bestimmt werden?

a) $U_{kl} = U_0 + U_{Ri}$ .... ❍

b) $U_{kl} = U_0 - U_{Ri}$ .... ❍

c) $U_{Kl} = I \cdot R_L$ .... ❍

d) $U_{kl} = U_{Ri}$ .... ❍

e) $U_{Kl} = I \cdot R_i$ .... ❍

E60 Mit welchen der folgenden Berechnungsformeln lässt sich der Strom durch einen Verbraucher errechnen, der an eine reale Spannungsquelle angeschlossen ist? Benutzen Sie das Ersatzschaltbild aus Aufgabe E59.

a) $I = \dfrac{U_0}{R_i + R_L}$ .... ❍ c) $I = \dfrac{U_0}{R_L}$ .... ❍

b) $I = \dfrac{U_{Kl}}{R_L}$ .... ❍ d) $I = \dfrac{U_{Kl}}{R_i}$ .... ❍

E61 Eine Spannungsquelle liefert bei Belastung mit $R_{L1} = 45\ \Omega$ eine Spannung $U_{KL1} = 9$ V; der Kurzschlussstrom beträgt $I_K = 0{,}5$ A.
Zu berechnen sind:
a) Innenwiderstand R_i
b) Leerlaufspannung U_0
c) Laststrom I_2 bei $U_{Kl2} = 12$ V
d) U_{Kl3} und I_3 bei $R_{L3} = 20\ \Omega$

E62 Bei einem Netzgerät mit Strombegrenzung ändert sich die Klemmenspannung im Konstantspannungsbereich bei Belastung mit $R_{B1} = 120\ \Omega$ und $R_{B2} = 220\ \Omega$ von $U_{Kl1} = 14{,}9$ V auf $U_{Kl2} = 15{,}1$ V. Bei Belastung im Konstantstrombereich mit $R_{B3} = 5\ \Omega$ und $R_{B4} = 0{,}623\ \Omega$ ändert sich die Klemmenspannung von $U_{Kl3} = 8$ V auf $U_{Kl4} = 1$ V. Wie groß sind die Innenwiderstände im Konstantspannungsbereich und im Konstantstrombereich?

E63 Zur Erhöhung der verfügbaren Ausgangsspannung zur Versorgung einer Elektronikschaltung sollen 3 Elemente mit einer Quellenspannung 1,6 V und einem Innenwiderstand von je 0,6 Ω zu einer Batterie in Reihe geschaltet werden. Zur Überprüfung des Verhaltens der Gesamtschaltung sind folgende Werte zu errechnen:
a) die gesamte Quellenspannung,
b) der gesamte Innenwiderstand,
c) der Kurzschlussstrom der Batterie.

E64 Im Gegensatz zu Aufgabe E63 sollen zur Erhöhung des verfügbaren Stromes zur Versorgung eines Gleichstrommotors 3 Elemente mit einer Quellenspannung 1,6 V und einem Innenwiderstand von je 0,6 Ω parallel geschaltet werden. Zur Überprüfung des Verhaltens der Gesamtschaltung sind folgende Werte zu errechnen:
a) die gesamte Quellenspannung,
b) der gesamte Innenwiderstand,
c) der Kurzschlussstrom der Batterie.

E65 Zum Anlassen des Dieselaggregates einer Notstromversorgung in einem landwirtschaftlichen Betrieb muss laut Angaben des Motorherstellers eine Batterieanlage mit $U_0 = 12$ V und einem maximalen Kurzschlussstrom von 1000 A zur Verfügung stehen. Wie viel vorhandene Einzelzellen mit der Urspannung $u_0 = 2$ V und dem Innenwiderstand $r_i = 12$ mΩ sind in Reihe bzw. parallel zu schalten?

E66 Eine Batterie soll eine Leerlaufspannung von 25 V haben. Bei Belastung mit einem Widerstand $R_L = 0{,}327$ Ω darf die Klemmenspannung nicht um mehr als 2,1 V absinken. Es stehen Zellen mit nachstehenden Daten zur Verfügung: $u_0 = 2{,}083$ V, $r_i = 0{,}02$ Ω.
Gesucht:
a) n ; b) Strom bei Belastung ; c) m ; d) z ; e) I_K.

E67 Eine Batterie enthält 3 parallelgeschaltete Zellenreihen. In jeder Zellenreihe sind 25 Akkumulatorzellen hintereinander geschaltet. Jede Zelle weist einen Innenwiderstand 0,3 Ω und eine Quellenspannung 2,1 V auf. Wie groß sind
a) Quellenspannung der Batterie,
b) Innenwiderstand der Batterie,
c) Batterieklemmenspannung, wenn die Batterie mit 4,2 A belastet wird?
d) Mit welchem Strom wird jede Zelle belastet?

Belasteter Spannungsteiler

E68 In eine Steuerungsanlage soll zur Signalverstärkung nachträglich ein elektronischer Vorverstärker eingebaut werden, der eine Betriebsspannung von 24 V benötigt. Dazu wurde eine in der Anlage vorhandene Spannung von 40 V zunächst über zwei hochohmige Widerstände geteilt und auf 24 V eingestellt. Beim Anschluss des Verstärkers sinkt jedoch die Spannung von 24 V auf 7,5 V ab. Was kann die Ursache sein?
a) Die beiden Spannungsteilerwiderstände müssen noch hochohmiger sein . . . . ❍
b) Durch einen Spannungsteiler mit Widerständen kann eine elektronische Schaltung nicht versorgt werden . . . . ❍
c) Der Strom durch beide Widerstände muss deutlich höher bemessen werden als der Stromverbrauch des Verstärkers . . . . ❍

d) Einer der beiden Widerstände muss ein VDR (spannungsabhängiger Widerstand) sein .... ○
e) Beide Widerstände müssen in Reihe zum Verstärker liegen ... ○

E69 Berechnen Sie die beiden Spannungsteilerwiderstände für den Signalvorverstärker aus Aufgabe E68. Die Spannung $U_E = 40$ V soll auf $U_A = 24$ V heruntergeteilt werden, die Stromaufnahme des Verstärkers bei 24 V beträgt 0,0727 A. Der Querstrom soll $9 \cdot I_L$ betragen. Wie groß müssen die Widerstände R_1 und R_2 gewählt werden?

E70 Ein Spannungsteiler soll die Eingangsspannung $U_E = 15$ V in eine Ausgangsspannung $U_A = 9$ V aufteilen. Wie groß muss der Widerstand R_1 sein, wenn $R_2 = 33\ \Omega$ und $R_L = 100\ \Omega$ betragen?

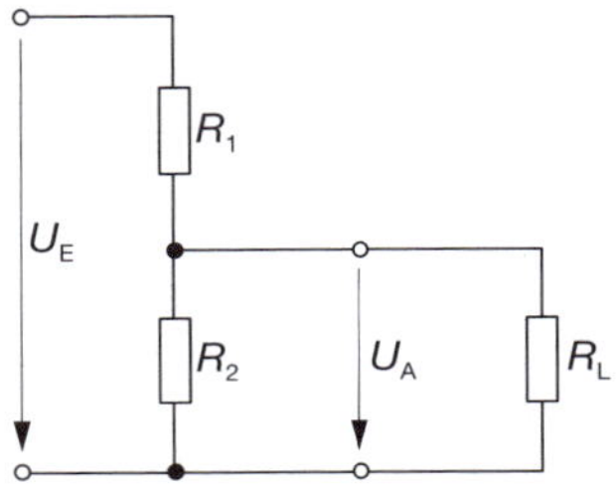

E71 Ein Spannungsteiler mit $R_1 = 150\ \Omega$ soll mit $R_L = 470\ \Omega$ belastet werden. Wie groß muss R_2 sein, wenn bei einer Eingangsspannung $U_E = 20$ V eine Ausgangsspannung $U_A = 12$ V geliefert werden soll?

E72 Die Eingangsspannung eines belasteten Spannungsteilers beträgt $U = 24$ V. Die Teilwiderstände R_1 und R_2 sowie der Belastungswiderstand R_L sind gleich groß: $R_1 = R_2 = R_L$. Welchen Wert hat die Ausgangsspannung U_A?

E73 Ein Spannungsteiler mit $R_1 = 15\ \Omega$ soll eine Eingangsspannung $U_E = 30$ V so aufteilen, dass der Querstrom $I_q = 6 \cdot I_L$ wird, wenn der Lastwiderstand $R_L = 150\ \Omega$ beträgt.
a) Wie groß muss R_2 sein?
b) Wie groß ist die Ausgangsspannung U_A bei Belastung?
c) Wie groß ist die Ausgangsspannung U_A ohne Belastung?
d) Wie viel Prozent liegt die Ausgangsspannung bei Belastung unter der Leerlauf-Ausgangsspannung?

E74 Der Transistor in der abgebildeten Verstärkerschaltung hat eine Basis-Emitterspannung U_{BE} von 0,7 V und einen Basisstrom I_B von 200 µA. Die Widerstände R_1 und R_2 bilden einen Spannungsteiler, der zum Betrieb der Schaltung erforderlich ist. Um die Widerstände neu zu dimensionieren, soll das Verhältnis $I_q / I_L = 5$ sein. Berechnen Sie die Widerstände R_1 und R_2.

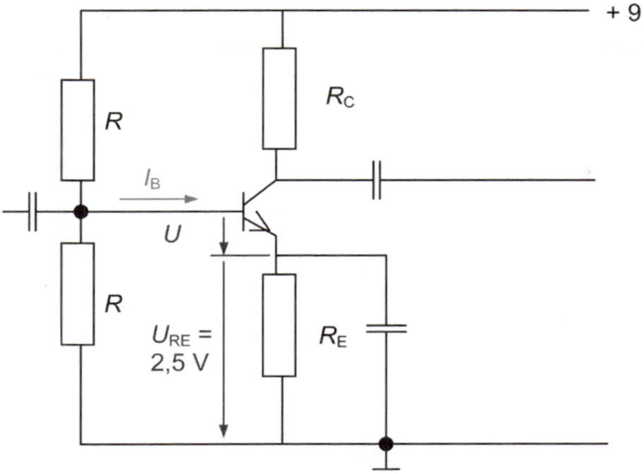

E75 Eine Spannung $U_E = 18$ V soll ohne Belastung auf $U_A = 12$ V heruntergeteilt werden. Bei Belastung mit $I_L = 20$ mA darf die Ausgangsspannung auf 10 V absinken. Wie groß müssen die Widerstände R_1 und R_2 gewählt werden?

E76 Die Spannung an einem Lastwiderstand von $R_L = 220\ \Omega$ soll bis auf $U_{A2} = 6$ V vermindert werden können. Die Versorgungsspannung beträgt $U_E = 20$ V. Auf welchen Widerstandswert muss das Potentiometer R_P einstellbar sein, wenn ein Vorwiderstand $R_V = 68\ \Omega$ zur Verfügung steht? Welche Anfangsspannung U_{A1} stellt sich bei $R_P = 0\ \Omega$ ein?

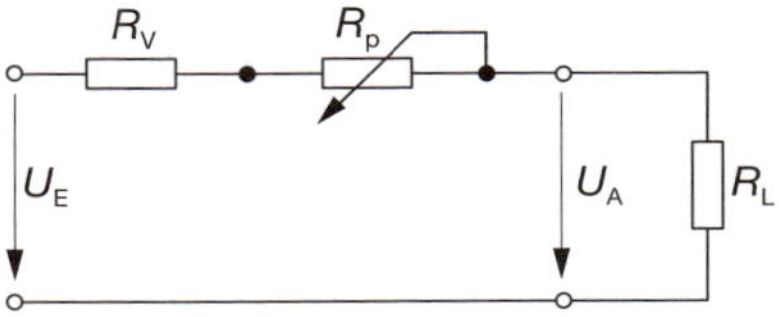

Wheatstone-Brückenschaltung

E77 Kreuzen Sie die Erläuterungen an, die für eine Wheatstone-Messbrücke zutreffen.

a) Vor Beginn der Widerstandsbestimmung ist festzustellen, ob die Spannungsquelle (Batterie) noch betriebsbereit ist . . . . ❍

b) Vor Beginn der Widerstandsbestimmung ist die genaue Spannung der Spannungsquelle (Batterie) zu ermitteln . . . . ❍

c) Im abgeglichenen Zustand zeigt das Galvanometer auf die 0-Marke . . . . ❍
d) Im abgeglichenen Zustand zeigt das Galvanometer auf Vollausschlag . . . . ❍
e) Im abgeglichenen Zustand ist die Spannung zwischen den Galvanometerklemmen 0 Volt . . . . ❍
f) Der Vergleichswiderstand R_N ist so auszuwählen (durch Umschaltung), dass sein Ohmwert in der Größenordnung des zu bestimmenden Widerstands R_X liegt . . . . ❍
g) Es ist im Interesse der Genauigkeit des Messergebnisses anzustreben, dass die Einstellung im mittleren Bereich des Abgleichpotentiometers erfolgt . . . . ❍

E78 Bei der dargestellten Versuchsschaltung zeigt das Messinstrument keinen Ausschlag. Wie groß ist der unbekannte Widerstand R_X ?

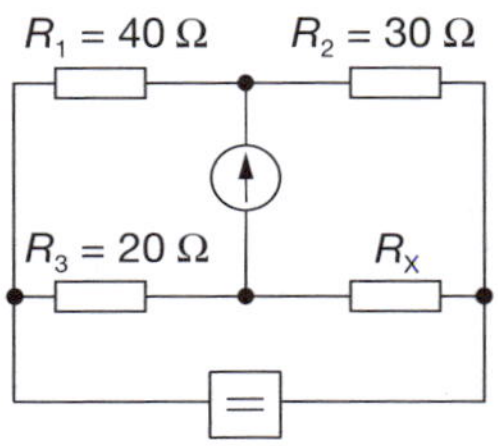

E79 Bei welcher der Schaltungen handelt es sich um eine Wheatstone-Brückenschaltung?

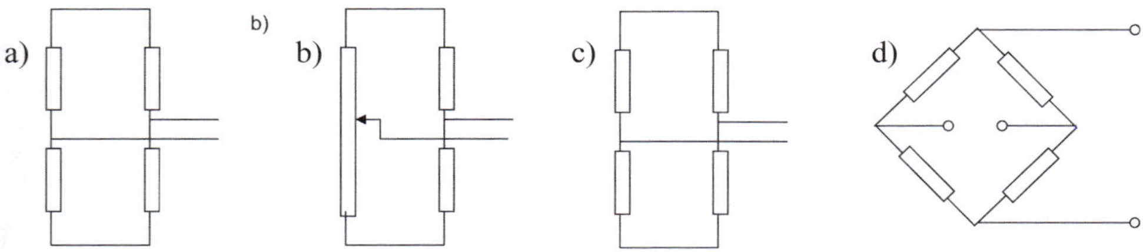

E80 Welche der abgebildeten Brückenschaltungen ist abgeglichen?

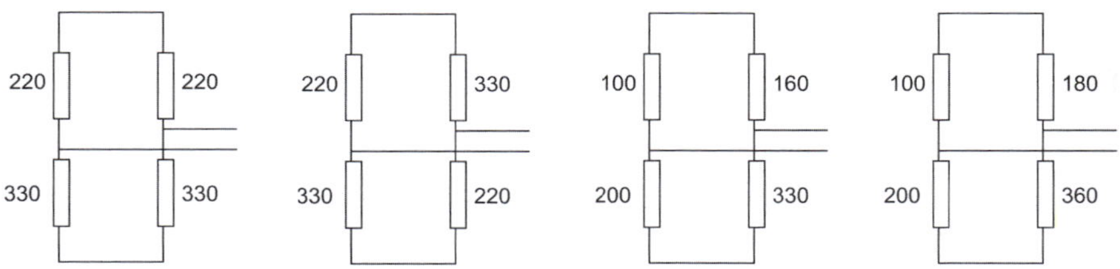

a) b) c) d)

E81 Wie ändert sich die Spannung U_{AB} in der Brückenschaltung, wenn das Potentiometer R_3 von Endstellung I nach II verändert wird?

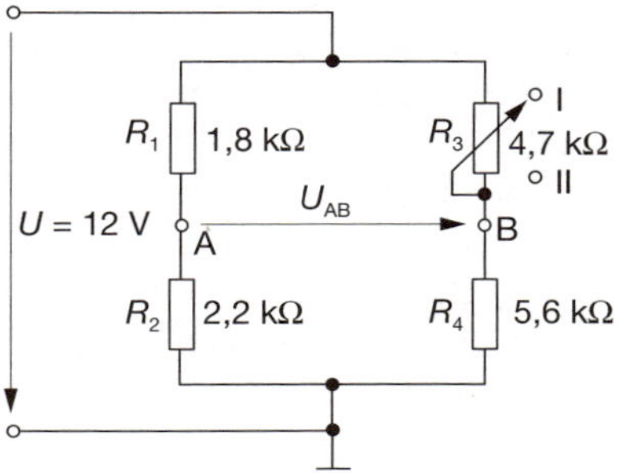

a) U_{AB} wird positiver .... ❍
b) U_{AB} wird betragsmäßig kleiner .... ❍
c) U_{AB} wird negativer .... ❍
d) U_{AB} wird betragsmäßig größer .... ❍
e) U_{AB} bleibt betragsmäßig etwa gleich .... ❍

Die Beträge der Spannungen U_{AB} sind genau zu berechnen.

E82 Wie lässt sich die Spannung U_{AB} durch Verstellen des Potentiometers R_2 von Endstellung I nach II verändern?

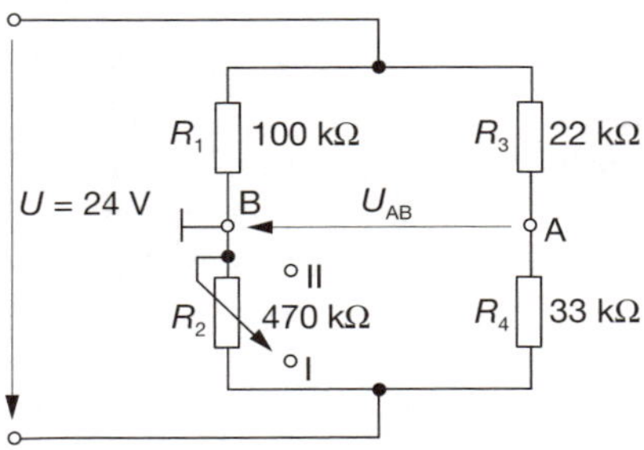

a) U_{AB} wird betragsmäßig größer .... ❍
b) U_{AB} wird negativer .... ❍
c) U_{AB} wird betragsmäßig kleiner .... ❍
d) U_{AB} wird positiver .... ❍
e) U_{AB} bleibt betragsmäßig etwa gleich .... ❍

Die Beträge der Spannungen U_{AB} sind genau zu berechnen.

E83 In einer Krananlage sind zur Überwachung der Durchbiegung des Auslegers Dehnungsmessstreifen (DMS) an der Ober- und Unterseite des Auslegers aufgeklebt (s. Bild). Einer Ihrer Mitarbeiter fragt: Warum wurden hier zwei Messaufnehmer verwendet? Die Antwort lautet: Durch die Verwendung von zwei gegenüberliegenden Messaufnehmern .....

a) ... biegt sich der Stab gleichmäßiger. .... ❍
b) ... wird die Änderung der Brückenspannung größer. .... ❍
c) ... wird die Brückenspannung U_{ab} durch störende Einflüsse (Temperatur, Betriebsspannungsschwankungen) nicht verändert. ❍
d) ... kann auch eine Durchbiegung nach oben erfasst werden. ... ❍

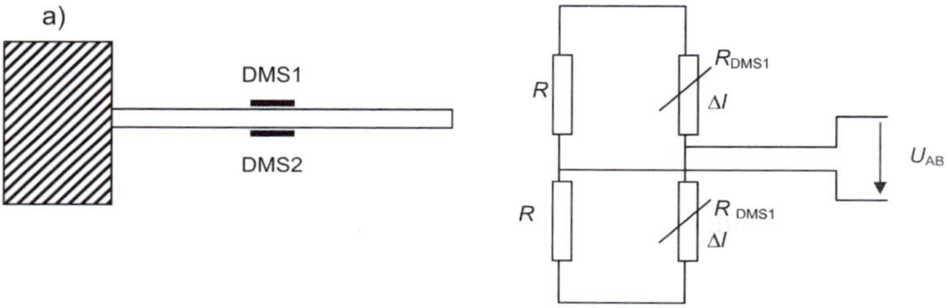

Widerstandsbauelemente

E84 In den Regalfächern ihrer Werkstatt sind verschiedene Schichtwiderstände durcheinander gekommen. In den folgenden 5 Beispielen sind die Farben der Ringe auf den Schichtwiderständen in der richtigen Reihenfolge aufgeführt. Um die Widerstände in die richtigen Fächer zurücklegen zu können, müssen die Nennwerte und Toleranzen durch Ziffern bestimmt werden.

a) rot, rot, orange, gold
b) grün, blau, gelb, silber
c) violett, grün, schwarz, rot, rot
d) orange, orange, gold, gold
e) grün, braun, silber, gold

E85 Den unter 1. bis 6. aufgeführten Eigenschaften sind die entsprechenden Bauformen von Festwiderständen a) bis d) zuzuordnen.

a) Kohleschichtwiderstand
b) Metallschichtwiderstand
c) Drahtwiderstand

d) Metalloxidwiderstand

1. Schichtwiderstand mit höchster Zuverlässigkeit, Stabilität (geringer Alterung), enger Tolerierung und geringem Temperaturbeiwert ❑
2. Schichtwiderstand für normale Anforderungen bei geringen Kosten ❑
3. Schichtwiderstand mit höchster Belastbarkeit, bezogen auf die Baugröße . . . . ❑
4. Hochlastwiderstand mit geringem Temperaturbeiwert und hoher Zuverlässigkeit . . . . ❑
5. Präzisionswiderstand, der auch für Hochfrequenzeinsatz geeignet ist . . . . ❑
6. wegen der hohen Eigeninduktivität nicht für den Hochfrequenzeinsatz geeignet . . . . ❑

Temperaturabhängige Widerstände

E86 Um Spannungsänderungen der Ausgangsspannung beim Einsatz temperaturabhängiger Widerstände beurteilen zu können, sollen verschiedene Schaltungsmöglichkeiten betrachtet werden.
Bei welcher der dargestellten Schaltungen steigt die Ausgangsspannung bei steigender Temperatur? (Beim PTC-Widerstand erfolgt der Temperaturanstieg oberhalb der Anfangstemperatur)

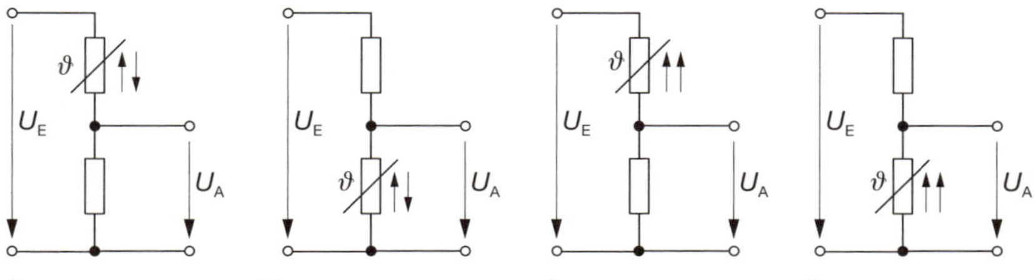

a) b) c) d)

E87 Den folgenden unter 1. bis 12. genannten Aussagen sind die zutreffenden temperaturabhängigen Widerstände zuzuordnen:
a) NTC-Widerstand b) PTC-Widerstand

1. Der Temperaturkoeffizient liegt im Bereich −3 %..−6 %/K . . . ❑
2. Der Temperaturkoeffizient liegt im Bereich 6%... 60 %/K oberhalb der Nenntemperatur . . . . ❑
3. Temperaturfühler für großen Temperaturmessbereich . . . . ❑
4. Grenztemperaturfühler in einer Motorwicklung . . . . ❑
5. Raumtemperaturfühler mit hoher Empfindlichkeit . . . . ❑

6. verzögertes Abschalten der Hilfswicklung eines 1-Phasen-Wechselstrommotors ❑
7. Temperaturkompensation des Ruhestromes in einem Leistungsverstärker ❑
8. Der Strom steigt bei Erhöhung der Spannung stärker als proportional an, wenn der Widerstand in den Bereich der Eigenerwärmung kommt ❑
9. gegen Überhitzung sicherer Niveaugrenzwertgeber für brennbare Flüssigkeiten ❑
10. Heizer mit Thermostatwirkung ❑
11. Begrenzung des Anlaufstromes bei Reihenschaltung von Heizfäden für Elektronenröhren ❑
12. Überstromsicherung ❑

E88 Zur Regelung bzw. Überwachung der Temperatur einer Flüssigkeit in der Anlage Ihres Kunden soll ein NTC-Widerstand eingesetzt werden, dessen Kennlinie aus dem Datenblatt vorliegt. Der ausgewählte Heißleiter mit einem Nennwiderstand $R_N = 6\ \mathrm{k\Omega}$ soll wie abgebildet eingebaut werden.

a) Welchen Widerstandswert muss R_1 haben, wenn die Ausgangsspannung bei einer Temperatur von $\vartheta_1 = 40\ °C$ mindestens $U_{A1} \geqq 3\ \mathrm{V}$ betragen soll? Der Widerstand ist nach der Reihe E 12 auszuwählen.

b) Wie hoch ist die Ausgangsspannung U_{A2} bei einer Temperatur $\vartheta_2 = 80\ °C$, wenn der oben ermittelte Widerstand R_1 eingesetzt wurde?

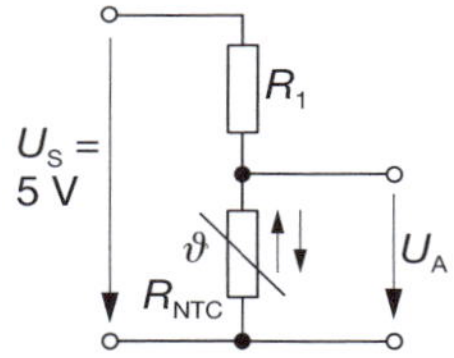

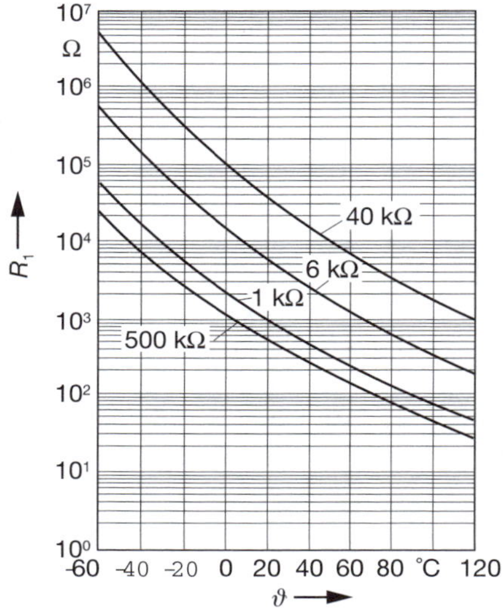

E89 Die Temperaturüberwachung einer Flüssigkeit in der Anlage Ihres Kunden soll im Gegensatz zur Aufgabe E88 mit dem gleichen NTC-Widerstand aufgebaut werden, der jedoch in einer Brückenschaltung eingebaut ist. Der Heißleiter hat einen Nennwiderstand $R_N = 40\ k\Omega$ und die gleiche Kennlinie wie in Aufgabe E88.

a) In welchem Temperaturbereich kann die Brückenschaltung auf $U_A = 0$ V mit dem Potentiometer R_P abgeglichen werden?

b) Welches Vorzeichen nimmt die Spannung U_A an, wenn nach einem Abgleich die Temperatur steigt?

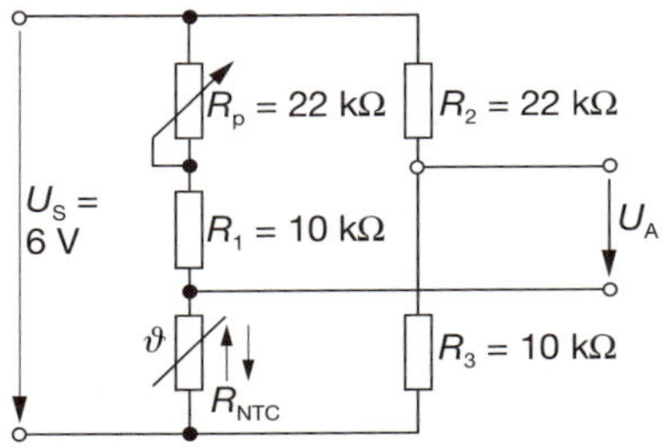

E90 Mit einem Anlassheißleiter soll eine Anzugsverzögerung aufgebaut werden. Mittels nebenstehender *U-I*-Kennlinie ist die Relaisspannung zu ermitteln:

a) am Anfang, nach Anlegen von U_s (bei abgekühltem Heißleiter).
U_{SpA} =

b) am Ende, nachdem sich das thermische Gleichgewicht des Heißleiters eingestellt hat.
U_{SpE} =

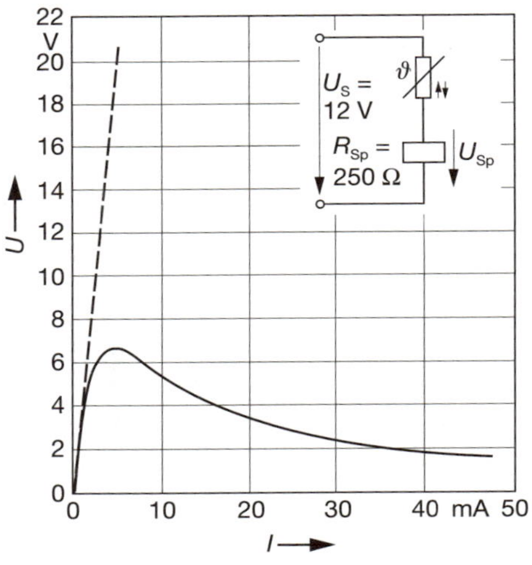

Spannungsabhängige Widerstände (Varistoren)

E91 Für welche Aufgaben werden Varistoren in erster Linie eingesetzt?
Varistoren werden eingesetzt:

a) zum Variieren der Betriebsspannung in elektrischen Anlagen . . ❍
b) zur stufenlosen Einstellung des Widerstandswertes (andere Bezeichnung für Potentiometer) . . . . ❍
c) zum Schutz von Bauelementen und elektrischen Anlagen vor Überspannung . . . . ❍
d) zur Erzeugung von Hochspannung für die Prüfung von Bauelementen und elektrischen Anlagen . . . . ❍
e) zur Ableitung von inneren und äußeren Überspannungen . . . . . ❍

E92 Welche der folgenden Funktionsbeschreibungen trifft für einen Varistor zu:

a) Varistoren müssen immer so ausgewählt werden, dass die Betriebsspannung der zu schützenden Schaltung kleiner ist als die höchstzulässige Betriebsspannung des ausgewählten Varistortyps . . . . ❍
b) Varistoren sind spannungsabhängige Halbleiterwiderstände, deren Widerstand mit steigender Spannung langsam und zeitverzögert abnimmt . . . . ❍
c) Varistoren sind spannungsabhängige Halbleiterwiderstände, deren Widerstand mit steigender Spannung plötzlich stark zunimmt . . . . ❍
d) Varistoren sind spannungsabhängige Halbleiterwiderstände, deren Widerstand mit steigender Spannung plötzlich stark abnimmt . . . . ❍
e) Varistoren sind elektrische Anlagen, die bei Anlegen einer kleinen Gleichspannung eine Hochspannung erzeugen, die zur Hochspannungsprüfung von elektrischen Bauelementen genutzt wird . . . . ❍

F Arbeit – Energie, Leistung, Wärme

Arbeit – Energie

F1 Die Zählerscheibe eines Zählers mit der Zählerkonstanten von 180 Umdrehungen je kWh macht 600 Umdrehungen.
Welche Energie hat er registriert, und wie hoch sind die Kosten dieses Arbeitsprozesses, wenn das EVU 0,11 €/kWh berechnet?

F2 Wie hoch ist etwa die in einem 12-V-Akkumulator mit einer Kapazität von 112 Ah gespeicherte Arbeit?
Welche Strecke kann ein Fahrzeug zurücklegen, das seine Antriebsenergie aus diesem Akkumulator bezieht, wenn im Mittel eine Widerstandskraft von 750 N zu überwinden ist? Der Gesamtwirkungsgrad des Antriebs wird mit 60 % angenommen.

F3 Wie viel potentielle Energie in MWh enthält ein Pumpspeicherbecken, wenn die Höhendifferenz 200 m und die gespeicherte Wassermenge $100 \cdot 10^3\ m^3$ beträgt?

Arbeit und Leistung

F4 Eine Last wird unter Überwindung einer Kraft von 2 kN in einer Zeit von 1,25 s über eine Höhe von 3,25 m gehoben. Wie hoch ist die erforderliche Leistung in kW?

F5 Ein Kran soll eine Gewichtskraft von 20 kN bei einer Geschwindigkeit von 0,73 m/s überwinden. Welche Leistung nimmt der Hubmotor auf, wenn der Gesamtwirkungsgrad der Winde mit 65 % angegeben ist?

F6 Die Kreiselpumpe eines Geschirrspülers hat bei einem Druck von 6 m Wassersäule eine Fördermenge von 300 l/min. Der Pumpenwirkungsgrad beträgt dabei 73,5 %.
Die Nennleistung des Pumpenmotors ist zu berechnen!

F7 Mit Hilfe eines Elektrizitätszählers wird die Leistungsaufnahme eines Heizgerätes überprüft. Die Zählerkonstante beträgt $180\,(\text{kWh})^{-1}$, die Zählerscheibe führt 10 Umläufe in 80 Sekunden aus.
Welche Leistung hat das Gerät?

F8 Eine 40-W-Leuchtstofflampe mit vorgeschalteter Drossel, die 10 W Verlustleistung hat, bleibt 7 Tage hindurch eingeschaltet.
Berechnen Sie die Energiekosten bei 0,12 €/kWh.

F9 Ein Aufzug wird von einem Drehstrommotor angetrieben, der folgende Leistungsschildangaben hat:
230/400 V; 50 Hz; 12 kW; 1430 min^{-1}; $\eta = 0{,}8$.
Die 2gängige Schnecke der Motorwelle treibt ein Schneckenrad mit 78 Zähnen. Das Schneckenrad befindet sich auf der Welle einer Seiltrommel mit 420 mm Durchmesser. Der Getriebewirkungsgrad beträgt 70 %.
a) Berechnen Sie die Aufzugsgeschwindigkeit!
b) Welche Last kann gehoben werden?
c) Welche Leistung nimmt der Motor dabei aus dem Netz auf?
d) Ermitteln Sie den Wirkungsgrad der Anlage!

Widerstand und Leistung

F10 Die Leistung eines Lötkolbens, die bei 230 V 40 W beträgt, soll durch einen Vorwiderstand auf 25 W herabgesetzt werden.
a) Wie groß muss der Vorwiderstand werden?
b) Für welche Leistung muss der Vorwiderstand ausgelegt sein?
c) Wie groß ist die dem Netz entnommene Leistung?

F11 Ein Lötkolben hat auf seinem Leistungsschild die Angaben 220 V/80 W.
Er ist an einem Netz mit 230 V mit einem Widerstand $R_v = 160\,\Omega$ in Reihe geschaltet.
Wie groß ist die Lötkolbenleistung in dieser Schaltung?

F12 Der Kupferwiderstand einer Motorwicklung beträgt im warmen Zustand 1,4 Ω.
Welche Verlustleistung entsteht in dieser Wicklung bei einem Nennstrom von 12 A?

F13 Wie hoch ist die Verlustleistung an einem Halbleiterbauelement, das in Reihe mit einem Vorwiderstand von 220 Ω an einer Spannung von 24 V liegt? Die Spannung an dem Halbleiterbauelement beträgt 15 V.

F14 Eine Signalquelle hat eine Leerlaufspannung von $U_0 = 900\,\text{mV}$ und einen Innenwiderstand von $R_i = 1{,}5\,\text{k}\Omega$.

a) Wie hoch ist die an einen Lastwiderstand von $R_L = 2{,}2\,\text{k}\Omega$ abgegebene Leistung?

b) Welche Leistung vermag die Signalquelle bei optimaler Anpassung an die Last abzugeben und welchen Wert muss der Lastwiderstand dabei haben?

Wärmelehre

F15 80 l Wasser haben eine Temperatur von 11 °C.
Welche Wärmemenge in Joule muss zugeführt werden, damit die Temperatur auf 85 °C steigt?

F16 850 l Kühlflüssigkeit mit einer Dichte von $0{,}91\,\text{kg/dm}^3$ und einer spezifischen Wärme von 1674 J/kg · K erwärmen sich um 50 K.
Welche Wärmemenge wurde zugeführt?

F17 Ein 1200-W-Tauchsieder soll 2 l Wasser von 15 °C auf 85 °C erwärmen. Welche Zeit ist dazu notwendig, wenn die Verluste unberücksichtigt bleiben?

F18 80 l Wasser von 85 °C und 120 l von 13 °C werden gemischt.
Welche Temperatur hat das Mischwasser?

F19 Wie viele Liter Wasser von 12 °C müssen mit 70 l von 82 °C gemischt werden, damit man 40 °C warmes Mischwasser erhält?

F20 Der Speicherkern eines 6-kW-Speicherheizgeräts hat ein Gewicht von 2,87 kN. Die gespeicherte Wärmemenge beträgt 188 MJ bei einer Temperatur von 600 °C des Speicherkerns (bezogen auf 20 °C).
Welche spezifische Wärmemenge hat das Kernmaterial?

F21 Wie viele Liter Wasser je Minute mit einer Temperatur von 40 °C liefert ein 33-kW-Durchlauferhitzer, wenn das Wasser mit einer Temperatur von 12 °C zuläuft? Der Wirkungsgrad beträgt 97 %.

F22 In einem Boiler mit 6 kW Anschlussleistung werden 80 l Wasser innerhalb 1 Stunde und 20 Minuten von 12 °C auf 85 °C erwärmt.

a) Ermitteln Sie den Nutzungswirkungsgrad.

b) Welche Kosten entstehen, wenn die Kilowattstunde mit 0,10 € berechnet wird?

F23 Ein 100-W-Lötkolben erwärmt seine Kupferlötspitze (200 g) von 20 °C auf 235 °C. Die spezifische Wärme von Kupfer beträgt $c = 385$ J/kg · K. 79% der aufgewendeten Energie bewirken die Erwärmung der Lötspitze. Berechnen Sie die Aufheizzeit!

F24 Ein Werkstück aus Stahl ($c = 460{,}2$ J/kg · K) mit einer Temperatur von 650 °C wird in 40 l Wasser abgekühlt. Die Temperatur des Wassers steigt dabei von 25 °C auf 39 °C an.
Berechnen Sie die Masse des Werkstückes!

G Elektrisches Feld und Kondensator

Gesetze des elektrischen Feldes

G1 Durch welche Wirkung ist ein elektrisches Feld gekennzeichnet?

G2 Was versteht man unter dem Begriff Elektrostatik?

G3 Wie nennt man ein elektrisches Feld zwischen ebenen, parallel verlaufenden Elektrodenflächen und wodurch ist dieses Feld gekennzeichnet?

G4 Definieren Sie den Begriff elektrische Feldstärke.

G5 Wie errechnet sich die elektrische Feldstärke zwischen planparallelen Polflächen? (Formel mit Erklärung der Größen und Angaben von Einheiten.)

G6 Was versteht man in der Elektrostatik unter Spitzenwirkung und welche Wirkung kann durch sie hervorgerufen werden?

G7 Wie hoch ist die elektrische Feldstärke in kV/cm zwischen den Metallbelägen eines Kondensators, wenn diese durch eine 50 µm dicke Kunststofffolie getrennt sind und an einer Spannung von $U = 150$ V liegen?

G8 Was versteht man unter der Durchschlagsfestigkeit eines Isolierstoffes?

G9 Wie hoch ist etwa die Durchschlagsfestigkeit von trockener Luft unter Normaldruck?

G10 Wie unterscheidet sich in etwa die Durchschlagsfestigkeit in festen Stoffen, wie z. B. Glas, Porzellan oder Kunststoffen, zu der von trockener Luft?

G11 Oberhalb welcher Spannung muss zwischen 2 Metallteilen mit einem Durchschlag gerechnet werden, wenn diese durch eine 100 µm dicke PVC-Folie getrennt sind? ($E_D = 350$ kV/cm für PVC)

G12 Wie bezeichnet man die in einem Metallkörper durch ein äußeres elektrisches Feld verursachte Ladungsverschiebung, die zu einer Ladungskonzentration an der Oberfläche führt?

G13 Was versteht man unter elektrostatischer Polarisation und in welcher Art von Stoffen tritt diese auf?

Kondensatoren

G14 Wie ist die Kapazität von Kondensatoren definiert?
Der Kapazitätswert eines Kondensators ist
a) die bei voller Ladung gespeicherte Arbeit . . . . ❍
b) die bei voller Ladung gespeicherte elektrische Ladungsmenge . . ❍
c) das Verhältnis der gespeicherten Ladung zur Spannung zwischen den Belägen . . . . ❍
d) das Verhältnis der gespeicherten Arbeit zur Spannung zwischen den Belägen . . . . ❍

G15 Wie hoch ist die Kapazität eines Kondensators, der von einem konstanten Strom von $I = 10\,\text{mA}$ in $t = 2{,}5\,\text{s}$ auf eine Spannung von $U = 50\,\text{V}$ aufgeladen wurde?

G16 Von welchen Größen hängt die Kapazität eines Kondensators ab?
Die Kapazität hängt ab von
a) der Größe der Oberfläche der wirksamen metallischen Beläge ❍
b) der Leitfähigkeit der metallischen Beläge . . . . ❍
c) der Art des Dielektrikums . . . . ❍
d) der Dicke der metallischen Beläge . . . . ❍
e) dem Abstand der leitenden Beläge . . . . ❍
f) der angelegten Spannung . . . . ❍
g) dem fließenden Strom . . . . ❍

G17 Welche Bedeutung hat bei einem Folienkondensator die Kennzeichnung einer Anschlusselektrode durch einen aufgedruckten Ring bzw. Strich?
a) Der Kondensator ist gepolt, dieser Anschluss muss mit dem Minuspol verbunden werden . . . . ❍
b) Dieser Anschluss ist mit dem außen liegenden Belag im Kondensator verbunden . . . . ❍
c) Dieser Anschluss muss grundsätzlich mit Masse (0 V) verbunden werden . . . . ❍
d) Dieser Anschluss sollte mit Masse (0 V) verbunden werden, wenn die Schaltung dieses ermöglicht . . . . ❍

a) Sie gibt an, wievielmal besser der Stoff gegenüber Luft leitet . . ❍
b) Sie gibt an, wie hoch der Widerstand zwischen 2 Elektroden ist . . . . ❍
c) Sie gibt an, um den wievielfachen Wert die Kapazität eines Kondensators größer ist, wenn der Isolierstoff statt Luft als Dielektrikum dient . . . . ❍
d) Sie gibt an, wie hoch der spezifische Widerstand gegenüber einem Vakuum ist . . . . ❍
e) Sie gibt an, wie hoch die maximale elektrische Feldstärke zwischen den Elektroden sein darf . . . . ❍

G19 Ein Kondensator mit einer Kapazität von $C = 1500\,\mu\text{F}$ ist auf eine Spannung von $U = 25$ V aufgeladen.
a) Wie groß ist die in dem Kondensator gespeicherte Ladung?
b) Wie groß ist die in dem Kondensator gespeicherte Arbeit?

G20 Der Kondensator in einem Elektronenblitzgerät hat eine Kapazität von $C = 1000\,\mu\text{F}$ und wird auf $U = 300$ V aufgeladen.
a) In welcher Zeit ist der Kondensator aus dem entladenen Zustand bis zur Nennspannung aufgeladen, wenn der Spannungswandler einen mittleren Ladestrom von $I_L = 10$ mA liefert?
b) Welche Energie enthält der geladene Kondensator?
c) Wie groß ist etwa die im Mittel vom Kondensator abgegebene Leistung, wenn er innerhalb von $t = 2$ ms entladen wird?

G21 Zu welchem Zweck werden Kondensatoren in der Praxis in Reihe geschaltet?
Was ist bei der Reihenschaltung von Kondensatoren an Gleichspannung zu beachten?

G22 Welche Formel und welche Aussage von 1. bis 6. gilt für a) Reihenschaltung, b) Parallelschaltung?
1. $C = C_1 + C_2$ . . . . ❑
2. $1/C = 1/C_1 + 1/C_2$ . . . . ❑
3. Die Gesamtkapazität ist die Summe der Einzelkapazitäten . . . . ❑
4. Die Gesamtkapazität ist kleiner als die kleinste Einzelkapazität ❑
5. $C = \dfrac{C_1 \cdot C_2}{C_1 + C_2}$ . . . . ❑
6. Die zulässige Betriebsspannung wird erhöht . . . . ❑

G23 Zu berechnen sind die Ersatzkapazitäten nachstehender Schaltungen.

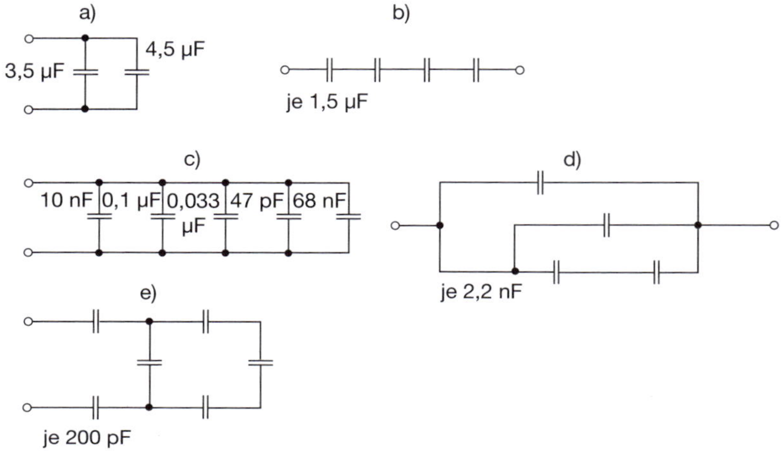

Kondensatoren im Gleichstromkreis

G24 Welche Funktion beschreibt die Änderung der Spannung an einem Kondensator durch Ladung oder Entladung

a) mit konstantem Strom?

b) mit konstanter Spannung über einen (linearen) Widerstand?

G25 Welche der folgenden Aussagen über die Zeitkonstante bei der Aufladung eines Kondensators sind richtig?

a) Es ist die Zeit, in der die Spannung den Endwert erreicht hat . . ❍

b) Es ist die Zeit, in der die Spannung ≈63 % des Endwertes erreicht hat . . . . ❍

c) Es ist die Zeit, in der die Spannung 50 % des Endwertes erreicht hat . . . . ❍

d) Es ist die Zeit, in der die Spannung ≈37 % des Endwertes erreicht hat . . . . ❍

e) Es ist ein Intervall, in dem sich die Spannung ihrem Endwert bis auf ≈37 % nähert . . . . ❍

f) Es ist ein Intervall, in dem sich die Spannung ihrem Endwert bis auf ≈63 % nähert . . . . ❍

g) Es ist der Intervall, in dem die Spannung ihren Endwert erreichen würde, wenn der Strom seinen Anfangswert beibehalten würde . . . . ❍

G26 Einem Leistungskondensator soll ein Entladewiderstand parallel geschaltet werden (fest mit dem Kondensator verbunden). Der Kondensator hat eine Kapazität von $C = 22\ \mu F$ und liegt im Betriebszustand an $U_{RMS} = 400$ V Wechselspannung. Er soll nach einer Trennung vom Netz innerhalb von $t = 20$ s im ungünstigsten Fall auf $u_C \leq 50$ V entladen sein.

Der Widerstandswert ist nach der Reihe E12 auszuwählen und außerdem die Belastbarkeit anzugeben.

G27 Für ein Relais soll mit Hilfe eines Kondensators eine Abfallverzögerung realisiert werden (siehe Bild).

Das Relais soll mindestens $t_{an} = 2$ s nach dem Schließen des Schalters S angezogen bleiben. Welche Kapazität muss der Kondensator haben, wenn das Relais bei Unterschreiten einer Spannung von $U_{ab} \leq 9$ V abfällt? Die Betriebsspannung beträgt $U_B = 24$ V, und die Relaisspule hat einen Widerstand von $R_{Sp} = 1{,}5$ kΩ. (Die Induktivität der Relaisspule ist hierbei vernachlässigbar.)

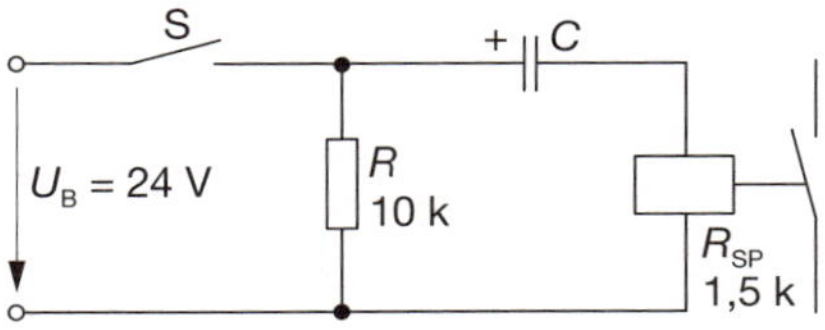

Integrier- und Differenzierglieder

G28 Die folgenden Spannungs-Zeit-Diagramme treten an den Ausgängen verschiedener Vierpole aus je einem Kondensator und einem Widerstand auf. An die Eingänge wurde eine positive Rechteck-Gleichspannung gelegt.

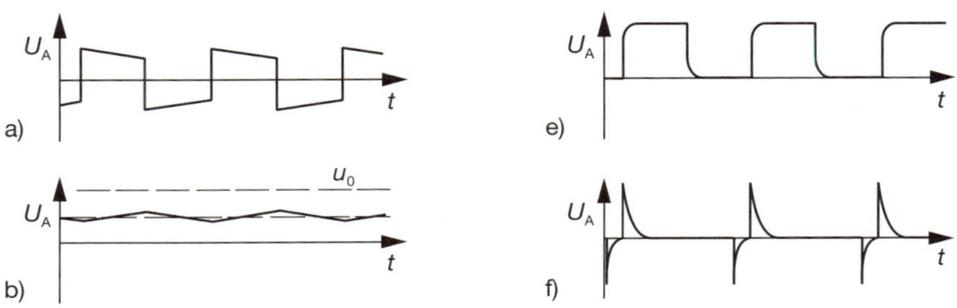

c)

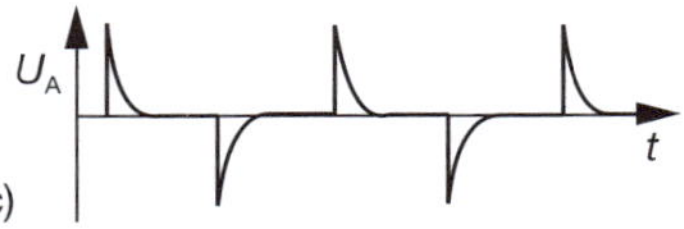

g)

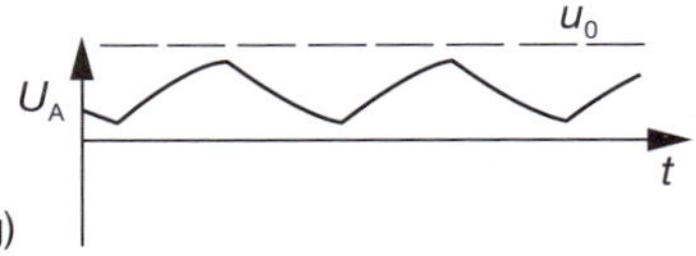

d)

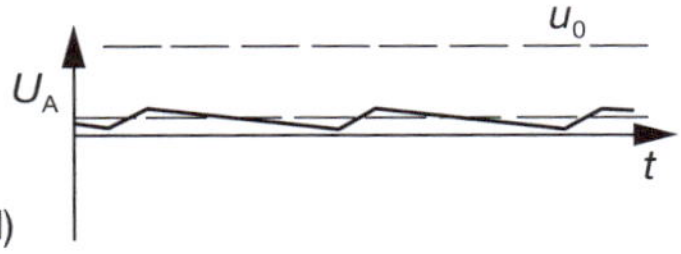

h)

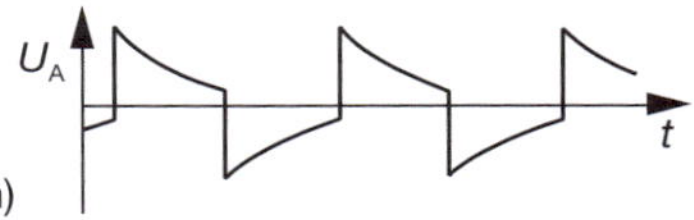

1. Welches Diagramm wurde an einem RC-Glied (Kondensator im Querzweig) aufgenommen? . . . .
2. Welches Diagramm wurde an einem CR-Glied (Widerstand im Querzweig) aufgenommen? . . . .
3. Bei welchem Diagramm wurde das Eingangssignal differenziert ($\tau \ll T$)? . . . .
4. Bei welchem Diagramm wurde das Eingangssignal integriert ($\tau \gg T$)? . . . .
5. Bei welchem der Diagramme ist die Impulszeit des Eingangssignals kürzer als die Pausenzeit ($t_i < t_p$)? . . . . .

Bauformen und Eigenschaften von Kondensatoren

G29 Welche Bedeutungen sind folgenden Angaben auf verschiedenen Kondensatoren zu entnehmen?

a) Elektrolytkondensator mit 470/25
b) Folienkondensator mit 0,1/5/100
c) Folienkondensator mit 2200/10/250
d) Keramikkondensator mit 4n7

G30 Welche Bedeutung hat auf einem Folienkondensator die Kennzeichnung eines Anschlusses durch einen Ring bzw. Strich?

G31 In welche 3 Bauformen können Kondensatoren bezüglich der Anordnung der Beläge und des Dielektrikums unterschieden werden?

G32 Welche Vorteile weisen Kondensatoren mit aufgedampften Belägen (1. Kennbuchstabe M) gegenüber anderen Wickel- oder Schichtkondensatoren auf?

G33 Die unter a) bis d) aufgeführten Kondensatorbauformen sind den Beschreibungen 1. bis 7. zuzuordnen.

a) Kunststoff-Folienkondensator mit aufgedampften Belägen (MK-Kondensator)
b) Metallpapierkondensator (MP)
c) Elektrolytkondensator
d) Keramikkondensator mit ND-Keramik

1. Kondensator mit geringer Kapazität (z.B. 100 pF) und sehr guten Hochfrequenzeigenschaften . . . . [ ]
2. Kondensatoren mit der höchsten spezifischen Kapazität . [ ]
3. Kondensator mit Selbstheilung bei Durchschlag . . . . [ ]
4. gepolter Kondensator . . . . [ ]
5. werden als Wickelkondensatoren oder als Vielschichtkondensatoren hergestellt . . . . [ ]
6. Kondensator ist in erster Linie bei niedriger Frequenz (z.B. Netzfrequenz) geeignet . . . . [ ]
7. Als Dielektrikum dient eine dünne Oxidschicht . . . . [ ]

G34 Worauf ist in erster Linie die hohe spezifische Kapazität von Elektrolytkondensatoren zurückzuführen?

G35 Durch welche Eigenschaft ist die Verwendbarkeit normaler Elektrolytkondensatoren gegenüber Folienkondensatoren eingeschränkt?

H Magnetisches Feld

Grundbegriffe

H1 Es gibt a) magnetisch gut leitende und
b) magnetisch etwa neutrale Materialien.
Die beiden Möglichkeiten sind den Eigenschaften 1. bis 3. zuzuordnen.
1. paramagnetisch . . . . ❑
2. diamagnetisch . . . . ❑
3. ferromagnetisch . . . . ❑

H2 Die Begriffe a) hartmagnetischer Werkstoff, b) weichmagnetischer Werkstoff sind den Beschreibungen 1. bis 4. zuzuordnen.
1. behält nach der Aufmagnetisierung die magnetische Wirkung sehr ausgeprägt bei . . . . ❑
2. lässt sich aufmagnetisieren, verliert nach der Abschaltung des Magnetisierungsstroms den größten Teil seiner magnetischen Wirkung . . . . ❑
3. ist ein Permanentmagnet . . . . ❑
4. wird für Kerne von Transformatoren und Blechpakete in umlaufenden elektrischen Maschinen verwendet . . . . ❑

H3 Welche Ursache hat ein magnetisches Feld?
a) die Bewegung elektrischer Ladungen . . . . ❍
b) die elektrische Spannung . . . . ❍
c) den elektrischen Strom . . . . ❍
d) ruhende elektrische Ladungen . . . . ❍

H4 Ferromagnetische Stoffe werden zur Abschirmung magnetischer Felder, z. B. in Messwerken, eingesetzt. Worauf ist die abschirmende Wirkung dieser Stoffe zurückzuführen?
a) Sie isolieren aufgrund ihrer schlechten magnetischen Leitfähigkeit das zu schützende Messwerk gegenüber den magnetischen Fremdfehlern . . . . ❍
b) Sie haben eine besonders gute magnetische Leitfähigkeit, die zur Folge hat, dass die magnetischen Feldlinien der Fremdfelder bevorzugt den Weg über das ferromagnetische Material wählen und dadurch vom zu schützenden Messwerk ferngehalten werden . . . ❍

c) Sie reflektieren die magnetischen Feldlinien der Fremdfelder und halten sie dadurch vom zu schützenden Messwerk fern ... ❍

Magnetischer Kreis

H5 Die Begriffe des magnetischen Kreises lassen sich leichter veranschaulichen, wenn man sie mit Begriffen aus dem elektrischen Stromkreis vergleicht. Ordnen Sie den folgenden Begriffen des Stromkreises die nachstehend genannten Begriffe folgerichtig zu:

a) magnetischer Fluss; b) Induktion bzw. Flussdichte; c) magnetische Feldstärke; d) Durchflutung; e) Permeabilität; f) magnetischer Widerstand;

1. elektrische Spannung .... ❑
2. elektrischer Strom .... ❑
3. elektrischer Widerstand .... ❑
4. Stromdichte .... ❑
5. elektrische Leitfähigkeit .... ❑
6. spezifischer Widerstand .... ❑
7. elektrische Feldstärke .... ❑

H6 Auf welche Beschreibungen treffen die Begriffe zu:

a) magnetischer Fluss
b) magnetische Flussdichte
c) magnetischer Widerstand R_m
d) Permeabilität
e) Durchflutung
f) magnetische Feldstärke
g) Induktivität

1. Ursache des magnetischen Flusses .... ❑
2. magnetische Spannungen, bezogen auf eine Längeneinheit des magnetischen Leiters .... ❑
3. magnetische Leitfähigkeit eines Stoffes .... ❑
4. Gesamtheit der magnetischen Feldlinien .... ❑
5. Faktor, der, mit dem magnetischen Fluss multipliziert, den magnetischen Spannungsfall angibt .... ❑
6. Kenngröße einer Spule, die vom Aufbau der Spule (Windungszahl und magnetischer Kreis) abhängig ist .... ❑
7. der auf eine Flächeneinheit bezogene magnetische Fluss ..... ❑
8. Strom × Windungszahl in einer Spule .... ❑

H7 Die unter a) bis f) genannten Formelzeichen sind den Beschreibungen 1. bis 6. zuzuordnen:
a) H; b) μ; c) R_m; d) Θ; e) Φ; f) B

1. magnetische Flussdichte ❑
2. Durchflutung .... ❑
3. Permeabilität .... ❑
4. magnetischer Fluss ...... ❑
5. magnetischer Widerstand . ❑
6. magnetische Feldstärke .. ❑

H8 Die unter a) bis e) genannten Einheiten-Kurzzeichen sind den Begriffen 1. bis 4. zuzuordnen.
a) A/m; b) Vs; c) Vs/m^2; d) T; e) A

1. magnetische Flussdichte .... ▭
2. Durchflutung .. ▭
3. magnetischer Fluss ▭
4. magnetische Feldstärke ...... ▭

H9 Bei einer magnetischen Feldstärke von 4000 A/m beträgt die Flussdichte $B = 1{,}6\ Vs/m^2$.
Wie groß ist die Permeabilität?

H10 Der Luftspalt eines mit Gleichstrom gespeisten Elektromagneten wird mit einem Eisenstück geschlossen.
Dadurch vergrößern sich

a) der magnetische Fluss ❍
b) die Durchflutung ❍
c) der magnetische Widerstand .... ❍
d) die magnetische Induktion ❍

H11 Der elektrische Strom in einer Luftspule (Feldlinienverlauf in Luft) wird verändert. Welche Größen des magnetischen Kreises werden dadurch beeinflusst?

a) Permeabilität .... ❍
b) magnetische Flussdichte ❍
c) magnetische Feldstärke ❍
d) magnetischer Widerstand ❍
e) Durchflutung .... ❍

Ferromagnetische Materialien

H12 Ordnen Sie die Begriffe a) bis e) den Beschreibungen 1. bis 7. zu:
a) Hysteresiskurve; b) Remanenz; c) Koerzitivfeldstärke; d) hartmagnetisches Material; e) weichmagnetisches Material.

1. Restmagnetismus .... ❑
2. Durchflutung je Meter Kraftlinienweg, die erforderlich ist, um den Restmagnetismus abzubauen .... ❑

3. Stoffe, die zum Abbau des Restmagnetismus eine hohe Feldstärke benötigen .... ❑
4. Stoffe, die zum Abbau der Remanenz eine kleine Feldstärke benötigen .... ❑
5. Diagramm, das die Abhängigkeit der Flussdichte von der magnetischen Feldstärke angibt .... ❑
6. Diagramm, das die Abhängigkeit zwischen der durch Magnetismus erzeugten Kraft und dem elektrischen Strom angibt ...... ❑
7. Magnetische Spannung .... ❑

H13 Welche der folgenden Beschreibungen treffen auf die Begriffe a) und b) zu:

a) Bariumferrit-Magneten und
b) Alnico-Magneten?

1. metallisches Aussehen und Haltbarkeit .... ❑
2. werden in Messgeräten eingesetzt .... ❑
3. Einbau in Kleinmotoren als Pole .... ❑
4. Sie zersplittern leicht bei Fall auf eine harte Unterlage .... ❑
5. geringe Temperaturabhängigkeit .... ❑
6. hohe Induktion .... ❑

H14 Die Begriffe a) bis e) sind den nachfolgenden Beschreibungen zuzuordnen:

a) Blechkerne; b) Bandkerne; c) Schnittbandkerne; d) Pulverkerne; e) Ferritkerne

1. werden überwiegend in der Hochfrequenztechnik zwischen 20 kHz und 120 MHz angewendet .... ☐
2. vermeiden bei sehr hohen Frequenzen besonders gut Wirbelströme, da sie praktisch elektrische Nichtleiter sind .. ☐
3. finden ihre Hauptanwendung im Elektromaschinenbau, also bei niedrigen Frequenzen .... ☐
4. werden sehr häufig in der Nf- und Hf-Technik eingesetzt ☐
5. sind grundsätzlich für die Wechselstromtechnik mit niedrigen Frequenzen (bis Nf-Bereich) geeignet, da die magnetische Leitfähigkeit relativ gut ist und die Wirbelstromverluste bei den Frequenzen noch gering sind .... ☐
6. lassen sich mit magnetischen Vorzugsrichtungen herstellen .... ☐

H15 Welche weichmagnetischen Kerne lassen sich mit einer magnetischen Vorzugsrichtung herstellen und wovon ist diese Vorzugsrichtung abhängig?

H16 Für welche Frequenzbereiche (niedrige oder hohe) sind Pulverkerne gut geeignet und durch welche Bauartmerkmale ist das bedingt?

Elektromagnete

H17 Die beiden Kreise stellen den Querschnitt von stromdurchflossenen Leitern dar. Geben Sie die Richtung der Magnetfelder an.

⊗ ⊙

H18 Die Zeichnung stellt eine stromdurchflossene Spule dar. Skizzieren Sie das durch die Spule entstehende Magnetfeld, und geben Sie den Nordpol und den Südpol der Spule an.

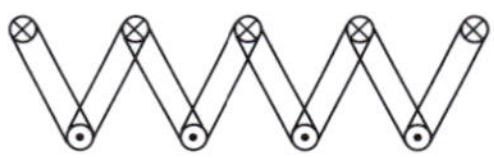

H19 Werden 2 parallele Leiter von einem elektrischen Strom durchflossen,
a) ziehen sie einander an,
oder
b) stoßen sie einander ab.
Welche der beiden Erscheinungen treten in den folgenden Beispielen auf?

1. ⊗ ⊗
2. ⊗ ⊙
3. ⊙ ⊙
4. ⊙ ⊗

H20 2 parallele Stromschienen, 3 m lang, die in einem Abstand von 25 cm voneinander angeordnet sind, können, wenn ein Kurzschluss auftritt, im ungünstigsten Falle von einem maximalen Kurzschlussstrom 30 kA durchflossen werden.
Welche Kraft wirkt dann zwischen den Schienen?

H21 In 2 parallelen Leitern fließen Ströme in entgegengesetzter Richtung. Welche Aussage trifft zu?
a) Die magnetische Wirkung hebt sich auf, es wirken demzufolge keine Kräfte . . . . ❍

b) Die Magnetfelder beeinflussen sich so, dass die Leiter zusammengedrückt werden . . . . ❍
c) Die magnetischen Feldlinien haben zwischen den Leitern die gleiche Richtung . . . . ❍
d) Die Leiter werden auseinandergedrückt . . . . ❍
e) Ein gemeinsames Magnetfeld umschließt beide Leiter . . . . ❍

H22 Der Strom in der Spule eines Gleichstrommagneten wird verdoppelt. Wie ändert sich die Kraft auf den Anker?
Der magnetische Widerstand im Eisen ist gegenüber dem magnetischen Widerstand im Luftspalt vernachlässigbar klein.
Die Kraft
a) verdoppelt sich . . . . ❍
b) vervierfacht sich . . . . ❍
c) ändert sich nicht . . . . ❍
d) vergrößert sich auf den $\sqrt{2}$-fachen Wert . . . . ❍
e) sinkt auf den halben Wert . . . . ❍

H23 In welche Richtung wird der stromdurchflossene Leiter im Magnetfeld abgelenkt?
a) nach links . . . . ❍
b) nach rechts . . . . ❍
c) keine Ablenkung . . . . . ❍
d) zum Südpol . . . . ❍
e) zum Nordpol . . . . ❍

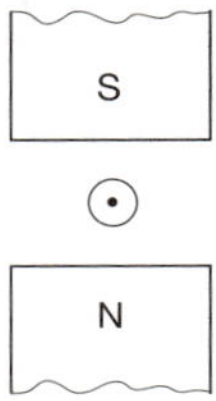

H24 Ein gerader Kupferleiter mit *offenen* Enden (ohne Belastung) wird durch ein Magnetfeld bewegt.
Welche Kräfte bezüglich der Bewegungsrichtung treten dabei auf?
Der Leiter wird
a) in Bewegungsrichtung beschleunigt . . . . ❍
b) stark abgebremst . . . . ❍
c) senkrecht zur Bewegungsrichtung abgedrängt . . . . ❍
d) praktisch in keiner Weise beeinflusst . . . . ❍

H25 Ein Leiter in einem *geschlossenen* Stromkreis wird durch ein Magnetfeld bewegt. Welche magnetischen Kräfte treten auf?
a) Keine Kräfte, der Leiter kann ohne Überwindung einer magnetischen Kraft durch das Feld bewegt werden . . . . ❍
b) Je nach Stromrichtung wird der Leiter zum Nord- oder zum Südpol abgedrängt . . . . ❍
c) Es wirkt eine Kraft entgegen der Bewegungsrichtung . . . . ❍

d) Der Leiter wird bis zur Mitte des Feldes in Bewegungsrichtung angezogen und kann dann nur unter Kraftaufwand weiterbewegt werden .... ❍

H26 Wie groß ist die wirkende Ablenkkraft auf einen Leiter, der das Magnetfeld senkrecht schneidet, wenn die magnetische Flussdichte 0,9 T, die Leiterlänge im Magnetfeld 30 cm und der Strom im Leiter 25 A betragen?

Elektromagnetische Induktion

H27 Durch die magnetische Induktion wird in einer Spule eine Spannung induziert. Die Höhe dieser Spannung ist

a) proportional zur Leiterzahl .... ❍
b) proportional zur Größe des magnetischen Flusses .... ❍
c) proportional zur Geschwindigkeit der Flussänderung .... ❍
d) umgekehrt proportional zum magnetischen Fluss .... ❍

H28 Welche der folgenden Beschreibungen trifft auf einen Generator zu?

a) Die induzierte Spannung ist proportional zur Drehzahl .... ❍
b) Die induzierte Spannung ist kleiner, je höher die Induktion ist ❍
c) Die induzierte Spannung verhält sich proportional zur Windungszahl .... ❍

H29 Wie lautet das Lenzsche Gesetz?

H30 Nennen Sie die Definition für die Induktivität 1 Henry.

Induktivität

H31 Durch welche Maßnahmen kann die Induktivität einer Spule verdoppelt werden?

a) Windungszahl verdoppeln .... ❍
b) Windungszahl halbieren .... ❍
c) magnetischen Widerstand verdoppeln .... ❍
d) magnetischen Widerstand halbieren .... ❍
e) Windungszahl um den Faktor $\sqrt{2}$ vergrößern .... ❍
f) Windungszahl um den Faktor $\sqrt{2}$ verkleinern .... ❍

H32 Wovon ist die Höhe der Induktivität in einer Spule abhängig?

a) von der Windungszahl der Spule .... ❍
b) von der Länge des Feldlinienwegs .... ❍

c) vom ohmschen Widerstand der Wicklung .... ❍
d) von der Änderungsgeschwindigkeit des Magnetflusses .... ❍

H33 Auf welche der nachfolgenden Begriffe trifft auch die Bezeichnung Induktivitätsfaktor (A_L-Wert) zu?
a) magnetischer Widerstand .... ❍
b) magnetischer Leitwert .... ❍
c) Querschnitt einer Spule .... ❍
d) Induktivität .... ❍

H34 Eine Induktivität von 20 mH ist mit 80 Windungen versehen. Welchen A_L-Wert hat der Kern?

Spule im Gleichstromkreis

H35 Von einer Spule sind folgende Werte bekannt:
Gleichstromkupferwiderstand $R_{cu} = 200\ \Omega$
Induktivität $L = 40$ mH
Welches Ersatzschaltbild wäre für diesen Fall richtig und warum ist dies der Fall?
a) Reihenersatzschaltbild mit den obigen Werten?
b) Parallelersatzschaltbild mit den obigen Werten?

H36 Ein Stromkreis mit einer Induktivität wird eingeschaltet. Welche Werte haben der Strom und die Spannung an der Induktivität im Einschaltaugenblick?

a) $u_L = U_0;\ i_L = 0$ ...... ❍
b) $u_L = 0;\ i_L = 0$ .... ❍
c) $u_L = 0;\ i_L = i_{max}$ ...... ❍
d) $u_L = U_0 \cdot i_L = i_{max}$ .... ❍
e) $u_L = \frac{U_0}{2};\quad i_L = \frac{i_{max}}{2}$ ..... ❍

H37 Ein Stromkreis mit einer Induktivität wird abgeschaltet. Welche Spannung entsteht an der Induktivität?
a) eine unendlich hohe Spannung .... ❍
b) eine Spannung, die von der Stromänderungsgeschwindigkeit beim Abschalten bestimmt wird .... ❍
c) die Urspannung des abgeschalteten Stromkreises .... ❍
d) keine Spannung .... ❍
e) eine Spannung, die von der Induktivität bestimmt wird .... ❍

H38 Beim Abschalten einer Induktivität entstehen hohe Spannungsspitzen, wenn nicht besondere Schutzmaßnahmen getroffen werden.
Durch welche Maßnahmen lassen sich diese Spannungsspitzen vermeiden?

Wirbelströme

H39 Durch welche Maßnahmen werden
a) Wirbelstromverluste; b) Hysteresisverluste klein gehalten bzw. vermieden?

1. Verwendung von lamellierten Eisenblechpaketen statt Massiveisenkernen .... ☐
2. Verwendung weichmagnetischer Eisenkerne .... ☐
3. Verwendung hartmagnetischer Eisenkerne .... ☐
4. Verwendung von Kernen aus weichmagnetischen Ferriten statt Massiveisen .... ☐
5. Verwendung von Luftspulen .... ☐

H40 Wirbelströme werden meistens als störend empfunden.
Nennen Sie einige Anwendungsfälle, in denen die Wirbelströme nutzbringend angewendet werden.

I Wechselstromtechnik

I1 Die Begriffe
a) Scheitelwert; b) Effektivwert; sind den Beschreibungen zuzuordnen:
1. Den größten Augenblick einer sinusförmigen Wechselspannung nennt man .... ❑
2. Er entspricht dem Wert eines Gleichstromes, der im gleichen Widerstand die gleiche Leistung zur Folge hat .... ❑
3. ist entscheidend für Bemessung der Isolationsfestigkeit ...... ❑
4. Die Strom- und Spannungsangaben auf Wechselstromgeräten werden angegeben als .... ❑

Periode – Periodendauer

I2 Im öffentlichen Versorgungsnetz beträgt die Periodendauer des Wechselstromes 20 ms. Wie groß ist die Frequenz dieses Stromes?

I3 In der Bahntechnik beträgt die Frequenz des Wechselstromes $16\ ^2/_3$ Hz. Wie groß ist die zugehörige Periodendauer?

I4 Eine sinusförmige Wechselspannung mit einem Effektivwert von 12 V hat während 1,2 s 120 Perioden.
Berechnen Sie:
a) Periodendauer
b) Frequenz
c) Scheitelwert

Frequenz – Polpaarzahl – Drehzahl

I5 Eine Synchronmaschine hat 6 Pole und eine Drehzahl $n_0 = 3000\ \text{min}^{-1}$. Wie groß ist die Frequenz der Ausgangsspannung?

I6 Eine Synchronmaschine mit 10 Polen wird an unserem öffentlichen 50-Hz-Netz betrieben. Wie groß ist die Drehzahl dieser Maschine?

I7 Der Umformermaschinensatz Umformersatz eines Kunden besteht aus einem 8-poligen Synchronmotor und einem 2-poligen Generator. Der Motor dieses Maschinensatzes wird am 50-Hz-Netz betrieben.

a) Wie groß ist die Frequenz am Ausgang des Generators?

b) Der Kunde benötigt eine Ausgangsfrequenz von 100 Hz. Wie viele Polpaare muss ein Austauschgenerator haben?

Phasenverschiebung

I8 Die Phasenlagen von Strömen und Spannungen werden häufig in Zeigerdiagrammen dargestellt. In welchem der nachfolgenden Zeigerdiagramme eilt der Strom der Spannung um den Winkel φ nach?

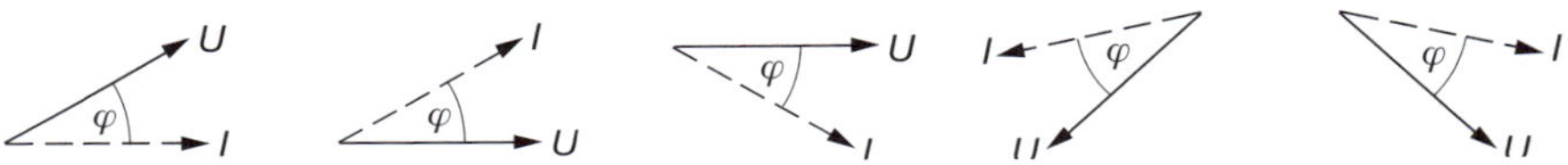

a)	b)	c)	d)	e)
❍	❍	❍	❍	❍

I9 In welchem der Liniendiagramme eilt die Spannung dem Strom um den Winkel φ vor?

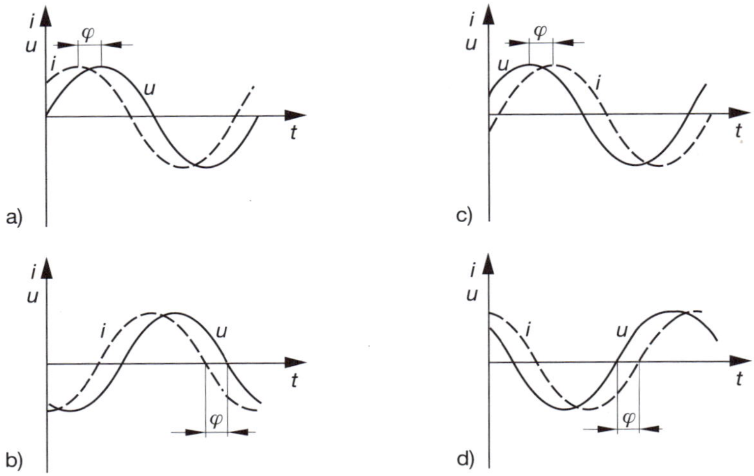

Induktiver Widerstand

I10 Wie groß ist die Induktivität einer verlustlosen Spule, wenn der induktive Widerstand mit 120 Ω bei 50 Hz bekannt ist?

I11 Eine Spule hat bei 750 Hz einen induktiven Widerstand von 85 Ω. Welche Frequenz muss eingestellt werden, damit sich der induktive Widerstand auf 100 Ω verändert?

Reihenschaltung von *R* und X_L

I12 Bei einer Spule sind die Daten des Ersatzschaltbildes als Reihenschaltung bekannt. $R = 15\ \Omega$ und $L = 0{,}05$ H. Diese Spule wird an einem 50-Hz-Netz betrieben. Wie groß sind:
a) der Gesamtwiderstand,
b) der Phasenwinkel?

I13 Zur Bestimmung der Induktivität einer Spule wurde zunächst eine Messung mit 12 V Gleichspannung durchgeführt. Der gemessene Strom betrug 1,6 A. Bei der nachfolgenden Messung mit 12 V Wechselspannung und $f = 50$ Hz wurde ein Strom von 0,9 A gemessen.
Wie groß ist die Induktivität der Spule?

I14 Die Daten des Ersatzschaltbildes als Reihenschaltung einer Spule sind $R = 24\ \Omega$ und $L = 76{,}4$ mH. Diese Spule wird an ein 230-V/50-Hz-Netz angeschlossen.
Gesucht werden:
a) der induktive Widerstand
b) der Gesamtwiderstand
c) der Strom
d) die Teilspannungen U_R und U_L
e) die Leistungen

I15 Der Gesamtwiderstand einer Drossel wurde bei $f = 600$ Hz mit 180 Ω ermittelt. Der Phasenwinkel zwischen Strom und Spannung beträgt 32°. Wie groß sind *R* und *L*?

I16 Eine Leuchtstofflampe L 65 W/25, deren vorgeschaltete Drossel eine Verlustleistung von 12 W besitzt, nimmt bei einer angelegten Spannung 230 V/50 Hz einen Strom 0,9 A auf.
Wie groß ist die Induktivität der Drossel?

I17 Das Ersatzschaltbild einer Spule *mit Eisenkern* ist häufig die Reihenschaltung aus *R* und X_L. Welche der folgenden Beschreibungen treffen zu:

a) Der induktive Widerstand verändert sich linear mit der Frequenz (z.B. bei 50 Hz 100 Ω; bei 500 Hz 1000 Ω . . . . ❍
b) Der Strom eilt der Spannung um einen Winkel zwischen 0° und 90° voraus . . . . ❍
c) Der Anteil der Eisenverluste an den Gesamtverlusten nimmt mit steigender Frequenz zu . . . . ❍

I18 Die Begriffe
a) Wirkleistung, b) Scheinleistung, c) Blindleistung
sind den richtigen Beschreibungen zuzuordnen:
1. Die abgegebene Leistung eines Motors heißt . . . . ❑
2. wird auf Transformatoren angegeben . . . . ❑
3. dient dem Auf- und Abbau der magnetischen Felder . . . . ❑

Parallelschaltung von *R* und X_L

I19 Parallel zu einer Induktivität von 12 mH liegt ein ohmscher Widerstand von 5 Ω an einer Spannung von 60 V/100 Hz.
a) Wie groß ist der induktive Widerstand?
b) Wie groß ist der Gesamtstrom?
c) Welchen Ersatzwiderstand *Z* hat die Schaltung?
d) Wie groß ist der Phasenverschiebungswinkel?

I20 Eine Spule nimmt an 230 V/50 Hz 4 A bei einem $\cos \varphi = 0{,}76$ auf.
a) Wie groß ist der Ersatzwiderstand *Z*?
b) Welche Teilströme fließen in einem Parallelersatzschaltbild?
c) Wie groß sind die Widerstände *R* und X_L im Parallelersatzschaltbild?

Kapazitiver Widerstand

I21 Wie groß ist der kapazitive Widerstand folgender Kondensatoren:
a) $C = 0{,}6\ \mu F$
$f = 50\ Hz$
b) $C = 1{,}4\ \mu F$
$f = 150\ Hz$

I22 Wie groß ist der Strom, der in einem Kondensator mit folgenden Daten fließt, wenn er mit Nenndaten betrieben wird?

$C = 3\ \mu F$
$U = 230\ V$
$f\ = 50\ Hz$

I23 Auf einer Platine eines Kunden befindet sich ein Kondensator, dessen Daten nicht mehr lesbar sind. Durch Messungen in der Schaltung stellen Sie fest, dass bei einer anliegenden Spannung von 230 V/50 Hz ein Strom von 18,3 mA fließt.
Wie groß ist die Kapazität dieses Kondensators?

I24 Welche der Beschreibungen treffen für einen Kondensator an Wechselspannung zu?
a) Vergrößert seinen Blindwiderstand mit zunehmender Frequenz ❍
b) Der Strom eilt der Spannung um etwa 90° voraus . . . . ❍
c) Seine Verluste steigen mit zunehmender Frequenz . . . . ❍

Reihenschaltung von *R* und X_c

I25 Auf einer Platine befindet sich die Reihenschaltung eines Kondensators $C = 350\ pF$, und eines ohmschen Widerstandes $R = 2{,}5\ k\Omega$. Die Frequenz der anliegenden Wechselspannung beträgt 380 kHz.
Wie groß sind der Scheinwiderstand (Gesamtwiderstand) und der Phasenwinkel dieser Reihenschaltung?

I26 Ein Kunde besitzt einen größeren Vorrat an Glühlampen 100 W/115 V und möchte diese am öffentlichen 230-V/50-Hz-Netz betreiben. Die Anpassung soll jeweils durch einen vorgeschalteten Kondensator erfolgen.
Wie groß ist die Kapazität des Kondensators zu wählen, wenn an der Glühlampe 115 V liegen sollen?

I27 Ein Lötkolben 100 W/230 V/50 Hz soll durch Vorschalten eines Kondensators in den Lötpausen nur noch $^1/_4$ seiner Nennleistung aufnehmen. Wie groß muss die Kapazität des Kondensators sein?

Parallelschaltung von *R* und X_c

I28 Ein ohmscher Widerstand von 25 Ω und eine Kapazität mit 50 µF liegen parallel an 125 V/40 Hz.

Berechnen Sie:

a) Teilströme I_R und I_C, Gesamtstrom

b) Leistungsfaktor

c) Schein-, Wirk- und Blindleistung

I29 Die Strom- und Spannungsdreiecke a) bis f) sind den Ersatzschaltbildern 1. bis 4. zuzuordnen.

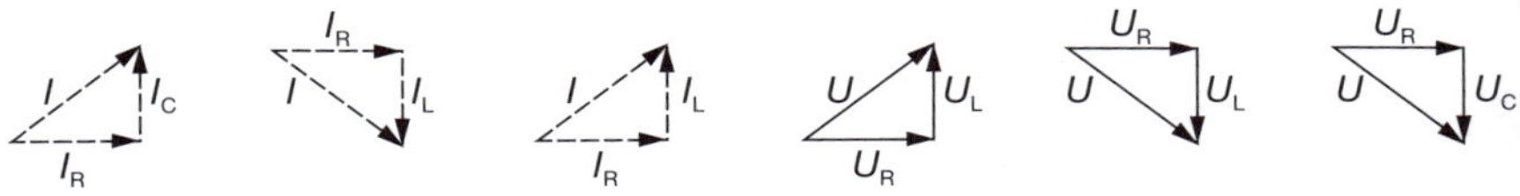

a) b) c) d) e) f)

1. ❑ 2. ❑ 3. ❑ 4. ❑

I30 Die Liniendiagramme sind den richtigen Schaltbildern 1. bis 5. zuzuordnen.

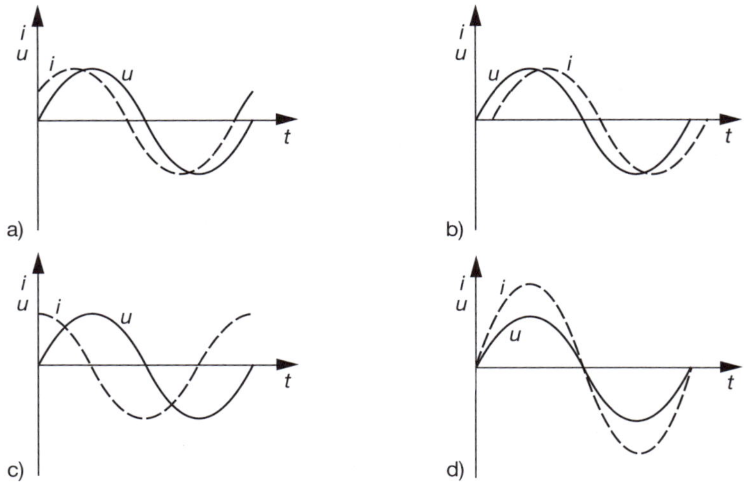

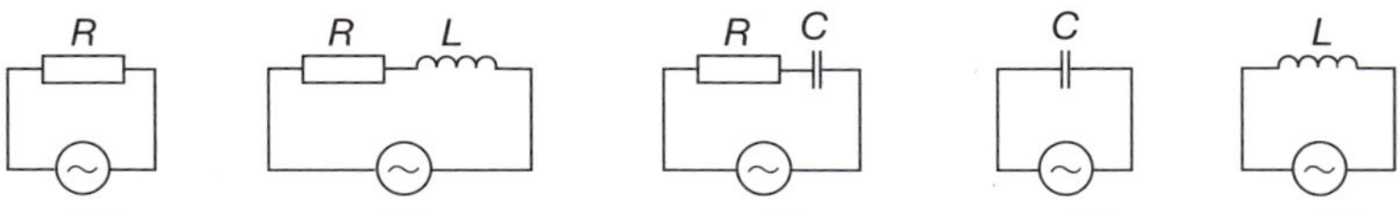

1. ❑ 2. ❑ 3. ❑ 4. ❑ 5. ❑

Reihen- und Parallelschaltung verschiedener Bauteile

I31 Die Ersatzschaltbilder a) bis d) sind den richtigen Zeigerdiagrammen 1. bis 4. zuzuordnen.

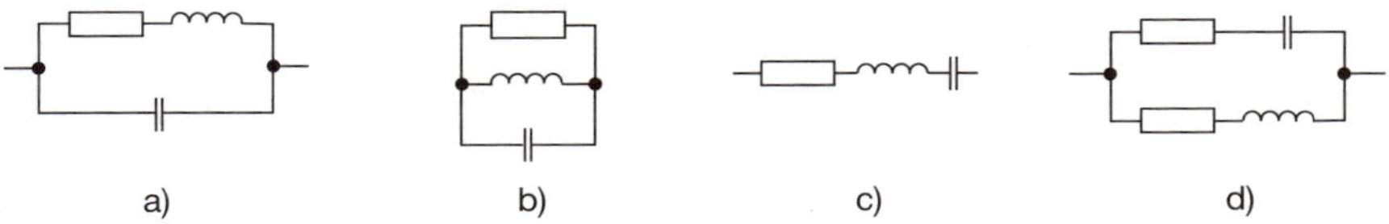

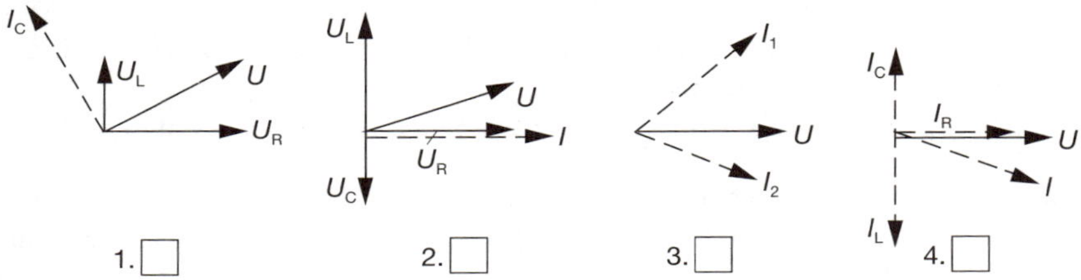

I32 3 Induktivitäten mit $L_1 = 20$ mH, $L_2 = 16$ mH und $L_3 = 95$ mH werden a) in Reihe und b) parallel an eine Spannung von 230 V/50 Hz angeschlossen.
Wie groß ist der Gesamtwiderstand der jeweiligen Schaltung?

I33 3 Kondensatoren $C_1 = 1350$ µF, $C_2 = 2{,}7$ pF und $C_3 = 975$ µF werden a) in Reihe und b) parallel geschaltet.
Wie groß ist die jeweilige Gesamtkapazität der Schaltung?

I34 Es soll ein kapazitiver Widerstand von 600 Ω erstellt werden. Zur Verfügung steht ein Kondensator von 10 µF. Wie muss ein 2. Kondensator geschaltet werden, und welche Größe muss er haben, wenn die Frequenz 50 Hz beträgt?

I35 2 Spulen (ohne Eisenverluste) nehmen in Reihenschaltung an 400 V/50 Hz einen Strom von 1,9 A auf. Spule 1 hat einen ohmschen Widerstand von 20 Ω und eine Induktivität von 382 mH. Spule 2 hat einen ohmschen Widerstand von 40 Ω.
Berechnen Sie:
a) Scheinwiderstand der Schaltung
b) Induktivität von Spule 2

Gemischte Schaltungen

I36 Eine Spule mit einem ohmschen Widerstand von 45 Ω in Reihe mit einer Induktivität von 0,24 H (Eisenverluste werden vernachlässigt) liegt parallel zu einem ohmschen Widerstand von 25 Ω.
Betriebsspannung: 125 V/50 Hz.
Berechnen Sie:
a) Spulenstrom und Strom im 25-Ω-Widerstand
b) Schein-, Wirk- und Blindleistung
c) Leistungsfaktor der Schaltung

I37 Die Spulen von 2 Hubmagneten eines Umsetzers sind in Parallelschaltung an 230 V/50 Hz angeschlossen. Spule 1 hat einen Leistungsfaktor von 0,8 und nimmt einen Strom von 4,5 A auf. Spule 2 hat einen Leistungsfaktor von 0,6 und nimmt 7 A auf.
Wie groß sind der Strom und der Leistungsfaktor in der Zuleitung?

I38 Zu einer Spule, Reihenschaltung aus $R = 40\ \Omega$ und $L = 0{,}8$ H, ist eine Kapazität von 10 µF parallel geschaltet. Die Schaltung liegt an 400 V/50 Hz.
Berechnen Sie:
a) Teilströme, Gesamtstrom
b) Leistungsfaktor der Schaltung

I39 Eine Spule liegt parallel zu einem Kondensator an $U = 230$ V/50 Hz. Die Spule hat einen Drahtwiderstand von 100 Ω und einen $\cos\varphi$ von 0,65. Der Kondensator wird verlustfrei angenommen und hat eine Kapazität von 25 µF.
a) Wie groß ist die Gesamtstromaufnahme der Schaltung?
b) Wie groß ist der Gesamtphasenwinkel?

Schwingkreis

I40 In einer Reihenschaltung von $R = 12\ \text{k}\Omega$, $L = 0{,}318$ H und $C = 5{,}32$ nF wird ein Strom von 1,9 mA gemessen. Die Frequenz beträgt 5 kHz.
Welchen Betrag haben X_c, X_L, Z, U, U_R, U_C, U_L und f_0 (Resonanzfrequenz)?

I41 Für die Anpassung einer Lichtschranke soll ein Reihenresonanzkreis für 100 kHz aufgebaut werden.
a) Welche Induktivität ist erforderlich, wenn die Kapazität 30 nF beträgt?

b) Wie groß darf der ohmsche Widerstand sein, wenn die Güte 30 betragen soll?

I42 Für den Aufbau eines Netzfilters wird ein Reihenschwingkreis, bestehend aus einer Spule mit einem ohmschen Widerstand von 10 Ω und einer Induktivität von 0,1 H und einem Kondensator benötigt.

a) Welche Kapazität muss der Kondensator für eine Resonanz bei 50 Hz haben?

b) Welche Spannungen treten an C und L auf, wenn die Betriebsspannung 230 V beträgt?

I43 Welche der nachstehenden Behauptungen treffen für einen Reihenschwingkreis aus je einem R, L und C zu?

a) Die angelegte Spannung U kann kleiner als die Spannung am ohmschen Widerstand werden .... ❍

b) Die angelegte Spannung U ist stets größer als die Spannung am induktiven Widerstand .... ❍

c) Der Strom wird am größten, wenn $X_L = X_C$ .... ❍

d) Die Spannung am Kondensator kann größer sein als die an den Schwingkreis angelegte Spannung .... ❍

I44 Ein Parallelschwingkreis hat eine Kapazität von 900 pF und eine Induktivität von 1 mH.

a) Wie groß ist die Resonanzfrequenz dieses Schwingkreises?

b) Wie groß muß der ohmsche Parallelwiderstand sein, damit die Bandbreite 1 kHz beträgt?

Blindleistungskompensation in Wechselstromschaltungen

I45 Eine Leuchtstofflampe für 230 V/50 Hz hat mit der Drossel eine Leistungsaufnahme von 46 W und einen Betriebsstrom von 0,43 A.

a) Wie groß muss die Kapazität eines parallel geschalteten Kondensators sein, wenn $\cos\varphi$ auf 0,96 verbessert werden soll?

b) Wie groß ist der Strom nach der Kompensation?

I46 In einem Arbeitsraum Ihres Kunden sind folgende elektrische Geräte installiert (Betriebsspannung 230 V/50 Hz):

1. 6 Glühlampen je 60 W,
2. 3 Glühlampen je 100 W,
3. 12 Leuchtstofflampen je 71 W; $\cos\varphi$ einer kompletten Lampe ist 0,45.

4. 2 Wechselstrommotoren je 230 V/50 Hz, 3,8 A, $\cos\varphi = 0,7$.
5. 1 Wechselstrommotor 230 V/50 Hz, 4,9 A, $\cos\varphi = 0,82$.

Ihr Kunde möchte den Leistungsfaktor auf 0,9 verbessern.
Wie groß sind:
P_{ges}, Q_{ges}, S_{ges}, I_{ges}, $\cos\varphi_{ges}$, die notwendige Kapazität des Kondensators, und der Netzstrom I_{ges} nach der Kompensation?

I47 Ein Schweißtransformator, der an 230 V/50 Hz 15 A aufnimmt, wird mit 60% seiner Scheinleistung kompensiert.

a) Wie groß ist die Kompensationsblindleistung?
b) Welche Kapazität ist erforderlich?

I48 Die Spule eines Haltemagneten nimmt an 230 V/50 Hz eine Leistung von 470 W auf. Die Stromaufnahme beträgt 3,4 A. Durch Parallelschalten einer Kapazität soll der Leistungsfaktor auf 0,95 angehoben werden.

a) Welche Kapazität wird benötigt?
b) Welcher Strom wird nach der Kompensation in der Zuleitung gemessen?

I49 Ihr Kunde hat in seinem Betrieb einen Motor für 1-Phasen-Betrieb mit folgenden Daten:
230 V/50 Hz, $P = 0,81$ kW, $\cos\varphi = 0,78$, $\eta = 0,72$.
Er möchte zur Kompensierung einen vorhandenen Kondensator von 25 uF einsetzen.
Berechnen Sie die Scheinleistung, Leistung, Blindleistung und den Strom für den unkompensierten und kompensierten Betriebszustand in der Zuleitung.

K Drehstromtechnik

Drehstrom-Verbraucherschaltungen (symmetrisch)

K1 3 ohmsche Verbraucher mit einem Widerstand von je 34,9 Ω liegen in Sternschaltung an 400 V/230 V. Der Mittelleiter ist nicht angeschlossen. Wie groß sind der Außenleiterstrom und die Gesamtleistung?

K2 3 in Y geschaltete ohmsche Widerstände von je 60 Ω werden am 400-V-Drehstromnetz betrieben. Der Mittelleiter ist angeschlossen. Wie groß sind:

a) Strangstrom,
b) Mittelleiterstrom bei Ausfall eines Widerstandes,
c) Außenleiterströme in L2 und L3, wenn Außenleiter L1 und der Mittelleiter unterbrochen sind?

K3 3 in Y geschaltete Heizwiderstände eines Boilers nehmen an 3 × 400 V/230 V eine Gesamtleistung von 6 kW auf.
Wie groß sind der Strangstrom und der Widerstand eines Heizstabes bei Betriebstemperatur?

K4 In Dreieckschaltung liegen 3 Heizwiderstände eines Raumheizgerätes von je 19 Ω an 3 × 400 V. Gesucht sind:

a) Strangstrom,
b) Leiterstrom,
c) Gesamtleistung.

K5 3 gleich große Kapazitäten einer Kompensationsanlage liegen in Dreieckschaltung am 400-V/50-Hz-Drehstromnetz. An den Außenleitern werden Ströme von 20,7 A gemessen.
Wie groß ist die Strangkapazität?

K6 3 gleich große Widerstände eines Backofens können in ⅄-Schaltung oder in Δ-Schaltung am 230/400-V-Netz betrieben werden. In ⅄-Schaltung nehmen sie Strom von je 6 A auf.
a) Wie groß sind die Widerstände je Strang?

b) Wie groß ist der Außenleiterstrom, wenn diese Widerstände im Dreieck geschaltet werden?
c) Welche Leistung nimmt die Sternschaltung auf?
d) Welche Leistung nimmt die Dreieckschaltung auf?

K7 3 Heizwiderstände von je 25 Ω sind in Dreieckschaltung an ein Drehstromnetz von 400 V angeschlossen.
Wie groß ist
a) die Spannung, die an jedem Widerstand anliegt?
b) der Strom, der durch jeden Widerstand fließt?
c) der Strom, der durch die Außenleiter L1, L2 und L3 fließt?
d) Welcher Strom fließt durch die Widerstände und in den Außenleitern L1 und L3, wenn der Leiter L2 ausfällt?
e) Der Widerstand zwischen den Leitern L1 und L2 wird zerstört. Wie groß sind die Ströme, die durch die beiden anderen Widerstände und in den Außenleitern L1, L2 und L3 fließen?

K8 Den Beschreibungen 1. bis 6. sind die für einen symmetrischen ohmschen Drehstromverbraucher geltenden Umrechnungsverhältnisse zuzuordnen.
a) $1:\sqrt{3}$; b) $1:3$
1. Strangspannung zu Außenleiterspannung bei Y-Schaltung .... ☐
2. Strangstrom zu Außenleiterstrom bei Δ-Schaltung .... ☐
3. Strangleistung zu Außenleiterleistung bei Y-Schaltung .... ☐
4. Strangleistung zu Außenleiterleistung bei Δ-Schaltung .... ☐
5. Stromverhältnis $I_Y : I_\Delta$ bei Y-Δ-Schaltung .... ☐
6. Leistungsverhältnis $P_Y : P_\Delta$ bei Y-Δ-Schaltung .... ☐

Drehstrom-Verbraucherschaltungen (unsymmetrisch)

K9 An einem Drehstromnetz 400/230 V liegen folgende ohmsche Verbraucher:
Zwischen L1 und N: 15 Ω,
zwischen L2 und N: 20 Ω,
zwischen L3 und N: 25 Ω.
Welche Werte haben
a) die Strangströme?
b) der Strom im N-Leiter? (Zeichn. Lösung; Maßstab 1 cm ≙ 2 A)
c) die gesamte Leistung?

K10 Das Zeigerdiagramm soll für ein unsymmetrisch belastetes Drehstromnetz gelten.
Den Strängen 1. bis 3. sind die dazu passenden der unter a) bis d) aufgeführten Belastungsfälle zuzuordnen.

a) $\cos\varphi = 0{,}8$ induktiv
b) $\cos\varphi = 0{,}8$ kapazitiv
c) $\cos\varphi = 1$

1. Strang 1 .... ❑
2. Strang 2 .... ❑
3. Strang 3 .... ❑

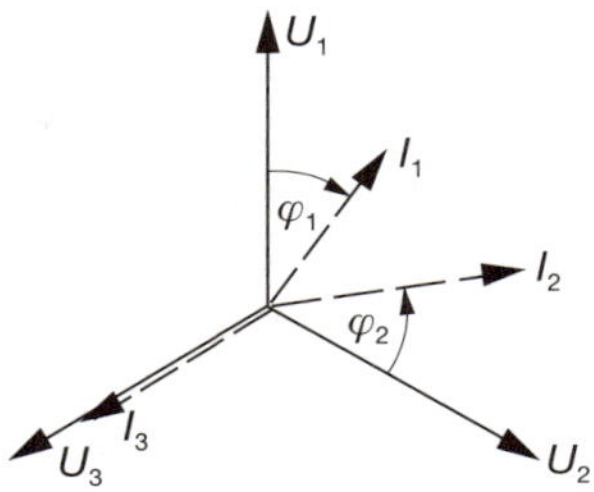

Blindleistungskompensation in Drehstromsystemen

K11 Ein 11-kW-Drehstrommotor für 400 V/50 Hz soll mit 45 % seiner Nennleistung kompensiert werden.
a) Welche kapazitive Blindleistung ist erforderlich?
b) Wie groß ist ein Kondensator der in Dreieck geschalteten Kondensatorbatterie?

K12 48 Leuchtstofflampen L40 W/22 für 230 V/50 Hz werden am 400-V-Drehstromnetz mit Mittelpunktleiter betrieben.
Die Leistungsaufnahme einer Lampe mit Drossel beträgt 50 W, die Stromaufnahme 440 mA. Die Lampen werden durch eine in Dreieck geschaltete Kondensatorbatterie kompensiert, die den Leistungsfaktor auf 0,95 verbessert.
Welche Strangkapazität ist erforderlich?

K13 Ein Transformator mit einer Scheinleistung von 200 kVA ist mit 120 kW voll ausgelastet. Durch Kompensation soll ermöglicht werden, daß der Transformator eine zusätzliche Last von 60 kW mit Leistungsfaktor 0,7 übernehmen kann.
Wie groß ist die Kompensationsblindleistung?

K14 Eine Schaltung nimmt am 400-V/50-Hz-Drehstromnetz einen Strom von 90 A auf. Außerdem werden 36 kW Leistungsaufnahme gemessen. Nach der Kompensation soll der Leiterstrom nur noch 60 A betragen.
a) Mit welcher Blindleistung wird kompensiert?
b) Welche Strangkapazität ist bei Dreieckschaltung erforderlich?

K15 Eine 400-V/50-Hz-Drehstromanlage ist *kompensiert* und hat folgende Daten:

Zählerkonstante: 90 kWh^{-1}, 15 Umläufe in 30 s,

Stromaufnahme: 33,4 A.

Die in Dreieck geschaltete Kondensatorbatterie nimmt 16,4 A auf.

Wie groß sind:

a) Leistungsfaktor vor und nach der Kompensation?

b) Leiterstrom vor der Kompensation?

c) Strangkapazität?

K16 Ein Drehstrommotor wird kompensiert. Welche Beschreibungen treffen zu?

a) Der vom Motor aufgenommene Strom wird kleiner .... ❍

b) Der vom Motor aufgenommene Blindstromanteil wird kleiner ❍

c) Der im Netz fließende Strom wird kleiner .... ❍

d) Der Netzstrom bleibt konstant, aber cos φ wird größer .... ❍

L Leitungsberechnungen

Weitere Aufgaben über Leitungsbemessung nach DIN VDE 0298 siehe unter Abschnitt T, VDE-Bestimmungen ab Aufgabe T61.

L1 Wie groß muss der Querschnitt einer 58 m langen NYM-Leitung im Kabelkanal nach DIN/VDE 0298 Teil 4 sein, die eine mit einem Wechselstrommotor angetriebene Wasserpumpe mit Strom versorgen soll?
Die Daten des Motors sind:
$U = 230$ V, $P_{ab} = 2$ kW, $\eta = 0{,}8$, $\cos\varphi = 0{,}7$
Der Spannungsfall soll nicht mehr als 3 % betragen!
Zu errechnen ist der Querschnitt nach
a) dem Spannungsfall,
b) der Strombelastbarkeit.
c) Der Querschnitt ist festzulegen.

L2 Eine 30-kW-Heizungsanlage wird in einer Bäckerei am 230/400-V-Netz betrieben. Welchen Querschnitt muss eine kunststoffisolierte Zuleitung aus Kupfer im Kabelkanal nach DIN VDE 0298 Teil 4 besitzen, wenn der Spannungsfall max. 3 % betragen darf und die Leitung 40 m lang ist?
Zu errechnen ist der Querschnitt nach
a) dem Spannungsfall,
b) der Strombelastbarkeit.
c) Der Querschnitt ist festzulegen.

L3 Ein Gartenhaus soll einen elektrischen Anschluss bekommen. Es soll ein Heizgerät von 2 kW, eine Beleuchtung von 3×60 W und 2 Steckdosen für den Anschluss diverser Geräte (250 W) angeschlossen werden. Die Entfernung zum Hauptgebäude, von dem eine Kupferleitung zum Gartenhaus vorgesehen ist, beträgt 40 m. Die vorhandene Spannung ist 230 V ~. Der Spannungsfall soll nicht mehr als 1,5 % betragen.
Zu errechnen ist der Querschnitt nach
a) dem Spannungsfall,
b) der Strombelastbarkeit.
c) Der Querschnitt ist festzulegen.

L4 An einer Verlängerungsleitung $3 \times 1\ mm^2$ Kupfer soll ein elektrischer Rasenmäher (U_N = 230 V, P_{ZU} = 1000 W) betrieben werden. Wie lang darf die Leitung sein, damit der Spannungsfall nicht größer als 20 V wird?

L5 Eine Werkstatt wird über eine 45 m lange auf der Wand verlegte NYM-Leitung an 230 V Wechselspannung angeschlossen. Die maximale Belastung beträgt 8 kVA bei $\cos \varphi = 0{,}85$. Der Spannungsfall darf maximal 1,5 % betragen.
Zu errechnen ist der Querschnitt nach
a) dem Spannungsfall,
b) der Strombelastbarkeit.
c) Der Querschnitt ist festzulegen.

L6 Wie groß ist der Spannungsfall in V und in % einer 360 m langen Kupferleitung von $4\ mm^2$, die einen Wechselstrommotor mit Strom versorgen soll?
Die Daten des Motors sind:
U = 230 V, 50 Hz, P = 2 kW, $\cos \varphi = 0{,}91$, $\eta = 0{,}8$.

L7

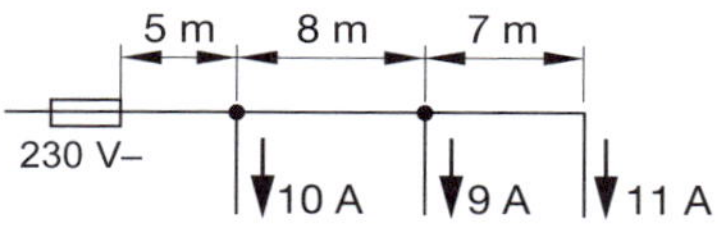

Wie groß muss der Leiterquerschnitt der NYM-Leitung sein, wenn der Spannungsfall höchstens 1 % betragen soll?
Zu errechnen ist der Querschnitt nach
a) dem Spannungsfall,
b) der Strombelastbarkeit, bei auf der Wand verlegter Leitung.
c) Der Querschnitt ist festzulegen.

L8

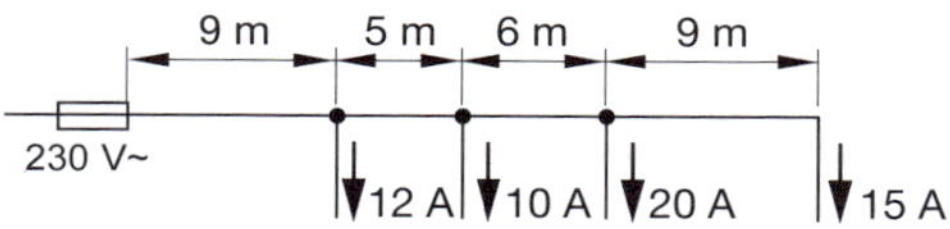

Wie groß muss der Leiterquerschnitt für die NYM-Leitung sein, wenn der Spannungsfall nicht größer als 3 % werden soll und $\cos \varphi = 1$ ist?
Zu errechnen ist der Querschnitt nach
a) dem Spannungsfall,
b) der Strombelastbarkeit, bei auf der Wand verlegter Leitung.
c) Der Querschnitt festzulegen.

L9

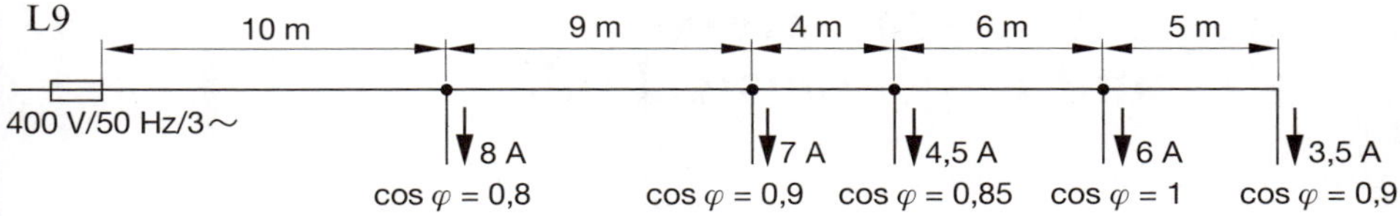

Wie groß muss der Querschnitt einer NYM-Leitung bemessen werden, wenn der Spannungsfall nicht mehr als 3% betragen soll?
Zu errechnen ist der Querschnitt nach

a) dem Spannungsfall,
b) der Strombelastbarkeit, bei auf der Wand verlegter Leitung.
c) Der Querschnitt ist festzulegen.

M Elektrische Mess- und Regelungstechnik

Grundbegriffe

M1 Ordnen Sie die Begriffe a) bis c) den Erklärungen 1. bis 4. zu:
a) Messen; b) Prüfen; c) Kalibrieren
1. Testen auf das Vorhandensein bestimmter Eigenschaften ..... ❑
2. Ermitteln des Zahlenwertes einer physikalischen Größe ...... ❑
3. Einstellen des Zeigers mit Hilfe des 0-Punkt-Rückers auf den 0-Punkt der Skala .... ❑
4. Abgleichen eines Betriebsmessgerätes durch Vergleich mit einem Feinmessgerät .... ❑

M2 Die Begriffe a) bis e) sind den Beschreibungen 1. bis 5. folgerichtig zuzuordnen:
a) Dämpfung; b) Rückstellfeder; c) Messwerk; d) Messinstrument; e) Messgerät.
1. Bezeichnung für das anzeigende Organ einschließlich Skala, Zeiger und Dämpfung einer Messeinrichtung .... ❑
2. Einrichtung, die ein lang andauerndes Überschwingen des Zeigers um den Messwert verhindern soll .... ❑
3. Bezeichnung für das Messwerk einschließlich Gehäuse und aller eingebauter Bauelemente .... ❑
4. Messinstrument einschließlich des zur Messung erforderlichen nicht eingebauten Zubehörs .... ❑
5. Einrichtung zur Herstellung eines Gegendrehmomentes, das dem Ausschlag des Messwerkes proportional ist .... ❑

M3 Ordnen Sie die unter a) bis k) genannten Begriffe den unter 1. bis 10. aufgezählten Definitionen richtig zu:
a) Auflösung; b) Empfindlichkeit; c) Ansprechschwelle; d) Messunsicherheit; e) Genauigkeitsklasse; f) Einflussgröße; g) Parallaxenfehler; h) Messabweichung; i) Relative Messabweichung; k) Messgenauigkeit
1. Differenz aus dem Messergebnis und dem richtigen Wert (genaugenommen dem wahren Wert) einer Messgröße .... ❑
2. Größe, die nicht Gegenstand der Messung ist, aber das Messergebnis beeinflusst .... ❑

3. Ein Maß für die Übereinstimmung zwischen dem Messergebnis und dem wahren Wert der Messgröße .... ❑
4. Messabweichung, bezogen auf den richtigen Wert .... ❑
5. Verhältnis der Änderung der Ausgangsgröße zur Änderung der Mess- oder Eingangsgröße .... ❑
6. Die kleinste unterscheidbare Differenz einer Anzeigevorrichtung . ❑
7. Die unter Referenzbedingungen festgestellte Messabweichung eines Messgerätes .... ❑
8. Ablesefehler, der durch schräge Blickrichtung entsteht, wenn die Ablesemarke sich nicht mit der Skala in der gleichen Ebene befindet .... ❑
9. Gibt den oberen Grenzwert der Messunsicherheit eines Messgerätes unter Referenzbedingungen an .... ❑
10. Größte Änderung der Eingangs- oder Messgröße, die noch keine wahrnehmbare Änderung der Ausgangsgröße oder Anzeige ergibt ❑

M4 Wie bezeichnet man den Bereich, in dem die Grenzen einer Einflussgröße festgelegt sind, in denen die Messunsicherheit entsprechend der Genauigkeitsklasse eingehalten werden muss? Alle anderen Einflussgrößen müssen dabei ihre Referenzbedingungen erfüllen!

M5 Welche Aussage ist den folgenden Angaben auf einem Messgerät zu entnehmen?
–15…$\underline{+ 20…+30}$…+40 °C

M6 Der Zahlenwert, der die Genauigkeitsklasse angibt, steht auf der Anzeigevorrichtung eines Messgeräts entweder
a) ohne zusätzliche Markierung,
b) in einem oben offenen Winkel oder
c) in einem Kreis.
Ordnen Sie die Buchstaben den Erklärungen 1. bis 3. richtig zu:
1. Die zulässige Messunsicherheit ist auf den richtigen Wert bezogen .... ❑
2. Die zulässige Messunsicherheit ist auf den Messbereichs-Endwert bezogen .... ❑
3. Die zulässige Abweichung ist auf die Skalenlänge bezogen ... ❑

M7 Ein analoganzeigender Spannungsmesser für Wechselspannungen mit einem Messbereichsendwert von 400 V verfügt über die Genauigkeitsklasse 1,5. Der Messwert beträgt 230 V. Bestimmen Sie aus diesen Angaben

a) die zulässige Messunsicherheit,
b) die Fehlergrenzen für den richtigen Wert,
c) die zulässige relative Messabweichung in %.

M8 Auf einem digital anzeigenden Wechselstrom-Messinstrument mit $3^1/_2$-stelliger Anzeigeeinheit mit zulässiger Eigenabweichung von $\pm(2\,\% + 3\,\text{Digit})$ wird der Messwert 112,5 mA abgelesen.
Bestimmen Sie aus diesen Angaben
a) die Auflösung der Anzeigeeinheit (1 Digit),
b) die zulässige Eigenabweichung (früher Grundfehler),
c) die Gesamtmessunsicherheit,
d) die relative Messunsicherheit in %.

M9 Ordnen Sie die unter a) bis g) genannten Begriffe den unter 1. bis 11. aufgezählten Definitionen bzw. Aussagen richtig zu:
a) arithmetischer Mittelwert; b) Effektivwert; c) Scheitelwert; d) Gleichrichtwert; e) Formfaktor; f) Crestfaktor

1. Entspricht dem Wert eines Gleichstromes, der im gleichen ohmschen Widerstand die gleiche Leistung hervorruft .... ❑
2. Wird bei sinusförmigen Größen auch als Amplitude bezeichnet ❑
3. Entspricht dem Wert einer Gleichspannung mit der gleichen Spannungs-Zeit-Fläche .... ❑
4. Ist das Verhältnis des Scheitelwertes zum Effektivwert ...... ❑
5. Nur mit diesem Wert lässt sich die von einem pulsierenden Strom transportierte elektrische Ladung berechnen .... ❑
6. Ist das Verhältnis von Effektivwert und Gleichrichtwert ...... ❑
7. Ist der arithmetische Mittelwert einer gleichgerichteten Wechselstromgröße .... ❑
8. Hat bei einer sinusförmigen Wechselstromgröße den Wert: 1,11 .... ❑
9. Hat bei einer sinusförmigen Wechselstromgröße den Wert: 1,414 .... ❑
10. Hat bei Wechselstromgrößen definitionsgemäß den Wert 0 ... ❑
11. Entspricht dem quadratischen Mittelwert .... ❑

M10 In welchem Verhältnis reduziert sich der Effektivwert durch die 1-Weg-Gleichrichtung einer Wechselspannung (idealer Gleichrichter angenommen)?

M11 Aus welchem Grund können mit einem Drehspulinstrument mit Gleichrichter die Effektivwerte nur bei sinusförmigen Wechselstromgrößen richtig gemessen werden?

M12 Welche Bedeutung hat die Angabe *RMS* oder *TRMS* auf einem Vielfachinstrument?

M13 Unter welcher Voraussetzung können mit einem Vielfachinstrument die Spannung oder der Strom hinter einem Wechselstromsteller (Phasenanschnittsteuerung) richtig gemessen werden?

M14 Was ist zu beachten, wenn mit einem Vielfachinstrument mit der Angabe *TRMS* oder *RMS* der Effektivwert einer pulsierenden Spannung oder des Stroms am Ausgang eines steuerbaren Gleichrichters richtig gemessen werden soll?

M15 Wie verhindert man einen (systematischen) Messfehler, der bei der Strom- oder Spannungsmessung mit einem den echten Effektivwert messenden Vielfachinstrument entstehen kann, wenn es sich um Größen mit hohem Impulsanteil handelt (z. B. bei Phasenanschnitt mit kleinem Stromflusswinkel)?

M16 Welchen Betrag hat der Crestfaktor einer Wechselspannung, deren Leistung durch Phasenanschnitt halbiert wurde (Stromflusswinkel von 90°)?

M17 Welchen Betrag hat der Effektivwert einer Mischspannung mit einem Gleichspannungsanteil (arithmetischer Mittelwert) von $U_1 = 15$ V und einem Wechselspannungsanteil mit einem Effektivwert von $U_2 = 10$ V?

M19 Ordnen Sie den unter 1. bis 4. aufgeführten Kurvenformen niederfrequenter Wechsel- bzw. Mischspannungen die jeweiligen Messgeräte zu, die in der Lage sind, den Effektivwert richtig zu messen:

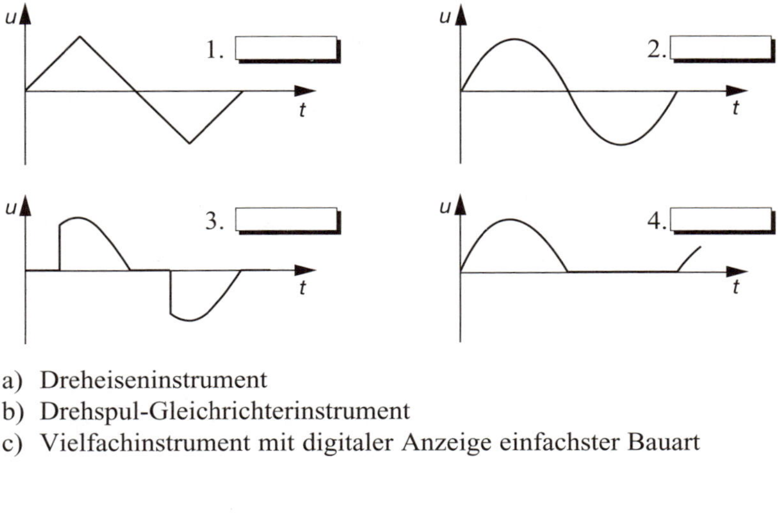

a) Dreheiseninstrument
b) Drehspul-Gleichrichterinstrument
c) Vielfachinstrument mit digitaler Anzeige einfachster Bauart

d) Vielfachinstrument mit digitaler Anzeige und dem Aufdruck RMS mit AC-Kopplung
e) Vielfachinstrument mit digitaler Anzeige und dem Aufdruck RMS mit DC-Kopplung

Messinstrumente und Messumformer

M19 Ordnen Sie die unter a) bis c) genannten Instrumente den Erklärungen 1. bis 10. richtig zu.

a) Drehspulinstrument; b) Dreh- oder Weicheiseninstrument;
c) elektrodynamisches Instrument.

1. Das Drehmoment wird unter Ausnutzung der Abstoßung gleichnamig magnetisierter Eisenbleche erzeugt . . . . ❑
2. Das Drehmoment entsteht durch die Kraftwirkung einer stromdurchflossenen Spule im Kraftfeld eines Dauermagneten . . . . . ❑
3. Das Drehmoment entsteht durch die Kraftwirkung einer stromdurchflossenen Spule im Kraftfeld eines Elektromagneten . . . . ❑
4. Das Instrument bildet bei Strom- und Spannungsmessungen den quadratischen Mittelwert oder Effektivwert bei beliebiger Kurvenform (bei niedrigen Frequenzen) . . . . ❑
5. Verfügt als Spannungsmesser über einen relativ hohen Innenwiderstand und wird daher in analoganzeigenden Vielfachinstrumenten eingesetzt . . . . ❑
6. Wird in erster Linie als direktanzeigendes Leistungsmessinstrument eingesetzt . . . . ❑
7. Relativ einfache, robuste Bauweise und Widerstandsfähigkeit gegen elektrische Überlastung . . . . ❑
8. Die Messung von Wechselspannungen und Wechselströmen erfordert einen Messgleichrichter . . . . ❑
9. Die Anpassung an den Messbereich und Art der Messgröße (Strom- oder Spannungsmessung) erfolgt durch die Wahl einer entsprechenden Spule im Messwerk durch den Gerätehersteller . . . . ❑
10. Die Skalencharakteristik (z. B. Überlastskala oder gedehnter Endbereich) wird durch konstruktive Maßnahmen im Messwerk bestimmt . . . . ❑

M20 Ein Drehspulinstrument mit einem Kennwiderstand 20 kΩ/V hat einen Messbereich von 50 V.

a) Welchen Betrag hat der Innenwiderstand?

b) Welchen Strom nimmt das Instrument bei Messbereichsendwert auf?

M21 Ordnen Sie die Sinnbilder a) bis q) aus der Messtechnik den Begriffen 1. bis 18. zu:

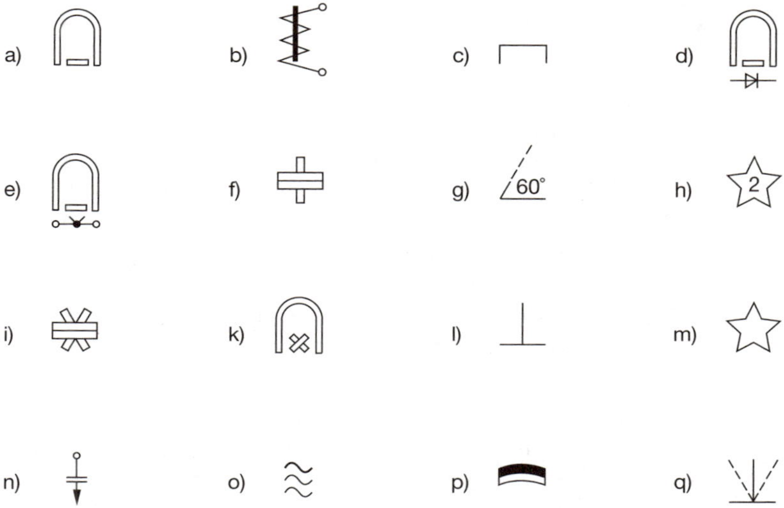

1. Drehspulmesswerk mit Gleichrichter ☐
2. Dreheisenmesswerk ☐
3. Drehspul-Quotientenmesswerk (Kreuzspulmesswerk) ☐
4. Drehstrominstrument mit 3 Messwerken ☐
5. Prüfspannung 500 V ☐
6. Elektrodynamisches Quotientenmesswerk, cos-φ-Messer ☐
7. Schräge Gebrauchslage (60°) ☐
8. Elektrostatisches Messwerk ☐
9. Elektrodynamisches Messwerk ☐
10. Drehspulmesswerk mit Thermoumformer ☐
11. Dreheisenmesswerk mit Gleichrichter ☐
12. Senkrechte Gebrauchslage ☐
13. Drehstrominstrument mit einem Messwerk ☐
14. Drehspulmesswerk nur für Gleichstromgrößen ☐
15. Prüfspannung 2000 V ☐

16. Waagerechte Gebrauchslage .... ❑
17. Vibrationsmesswerk (Zungenfrequenzmesser) .... ❑
18. Bimetallmesswerk .... ❑

M22 Auf der Skala eines Messinstrumentes befinden sich folgende Sinnbilder; welche Informationen sind diesen im Einzelnen zu entnehmen?

M23 Welche Eigenschaften haben Drehspulinstrumente mit
a) Thermoumformer? b) Gleichrichter?
1. Messung hochfrequenter Ströme und Spannungen (MHz-Bereich) .... ❑
2. Messung des Effektivwertes von Strömen und Spannungen mit beliebigem zeitlichen Verlauf .... ❑
3. Messung des Effektivwertes nur bei sinusförmigem Wechselstrom und niedriger Frequenz möglich .... ❑

M24 Sie stehen als Inhaber eines Elektrofachbetriebes vor der Anschaffung eines neuen digitalen Multimeters. Als Hilfe zur Kaufentscheidung haben Sie eine Liste der angebotenen Gerätemerkmale zusammengestellt und wollen jedes Merkmal auf dessen Anwendbarkeit im Betrieb testen.

Gerätefunktion/-merkmal	**Betriebliches Anwendungsbeispiel**
Min.-/Max.-Speicher	
Frequenzmessung	
CAT III/600 V	
Kalibrierzertifikat	
Auto Power-Off (abschaltbar)	
Beleuchtetes LCD-Display	
TRMS	
Anschlussmöglichkeit für Pt 100	

M25 Ein Strommessinstrument mit der Genauigkeitsklasse 1,5 besitzt die nebenstehende Skala.

a) Wie wird die Skalencharakteristik bezeichnet?
b) Um welche Messwerksart handelt es sich bei dem Instrument?
c) In welchem Messbereich gilt die Genauigkeitsklasse?
d) Zwischen welchen Grenzen muss der richtige Wert liegen, wenn der Zeiger in der markierten Stellung steht?

M26 Wie kann mit Hilfe des elektrodynamischen Messwerkes Blindleistung gemessen werden?
a) indem die Spannungspfadanschlüsse vertauscht werden ...... ❍
b) indem Spannungspfad- und Strompfadanschlüsse vertauscht werden .... ❍
c) indem der Strom im Spannungspfad durch Schaltungsmaßnahmen eine 90°-Verschiebung erfährt .... ❍
d) in Drehstromnetzen durch Ausnutzung der Phasenverschiebung z.B. der Außenleiterspannung $U_{L2,3}$ gegenüber der Strangspannung U_{L1N} .... ❍

M27 Die Schaltung ist zu einer Wirkleistungsmessung im 1-Phasen-Wechselstromnetz zu vervollständigen, und die Klemmennummern sind einzutragen.

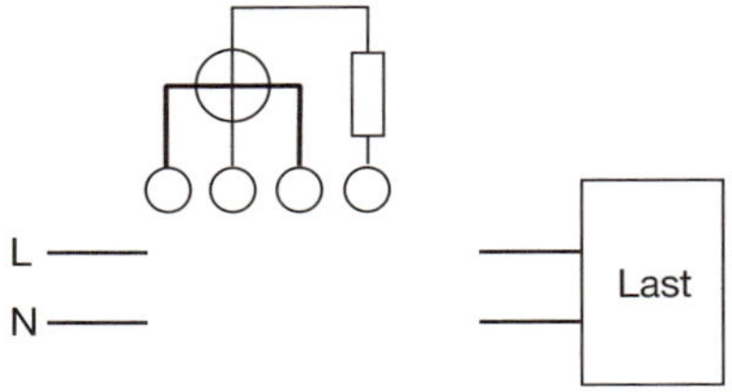

M28 Die Schaltung ist zu einer Wirkleistungsmessung im symmetrisch belasteten 3-Leiter-Drehstromnetz zu ergänzen, und die Klemmennummern sind einzutragen.

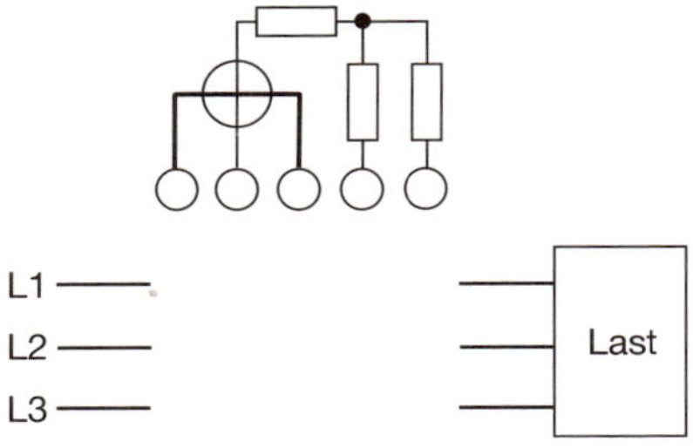

M29

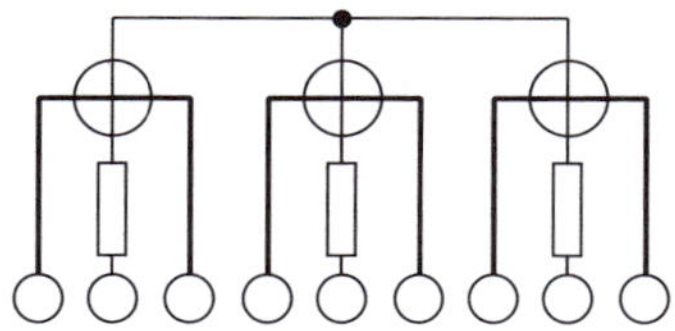

Die Schaltung ist zu einer Wirkleistungsmessung im 4-Leiter-Drehstromnetz zu ergänzen, und die Klemmennummern sind einzutragen.

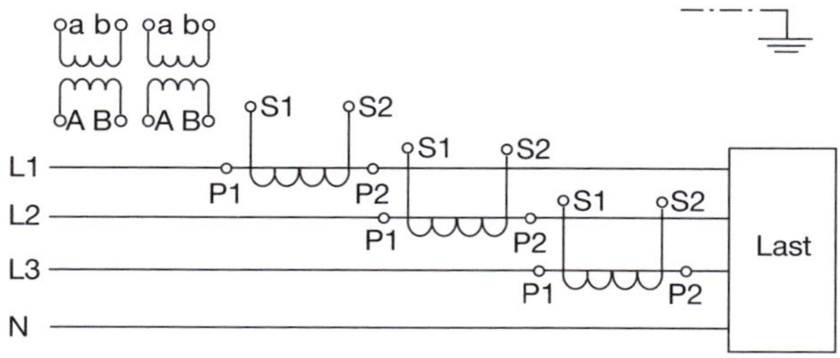

M30

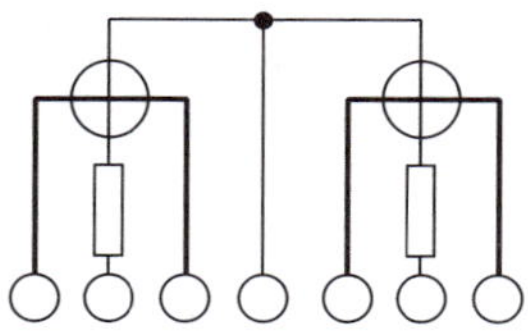

Die Schaltung ist zu einer Wirkleistungsmessung im 3-Leiter-Drehstromnetz zu ergänzen, und die Klemmennummern sind einzutragen.

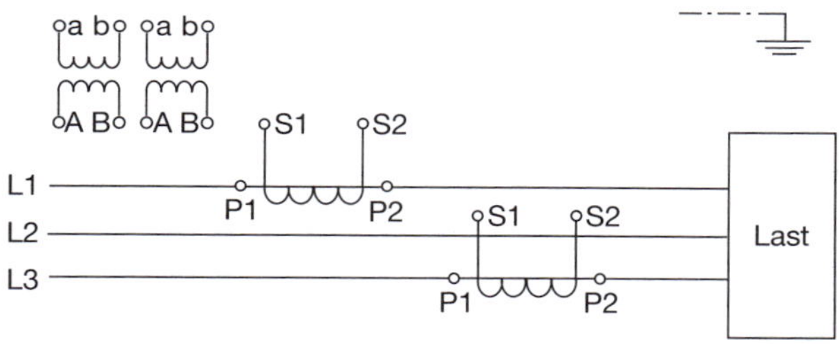

M31

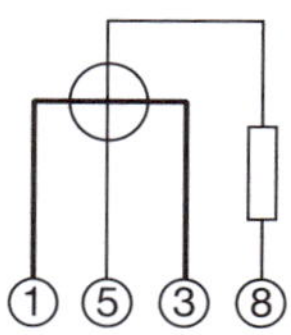

Die Schaltung ist zu einer Blindleistungsmessung im symmetrisch belasteten Drehstromnetz zu ergänzen.

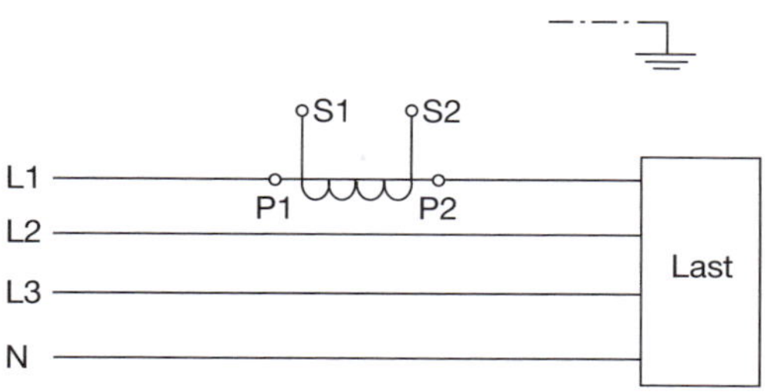

M32 Nennen Sie einige Vorteile, die für den Einsatz von Messumformern bei der Erfassung von Starkstromgrößen in elektrischen Anlagen sprechen, im Gegensatz zur Messung mit direktanzeigenden Instrumenten.

M33 Welche Vorteile hat eine Messwertübertragung mit einem Messumformer mit 0…20-mA-Stromausgang gegenüber einem mit 0…10-V-Spannungsausgang?

M34 Wie müssen die Eingänge der an einen Messumformer mit 0…20-mA-Stromausgang angeschlossenen Geräte geschaltet werden und was ist beim Anschluss mehrerer Geräte zu beachten?

M35 Ein Messumformer für Leistungsmessung mit einem Messbereich von 100 kW und einem Live-Zero-Ausgang mit 4…20 mA liefert einen Ausgangsstrom von 12,5 mA. Welchen Betrag hat die Leistung?

M36 Wie hoch darf der Bürdenwiderstand für einen Messumformer mit 0…20-mA-Stromausgang sein, wenn die maximale Ausgangsspannung 12 V beträgt?

M37 Manche Messwertumformer verfügen über einen Live-Zero-Ausgang.

a) Was versteht man unter einem Live-Zero-Ausgang und in welchem Bereich liegt hier üblicherweise das Ausgangssignal?
b) Welche Vorteile liefert der Live-Zero-Ausgang gegenüber einem 0…20-mA-Ausgang?

Elektrizitätszähler

M38 Die mögliche Anwendung des nachfolgenden Zählers ist zuzuordnen:

a) Vierleiter-Drehstromzähler für direkten Anschluss in Wohnbereichen . . . . ❑
b) Vierleiter-Drehstromzähler für direkten Anschluss in Gewerbebereichen . . . . ❑
c) Vierleiter-Drehstromzähler für Anschluss über Stromwandler . ❑
d) Vierleiter-Drehstromzähler zum Einsatz als Maximumzähler . . ❑
e) Vierleiter-Drehstromzähler zum Einsatz als Mehrtarifzähler . . . ❑

M39 Den unter 1. bis 6. genannten Aussagen ist entweder
a) das Primärzählwerk oder
b) das Sekundärzählwerk
zuzuordnen.
1. Berücksichtigt die Übersetzung vorgeschalteter Wandler . . . . . ❑
2. Zählwerksangaben müssen mit den Wandlerübersetzungen multipliziert werden . . . . ❑
3. Berücksichtigt keine Übersetzung vorgeschalteter Wandler . . . ❑
4. Ist für alle Primärspannungen und Primärströme geeignet . . . . . ❑
5. Anderweitiger Einsatz nur nach Umbau möglich. Zählwerk und Leistungsschild erneuern, neu prüfen und beglaubigen . . . . ❑

M40 Welche physikalische Größe wird von einem Wirkverbrauchszähler gemessen?

a) Wirkleistung . . . . ❍
b) Scheinleistung . . . . . . ❍
c) Arbeit . . . . ❍
d) Blindleistung . . . . ❍

M41 Die elektrische Leistung eines Verbrauchers soll mit einem Zähler ermittelt werden. Während einer Betriebszeit von $t = 5$ min wurden $n = 30$ Umdrehungen gezählt. Die Zählerkonstante ist mit $C_z = 60\ (\text{kWh})^{-1}$ angegeben. Wie hoch ist die Leistung des Verbrauchers?

M42 Welche elektrische Größe wird von einem Maximumzähler zur Anzeige gebracht?

a) Wirkleistung .... ❍
b) Wirkarbeit .... ❍
c) Die höchste über 15 min gemittelte Leistung während einer Ableseperiode .... ❍
d) Die mittlere Leistung über 96 Stunden gemittelt .... ❍

M43 In einem Betrieb erfolgt die Energieabrechnung mit Hilfe eines 96-Stunden-Zählers.
Aus betrieblichen Gründen wurde 8 Stunden lang eine verhältnismäßig hohe Leistung benötigt. Um keinen neuen Maximalwert zu erreichen, soll anschließend mit reduzierter Leistung gefahren werden.
Wie lange muss mit reduzierter Leistung gefahren werden, um das Messergebnis positiv zu beeinflussen, wenn die hohe Leistung 10 Stunden nach Beginn der Messperiode benötigt wurde?

M44 Unter welchen Gesichtspunkten werden in Betrieben Lastüberwachungsanlagen eingesetzt?

a) Die Betriebe wollen zu jeder Zeit wissen, welche Leistung gerade benötigt wird .... ❍
b) Die benötigte Leistung soll so weit wie möglich gedrosselt werden .... ❍
c) Mit Hilfe von Lastüberwachungsanlagen wird durch Lastabwurf sichergestellt, dass ein eingestelltes Maximum nicht überschritten wird .... ❍
d) Mit Hilfe von Lastüberwachungsanlagen sollen Energiekosten gesenkt werden .... ❍

M45 In welchem Zeitrhythmus muss eine Lastüberwachungsanlage arbeiten?

a) Die Lastüberwachungsanlage muss im Stundenrhythmus arbeiten .... ❍
b) Die Lastüberwachungsanlage muss im gleichen Rhythmus wie der Maximumzähler arbeiten .... ❍
c) Die Lastüberwachungsanlage muss im 10-Minuten-Rhythmus arbeiten .... ❍
d) Die Lastüberwachungsanlage muss im 96-Stunden-Rhythmus arbeiten .... ❍

Strom- und Spannungswandler

M46 Welche der nachstehenden Aussagen sind im Zusammenhang mit Strom- und Spannungswandler richtig?

a) Der Sekundärkreis muss bei Stromwandler abgesichert werden . ❍
b) Spannungswandler müssen in Hochspannungsanlagen sekundärseitig geerdet werden . . . . ❍
c) Stromumwandler sind kurzschlussfest und dürfen sekundärseitig nie abgesichert werden . . . . ❍
d) Vor dem Abklemmen eines Spannungsmessers müssen die Klemmen des Spannungswandler sekundärseitig kurzgeschlossen werden . . . . ❍
e) Vor dem Abklemmen eines Strommessers werden die Klemmen am Stromwandler primärseitig kurzgeschlossen . . . . ❍
f) Vor dem Abklemmen eines Strommessers müssen die Klemmen am Stromwandler sekundärseitig kurzgeschlossen werden . . . . ❍
g) Spannungswandler, an die Tarifverrechnungszähler angeschlossen werden, sollen sekundärseitig nicht abgesichert werden . . . ❍

M47 Worin unterscheidet sich ein 1-polig isolierter Spannungswandler von einem 2-polig isolierten Spannungswandler?

M48 Die beiden Bezeichnungen auf den Typenschildern zweier Stromwandler:

a) M 5 b) 5P 15

sind den betreffenden Aussagen 1. bis 6. zuzuordnen.

1. Stromwandler zum Anschluss von Messgeräten . . . . ❑
2. Stromwandler zum Anschluss von Netzschutzeinrichtungen . . . ❑
3. Der Wandlerkern befindet sich bereits beim 5-fachen Primärnennstrom in der Sättigung . . . . ❑
4. Der Wandler hat beim 15-fachen Primärnennstrom einen Übersetzungsfehler von max. 5 % . . . . ❑
5. Der Wandler hat einen Nennüberstromfaktor von 5 . . . . ❑
6. Beim 5-fachen Primärnennstrom beträgt der Übersetzungsfehler mindestens –15 % . . . . ❑

M49 Welche sekundäre Ausgangsleistung wird für einen Hochspannungsstromwandler erforderlich, wenn über ein 50 m langes Cu-Kabel mit dem Querschnitt von 1,5 mm^2

1 Strommesser mit einem Eigenverbrauch von 1 VA,

1 Leistungsmesser mit einem Eigenverbrauch von 1,5 VA im Strompfad und

1 Zähler mit einem Eigenverbrauch im Strompfad von 2 VA betrieben werden sollen?

Der Wandler soll einen sekundären Nennstrom von

a) 5 A
b) 1 A haben
c) Welchen Querschnitt muss die Zuleitung haben, wenn bei sekundärseitigem Nennstrom von 5 A ein Wandler mit 15 VA zur Verfügung steht?

Messung nichtelektrischer Größen

M50 Ordnen Sie die unter a) bis g) genannten Temperaturfühler den unter 1. bis 15. aufgezählten Aussagen richtig zu.

a) PT100-Messwiderstand; b) NI100-Messwiderstand;
c) NTC-Widerstand; d) PTC-Widerstand;
e) Silizium-Temperatursensor, z.B. KTY 10
f) Temperaturfühler-IC
g) Edelmetall-Thermopaar (Platinrhodium-Platin)

1. Kostengünstiger Metall-Widerstandstemperaturfühler mit einem Temperaturbereich von –60 °C...+250 °C. .... ❑
2. Wird häufig als Fühler für Temperatur-Grenzwertgeber für eine bestimmte Temperatur eingesetzt (z.B. eingelegt in die Wicklungen elektrischer Maschinen mit Motor-Vollschutz) .... ❑
3. Metall-Widerstandstemperaturfühler mit hohem Temperaturbe reich von –200 °C...+850 °C (Klasse B) und geringen Toleranzen .... ❑
4. Der elektrische Widerstand sinkt mit steigender Temperatur über den vollen Temperaturbereich von z.B. –50 °C...+250 °C . ❑
5. Der elektrische Widerstand steigt erst oberhalb der Nenntemperatur (je nach Typ von –30 °C..+180 °C) sehr steil an .... ❑
6. Eine besondere, genormte Ausgleichsleitung stellt die Verbindung des Temperaturfühlers mit dem Messumformer her .... ❑
7. Der in Industrieanlagen am häufigsten eingesetzte Temperaturfühler .... ❑
8. Widerstandstemperaturfühler aus Halbleitermaterial mit positivem Temperaturbeiwert, relativ hoher Linearität und geringer Toleranz. Der Temperaturbereich liegt z.B. zwischen –50 °C..+150 °C .... ❑
9. Temperatursensor mit einem dritten Anschluss für die Versorgungsspannung, der eine linear mit der Temperatur um 10 mV/K ansteigende Spannung abgibt .... ❑

10. Besteht aus reinem Platin und hat bei der Bezugstemperatur von 0 °C einen Widerstand von 100 Ω . . . . ❑
11. Aktiver Temperaturfühler, der (ohne Versorgungsspannung) eine elektrische Spannung abgibt, die der Temperatur nahezu proportional ist . . . . ❑
12. Für hohe Messgenauigkeit ist ein Messumformer mit Vergleichsstellenkorrektur erforderlich . . . . ❑
13. Bei längeren Fühlerleitungen wird meist die 3- oder 4-Leiter-Anschlusstechnik angewendet . . . . ❑
14. Der Temperatursensor gibt einen nur von der Temperatur abhängigen konstanten Strom (1 µA/K) ab, der der absoluten Temperatur proportional ist . . . . ❑
15. Temperatursensor, der für hohe Temperaturen (… +1800 °C) einsetzbar ist . . . . ❑

M51 In welcher Größenordnung liegt die Thermospannung eines thermoelektrischen Temperatursensors bei einer Temperaturdifferenz von 100 K?

a) 0,1 mV…0,6 mV b) 1 mV…6 mV
c) 10 mV…60 mV d) 100 mV…600 mV

M52 Welchen Widerstandswert hat ein PT100-Messwiderstand bei einer Temperatur von 20 °C?

a) 100 Ω; b) 107,7 Ω; c) 177 Ω; d) 1 kΩ

M53 Welche Aufgabe hat die Vergleichsstellenkorrektur einer Temperaturmesseinrichtung und bei welcher Art von Temperaturfühlern ist diese erforderlich?

M54 Welche Art von Temperaturfühlern werden häufig in 4-Leiter-Technik an den Messumformer angeschlossen und welchen Vorteil bietet diese Anschlusstechnik im Gegensatz zur 2-Leiter-Technik?

M55 Messwertaufnehmer für mechanische Kräfte arbeiten häufig mit Dehnungsmessstreifen:

a) Beschreiben Sie kurz den Aufbau und die Art der Befestigung des Dehnungsmessstreifens.
b) Beschreiben Sie kurz das Prinzip eines DMS-Kraftaufnehmers.
c) Wodurch wird der Temperatureinfluss auf den elektrischen Widerstand bei DMS-Aufnehmern kompensiert?

M56 Nach welchem Prinzip arbeiten Silizium-Drucksensoren, und wie sind sie prinzipiell aufgebaut?

M57 Nach welchem Prinzip arbeitet ein piezoelektrischer Schwingungsaufnehmer?

M58 Ordnen Sie die unter a) bis h) genannten Arten von Positionsgebern oder Abstandssensoren den dafür zutreffenden, unter 1. bis 7. aufgezählten Aussagen richtig zu:

a) kapazitiver Weg- oder Winkelaufnehmer,
b) induktiver Wegaufnehmer mit beweglichem Ferritkern,
c) digitaler, inkrementaler Weg- oder Winkelaufnehmer,
d) digitaler, absoluter Weg- oder Winkelaufnehmer,
e) Abstandssensor mit Permanentmagneten,
f) Abstandssensor, der auf alle Medien mit ausreichender elektrischer Leitfähigkeit reagiert,
g) Abstandssensor, der auch auf die meisten elektrisch nichtleitende Medien reagiert,
h) Abstandssensor, auch für größere Distanzen, der auf alle Medien reagiert, die Schallwellen ausreichend reflektieren.

1. Der Sensorkopf besteht aus einer Spule, die ein hochfrequentes magnetisches Wechselfeld aussendet. In elektrisch leitenden Medien werden Wirbelströme induziert, die einen Schwingkreis bedämpfen .... ❑
2. Analoger Wegaufnehmer, bei dem ein Ferritkern in einer Differentialdrossel verschoben und dadurch eine Brückenschaltung an Wechselspannung verstimmt wird .... ❑
3. Weg- oder Winkelaufnehmer, in dem die Kapazitätsänderung durch die Verschiebung einer Kondensatorplatte in einem Differentialkondensator in einer Brückenschaltung an hochfrequenter Wechselspannung erfasst wird .... ❑
4. Der Sensorkopf enthält einen Kondensator, der ein hochfrequentes elektrisches Wechselfeld aussendet. Durch Annäherung eines Mediums wird die Kapazität und damit die Frequenz eines Oszillators verändert .... ❑
5. Der Sensorkopf ist mit einem Hall-Generator ausgestattet (z. B. LOHET) .... ❑
6. In dem Aufnehmer wird eine Scheibe oder ein Lineal mit Strichmarken optisch abgetastet und die Impulse auf einen Auf-/Abwärtszähler gegeben .... ❑
7. In dem Aufnehmer wird eine Codescheibe bzw. ein Codelineal mit mehreren Spuren optisch abgetastet und daraus eine digitale Information gebildet .... ❑

M59 Erläutern Sie das Prinzip eines katalytischen Gassensors (Pellistor).

M60 Erläutern Sie das Prinzip eines kapazitiven Feuchtesensors.

M61 Ordnen Sie jeweils mindestens eins der folgenden Verfahren zur Durchflussmessung und Überwachung:

a) Turbinenradverfahren
b) kalorimetrisches Verfahren
c) Wirkdruckverfahren
d) Schwebekörperverfahren
e) Induktionsverfahren
f) Paddelverfahren

den folgenden Aussagen von 1. bis 6. über die Prinzipien bzw. Eigenschaften von verschiedenen Verfahren zu:

1. Das Verfahren benötigt einen Differenzdruck-Messwertaufnehmer, die die Druckdifferenz vor und hinter einer Drosselstelle in der Leitung erfasst .... [ ]
2. Eignet sich besonders zur Durchfluss-Mengenmessung, da der Aufnehmer einen Impulsgeber besitzt, dessen Impulse in einem Zähler summiert werden können ..... [ ]
3. Nutzt die in einer elektrisch leitenden Flüssigkeit – die durch ein Magnetfeld strömt – induzierte elektrische Spannung als Maß für die Strömungsgeschwindigkeit .. [ ]
4. Nutzt die Kraftwirkung, die durch den Strömungswiderstand an einem Körper auftritt, um eine von der Strömungsgeschwindigkeit abhängige Auslenkung zu erhalten [ ]
5. Nutzt die Temperaturdifferenz, die durch die von der Strömung abhängige, gesteigerte Wärmeableitung an einem geheizten Strömungskörper auftritt .... [ ]
6. Da bei diesem Verfahren kein erhöhter Strömungswiderstand durch eine Drosselstelle auftritt, können alle Arten von Flüssigkeiten, auch wenn Schwebstoffe mitgeführt werden, gemessen werden. Es ist nur eine geringe elektrische Leitfähigkeit erforderlich .... [ ]

M62 Ein unipolarer Analog-Digital-Wandler hat einem Eingangs-Spannungsbereich von 0…10 V und einer Wortbreite von 10 Bit. Am Analogeingang liegen $U_a = 7{,}621$ V.

Bestimmen Sie:

a) die Auflösung ΔU_{LSB}; b) den Quantisierungsfehler; c) das Ausgangswort

M63 Am Eingang eines unipolaren Digital-Analog-Wandlers mit einer Wortbreite von 8 Bit und einem Live-Zero-Ausgang (4 ... 20 mA) steht die binäre Information: 1001 0111.
Welchen Wert hat der analoge Ausgangsstrom I_a?

M64 Am Eingang eines bipolaren 10-Bit-A/D-Wandlers mit einem ± 10-V-Eingang und einem Binärausgang mit Vorzeichenbit liegen $U_a = -6{,}45$ V.
Bestimmen Sie das Ausgangswort!

M65 Mit einem A/D-Wandler wird ein analoges Signal in Zeitintervallen von $\Delta t = 20$ µs abgetastet. Welche max. Frequenz $f_{a\,max}$ darf in dem Analogsignal enthalten sein?

Regelungstechnik

M66 Ordnen Sie die mit a bis k gekennzeichneten Orte des dargestellten Regelkreises den Begriffen 1. bis 17. zu!

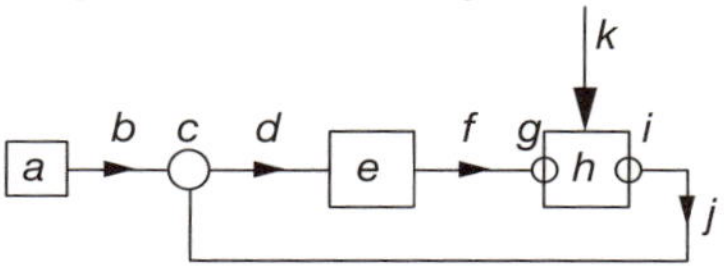

1. Regeldifferenz ❑
2. Sollwertgeber ❑
3. Stellort ❑
4. Soll-Ist-Wert-Vergleich ❑
5. Regelgröße ❑
6. Befehlsgeber ❑
7. Regeleinrichtung ❑
8. Ist-Wert ❑
9. Führungsgröße ❑
10. Messort ❑
11. Regelstrecke ❑
12. Stellglied ❑
13. Soll-Wert ❑
14. Stellgröße ❑
15. Regler ❑
16. Störgröße ❑
17. Vergleichsstelle ❑

M67 Welche Kurzbezeichnungen verwendet man für
- a) Stellgröße? ❑
- b) Führungsgröße? ❑
- c) Regelgröße? ❑
- d) Regeldifferenz? ❑
- e) Störgröße? ❑

M68 Wodurch unterscheidet sich das Blockschaltbild einer Regelung von dem einer Steuerung?
- a) durch das Stellglied ❑
- b) durch die Strecke ❑
- c) durch die Vergleichsstelle ❑
- d) durch die Messstelle ❑
- e) durch die Rückverbindung (Messstelle–Vergleichsstelle) ❑

M69 Was gibt die Regeldifferenz an?
1. um wie viel der Ist-Wert vom Soll-Wert abweicht ❑
2. wie schnell der Soll-Wert erreicht werden kann ❑
3. um wie viel der Ist-Wert noch nachgeregelt werden muss, bis der Soll-Wert erreicht ist ❑

M70 Welches Teil stellt beim Bügeleisen die Regelstrecke dar?
- a) der Bimetallschalter ❍
- b) die Bodenplatte (mit Heizwicklung) ❍
- c) der Temperaturwähler ❍
- d) der Einstellknopf mit dem Bimetallschalter ❍

M71 Welche der Regelstrecken-Diagramme (Sprungantwort) a) bis d) gehören zu welchem Regelstreckentyp 1. bis 4.?

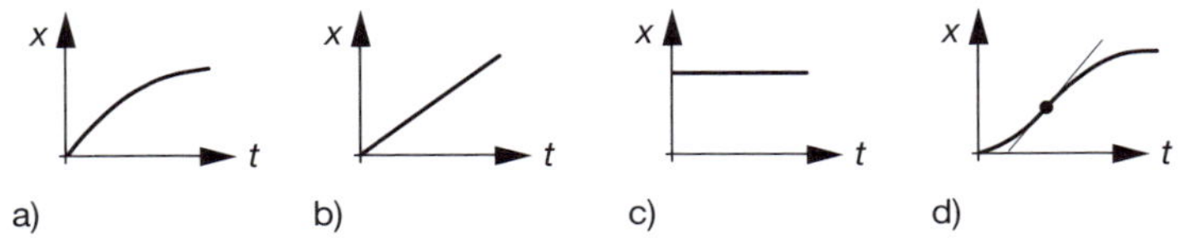

1. Verzögerungsarme Regelstrecke ❑
2. Regelstrecke mit Ausgleich ❑
3. Regelstrecke mit Ausgleich und Verzugszeit ❑
4. Regelstrecke ohne Ausgleich ❑

M72 Ermitteln Sie aus dem dargestellten Regelstreckendiagramm grafisch:
a) die Verzugszeit,
b) die Totzeit,
c) die Ausgleichszeit.

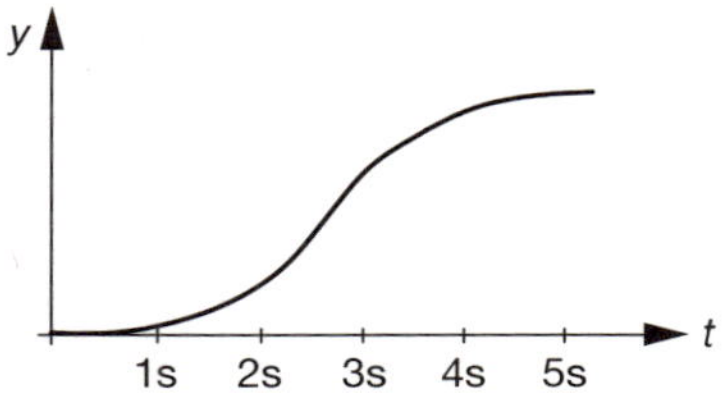

M73 Welchen Einfluss hat bei einer Raumtemperaturregelung der Rückführwiderstand im Thermostaten?
a) Verlängerung der Ausregelzeit . . . . ○
b) Verringerung der Verzugszeit . . . . ○
c) Signalverzögerung . . . . ○
d) Verkleinerung der Raumtemperaturdifferenz . . . . ○
e) Vergrößerung der Schalthäufigkeit . . . . ○

M74 Wie regiert ein a) stetiger und b) unstetiger Regler bei einer langsamen Eingangssignaländerung?
Das Ausgangssignal ändert sich:
1. sprunghaft . . . . ☐
2. entsprechend der Trägheit der Regelstrecke . . . . ☐
3. stufenlos oder feinstufig . . . . ☐

M75 Ordnen Sie die Sprungantworten a) bis e) den Reglertypen 1. bis 5. zu!

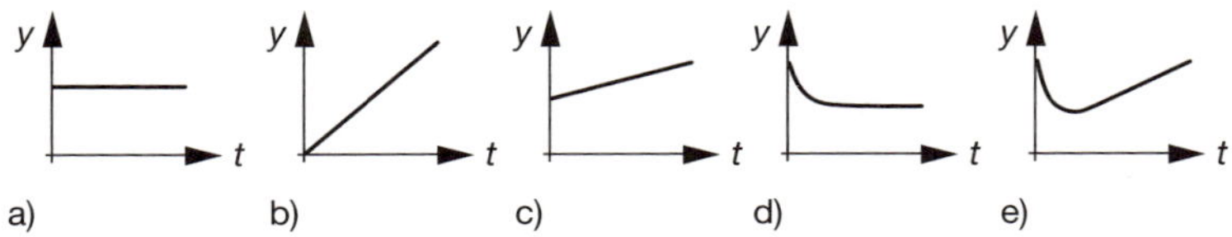

1. PI-Regler . . . . ☐
2. P-Regler . . . . ☐
3. PID-Regler . . . . ☐
4. I-Regler . . . . ☐
5. PD-Regler . . . . ☐

M76 Wie reagiert ein drehzahlgeregelter Elektromotor, wenn

a) das Signal vom Tachogenerator (Drehzahlgeber) ausfällt?
b) dem Drehzahl-Ist-Wert wechselnde Störsignale überlagert sind?

M77 Wie müssen die Parameter eines Reglers geändert werden, um der Schwingungsneigung einer Regelstrecke mit Ausgleich und Verzugszeit entgegenzuwirken?

a) Verstärkung K_p
b) Nachstellzeit T_n
c) bezogener Proportionalbereich x_p
d) Vorhaltzeit T_V

M78 Welche Reglertypen und welche Eigenschaften passen zusammen?

a) P-Regler – regelt nicht stetig . . . . ❍
b) P-Regler – regelt nicht genau . . . . ❍
c) PI-Regler – P-Anteil regelt schneller als I-Anteil . . . . ❍
d) PI-Regler – I-Anteil soll Regelgenauigkeit verbessern . . . . ❍
e) PID-Regler – D-Anteil soll I-Anteil kompensieren . . . . ❍
f) PID-Regler – D-Anteil soll Regelgeschwindigkeit erhöhen . . . ❍

M79 Ordnen Sie die Blockschaltbilder mit Funktionsdiagrammen a) bis d) den Regelkreisangaben (Regler und Regelstrecke) 1. bis 5. zu!

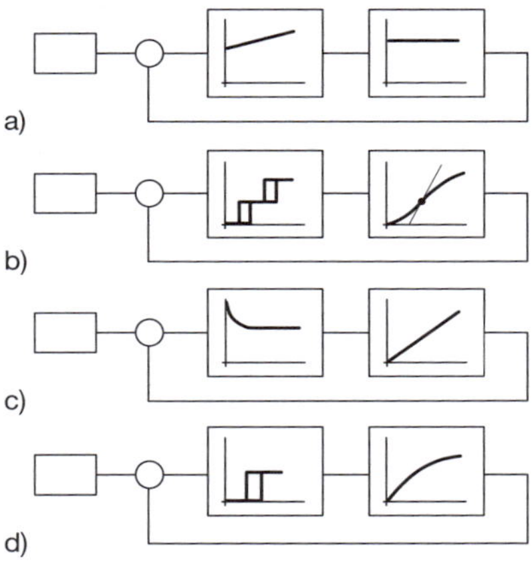

1. Zweipunktregler – Regelstrecke mit Ausgleich . . . . ❑
2. PI-Regler – verzögerungsarme Regelstrecke . . . . ❑
3. PID-Regler – Regelstrecke mit Ausgleich . . . . ❑
4. Dreipunktregler – Regelstrecke mit Ausgleich und Verzugszeit ❑
5. PD-Regler – Regelstrecke ohne Ausgleich . . . . ❑

N Elektrische Maschinen

Gleichstrommaschinen

Mechanischer Aufbau

N1 Welcher Teil einer elektrischen Maschine wird laut VDE mit Anker bezeichnet?

N2 Der Stromwender eines Gleichstromgenerators hat die Aufgabe,

a) die in der Ankerwicklung induzierte Wechselspannung in pulsierende Gleichspannung umzuformen ❍
b) die induzierte Spannung in der Ankerwicklung konstant zu halten ❍
c) die Ankerspulen untereinander zusammenschalten ❍
d) die Wirbelströme im Ankerpaket aufzuheben ❍

Anschlussbezeichnungen

N3 Ordnen Sie die Anschlussbezeichnungen a) bis f) den angegebenen Wicklungen 1. bis 6. zu:

a) F1–F2;
b) D1–D2;
c) 1C1–2C2;
d) A1–A2;
e) E1–E2;
f) A1–B2.

1. Ankerwicklung ❑
2. Reihenschlusswicklung ❑
3. Wendepol- und Kompensationswicklung (bei symmetrischer Verschaltung innerhalb der Maschine) ❑
4. Fremderregte Wicklung ❑
5. Nebenschlusswicklung ❑
6. Wendepolwicklung (bei asymmetrischer Verschaltung innerhalb der Maschine) ❑

N4 Bei folgenden Schaltbildern sind die genormten Anschlussbezeichnungen einzutragen.

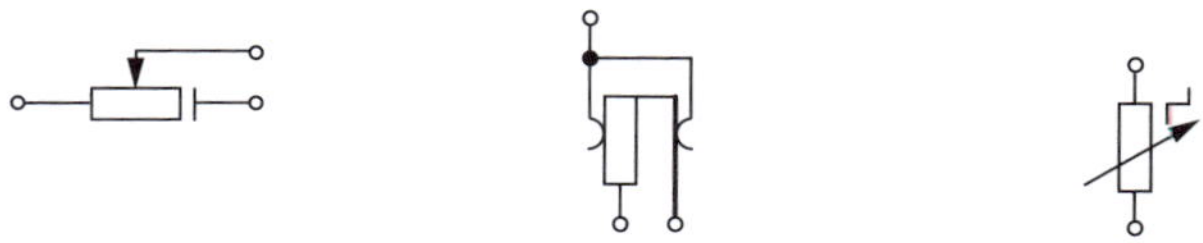

Drehrichtung

N5 In folgende Schaltbilder sind die Polaritäten der Ankeranschlüsse und die Drehrichtungen einzutragen.

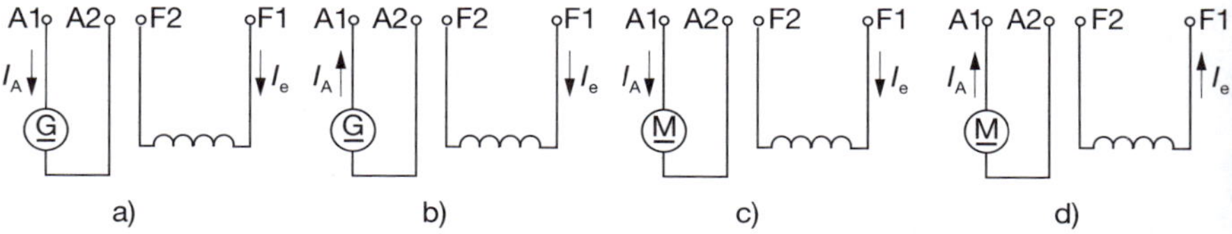

Erregerarten

N6 Die genormten Begriffe sind den Skizzen zuzuordnen:
a) fremderregter Generator
b) eigenerregter Generator
c) permanenterregter Generator
d) selbsterregter Generator

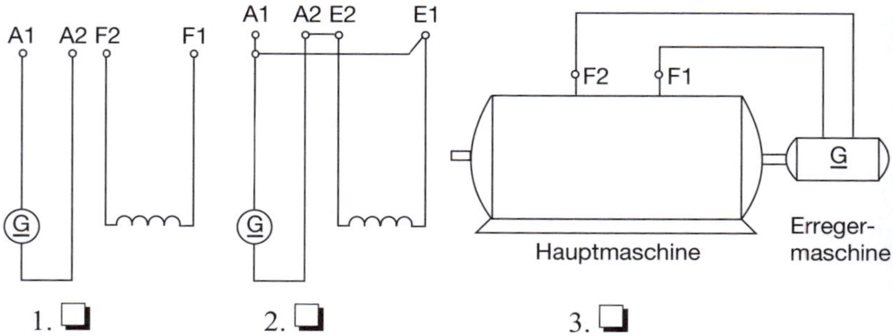

Generatoren und Motoren

N7 Die fehlenden Stromrichtungen in Hauptpol-, Wendepol- und Ankerwicklung sowie die magnetischen Pole sind zu ergänzen.

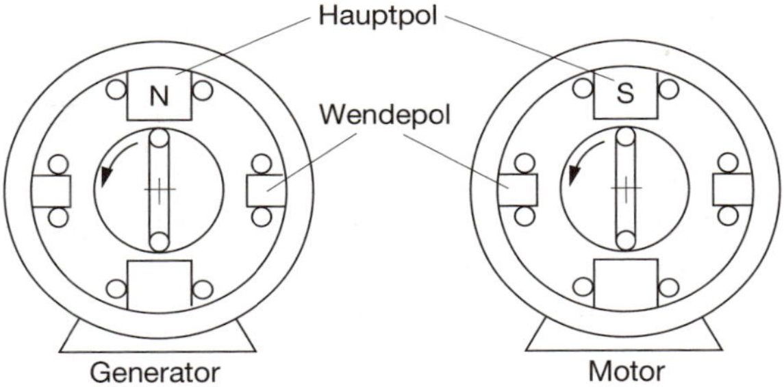

N8 Ein angetriebener, selbsterregter Nebenschlussgenerator ist mechanisch intakt, erzeugt aber keine Nennspannung. Der Fehler kann verursacht sein durch:

a) Fehlen der Remanenz ❍
b) Umpolung der Feldwicklung ❍
c) kurzgeschlossene Feldsteller ❍
d) kurzgeschlossene Feldwicklung ❍

N9 Das bei zunehmender Belastung eines Gleichstromgenerators auftretende Bürstenfeuer lässt sich beheben durch:

a) Verstellen der Bürsten bei Generatoren ohne Wendepole mit der Drehrichtung des Ankers ❍
b) Polfolge Nordhauptpol–Südwendepol in Drehrichtung des Ankers gesehen ❍
c) Verlangsamen der Ankerdrehzahl unter gleichzeitiger Verstärkung des Erregerfeldes ❍
d) Verstärkung der Erregung ❍

N10 Folgende aufgeführte Gleichstromgeneratoren sind im Dauerbetrieb kurzschlussgefährdet:

a) fremderregter Nebenschlussgenerator ❍
b) selbsterregter Nebenschlussgenerator ❍
c) Reihenschlussgenerator ❍
d) Doppelschlussgenerator (A1–A2; D1–D2; F1–F2) ❍

N11 Die Kennlinien a) bis c) sind den Maschinen 1. bis 3. zuzuordnen:

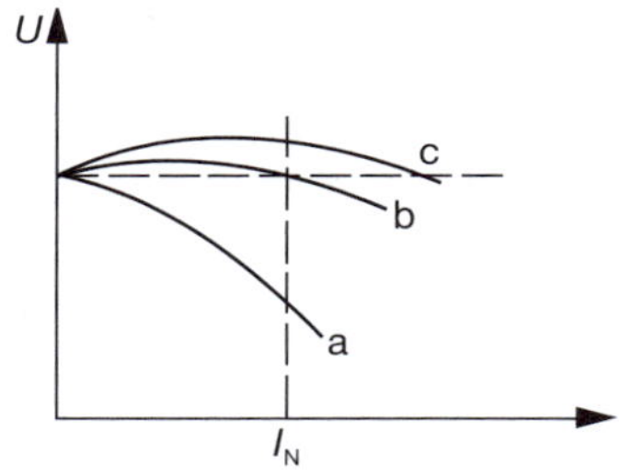

1. überkompoundierter Doppelschlussgenerator . . . . ❑
2. gegenkompoundierter Doppelschlussgenerator . . . . ❑
3. normalkompoundierter Doppelschlussgenerator . . . . ❑

N12 Für den Parallelbetrieb zweier Nebenschlussgeneratoren sind unbedingt erforderlich:

a) gleiche Spannungen der Generatoren . . . . ❍
b) Zusammenschluss gleicher Polaritäten . . . . ❍
c) Ausgleichsleitung zwischen den Erregerfeldern . . . . ❍
d) gleiche Drehzahlen der Generatoren . . . . ❍
e) gleiche Polzahlen der Generatoren . . . . ❍

N13 Die Drehrichtung einer stromdurchflossenen Leiterschleife im Magnetfeld kann geändert werden:

a) durch Änderung der Größe des Leiterstromes . . . . ❍
b) durch Richtungsänderung des Leiterstromes und des Magnetfeldes . . . . ❍
c) durch Richtungsänderung des Leiterstromes oder des Magnetfeldes . . . . ❍
d) durch Schwächung des Magnetfeldes . . . . ❍
e) durch Verstärkung des Magnetfeldes . . . . ❍

N14 Die Bilder, in denen die Stromrichtung entsprechend der Drehrichtung für einen Motor richtig eingesetzt ist, sind anzukreuzen.

a) ❍

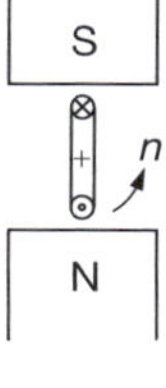

b) ❍

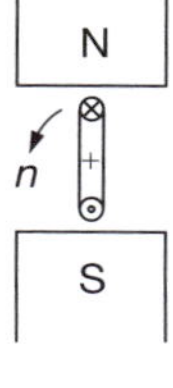

c) ❍

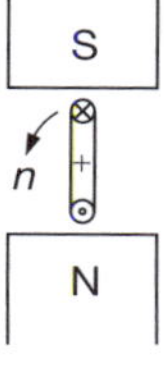

N15 Hohe Einschaltströme eines Gleichstrom-Nebenschlussmotors können verringert werden durch:

a) Schwächung des Erregerfeldes ❍
b) einen Stellanlasser ❍
c) Vertauschen der Netzleitungen ❍

N16 Gleichstrom-Reihenschlussmotoren haben:

a) belastungsunabhängige Drehzahlverhalten ❍
b) belastungsabhängige Drehzahlverhalten ❍
c) belastungsneutrale Drehzahlverhalten ❍

N17 Der Gleichstrom-Nebenschlussmotor unterscheidet sich vom fremderregten Gleichstrommotor durch

a) Anker- und Erregerwicklungsausführung ❍
b) Leistungsschildangaben ❍
c) Anschlussbezeichnungen ❍
d) grundsätzlich unterschiedliches Drehzahlverhalten bei Belastungsänderungen ❍

N18 Der Universalmotor kann drehzahlgesteuert werden durch:

a) Vorwiderstand ❍
b) Kusaschaltung ❍
c) Phasenanschnittsteuerung ❍

N19 Aus welchem Grund schaltet man beim Universalmotor (Allstrommotor) die Erregerwicklung D1–D2 symmetrisch zum Anker?

N20 Bei konstanter Netzspannung kann beim Nebenschlussmotor eine Drehzahlerhöhung über die Nenndrehzahl erfolgen durch:

a) Spannungsänderung mit Anlasser ❍
b) Erhöhung der Gegenspannung ❍
c) Erregerstromänderung mit Feldsteller ❍

N21 Die Leerlaufverluste bei Nebenschlussmotoren setzen sich in erster Linie zusammen:

a) aus Reibungsverlusten ❍
b) aus Stromwärmeverlusten im Anker ❍
c) aus Stromwärmeverlusten in den Wendepolen ❍
d) aus Eisenverlusten (Wirbelstrom- und Hysteresisverlusten) ❍
e) aus Stromwärmeverlusten unter den Bürsten ❍
f) aus Erregerverlusten ❍

N22 In den nachfolgenden Anschlussbrettanordnungen sind die Drehrichtungen, Brücken und die Maschinentypen (Generator, Motor) anzugeben:

a)

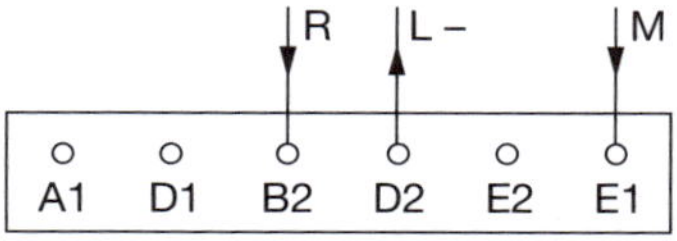

Maschinentyp:

Drehrichtung:

b)

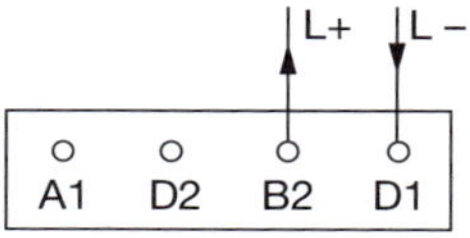

Maschinentyp:

Drehrichtung:

c)

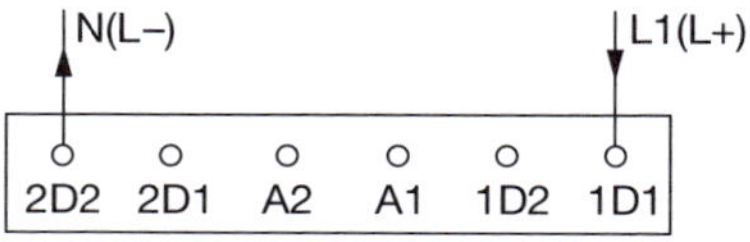

Maschinentyp:

Drehrichtung:

d)

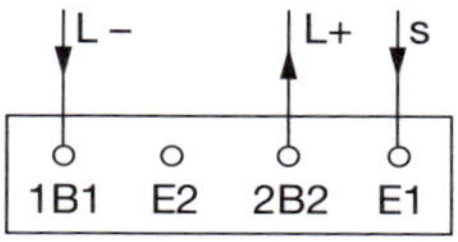

Maschinentyp:

Drehrichtung:

e)

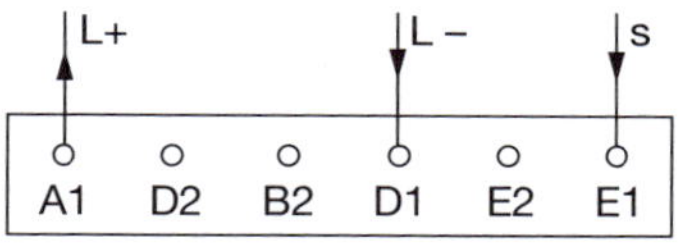

Maschinentyp:

Drehrichtung:

N23 Es sind die Anschlussbezeichnungen 1. bis 4. den entsprechenden Motorarten zuzuordnen:

a) Doppelschlussmotor mit symmetrischer Wendepolwicklung
b) Reihenschlussmotor mit unsymmetrischer Wendepolwicklung
c) fremderregter Motor
d) Nebenschlussmotor mit Wendepolen
e) Nebenschlussmotor ohne Wendepole
f) Universalmotor

1. A1–A2; E1–E2 .... ❑
2. 1B1–2B2, E1–E2 und D1–D2 .... ❑
3. A1–B2, D1–D2 .... ❑
4. A1–A2, 1D1–1D2 und 2D1–2D2 .... ❑

N24 Das Motordrehmoment kann bestimmt werden durch die Formel:

a) $M = P \cdot n \cdot \frac{1}{9550}$ .... ❍

b) $M = \frac{P}{n} \cdot 9550$ .... ❍

c) $M = \frac{n}{P} \cdot 9550$ .... ❍

d) $M = P \cdot n \cdot 9550$ .... ❍

Einheiten: M in Nm
P in kW
n in min^{-1}

N25 Ein Gleichstrommotor wird mit Hilfe einer Backenbremse auf seine Bemessungsleistung abgebremst. Beim Versuch ergeben sich folgende Werte:

Motor:
$U = 440$ V
$I = 12{,}8$ A
$n = 960\ \text{min}^{-1}$

Backenbremse:
Bremshebel = 700 mm
Bremsgewicht = 56 N

Wie hoch ist sein Wirkungsgrad?

a) 0,66 .... ❍
b) 0,81 .... ❍
c) 0,7 .... ❍
d) 0,74 .... ❍

N26 Nach welchen Formeln kann die relative Einschaltdauer eines Motors ausgerechnet werden?

a) $\text{ED} = \frac{\text{Spieldauer}}{\text{Belastungsdauer}} \cdot 100$ in % .... ❍

b) $\text{ED} = \frac{\text{Belastungsdauer}}{\text{Belastungsdauer + Pause}} \cdot 100$ in % .... ❍

c) $\text{ED} = \frac{\text{Pause + Spieldauer}}{\text{Belastungsdauer}} \cdot 100$ in % .... ❍

d) $\text{ED} = \frac{\text{Belastungsdauer}}{\text{Spieldauer}} \cdot 100$ in % .... ❍

e) $\text{ED} = \frac{\text{Belastungsdauer + Pause}}{\text{Belastungsdauer}} \cdot 100$ in % .... ❍

N27 Es sind die entsprechenden Wicklungen a) bis e) den Erläuterungen 1. bis 10. zuzuordnen:

a) Nebenschlusswicklung
b) Hauptschlusswicklung
c) Wendepolwicklung
d) Kompensationswicklung
e) für keine Wicklung gültig

1. Wicklung erzeugt ein belastungsabhängiges Magnetfeld, das dem Ankerquerfeld entgegenwirkt ❑
2. Wicklung erzeugt ein von der Belastung abhängiges Erregerfeld ❑
3. Wicklung erzeugt ein belastungsabhängiges Magnetfeld unterhalb der Hauptpolschuhe, das eine Verzerrung des Hauptfeldes bei starken Ankerströmen verhindern soll ❑
4. Wicklung erzeugt ein konstantes Erregerfeld, das das Ankerquerfeld aufhebt ❑
5. Wicklung erzeugt ein von der Belastung unabhängiges Erregerfeld ❑
6 Wicklung wird vom Ankerstrom durchflossen und ist in den Polschuhen der Hauptpole angeordnet ❑
7. Wicklung wird vom Ankerstrom durchflossen und ist auf besonderen Polen zwischen den Hauptpolen angeordnet ❑
8. Wicklung ist für Bemessungsspannung ausgelegt und ist auf den Hauptpolen angeordnet ❑
9. Wicklung wird vom Ankerstrom durchflossen und ist um die Polhälse der Hauptpole angeordnet ❑
10. Wicklung mit vielen Windungen dünnen Drahtquerschnitts ist auf den Hilfspolen angeordnet ❑

N28 Der für Kurzzeitbetrieb ausgelegte Anlasser eines Gleichstrommotors hat folgende Aufgabe:

a) Drehzahlsteuerung bis zur Bemessungsdrehzahl ❍
b) Drehzahlsteuerung oberhalb der Bemessungsdrehzahl ❍
c) Begrenzung des Anlaufstromes ❍
d) Begrenzung des Betriebsstromes ❍

Scheibenläufermotoren

N29 Der Scheibenläufermotor unterscheidet sich gegenüber dem herkömmlichen Gleichstrommotor durch

a) geringeres Bauvolumen in Bezug auf die Leistung ❍
b) geringe mechanische Zeitkonstante im Anlauf ❍

c) hohe Induktivität der Ankerwicklung ❍
d) Materialersparnis im Ständer und Läufer ❍
e) Nichteinsatz im intermittierenden Betrieb ❍
f) besonders bevorzugten Einsatz in der Elektronik ❍

N30 Das Betriebsverhalten des Scheibenläufermotors ist
a) Reihenschlussverhalten ❍
b) Synchronverhalten ❍
c) Nebenschlussverhalten ❍
d) Doppelschlussverhalten ❍

Transformatoren

N31 Transformatoren dienen
a) zur Konstanthaltung des Stromes im Verbrauchernetz ❍
b) der Aufgabe wirtschaftlicher Energieübertragung über weite Strecken ❍
c) als Verbindungsglied zwischen Generatoren und Verbrauchern ❍
d) zum Umspannen von Niederspannung in Hochspannung ❍
e) zur Umformung der Frequenz ❍

N32 Die Energieübertragung eines Transformators mit getrennten Wicklungen erfolgt durch
a) galvanische Verbindung der Primärspule mit der Sekundärspule ❍
b) den sich ständig ändernden Magnetfluss im Eisenkern ❍
c) mechanische Bewegung der Primär- und Sekundärspule ❍
d) Hysteresis und Wirbelströme ❍

N33 Das Übersetzungsverhältnis eines Transformators lautet:
a) Spannungen verhalten sich proportional zu den Strömen ❍
b) Ströme verhalten sich umgekehrt proportional zu den Spannungen ❍
c) Windungszahlen verhalten sich umgekehrt proportional zu den Strömen ❍
d) Spannungen verhalten sich umgekehrt proportional zu den Windungszahlen ❍
e) Leistungen verhalten sich proportional zu den Spannungen ❍

N34 Ein Transformator verhält sich im Leerlauf wie
a) eine Drosselspule ❍
b) ein Kondensator ❍
c) ein ohmscher Widerstand ❍
d) ein Parallelschwingkreis ❍

N35 Ein Transformator wird versehentlich an ein Gleichspannungsnetz angeschlossen.
Es kann eintreten:
a) Spannungsüberhöhung an der Sekundärseite .... ❍
b) geringe Stromaufnahme der Primärwicklung .... ❍
c) hohe Erwärmung der Primärspule .... ❍
d) große Stromaufnahme aus dem Gleichspannungsnetz .... ❍
e) starke Erwärmung des Eisenkernes durch Wirbelströme ...... ❍

N36 Die Leerlaufverluste eines Transformators können
a) direkt
b) indirekt
c) nicht ermittelt werden
durch:
1. Blindleistungsmessung .... ❑
2. Spannungs-, Strom- und Leistungsfaktormessung .... ❑
3. Strommessung .... ❑
4. Leistungsmessung .... ❑
5. Spannungsmessung .... ❑

N37 Die Größe des Leerlaufstromes I_0 eines Transformators ist abhängig von
a) der Belastungsart .... ❍
b) dem magnetischen Werkstoff .... ❍
c) dem ohmschen Wicklungswiderstand .... ❍
d) dem Luftspalt der Stoßstellen .... ❍
e) der Höhe der Primärspannung .... ❍
f) dem Magnetisierungsstrom .... ❍

N38 Die Ausgangsspannung eines Transformators ist abhängig von
a) der Eingangsspannung .... ❍
b) der Kurzschlussspannung .... ❍
c) dem Belastungsstrom .... ❍
d) dem magnetischen Werkstoff .... ❍
e) der Belastungsart .... ❍

N39 Die Ausgangsspannung eines Transformators steigt, wenn
a) die primärseitige Windungszahl bei konstanter Eingangsspannung vermindert wird .... ❍
b) ein vorhandenes Streujoch (Streupaket) in den Magnetkreis hineingeschoben wird .... ❍
c) bei Erhöhung der sekundärseitigen Windungszahl ihr Leiterquerschnitt vermindert wird .... ❍

d) anstelle der vorhandenen primärseitigen Spulensysteme aus Kupferdraht Spulensysteme aus Aluminiumdraht verwendet werden ❍

N40 Unter Kurzschlussspannung eines Transformators versteht man
a) die Betriebsspannung an der Primärseite bei kurzgeschlossener Sekundärseite ❍
b) die Spannung an der Sekundärseite bei induktiver Belastung ❍
c) die Spannung an der Primärseite bei primärem Nennstrom und kurzgeschlossenem Sekundärkreis ❍
d) die Spannung am geöffneten Sekundärkreis bei kurzgeschlossener Primärspule ❍

N41 Transformatoren werden im Kurzschluss geprüft, um
a) die Isolationsfestigkeit der Wicklung zu kontrollieren ❍
b) die Eisenverluste zu messen ❍
c) die Kupferverluste zu messen ❍
d) die Blindleistung zu messen ❍

N42 Das Buchholzrelais hat die Aufgabe,
a) die Kesseltemperatur zu messen ❍
b) die Luftfeuchtigkeit im Transformator zu überprüfen ❍
c) den Ölstand zu überwachen ❍
d) auftretende Windungsschlüsse zu melden ❍
e) die Spannung zu überwachen ❍
f) die Gasbildung im Transformatorenkessel zu überwachen ❍

N43 Zum Parallelbetrieb von Drehstromtransformatoren müssen unbedingt erfüllt sein:
a) gleiche Übersetzungsverhältnisse ❍
b) gleiche Bemessungsspannungen ❍
c) gleiche Bemessungsleistungen ❍
d) gleiche Schaltgruppen ❍
e) etwa gleiche Bemessungskurzschlussspannungen ❍
f) gleiche Bemessungsströme ❍

N44 Ein Drehstromtransformator Dy5 hat gegenüber einem Transformator Yy0 gleicher Leistung folgende Vorteile:
a) Die Sekundärseite darf ungleichmäßig belastet werden ❍
b) Materialersparnis auf der Sekundärseite ❍
c) verwendbar für Schieflast ❍

N45 Der Transformatorwirkungsgrad wird bestimmt nach der Formel:

a) $\eta = \dfrac{P_{ab}}{P_{ab} + P_{Fe}}$ .... ❍

b) $\eta = \dfrac{P_{zu} - (P_{Fe} + P_{cu})}{P_{zu}}$ .... ❍

c) $\eta = \dfrac{P_{ab}}{P_{ab} + P_{Fe} + P_{cu}}$ .... ❍

d) $\eta = \dfrac{P_{ab}}{P_{zu} - P_{Fe} - P_{cu}}$ .... ❍

N46 Die Symbole a) bis f) sind den Erläuterungen 1. bis 6. zuzuordnen.

a)  c)  e) 

b)  d)  f) 

1. Kleintransformator ist bedingt kurzschlussfest .... ❑
2. Schutz-Kleintransformator hat sekundär max. $U_N = 25$ V; $U_0 = 33$ V; $S = 200$ VA .... ❑
3. Schutz-Kleintransformator ist wärmefest .... ❑
4. Schutz-Kleintransformator hat sekundär maximal $U_N = 25$ V; $U_0 = 33$ V; $I_N = 2$ A; $u_k = 40\%$ .... ❑
5. Schutz-Kleintransformator ist kurzschlussfest .... ❑
6. Trenntransformator hat sekundär max. im Drehstromfall $U_N = 500$ V .... ❑

N47 Durch Spartransformatoren werden erreicht:

a) Umformungen von Nieder- in Schutzspannungen .... ❍
b) Umformungen von z.B. 200 V auf 230 V .... ❍
c) Spannungsteilungen auf induktivem Wege .... ❍
d) Materialersparnis bei größer werdendem Übersetzungsverhältnis .... ❍
e) Materialersparnis gegenüber Transformatoren mit getrennten Wicklungen bei gleichen Leistungsübertragungen .... ❍

Asynchronmaschinen für 1-Phasen-Wechselstrom

N48 Induktionsmaschinen
Der 1-Phasen-Induktionsmotor unterscheidet sich grundsätzlich vom Drehstrom-Induktionsmotor durch
a) den Läuferaufbau .... ❍
b) die Anordnung der Ständerwicklung .... ❍
c) die Anschlussbezeichnungen .... ❍
d) die Leistungsschildangaben .... ❍

N49 Beim 1-Phasen-Motor mit Betriebs- und Anlasskondensator dient der Fliehkraftschalter zur
a) Drehzahlsteuerung .... ❍
b) Abschaltung bei Überlastung .... ❍
c) Abschaltung der Hilfswicklung nach dem Hochlaufen .... ❍
d) Abschaltung des Betriebskondensators nach dem Hochlaufen . ❍
e) Abschaltung des Anlaufkondensators nach dem Hochlaufen ... ❍

N50 Die Drehrichtung eines 1-Phasen-Motors kann geändert werden durch
a) Vertauschen der Anschlüsse von Haupt- und Hilfswicklung ... ❍
b) Vertauschen der Anschlüsse der Hilfswicklung .... ❍
c) Vertauschen der Anschlüsse der Hauptwicklung .... ❍
d) Vertauschen der Netzzuleitungen .... ❍

N51 Ein 1-Phasen-Motor für 230 V/1,3 A; $\cos\varphi = 0{,}71$; $n = 2760\ \text{min}^{-1}$, $P = 150$ W.
Wie groß ist etwa der Motorwirkungsgrad bei Nennlast?

a) 0,7 .... ❍	c) 0,82 .... ❍
b) 0,74 .... ❍	d) 0,84 .... ❍

N52 Der Läufer des Spaltpolmotors dreht sich grundsätzlich vom
a) Spaltpol zum Hauptpol desselben Pols .... ❍
b) Hauptpol in Richtung des Magnetfeldes .... ❍
c) Hauptpol zum Spaltpol desselben Pols .... ❍
d) Spaltpol in Richtung der Netzspule .... ❍
e) Spaltpol zum anliegenden Streublech .... ❍

N53 Der Spaltpolmotor kann das Betriebsverhalten eines Synchronmotors haben, wenn
a) die Netzfrequenz verändert wird .... ❍
b) die Spaltpolwicklung im Betriebszustand geöffnet wird ...... ❍

c) der Läufer aus hartmagnetischem Werkstoff besteht . . . . ❍
d) die Spaltpolwicklung hochohmig ausgeführt wird . . . . ❍

N54 Ein Drehstrommotor wird an eine 1-Phasen-Spannung angeschlossen. Er läuft selbstständig an, wenn
a) die Drehstromwicklungen in Reihe geschaltet werden . . . . ❍
b) nur ein Ständerwicklungsstrang verwendet wird . . . . ❍
c) parallel zu einem Wicklungsstrang Kondensatoren, ohmsche Widerstände oder Induktivitäten geschaltet werden . . ❍
d) das Ständerpaket vormagnetisiert wird . . . . ❍

Asynchronmaschinen für 3-Phasen-Wechselstrom

N55 Eine elektrische Maschine wird Asynchronmaschine genannt, wenn
a) der Läufer angetrieben wird und dem Ständerdrehfeld vorauseilt . . . . ❍
b) das Ständerdrehfeld und der Läufer gleiche Drehzahlen haben . ❍
c) das Ständerdrehfeld dem Läufer vorauseilt . . . . ❍
d) der Läufer dem Ständerdrehfeld nacheilt . . . . ❍

N56 Die Drehfelddrehzahl n_0 lässt sich berechnen nach der Formel:

a) $n_0 = 60 \cdot f \cdot p$ . . . . ❍
b) $n_0 = \frac{f}{60} \cdot p$ . . . . ❍
c) $n_0 = 60 \cdot \frac{p}{f}$ . . . . ❍
d) $n_0 = 60 \cdot \frac{f}{p}$ . . . . ❍
e) $n_0 = \frac{f}{p \cdot 60}$ . . . . ❍

N57 Unter dem Begriff Schlupf versteht man
a) das Verhältnis von Drehfelddrehzahl zur Schlupfdrehzahl . . . . ❍
b) das Verhältnis von Drehfelddrehzahl im Ständer zur Drehfelddrehzahl im Läufer . . . . ❍
c) das Produkt von Läuferdrehzahl und Drehfelddrehzahl . . . . ❍
d) das Verhältnis von Schlupfdrehzahl zur Drehfelddrehzahl . . . . ❍
e) das Verhältnis von Drehfelddrehzahl zur Bemessungsdrehzahl des Läufers . . . . ❍

N58 Der Stromverdrängungsläufermotor gehört zur Gruppe der

a) Gleichstrommotoren .. ❍ | c) Asynchronmotoren ..... ❍
b) Synchronmotoren .... ❍ | d) Stromwendermotoren ... ❍

N59 Es sind die Bezeichnungen der entsprechenden Kurzschlussläufer a) bis e) den anschließenden Erläuterungen 1. bis 4. zuzuordnen:

a) Rundstabläufer
b) Doppelkäfigläufer (2-Stab-Läufer, 2-Nut-Läufer)
c) Hochstabläufer (Tiefnutläufer),
d) Keilstabläufer
e) Wirbelstromläufer

1. keine Nuten, Läufer besteht meist aus kompakter Eisenmasse ❑
2. runde oder viereckige, tief im Läufereisen liegende Nuten .... ❑
3. radial übereinander angeordnete Nuten verschiedener Querschnittsfläche bzw. verschiedener Form .... ❑
4. runde, wenig tief im Läufereisen liegende Nuten .... ❑

N60 Die Begriffe a) bis d) sind den Beschreibungen 1. bis 7. zuzuordnen:

a) normaler Kurzschlussläufermotor
b) Stromverdrängungsläufermotor
c) Linearmotor
d) Schleifringläufermotor

wenn

1. die Käfigwicklung aus Rundstäben besteht und wenig tief im Läufereisen liegt .... ❑
2. der Läufer als gestreckte Schiene ausgeführt ist .... ❑
3. auf dem Leistungsschild zusätzlich Läuferangaben sind ...... ❑
4. ein Teil der Käfigwicklungen aus weniger gut elektrisch leitendem Material besteht .... ❑
5. der Läufer als Primärteil und der Ständer als Sekundärteil verwendet werden können .... ❑
6. das Drehfeld auch als Wanderfeld bezeichnet wird .... ❑

N61 Es sind die Bezeichnungen der entsprechenden Drehmomente a) bis e) von Kurzschlussläufermotoren den anschließenden Erläuterungen 1. bis 10. zuzuordnen:

a) Anlaufmoment
b) Sattelmoment
c) Bemessungsmoment
d) Kippmoment
e) kein Moment

1. 4-poliger Motor, 50 Hz mit einer Umdrehungszahl von etwa 250 min^{-1} . . . . ❑
2. 4-poliger Motor mit Bemessungsstrom $I_N = 20$ A nimmt etwa 50 A im Betriebszustand auf . . . . ❑
3. 2-poliger Motor mit Bemessungsstrom $I_N = 10$ A nimmt etwa 80 A bei der Umdrehungszahl $n = 0$ min^{-1} auf . . . . ❑
4. 4-poliger Motor, 50 Hz mit einer Umdrehungszahl von etwa 1425 min^{-1}
5. 2-poliger Motor mit dem Schlupf $s = 0\%$ . . . . ❑
6. 2-poliger Motor mit dem Schlupf $s = 100\%$ . . . . ❑
7. 4-poliger Motor mit dem Schlupf etwa $s = 20\%$ . . . . ❑
8. 4-poliger Motor mit dem Schlupf etwa $s = 86\%$ . . . . ❑
9. 2-poliger Motor, 50 Hz mit einer Umdrehungszahl $n = 3000$ min^{-1}
10. 6-poliger Motor, 50 Hz mit einer Umdrehungszahl $n = 950$ min^{-1} . . . . ❑

N62 Die Punkte der Drehmoment-Drehzahl-Kennlinie a) bis d) sind den Begriffen 1. bis 4. zuzuordnen.

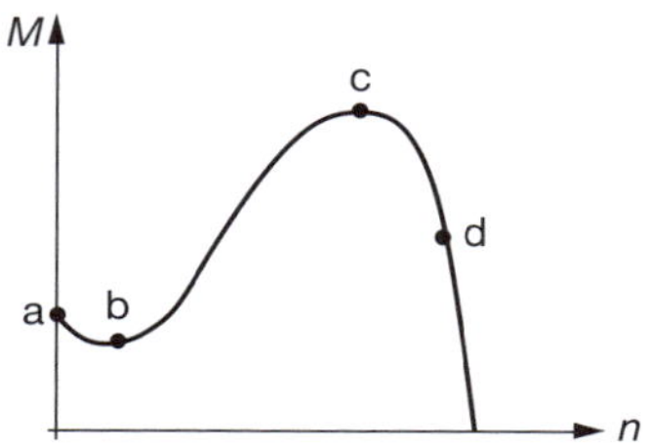

1. M_K = Kippmoment . . . . . . ❑
2. M_S = Sattelmoment . . . . . ❑
3. M_N = Bemessungsmoment ❑
4. M_A = Anzugsmoment . . . ❑

N63 Im Bereich der Nenndrehzahl verhält sich der Kurzschlussläufermotor annähernd wie ein:

a) Reihenschlussmotor . . ❍
b) Synchronmtor . . . . ❍
c) Universalmotor . . . . . . ❍
d) Nebenschlussmotor . . ❍
e) Doppelschlussmotor . . . . ❍
f) Repulsionsmotor . . . . ❍
g) Schleifringläufermotor . . ❍

N64 Schleifringläufermotoren unterscheiden sich grundsätzlich von Kurzschlussläufermotoren durch

a) Ständerwicklung ❍
b) Leistungsschildangaben ❍
c) Läuferaufbau ❍
d) Anschlussbezeichnungen ❍

N65 Der Schleifringläufermotor hat im Gegensatz zum Kurzschlussläufermotor

a) ein kleines Anzugsmoment mit geringer Stromaufnahme ❍
b) ein großes Anzugsmoment mit hoher Stromaufnahme ❍
c) ein großes Anzugsmoment mit geringer Stromaufnahme ❍
d) Möglichkeit der Drehzahlsteuerung durch Veränderungen im Läuferkreis ❍

N66 Es sollen

a) ein Kurzschlussläufermotor,
b) ein Schleifringläufermotor,
c) beide Motoren

gleicher Leistung den nachfolgenden Angaben 1. bis 11. zugeordnet werden:

1. höherer Leistungsfaktor $\cos \varphi$ ❑
2. vorzugsweise verwendbar in Ex-Räumen ❑
3. verwendbar als asynchroner Frequenzumformer ❑
4. verwendbar zur Schlupfsteuerung im Läuferkreis ❑
5. verwendbar als spannungsumschaltbarer Motor ❑
6. vorzugsweise verwendbar als polumschaltbarer Motor ❑
7. höheres Anzugsmoment ❑
8. höherer Wirkungsgrad η ❑
9. verwendbar als elektrische Welle ❑
10. geringere Betriebskosten ❑
11. verwendbar als Drehtransformator ❑

N67 Die Stromaufnahme von Kurzschlussläufermotoren wird beim Anlauf vermindert durch

a) Y-△-Anlauf ❍
b) Ständeranlasser ❍
c) Kusaschaltung ❍
d) Ständerdrosseln ❍
e) Anlasstransformator ❍
f) Verminderung der Ständerspannung ❍

g) Blindleistungskompensation ❍
h) Magnetpulverkupplung ❍
i) △-⅄⅄-Anlauf ❍
k) direktes Einschalten ❍

N68 Drehstrommotoren werden kompensiert, um
a) den Anlaufstrom zu begrenzen ❍
b) einen sanften und stoßfreien Anlauf zu erhalten ❍
c) die Netzspannung des Motors zu vermindern ❍
d) die Blindleistung und somit den Betriebsstrom in der Zuleitung zu reduzieren ❍
e) die aufgenommene Wirkleistung zu kompensieren ❍
f) den Betriebsstrom in den Wicklungen des Motors zu verringern ❍

N69 Beim Motorschutzschalter eines in △ geschalteten Drehstrommotors wird der Bimetallauslöser in der Zuleitung eingestellt auf
a) Netzspannung ❍
b) Strangspannung ❍
c) Motornennstrom ❍
d) Strangstrom ❍
e) Strangstrom × $\sqrt{3}$ ❍

N70 Y-△-Anlauf ergibt gegenüber Direkteinschaltung
a) kleineren Anlaufstrom bei größerem Anzugsmoment ❍
b) größeren Anlaufstrom bei größerem Anzugsmoment ❍
c) kleineres Anzugsmoment bei kleinerem Anlaufstrom ❍

N71 Der Dahlandermotor ist am Leistungsschild zu erkennen durch
a) Bezeichnung △/⅄⅄ ❍
b) 2 Leistungsangaben ❍
c) 2 Spannungsangaben ❍
d) 2 Leistungsfaktorangaben ❍
e) 2 Frequenzangaben ❍
f) 2 Drehzahlangaben ❍
g) Läuferangaben ❍

N72 Ein im Wicklungsstrang für Y-△-Anlauf eingesetzter Bimetallauslöser wird eingestellt auf:
a) Netzspannung ❍
b) Bemessungsstrom in der Zuleitung ❍
c) Wicklungsstrangspannung ❍
d) Strangstrom ❍
e) 0,58-facher Bemessungsstrom ❍

N73 Es sind die Leistungsschildangaben a) bis g) den anschließend gleichwertigen Angaben 1. bis 10. zuzuordnen:
a) 230 V△; b) 690/400 V; c) 133 VY; d) 230/133 V; e) 500 V△; f) 500 VY; g) keine Zuordnung.

1. 230 VY .... ❑
2. 500/289 V .... ❑
3. 400 V△ .... ❑
4. 289 VY .... ❑
5. 865 VY .... ❑
6. 77 V△ .... ❑
7. 133 V△ .... ❑
8. 400/230 V .... ❑
9. 865/500 V .... ❑
10. 690 V△ .... ❑

N74 Eine Schlupfdrehzahlsteuerung kann durchgeführt werden mit
a) Polumschaltung .... ○
b) Phasenanschnittsteuerung .... ○
c) Einschaltung von Läuferwiderständen .... ○
d) Frequenzänderung .... ○

N75 Aus den Leistungsschildangaben eines Drehstrommotors soll der Wirkungsgrad ermittelt werden.
Gegeben:

U = 230/400 V – △/Y
I = 4/2,3 A
P = 0,8 kW
n = 1410 min^{-1}
$\cos\varphi$ = 0,7

N76 In der Tabelle sollen die fehlenden Wicklungsschaltungen ergänzt werden.

Schaltung von Drehstrommotoren					
Netzspannung		690 V	400 V	230 V	500 V
Strangspannung der Motorwicklung	230 V	–	Y	△	–
	289 V				
	400 V				
	500 V				

N77 Ein Drehstrommotor hat am 50-Hz-Netz die Bemessungsdrehzahl von 1430 min^{-1}.
Wie hoch ist die Läuferfrequenz?

N78 Die Motoranschlussbretter a) bis h) von Induktionsmotoren sind den jeweiligen Motorarten 1. bis 8. zuzuordnen:

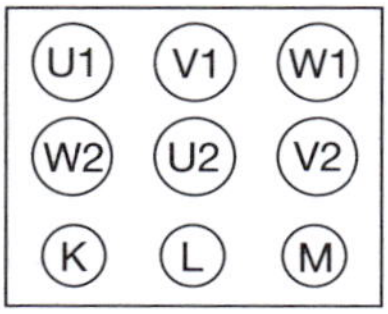

a)

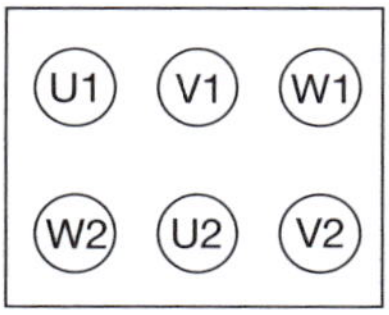

b)

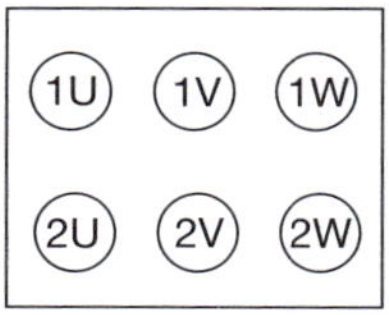

c)

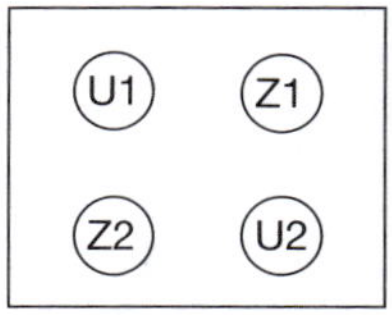

d)

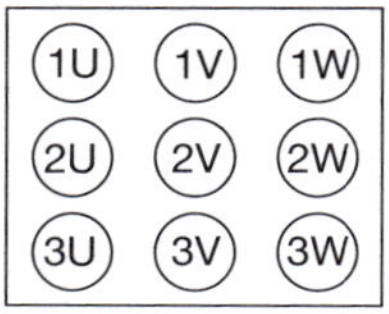

e)

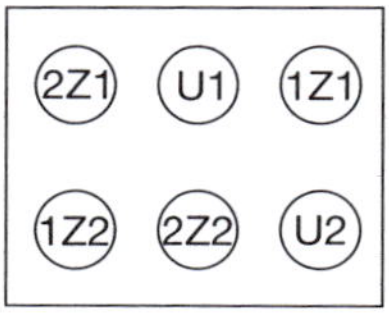

f)

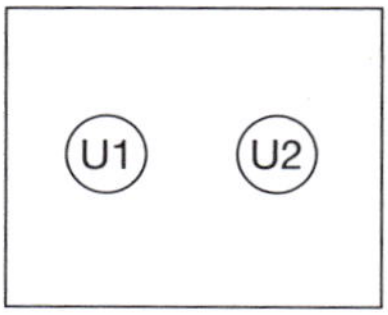

g)

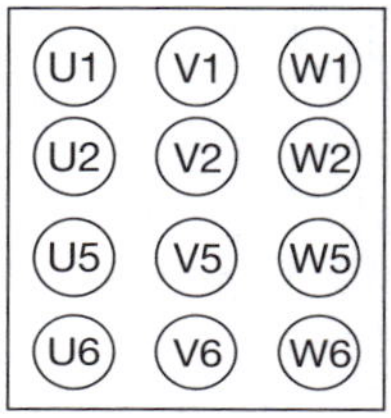

h)

1. Drehstrommotor mit Dahlanderwicklung ❑
2. 1-Phasen-Motor mit geteiltem Hilfsstrang ❑
3. 1-Phasen-Anwurfmotor ❑
4. Drehstrommotor mit Dahlanderwicklung und getrennter Wicklung ❑
5. Drehstrom-Kurzschlussläufermotor ❑
6. 1-Phasen-Motor mit ungeteiltem Hilfsstrang ❑
7. Drehstrommotor mit spannungsumschaltbaren Wicklungen ❑
8. Drehstrom-Schleifringläufermotor ❑

Synchronmaschinen

N79 Die Außenleiterspannung eines Synchrongenerators bei konstanter Frequenz kann geändert werden durch

a) Drehzahländerung ❍
b) Spannungsänderung an der Erregerwicklung ❍
c) Drehrichtungsänderung ❍
d) Umschalten der Anschlüsse von Y- in Δ-Schaltung ❍

N80 Bei Synchrongeneratoren erfolgt die Leistungsangabe in
- a) W bzw. kW bzw. MW ❍
- b) var bzw. kvar bzw. Mvar ❍
- c) VA bzw. kVA bzw. MVA ❍
- d) W bzw. kW bzw. MW mit cos-φ-Angabe ❍
- e) var bzw. kvar bzw. Mvar mit cos-φ-Angabe ❍

N81 Die Dämpferwicklung hat die Aufgabe,
- a) die Erregerspannung konstant zu halten ❍
- b) bei Parallelbetrieb von Synchrongeneratoren die Netzstabilität zu wahren ❍
- c) die Frequenz stabil zu halten ❍
- d) Oberwellenbildung zu vermeiden ❍
- e) einen selbstständigen Anlauf bei Synchronmotoren zu erreichen ❍
- f) Pendeln bei Stoßbelastung zu vermeiden ❍

N82 Innenpolgeneratoren werden verwendet, um
- a) die Leistung am Ständer abnehmen zu können ❍
- b) die Antriebsdrehzahl konstant zu halten ❍
- c) den Materialaufwand gegenüber einer Außenpolmaschine gleicher Leistung kleiner zu halten ❍
- d) die Drehstromleistung über Schleifringe abgreifen zu können ❍

N83 Zur Parallelschaltung von Synchrongeneratoren sind unbedingt erforderlich:
- a) gleiche Bemessungsleistungen ❍
- b) gleiche Bemessungsspannungen ❍
- c) gleiche Bemessungsströme ❍
- d) gleiche Drehfeldrichtungen in den Generatoren ❍
- e) gleiche Polzahlen ❍
- f) gleiche Bemessungsfrequenzen ❍
- g) gleiche Kurzschlussspannungen ❍
- h) gleiche Phasenlage ❍
- i) gleiche Bemessungsdrehzahlen ❍
- k) gleiche Bauart (Innen- bzw. Außenpolmaschinen) ❍
- l) gleiche Phasenfolge ❍

N84 Ein Synchrongenerator ist
- a) rein ohmsch
- b) rein induktiv
- c) rein kapazitiv
- d) ohmsch-induktiv
- e) ohmsch-kapazitiv

belastet

Die Belastungsfälle a) bis e) sind den folgenden Zeigerdiagrammen 1. bis 10. zuzuordnen:

1. ❑ 2. ❑ 3. ❑ 4. ❑ 5. ❑

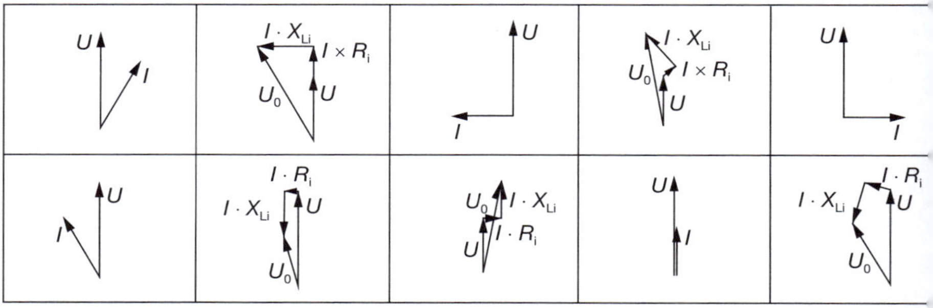

6. ❑ 7. ❑ 8. ❑ 9. ❑ 10. ❑

N85 Die Phasenfolge von Synchrongeneratoren kann festgestellt werden durch

a) einen Drehstrommotor ❍
b) eine Glimmlampe ❍
c) einen Drehfeldrichtungsanzeiger ❍
d) einen Strommesser ❍

N86 Die Phasengleichheit von Synchrongeneratoren kann festgestellt werden durch

a) Leistungsmesser ❍
b) Arbeitszähler ❍
c) Hell- oder Dunkelschaltung ❍
d) Drehzahlmesser ❍
e) Synchronoskop ❍
f) Umlaufschaltung ❍

N87 Die Phasenlage von Synchrongeneratoren kann vor der Parallelschaltung verändert werden durch

a) die Erregerspannung ❍
b) den Belastungsstrom ❍
c) die Antriebsdrehzahl ❍
d) die Netzspannung ❍

N88 Die Wirkleistungsverteilung bei parallel geschalteten Synchrongeneratoren wird verändert durch

a) Verändern des Erregerfeldes ❍
b) Erhöhung der Antriebsleistung ❍
c) Erhöhung der Klemmenspannung ❍
d) Änderung des Polradwinkels ❍

N89 Ein Synchronmotor arbeitet mit einem

a) $\cos \varphi = 0{,}8$ induktiv;
b) $\cos \varphi = 0{,}8$ kapazitiv;
c) $\cos \varphi = 1$.

Den Betriebsfällen 1. bis 6. sind die entsprechenden Voraussetzungen a) bis c) zuzuordnen:

1. geringste Stromaufnahme aus dem Drehstromnetz bei konstanter Belastung . . . . ❑
2. induktive Blindleistungsaufnahme . . . . ❑
3. Übererregung . . . . ❑
4. induktive Blindleistungsabgabe . . . . ❑
5. Untererregung . . . . ❑
6. weder Blindleistungsaufnahme noch -abgabe . . . . ❑

N90 Bei Übererregung verhält sich eine Synchronmaschine wie

a) ein ohmscher Widerstand ❍
b) eine Drosselspule . . . . ❍
c) ein Reihenschwingkreis ❍
d) eine Kapazität . . . . ❍

N91 Ein Synchron-Kleinstmotor $U = 230$ V; $f = 50$ Hz; Ständer: 2 Polhörner; Läufer: 60 Zähne; läuft mit welcher Drehzahl?

N92 Der Reluktanzmotor

a) wird bis zu größten Leistungen gebaut . . . . ❍
b) läuft bei normaler Belastung synchron . . . . ❍
c) fällt bei nicht zu großer Überlast aus dem Synchronismus und läuft weiter . . . . ❍
d) besitzt einen guten Wirkungsgrad . . . . ❍
e) besitzt einen schlechten Leistungsfaktor . . . . ❍
f) benötigt keine besondere Anlasshilfe . . . . ❍
g) benötigt Gleichstromerregung . . . . ❍
h) lässt sich als Phasenschieber verwenden . . . . ❍

Sondermaschinen

N93 Universalmotoren sind den 1-Phasen-Induktionsmotoren (Asynchronmotoren)

a) überlegen; b) unterlegen; c) gleichwertig;

1. im Anzugsmoment . . . . ❑
2. in der Wartung . . . . ❑
3. in der Baugröße bei gleicher Leistung . . . . ❑

4. in der Drehzahlverstellbarkeit ❑
5. in der Störanfälligkeit ❑
6. in der betriebsmäßigen Drehrichtungsumkehr ❑
7. im Anlauf ohne Anlassglieder ❑
8. in der Vermeidung von Funkenbildung ❑
9. im Betriebsverhalten bei Leerlauf ❑

N94 Es liegt vor

a) ein 4-poliger synchroner Frequenzumformer
b) ein 4-poliger asynchroner Frequenzumformer

Die Maschinen a) und b) sind den Betriebsbedingungen 1. bis 8. zuzuordnen:

1. Die Ständerwicklung liegt am 50-Hz-Netz. Am Läufer liegt die Ausgangsspannung ❑
2. Die Drehzahl beträgt 500 min^{-1} bei f = 16 2/3 Hz ❑
3. Die Drehzahl beträgt 12000 min^{-1} bei f = 400 Hz ❑
4. Die Drehzahl beträgt 1500 min^{-1} bei f = 0 Hz ❑
5. Die Drehzahl beträgt 750 min^{-1} bei f = 75 Hz ❑
6. Die Drehzahl beträgt 3000 min^{-1} bei f = 100 Hz ❑
7. Die Drehzahl beträgt 3000 min^{-1} bei f = 50 Hz ❑
8. Die Drehzahl beträgt 500 min^{-1} bei f = 33 1/3 Hz ❑

N95 Es ist a) bis f) den folgenden Maschinen 1. bis 10. zuzuordnen:

a) positiver Schlupf $s \approx 3\%\ldots6\%$
b) positiver Schlupf $s = 100\%$
c) negativer Schlupf $s = -2\%$
d) negativer Schlupf $s = -33\%$
e) inverser Schlupf $s = 200\%$
f) kein Schlupf $s = 0\%$

1. Frequenzgenerator (Frequenzumformer) f = 100 Hz; p = 2; n = 3000 min^{-1} ❑
2. Asynchronmotor am 50-Hz-Netz, geöffneter Läuferkreis ❑
3. Asynchronmotor am 50-Hz-Motor; p = 3; n = 950 min^{-1} ❑
4. Asynchronmaschine am 50-Hz-Netz; p = 4; n = 765 min^{-1}; Läuferdrehrichtung in Drehfeldrichtung ❑
5. Drehtransformator ❑
6. Asynchroner Frequenzumformer am 50-Hz-Netz, f_2 = 100 Hz; p = 2; n = 1500 min^{-1} ❑
7. Frequenzumformer f = 25 Hz; p = 3; n = 500 min^{-1} ❑
8. Asynchronmotor am 16 2/3-Hz-Netz; p = 2; n = 480 min^{-1} ❑
9. Asynchronmaschine am 50-Hz-Netz; p = 2; n = 2000 min^{-1};

Läuferdrehrichtung und Drehfeldrichtung gleichsinnig ...... ❑

10. Asynchroner Frequenzumformer am 50-Hz-Netz; $f_2 = 100$ Hz; $p = 3$; $n = 1000\ \text{min}^{-1}$ .... ❑

N96 Es sind die Betriebsarten a) bis c) den folgenden Maschinen 1. bis 13. zuzuordnen:

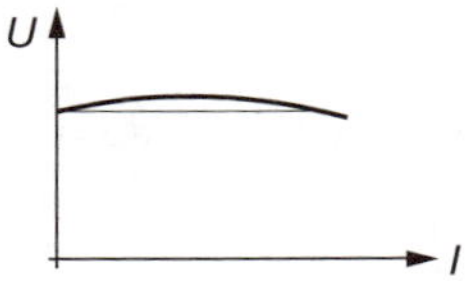

a) Nebenschlussverhalten
b) Reihenschlussverhalten
c) Neben- und Reihenschlussverhalten

1. Gleichstromgenerator mit einer Leerlaufspannung gleich Remanenzspannung .... ❑
2. Gleichstromgenerator mit gegebener Belastungskennlinie .... ❑
3. Schleifringläufermotor .... ❑
4. Doppelschlussmotor .... ❑
5. Spaltpolmotor .... ❑
6. Autoanlassermaschine .... ❑
7. Reluktanzmotor .... ❑
8. Allstrommotor (Universalmotor) .... ❑
9. Netztransformator .... ❑
10. Spannungswandler .... ❑
11. Stromwandler .... ❑
12. Kurzschlussläufermotor .... ❑

N97 Schrittmotoren werden angesteuert mit

a) Gleichstrom .... ❍
b) Wechselstrom .... ❍
c) Gleich- und Wechselstrom ❍

O Schaltungs- und Steuerungstechnik

Schaltgeräte

O1 Die Begriffe a) bis f) sind, soweit möglich, den Schaltgliedern 1. bis 4. zuzuordnen:

a) Schließer
b) Öffner
c) Frühschließer
d) Frühöffner
e) Spätschließer
f) Spätöffner

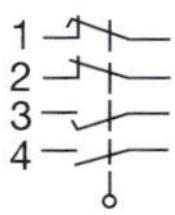

1 ☐
2 ☐
3 ☐
4 ☐

O2 Die unter a) bis c) genannten Lichtbogen- bzw. Funkenlöscheinrichtungen (ggf. Kombinationen) sind den Schalterarten 1. bis 6. zuzuordnen:

a) Lichtbogenlöschkammer, b) RC-Glied, c) Blasmagnet

1. Gleichstromschalter für hohe Ströme .... ☐
2. Gleichstromschalter für geringe Ströme .... ☐
3. Gleichstromrelais .... ☐
4. Schütz für hohe Ströme .... ☐
5. Niederspannungsleistungsschalter .... ☐
6. Leitungsschutzschalter (Sicherungsautomat) .... ☐

O3 Was versteht man unter Schalthäufigkeit?

a) Lebensdauer eines Schaltgerätes .... ○
b) Zahl der Schaltungen je Stunde .... ○
c) Anzahl der möglichen Schaltungen unter Last .... ○

O4 Für einen Drehstrommotor 400 V, 4,5 kW, mit gelegentlichem Gegenstrombremsen und gelegentlichem Tippen soll ein Schütz bestellt werden. Welche Gebrauchskategorie ist mindestens auszuwählen?

a) AC1 .... ○
b) AC2 .... ○
c) AC3 .... ○
d) AC4 .... ○

O5 In welcher Größenordnung bewegen sich unter Normalbedingungen die Lebensdauern von Luftschützen kleiner Leistungen?

a) $10 \cdot 10^3$ Schaltspiele .... ❍
b) $100 \cdot 10^3$ Schaltspiele .... ❍
c) $1 \cdot 10^6$ Schaltspiele .... ❍
d) $10 \cdot 10^6$ Schaltspiele .... ❍

O6 Was bedeutet ED 40% auf dem Leistungsschild eines elektrothermischen Zeitrelais?

a) 40 min Einschaltdauer je Stunde .... ❍
b) 4 min «Ein» und 6 min «Aus» .... ❍
c) 40 s Einschaltdauer je Minute .... ❍
d) 6 min «Ein» und 4 min «Aus» .... ❍

O7 Die Schalter a) bis e) sind den nachstehenden Baumerkmalen 1. bis 4. zuzuordnen:

a) Leerschalter; b) Sicherungsleertrennschalter; c) Sicherungslasttrennschalter; d) Lastschalter; e) Leistungsschalter

1. werden über einen Druckpunkt geschaltet, so dass Sprungverhalten entsteht, und sie haben bei größeren Nennströmen Lichtbogenlöschkammern .... ☐
2. Schaltmesser werden an einem Ende drehbar befestigt und werden oft nur mit einer Schaltstange geöffnet oder geschlossen, ohne dass ein Druckpunkt zu überwinden ist ☐
3. Beim Ziehen des Schalters muss kein Druckpunkt überwunden werden .... ☐
4. Sie haben elektromagnetischen Kurzschlussstromauslöser, können auch Arbeitsstrom- und thermische Überstromauslöser haben .... ☐

O8 Die Schalter a) bis d) sind entsprechend ihrem Schaltvermögen den Positionen 1. bis 4. zuzuordnen:

a) Leerschalter; b) Motorschalter; c) Leistungsschalter; d) Lastschalter

1. beherrscht Kurzschlussströme .... ☐
2. schaltet Ströme bis $2 \cdot I_N$ sicher ein und aus .... ☐
3. darf nur stromlos betätigt werden .... ☐
4. schaltet Ströme 3 bis $8 \cdot I_N$ sicher ein und aus .... ☐

O9 Die Schalter a) bis e) sind entsprechend ihrem Anwendungsgebiet den Beschreibungen 1. bis 5. zuzuordnen:

a) Trennschalter; b) Leistungsschalter; c) Lastschalter; d) Motorschalter; e) Sicherungstrennschalter

1. dient als Nockenschalter zum Ein- und Ausschalten von Motoren . . . . ❑
2. wird zum Schalten und zum Schutz großer Industrieanlagen und für Energieversorgungsnetze eingesetzt . . . . ❑
3. wird als Installationsschalter angewendet . . . . ❑
4. wird zwischen Sammelschienenanlage und Leistungsschalter gesetzt . . . . ❑
5. dient im EVU-Netz oft zum manuellen Freischalten von einzelnen Straßenzügen bei geringer Last . . . . ❑

O10 Welche Merkmale treffen für den Mikroschalter zu?

a) Schaltkontakte für Ströme mit Mikroamperebereich . . . . ❍
b) kurze Schaltzeit . . . . ❍
c) Sprungkontakte . . . . ❍
d) genau festgelegte Schaltpunkte . . . . ❍

O11 Wo werden Mikroschalter verwendet?

a) als elektronischer Schalter in elektronischen Geräten . . . . ❍
b) als Schalter in Temperaturreglern . . . . ❍
c) als Handtastschalter ohne Sprungverhalten in Schützsteuerungen . . . . ❍
d) als Türverriegelungsschalter in Waschmaschinen und Geschirrspülautomaten zum Schalten des Lastkreises . . . . ❍
e) als Schalter in Wasserstandsreglern . . . . ❍

O12 Dem Schaltwegdiagramm eines Endtasters, Position 1. bis 3., sind, soweit möglich, die richtigen Schaltgliedbezeichnungen a) bis d) zuzuordnen.

a) Schließer; b) Öffner; c) Spätöffner; d) Frühschließer.

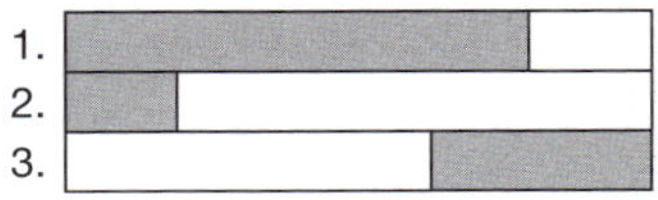

1. . . . . ❑
2. . . . . ❑
3. . . . . ❑

O13 Welche der nachstehenden Aussagen treffen für Steuerschalter zu?

a) Sie haben immer nur einen Wechsler .... ❍
b) Sie werden mit und ohne Sprungverhalten hergestellt .... ❍
c) Sie werden als Meisterschalter und Kleinstnockenschalter hergestellt .... ❍
d) Sie schalten Hauptstromkreise oder Steuerstromkreise .... ❍

O14 Welche der nachstehenden Aussagen treffen für Druckknopftaster zu?

a) Der Schließer schließt, bevor der Öffner öffnet .... ❍
b) Der Öffner öffnet im Allgemeinen, bevor der Schließer schließt .. ❍
c) der Aus-Druckknopf soll vorzugsweise schwarz, kann aber auch rot und mit 0 gekennzeichnet sein .... ❍
d) Einschalt-Druckknöpfe müssen in der Farbe Weiß mit den Symbolen I oder II ausgeführt sein .... ❍
e) Einschaltknöpfe sollen die Farben Weiß, Grau, Grün oder Schwarz aufweisen, vorzugsweise Weiß .... ❍

O15 Den Bildern sind die nachstehenden Begriffe zuzuordnen:

1. 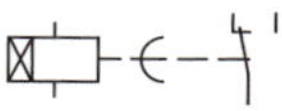 ❑

2. 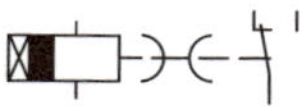 ❑

3. 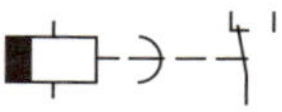 ❑

a) anzugsverzögert
b) abfallverzögert
c) anzugs- und abfallverzögert

O16 Wann beginnt der Zeitverzögerungsablauf

a) beim Anlegen der Spannung an die Antriebsspule
b) beim Spannungsfreischalten der Antriebsspule
c) unabhängig von der Spannung des Antriebs
1. beim abfallverzögerten Zeitrelais? .... ❑
2. beim anzugsverzögerten Zeitrelais? .... ❑

O17 Welcher Schaltergruppe ist entsprechend dem Schaltverhalten das Stromstroßrelais zuzuordnen?

a) Tastschalter .... ❍
b) Schalter mit Rastung .... ❍

c) Schalter mit Schaltschloss ❍
d) Verzögerungsschalter ❍

O18 Welches Symbol stellt den Drehzahlwächter dar?

d)

O19 Die Anschlussklemmen des Schützschaltbildes sind normgerecht zu benennen.

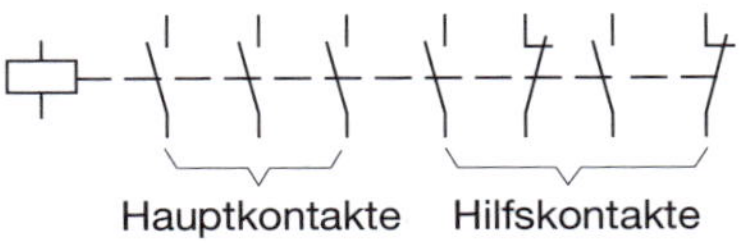

O20 Die dargestellten Steckvorrichtungen sind, soweit möglich, zuzuordnen.

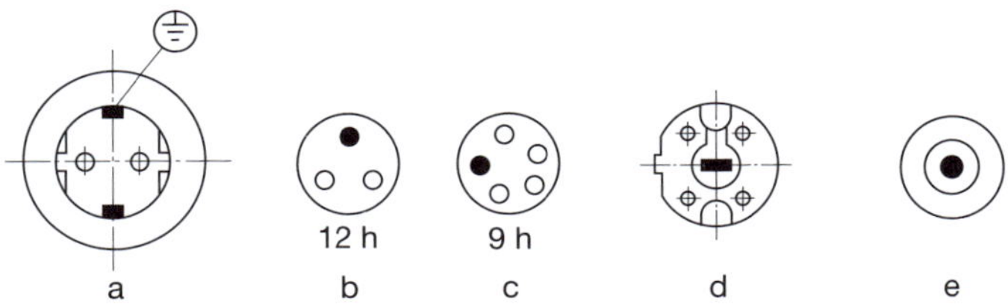

1. Schutzkleinspannung (≦50 V) ❑
2. Drehstrom (230 V/400 V) ❑
3. Wechselstrom (230 V mit PE) ❑
4. Schutztrennung mit PE-Kontakt ❑

O21 Welche der dargestellten Steckvorrichtungen sind nicht mehr zulässig?

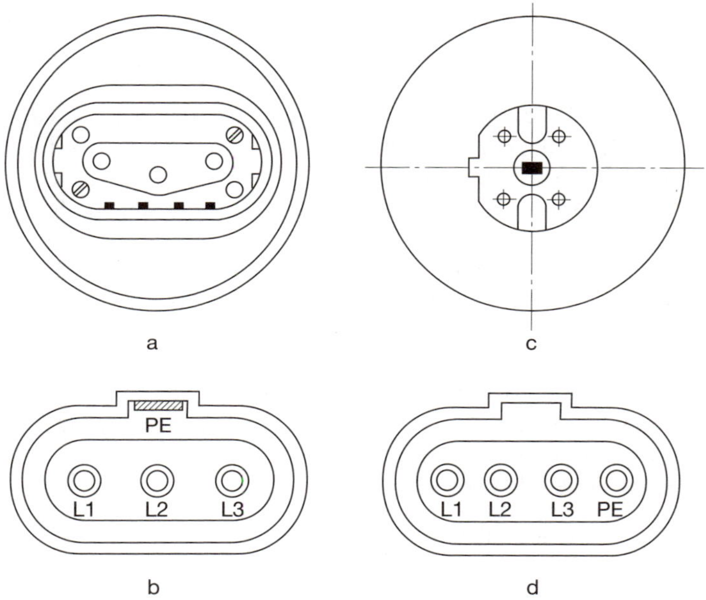

O22 Bis zu welchem Nennstrom dürfen folgende Steckvorrichtungen zum Schalten benutzt werden?

1. Schuko-Steckvorrichtung 230 V . . . . ☐ A
2. Perilex-Steckvorrichtung 400 V . . . . ☐ A
3. Industrie-Steckvorrichtung 400 V . . . . ☐ A

O23 Welche der Steckvorrichtungen sind polunverwechselbar?

a) Schuko-Steckvorrichtung . . . . ○
b) Perilex-Steckvorrichtung . . . . ○
c) Industrie-Steckvorrichtung . . . . ○
d) Eurostecker . . . . ○

O24 Was ist die richtige Uhrzeigerstellung für Industriesteckvorrichtungen im 230-/400-V-System

a) 6 h . . . . ○ | c) 12 h . . . . ○
b) 9 h . . . . ○ | d) 15 h . . . . ○

Schutzeinrichtungen

O25 Welche Aussagen bezüglich DIAZED- und NEOZED-Sicherungen sind richtig?

a) Das DIAZED-System hat ausschließlich Edison-Gewinde. Das NEOZED-System hat ausschließlich metrisches Gewinde . ❍

b) NEOZED-Sicherungen haben ein höheres Ausschaltvermögen als DIAZED-Sicherungen . . . . ❍

c) NEOZED-Sicherungen haben kleinere Abmessungen als DIAZED-Sicherungen . . . . ❍

d) DIAZED-Sicherungen sind in Netzen bis 750 V einsetzbar, NEOZED-Sicherungen sind in Netzen bis 500 V einsetzbar . . . ❍

O26 Welche maximal zulässige Ansprechzeit ist im 230-/400-V-System nach DIN VDE 0100 zu beachten, wenn Überstromschutzorgane als Abschalteinrichtung zum Schutz bei indirektem Berühren dienen für:

a) fest installierte Verbraucher

b) bewegliche Verbraucher

O27 Welche Vorteile haben die NH-Sicherungen gegenüber DIAZED-Sicherungen?

a) NH-Sicherungen können unter Last gezogen werden . . . . ❍

b) Das Ausschaltvermögen ist im Allgemeinen größer als bei DIAZED-Sicherungen . . . . ❍

c) NH-Sicherungen gibt es für höhere Nennströme als DIAZED-Sicherungen . . . . ❍

d) NH-Sicherungen sind für höhere Spannungen anwendbar als DIAZED-Sicherungen . . . . ❍

O28 Die unter a) bis d) genannten Leitungsschutzschalter sind den Anwendungsfällen 1. bis 4. zuzuordnen:

a) L-Automat; b) C-Automat; c) B-Automat

1. Licht- und Steckdosenstromkreise . . . . ☐

2. Stromkreise mit überwiegend elektrischen Maschinen . . ☐

3. Stromkreise mit überwiegend Wärmeverbrauchern . . . . . ☐

4. Durchlauferhitzer im Bad . . . . ☐

O29 Die a) thermische Auslösung und b) die magnetische Auslösung sind den Strom- bzw. Zeitgrößen richtig zuzuordnen:

a) thermische Auslösung; b) magnetische Auslösung

1. bei Überlast . . . . ❑

2. bei Kurzschluss . . . . ❑

3. bei $3 \times I_N$ .... ❑
4. nach 0,1 s .... ❑
5. nach einer Minute .... ❑
6. bei $8 \times I_N$ .... ❑

O30 Aus den Strom-Zeit-Kennlinien für Schutzeinrichtungen (Band «Elektrische Steuerungs- und Antriebstechnik», Abschnitt 1.2.9) sind für die Abschaltzeit $t = 0{,}4$ s die erforderlichen Abschaltströme für nachstehende Schutzeinrichtungen zu ermitteln.

a) Schmelzsicherung 16 A
b) Schmelzsicherung 25 A
c) Leitungsschutzschalter Typ B 16 A
d) Leitungsschutzschalter Typ G 16 A

O31 Was bedeutet Selektivität bei Leitungsschutzsicherungen?

a) gleichzeitiges Auslösen aufeinander folgender Sicherungen im Leitungsnetz .... ❍
b) Sicherungen, die bei dem Wert $10 \times I_N$ sicher auslösen .... ❍
c) Sicherungen, die im Zuge des Leitungsnetzes um je eine Nennstromstufe voneinander abweichen .... ❍
d) Sicherungen, die im Zuge des Leitungsnetzes so abgestuft sind, dass im Fehlerfall nur die der Fehlerstelle am nächsten liegende Sicherung auslöst .... ❍

O32 Welche der unter 1. bis 5. gemachten Aussagen beziehen sich auf a) die magnetische Auslösung bzw. auf b) die thermische Auslösung eines 3-poligen Motorschutzschalters?

1. Der Strombereich ist auf ca. $16 \times I_N$ eingestellt .... ❑
2. unverzögerte Auslösung .... ❑
3. unverzögerte Auslösung bei $1{,}5 \times I_N$ .... ❑
4. richtige Funktion nur bei 3-poligem Anschluss .... ❑
5. löst aus, bevor der Kurzschlussstrom den Maximalwert erreicht ❑

O33 Die Schutzeinrichtungen für Motoren a) bis c) sind nachstehenden Aussagen 1. bis 11. zuzuordnen:

a) Motorschutzschalter; b) Bimetallrelais; c) Motorvollschutz

1. hat in der Regel Kurzschlussstrom- und Überstromauslöser .... ☐
2. Bauteile werden in den Wickelkopf von elektrischen Maschinen eingearbeitet .... ☐
3. erfasst nur den Überlaststrom, reagiert bei Kurzschlussstrom zu spät .... ☐

4. erfasst die Wicklungstemperatur ☐
5. hat eine mechanische Freiauslösung ☐
6. wird am Schütz montiert ☐
7. schaltet bei Überstrom selbst allpolig frei ☐
8. unterbricht die Steuerspannung des Schützes ☐
9. besteht aus temperaturabhängigen Widerständen und Auslösegerät ☐
10. reagiert auch auf Erwärmung durch behinderte Kühlung ☐
11. kann als Ein- und Ausschalter benutzt werden ☐

O34 Was ist eine Freiauslöseeinrichtung und wozu dient sie?

a) dient zum beliebigen Auslösen von Hand ❍
b) eine Einrichtung bei Bimetallrelais ❍
c) eine Einrichtung bei Motorschutzschaltern ❍
d) eine Einrichtung bei Leitungsschutzschaltern ❍
e) sorgt im Fehlerfall für Auslösung, auch wenn der Bedienungshebel auf Stellung «Ein» festgehalten wird ❍

O35 Welche Bedeutung hat die Wiedereinschaltsperre beim Bimetallrelais und wozu dient sie?

a) eine Sperre, die eine Handeinschaltung verhindert ❍
b) eine Sperre, die eine selbstständige Wiedereinschaltung eines Motors nach einer Überstromauslösung verhindert ❍
c) ist bei Schützschaltungen ohne Selbsthaltung erforderlich ❍

O36 Welcher Kennlinienverlauf gehört zu einem Motorschutzschalter mit thermischem und magnetischem Auslöser?

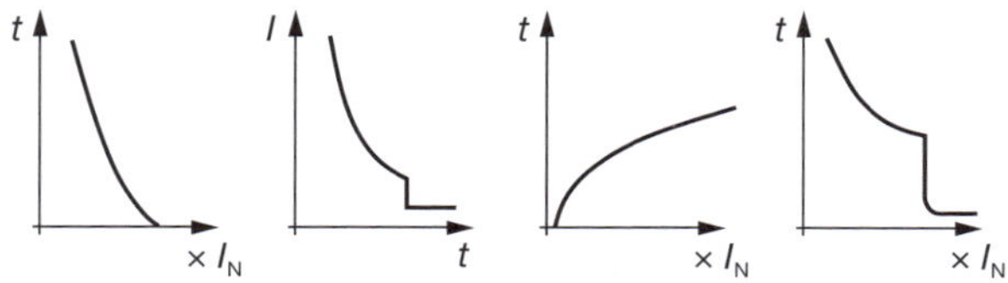

a) ❍ b ❍ c ❍ d) ❍

O37 Die richtigen Aussagen sind anzukreuzen. Steuertransformatoren sind:

a) in Steuerungen vorgeschrieben und ausnahmslos einzusetzen ❍
b) bei Maschinen mit einem einzigen Motoranlasser und höchstens 2 Steuergeräten nicht vorgeschrieben ❍

c) erforderlich, wenn der Steuerstromkreis vom geerdeten Netz galvanisch getrennt betrieben werden soll .... ❍
d) erforderlich, wenn die Steuerspannung von der Netzspannung abweicht .... ❍
e) anwendbar, um den Kurzschlussstrom zu begrenzen .... ❍

Schaltungstechnik

O38 Aus welchen Schaltplänen ist die genaue elektrische Funktion einer Schaltung ablesbar?
a) Stromlaufplan in zusammenhängender Darstellung .... ❍
b) Übersichtsschaltplan .... ❍
c) Verbindungsplan .... ❍
d) Stromlaufplan in aufgelöster Darstellung .... ❍
e) Installationsplan .... ❍

O39 Wie lauten die nach DIN festgelegten Kennbuchstaben für folgende Geräte?

1. Drehstromtransformator	❑	4. Bimetallrelais	❑
2. Zeitrelais motorisch ..	❑	5. Hilfsschütz	❑
3. Drucktaster	❑	6. Hauptschütz	❑

O40 Es ist der Steuerstromkreis als Stromlaufplan in aufgelöster Darstellung für folgende Schaltung normgerecht aufzuzeichnen:
Ein Hauptschütz wird von 2 Schaltstellen mit Drucktastern ein- und ausgeschaltet.

O41 Es ist der Steuerstromkreis als Stromlaufplan in aufgelöster Darstellung normgerecht aufzuzeichnen:
2 Hauptschütze sind mit Tastern so zu schalten, dass das Schütz Q2 nur eingeschaltet werden kann, wenn Q1 bereits eingeschaltet ist.

O42 Es ist der Steuerstromkreis als Stromlaufplan in aufgelöster Darstellung für folgende Aufgabe aufzuzeichnen:
5 s nach Betätigung des Eintasters soll ein Hauptschütz Q1 anziehen und das Zeitverzögerungsglied wieder abschalten.
Zur Verfügung stehen:
1 Hauptschütz
1 Hilfsschütz
1 Zeitrelais, einschaltverzögert, 40% ED
1 Drucktaststelle für «Ein» und «Aus»

O43 Der Stromlaufplan ist zu vervollständigen.
Bedingungen:
Schütz Q1 soll mit S1 «Ein»-geschaltet werden. Schütz Q2 wird automatisch durch ein anzugsverzögertes Zeitrelais, das für Kurzzeitbetrieb ausgelegt ist, zugeschaltet. Schütz Q2 darf nur in Verbindung mit Schütz Q1 zu betreiben sein. Die Kontrolllampe P1 zeigt den Einschaltzustand von Q1 + Q2 an. Die Abschaltung erfolgt gemeinsam durch Taster S0.

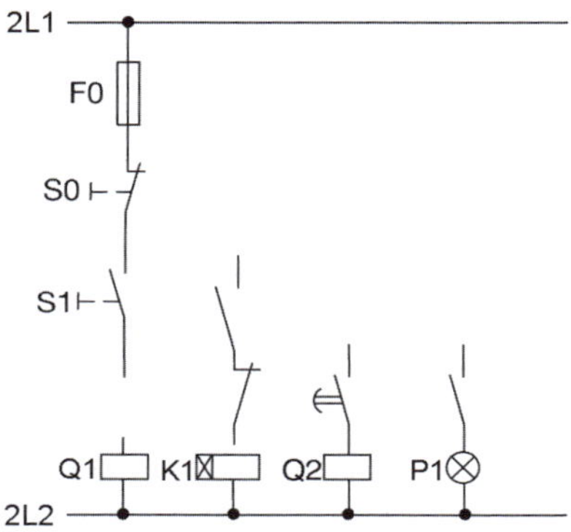

O44 Es ist der Steuerstromkreis als Stromlaufplan in aufgelöster Darstellung für folgende Aufgabe normgerecht zu zeichnen:
2 Schütze sind mit Tastern so zu schalten, dass zur Zeit nur ein Schütz in Betrieb ist. Eine Überschneidung während der Einschaltung der Schütze ist auszuschließen. Eine Umschaltung darf nur über die Aus-Stellung erfolgen.

O45 Welche Strompfade Nr. 1 bis 8 werden zur gleichen Zeit vom Strom durchflossen?

a) beim Eintasten zum Sternanlauf (Taste gedrückt)
b) während des Sternanlaufs (ohne Tasterbetätigung)
c) während des Dreieckbetriebs

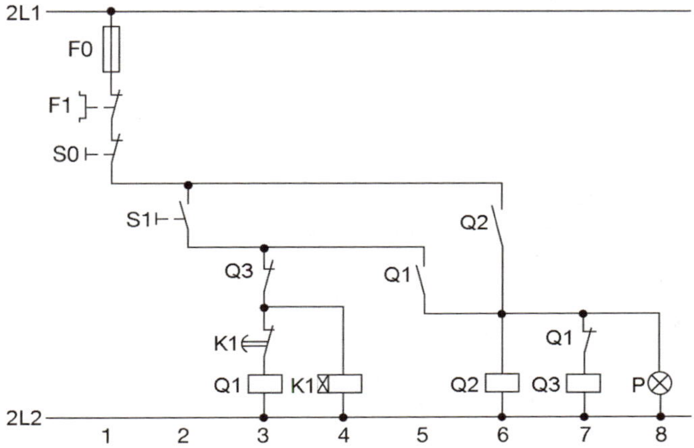

O46 Es ist der Steuerstromkreis als Stromlaufplan in aufgelöster Darstellung für folgende Aufgabe zu entwerfen:
Eine Kontrolllampe wird in Abhängigkeit von 4 Relais K1 bis K4 gesteuert.
Sind K1 oder K2 erregt, so muss die Lampe aufleuchten, vorausgesetzt, dass K3 und K4 die Ruhelage haben.

O47 In der angegebenen Steuerschaltung sind die Potentialzahlen einzutragen. Wie viele verschiedene Leitungspotentiale sind maximal vorhanden? . . . . ❑

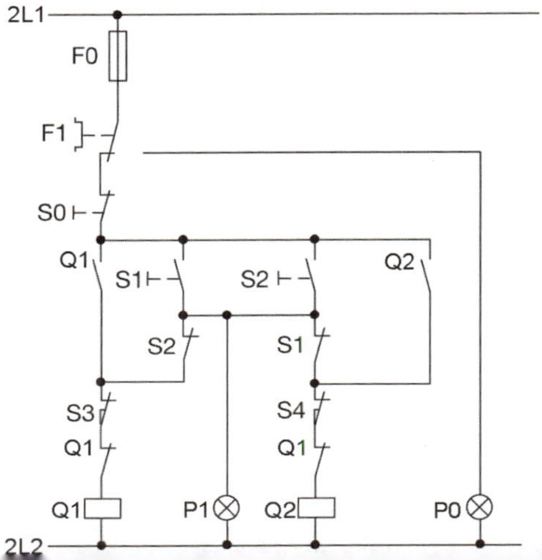

O48 a) Zu nachstehendem Anlagenplan ist der Steuerstromkreis als Stromlaufplan in aufgelöster Darstellung vollständig zu zeichnen.

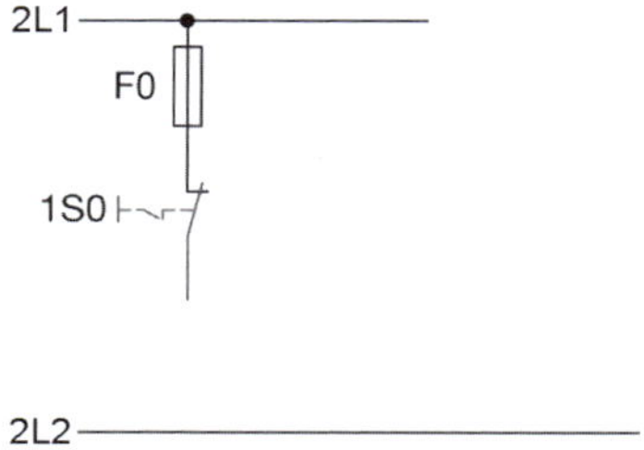

b) Wie viele Leitungspotentiale ergeben sich aus dem Hilfsstromkreis einschließlich dem Leitungsabschnitt vor der Sicherung F0 und N? . . . . ❑

c) Es sind die Mindestaderzahlen der Steuerleitungen a) bis d) zu ermitteln (Aderzahlangabe ohne Schutzleiter).

a) . . . . ❑ c) . . . . ❑

b) . . . . ❑ d) . . . . ❑

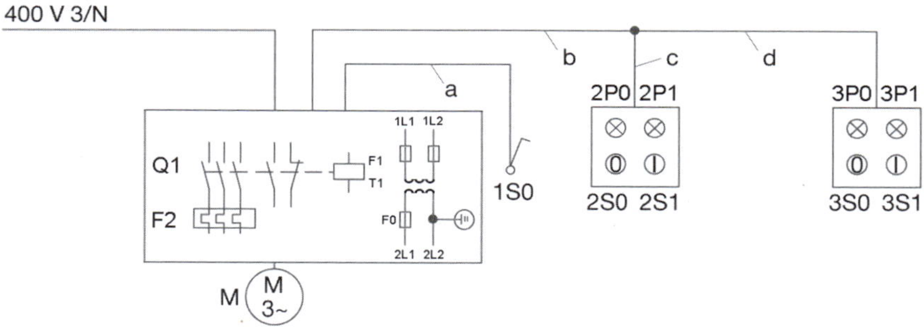

Q1 Hauptschütz mit einem Schließer und einem Öffner
1S0 Notschalter
2P0, 3P0 Ausschaltkontrolle
2P1, 3P1 Einschaltkontrolle
2S0, 3S0 Austaster
2S1, 3S1 Eintaster
F2 Bimetallrelais mit einem Wechsler

Binäre Schaltungen

O49 Die Art, in der binäre Signale miteinander verknüpft werden, wird durch zugeordnete Signale festgelegt. Ordnen Sie die Verknüpfungen a) bis d) den Schaltsymbolen 1. bis 4. zu.

a) UND b) ODER c) NAND d) NOR

1.
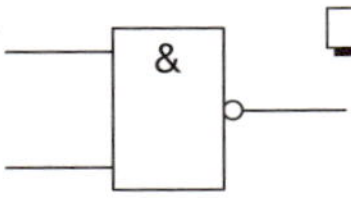

❑

2.
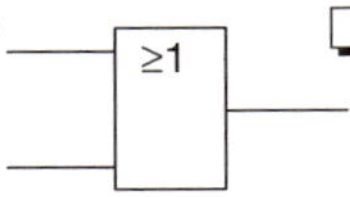

❑

3.
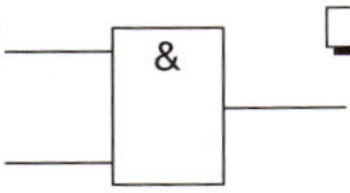

❑

4.
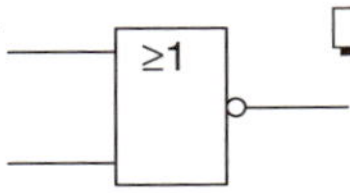

❑

O50 Welches der Speicherglieder a) bis d) gibt die Funktion einer Selbsthalteschützschaltung richtig wieder?

a)
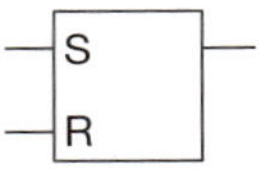

c)
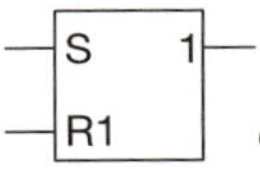

b)
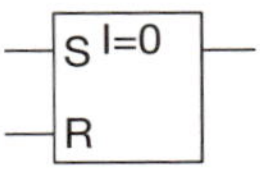

d)
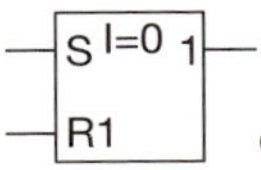

Speicherprogrammierbare Steuerungen

O51 An welcher Stelle sind in einer speicherprogrammierbaren Steuerung die Verknüpfungsvorschriften hinterlegt?

a) in der Zentraleinheit . . . . ❍
b) in den Merkern . . . . ❍
c) im Programmspeicher . . . . ❍
d) im Programmiergerät . . . . ❍

O52 Die beiden Speicherbausteine a) RAM und b) EPROM sind den Aussagen 1. bis 4. zuzuordnen?

1. Der Baustein wird bei der Erstellung des Programmes verwendet ❑
2. Der Baustein enthält das Programm nach abgeschlossener Inbetriebnahme . . . . ❑
3. Das Programm unterliegt noch häufigen Änderungen . . . . ❑

4. Das Programm geht bei Ausfall der Versorgungsspannung nicht verloren . . . . ❑

O53 Welche Bauteile einer speicherprogrammierbaren Steuerung sind Bestandteile der Zentraleinheit?

a) Eingabebaugruppen . . . . ❍
b) Ausgabebaugruppen . . . . ❍
c) Steuerwerk . . . . ❍
d) Stromversorgungsbaugruppe . . . . ❍
e) Programmspeicher . . . . ❍

O54 Aus welchen Teilen besteht eine Anweisung für eine speicherprogrammierbare Steuerung?

O55 In der Anweisungsliste einer speicherprogrammierbaren Steuerung erscheinen die Anweisungen:

LE 1
UE 2
UNE 3
= A 6

Wie wird die hier programmierte Funktion durch ein Verknüpfungssymbol dargestellt?

P Drehzahlverstellung elektrischer Antriebe

P1 Eine vollgesteuerte 2-Puls-Brückenschaltung B2 soll eine Ausgangsgleichspannung von $U_d = 150$ V bei $I_d = 15$ A liefern.
Belastung: ideale induktive Last.

a) Zu berechnen sind die Thyristorströme I_{TRMS} und I_{TAV}.
b) Wie ist die Sicherung auszulegen, wenn diese in der Zuleitung (Strang) angeordnet ist?
c) Wie groß muss die Netzeingangsspannung der Schaltung sein?
d) Wie groß ist die Regelreserve in V auf der Ausgangsseite der Schaltung, wenn eine Netzspannung von 230 V/50 Hz angelegt wird (der Spannungsabfall an den Thyristoren ist zu vernachlässigen).
e) Welche Größe hat die tatsächlich bei einer Netzspannung von 230 V auftretende periodische Spitzensperrspannung, und wie sollten die Thyristoren aus Sicherheitsgründen ausgelegt werden?

P2 Wie ist der Gleichrichterbetrieb definiert?

a) Die Energierichtung verläuft vom Gleichstromnetz in das Wechselstromnetz . . . . ❍
b) Die Energierichtung verläuft vom Wechselstromnetz in das Gleichstromnetz . . . . ❍
c) Die Energierichtung kann in beiden Richtungen erfolgen . . . . . ❍
d) Die Energierichtung verläuft von einem Gleichstromsystem in ein Gleichstromsystem mit anderer Spannung . . . . ❍

P3 Aus welchen wesentlichen Einzelsystemen setzt sich ein geregeltes Stromrichtergerät für einen Gleichstromantrieb zusammen?

a) Sollwertgeber, Drehzahlregler, Stromregler, Impulssatz, Leistungsteil . . . . ❍
b) Sollwertgeber, Drehzahlregler, Impulssatz, Tachomaschine . . . ❍
c) Sollwertgeber, Stromregler, Impulssatz, Gleichstrommotor . . . ❍
d) Sollwertgeber, Drehzahlregler, Impulssatz, Stromregler . . . . . . ❍
e) Sollwertgeber, Drehzahlregler, Impulssatz, Leistungsteil . . . . . ❍

P4 Welche Voraussetzungen müssen erfüllt sein, damit ein 4-Quadranten-Betrieb möglich wird?

a) halbgesteuerte Stromrichterschaltung, Umschaltschütze im Ankerkreis . . . . ❍
b) halbgesteuerte Stromrichterschaltung, Umschaltschütze im Feldkreis . . . . ❍

c) vollgesteuerte Stromrichterschaltung, Umschaltschütze im Feldkreis ❍
d) vollgesteuerte Stromrichterschaltung, Umschaltschütze im Ankerkreis ❍
e) antiparallele Stromrichterschaltung ohne Kreisstrom ❍

P5 Nach welchem Prinzip erfolgt das Einstellen der Ausgangsgleichspannung bei einem Gleichstromsteller (Gleichstromumrichter)?

a) Phasenanschnitt ❍
b) Schwingungspaket-Steuerung ❍
c) Impuls-Pausen-Verhältnis ❍
d) 0-Spannungs-Schalter ❍

P6 Welcher der nachfolgend genannten Umrichter für Drehstrommotoren ist vorzugsweise für Einzelantriebe, insbesondere auch für Antriebe mit elektrischer Bremsung, geeignet?

a) Drehstromsteller ❍
b) untersynchrone Stromrichterkaskade ❍
c) Umrichter mit Stromzwischenkreis ❍
d) Umrichter mit Spannungszwischenkreis ❍
e) Pulsumrichter ❍

P7 Welches Verhalten zeigt ein Drehstrommotor, der an Nennspannung liegt, jedoch mit einer Frequenz größer Nennfrequenz betrieben wird?

a) höhere Drehzahl, steigendes Moment ❍
b) höhere Drehzahl, fallendes Moment ❍
c) kleinere Drehzahl, fallendes Moment ❍
d) kleinere Drehzahl, steigendes Moment ❍
e) konstante Drehzahl, konstantes Moment ❍

P8 Fa. Elektro Meyer setzt für die Klimaanlage eines Hotels Frequenzumrichter und Lüftermotoren mit einer Leistung von $P = 10$ kW ein. Nach der Inbetriebnahme bemängelt der Kunde die stark pfeifende Geräuschentwicklung der Klimaanlage. Der Kunde wendet sich an die Herstellerfirma der Klimaanlage. Diese Firma sieht den Grund der Geräuschentwicklung bei den Frequenzumrichtern, die letztlich in Verantwortung der Fa. Elektro Meyer eingebaut wurden.

a) Durch welche Maßnahmen könnte man relativ einfach und preiswert (d.h. ohne Einbau von zusätzlichen Teilen) die Geräuschentwicklung verringern?
b) Welche Nachteile könnten dabei auftreten?
c) Gibt es noch andere Möglichkeiten, z.B. durch den Einbau von Zusatzteilen?

Q Hausgerätetechnik

Wächter, Begrenzer, Regler

Q1 Welche Aussagen treffen für einen Sicherheits-Temperaturbegrenzer zu?

a) Er schaltet die Heizung eines Gerätes nach Erreichen eines fest eingestellten Temperaturwertes aus und nach entsprechender Abkühlung selbsttätig wieder ein . . . . ❍
b) Er schaltet die Heizung eines Gerätes nach Erreichen eines vorwählbaren Temperaturwertes aus und nach entsprechender Abkühlung selbsttätig wieder ein . . . . ❍
c) Er schaltet die Heizung eines Gerätes nach Erreichen eines bestimmten Temperaturwertes ab und schaltet auch nach entsprechender Abkühlung nicht wieder ein . . . . ❍
d) Er schaltet die Heizung eines Gerätes ab, falls der vorhandene Temperaturregler infolge eines Defektes nicht anspricht . . . . . . ❍

Q2 Zur Temperaturregelung in/an elektrischen Geräten werden häufig mechanische Regler mit unterschiedlichen Fühlern eingesetzt. Man unterscheidet unter anderem Temperaturregler a) mit Bimetallfühler; b) mit Kapillarrohrfühler und c) mit Dehnrohrfühler.
Die Begriffe a) bis c) sind den nachfolgenden Beschreibungen richtig zuzuordnen.

1. Im Inneren eines Messingrohres, das praktisch keine Wärmedehnung aufweist, befindet sich eine massive Metallstange mit großer Wärmedehnung . . . . ❑
2. Im Inneren eines Messingrohres mit großer Wärmedehnung befindet sich eine massive Metallstange, die praktisch keine Wärmedehnung aufweist . . . . ❑
3. 2 verschiedene Metallstreifen, die fest miteinander verbunden sind, besitzen unterschiedliche Wäremedehnungseigenschaften . . . . ❑
4. Eine Flüssigkeit innerhalb eines dünnen Metallrohres dehnt sich unter dem Einfluss von Wärme aus . . . . ❑
5. Eine sich unter Temperatureinfluss ausdehnende Flüssigkeit übt einen Druck auf einen Membranschalter aus . . . . ❑

Q3 Als Temperaturfühler für Regler und Begrenzer elektrischer Geräte verwendet man unter anderem

a) Bimetallstreifen
b) Dehnrohre mit Invarstab
c) Kapillarrohre mit Flüssigkeitsfüllung

Ordnen Sie den nachfolgenden Anwendungsbeispielen 1. bis 5. – soweit möglich – den jeweils häufigst verwendeten Fühler a) bis c) richtig zu.

1. Temperaturreglung im Kühlschrank ❑
2. Überhitzungsschutz an Strahlheizkörpern von Glaskeramikkochflächen ❑
3. Wasserstandsreglung in Waschmaschinen ❑
4. Temperaturreglung in Bügeleisen ❑
5. Temperaturreglung in Warmwassergeräten zur Bereitung von Brauchwasser bis 85 °C ❑

Q4 Welche Anwendungsbeispiele und Funktionsbeschreibungen treffen für den Differenzdruckschalter (Fließdruckschalter) zu?

a) Wasserstandsregler für Waschmaschinen ❍
b) Temperaturregler für Durchlauferhitzer ❍
c) Schalter für die Heizleistung eines Durchlauferhitzers ❍
d) Der Schalter schaltet bei zu hoher Wassertemperatur die Heizleistung ab und bei zu niedriger Temperatur selbsttätig wieder ein ❍
e) Der Schalter schaltet bei fließendem Wasser die Heizleistung ein und bei Wasserstillstand ab ❍
f) Der Schalter schaltet die Heizleistung bei zu hohem Wasserdruck ab ❍

Kochgeräte

Q5 Die Begriffe a) Standardkochplatte und b) Blitzkochplatte sind den Punkten 1. bis 4. richtig zuzuordnen.

1. 7-Takt-Schaltung ▭
2. höhere Leistung bei gleichem Plattendurchmesser ▭
3. eingebauter Überhitzungsschutz ▭
4. eingebauter Protektor ▭

Q6 Die Begriffe a) Blitzkochplatte und b) Automatikkochplatte sind den Punkten 1. bis 4. zuzuordnen.

1. 7-Takt-Schaltung ❑
2. stufenlos veränderbare Einstellung der durchschnittlichen Heizleistung ❑
3. Überhitzungsschutz wirkt nur in der höchsten Heizstufe ❑
4. Anheizvorgang erfolgt stets mit voller Leistung ❑

Q7 Welche Aufgaben erfüllt der «Protektor» bei einer Blitzkochplatte?

a) Er dient als Überlastschutz ❍
b) Er dient als Kurzschlussschutz ❍
c) Er dient als Überhitzungsschutz ❍
d) Er dient als Temperaturregler mit stufenlos veränderbarer Sollwert-Einstellung ❍

Q8 Die Begriffe a) Standardbackofen und b) Heißluftbackofen sind den Punkten 1. bis 5. zuzuordnen.

1. Beheizung durch Ober- und Unterhitze ❑
2. Außenluft wird angesaugt und erhitzt in den Backraum gedrückt ❑
3. Die Luft des Backraumes wird durch einen Ventilator ständig umgewälzt und dabei über eine elektrische Heizung geführt ❑
4. Allgemein sind bei derselben Backaufgabe niedrigere Temperaturen erforderlich ❑
5. Mehrere Backebenen sind gleichzeitig ausnutzbar ❑

Q9 Die Begriffe a) pyrolitisches Selbstreinigungsverfahren und b) katalytisches Selbstreinigungsverfahren sind den Beschreibungen 1. bis 7. zuzuordnen.

1. Verbrennung der Rückstände durch erhöhte Backraumtemperatur ❑
2. Verbrennung der Rückstände während des Backvorganges ❑
3. Bei Beschädigung der Innenraum-Emailleschicht nimmt die Wirksamkeit des Reinigungseffektes ab ❑
4. Teilchen, die den Selbstreinigungseffekt bewirken, sind in der Innenraum-Emaille enthalten ❑
5. Spezialemaille im Innenraum mit rauer Oberfläche ❑
6. Sichtfenster ist vom Selbstreinigungsvorgang ausgeschlossen ❑
7. Herd enthält einen Nachverbrenner, der entstehende giftige Gase in ungiftige umwandelt ❑

Q10 Mikrowellen können

a) an Stoffen reflektiert werden,
b) Stoffe durchdringen oder
c) von Stoffen absorbiert und in Wärme umgewandelt werden

Welche der Wirkungen a) bis c) treten in Mikrowellengeräten vorwiegend auf

1. bei Metallflächen .... ❑
2. bei Nahrungsmitteln .... ❑
3. bei Wasser .... ❑
4. bei Porzellan .... ❑
5. bei Glas .... ❑

Q11 Welche geschlossenen Behälter sind für das Garen in Mikrowellengeräten ungeeignet?

a) Packung aus Aluminiumfolie .... ❍
b) Porzellanschüssel .... ❍
c) Glasschüssel .... ❍
d) Aluminiumtopf .... ❍
e) Edelstahltopf .... ❍
f) emaillierter Stahltopf .... ❍

Kühlsysteme und -geräte

Q12 Das untenstehende Bild zeigt vereinfacht den Kühlkreislauf eines Kompressorkühlschranks. Die darin mit 1 bis 4 gekennzeichneten Einzelteile sind zu benennen.

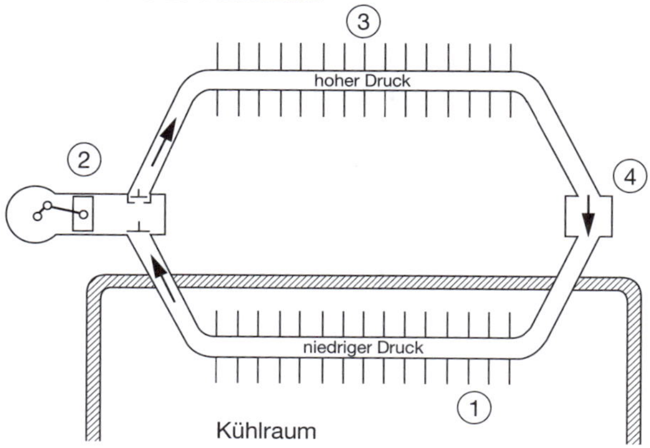

Q13 Kreuzen Sie von folgenden Kältemitteln diejenigen an, die als «FCKW-frei und FKW-frei» bezeichnet werden.

a) R12 .... ❍
b) R22 .... ❍
c) R134a .... ❍
d) Isobutan (R600a) .... ❍
e) Isobutan/Propan .... ❍

Q14 Es sind alle Beschreibungen anzukreuzen, welche Vorgänge im Kompressor-Kühlschrank richtig wiedergeben.

a) Dem Kühlraum wird Wärme entzogen, weil das Kältemittel im Verdampfer unter besonders hohem Druck steht .... ❍
b) Dem Kühlraum wird durch das Verdampfen des Kältemittels Wärme entzogen .... ❍
c) Im Kühlraum ist der Verflüssiger untergebracht .... ❍
d) Der Verflüssiger ist warm, weil ihm durch den Kompressor komprimiertes Kältemittel zugeführt wird .... ❍
e) Der Kompressor entzieht dem Verdampfer Kältemittel und drückt es in den Verflüssiger .... ❍

Q15 Das nebenstehende Bild zeigt vereinfacht den Kühlkreislauf eines Absorberkühlschrankes. Die darin mit 1 bis 4 gekennzeichneten Einzelteile sind zu benennen.

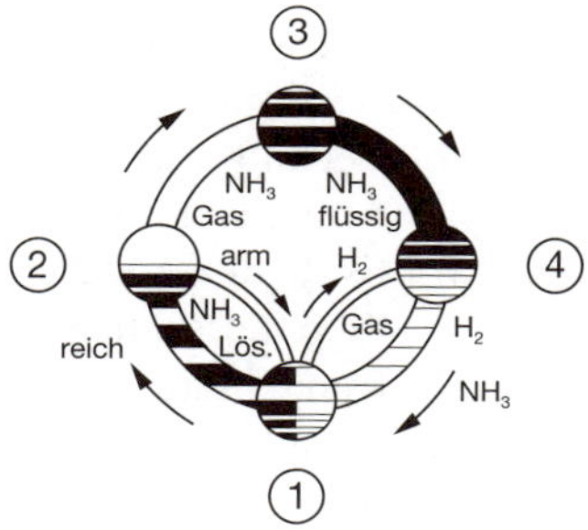

Q16 Die folgenden Beschreibungen 1. bis 8. sind
a) dem Kompressionssystem oder
b) dem Absorptionssystem
zuzuordnen.

1. keine sich bewegenden mechanischen Teile .... ❑
2. geringerer Energiebedarf bei gleicher Kälteleistung .... ❑
3. Den Antrieb des Kältekreises bewirkt eine Heizung .... ❑
4. Gegebenenfalls sind am selben Gerät verschiedene Energieformen nutzbar .... ❑
5. Im Kreislauf befinden sich die Kältemittel R12, R134a oder R 600a .... ❑
6. weitestgehend geräuschloser Betrieb .... ❑
7. Die Drücke in Verdampfer und Kondensator sind praktisch gleich . ❑
8. Der Kühlkreislauf enthält einen Kocher .... ❑

Q17 Das Tiefkühlfach eines Kompressorkühlschranks kann mit 1, 2 oder 3 Sternen versehen sein. Welche Bedeutung hat die Kennzeichnung?

Q18 Wie hoch etwa ist die Temperatur im Kühlraum eines Kühlschranks?

Q19 In einem älteren Kompressorkühlschrank mit automatischer Abtaueinrichtung kommt es immer wieder zur Vereisung des Tiefkühlfachs. Woran könnte das liegen?

a) Der eingebaute Thermostat schaltet den Kühlkreislauf zu früh wieder ein . . . . ❍
b) Der eingebaute Thermostat schaltet den Kühlkreislauf zu früh aus . . . . ❍
c) Die Abtauheizung bleibt nicht lange genug eingeschaltet . . . . . ❍
d) Im Interesse der Haltbarkeit der eingelagerten Waren ist der Verdampfer des Tiefkühlfachs nicht in die Abtauautomatik mit einbezogen . . . . ❍
e) Der Thermostat ist auf zu niedrige Temperatur eingestellt . . . . . ❍

Q20 Welche Aufgabe hat das Startrelais innerhalb der elektrischen Schaltung eines Kompressionskühlschranks?

a) Bei zu hoher Temperatur im Kühlraum soll es den Kompressor-Antriebsmotor an die Netzspannung schalten . . . . ❍
b) Es dient als Starthilfe, wenn der Kompressor-Antriebsmotor infolge des hohen Druckunterschiedes zwischen Verdampfer und Kondensator ohne Zusatzhilfe nicht starten kann . . . . ❍
c) Es soll die Hilfswicklung des Kompressor-Antriebsmotors im Anlaufmoment an die Netzspannung schalten und nach erfolgtem Anlauf wieder vom Netz trennen . . . . ❍
d) Es soll die Hilfswicklung des Kompressor-Antriebsmotors im Anlaufmoment an die Netzspannung schalten und während des gesamten Betriebs (bis der Temperaturregler abschaltet) mit dem Netz verbinden . . . . ❍
e) Es hat für den Kompressor-Antriebsmotor die Aufgabe des Überlastschutzes . . . . ❍

Warmwassergeräte

Q21 Die folgenden Beschreibungen sind a) dem Speicher oder b) dem klassischen Boiler zuzuordnen:

1. Das Gerät besitzt keine Wärmedämmung . . . . ❑
2. Das Gerät wird mit offenem und geschlossenem Behälter angeboten . . . . ❑
3. Die Heizleistung wird mit Hilfe eines Temperatur-Vorwählbegrenzers geschaltet . . . . ❑
4. Die Heizleistung wird mit Hilfe eines Temperaturreglers geschaltet . . . . ❑
5. Nach Erreichen der vorgewählten Temperatur bleibt das Gerät abgeschaltet . . . . ❑
6. Das Gerät hält ständig Warmwasser bereit . . . . ❑

Q22 Die folgenden Beschreibungen sind a) offenen Warmwassergeräten und/oder b) geschlossenen Warmwassergeräten zuzuordnen:

1. Der Behälter steht unter dem – gegebenenfalls reduzierten – Druck des Wasserleitungsnetzes . . . . ▭
2. Das Gerät kann nur eine Zapfstelle versorgen . . . . ▭
3. Das Gerät kann beliebig viele Zapfstellen versorgen . . . . ▭
4. Der Warmwasserzapfhahn liegt – in Wasserfließrichtung betrachtet – vor dem Behälter . . . . ▭
5. Zwischen dem Wasserleitungsnetz und dem Behälter ist eine Sicherheitsgruppe zu schalten . . . . ▭
6. Das Gerät ist als Speicher ausgeführt . . . . ▭
7. Das Gerät ist als Boiler ausgeführt . . . . ▭
8. Die zulässige Länge des Warmwasser-Austrittsrohres ist beschränkt . . . . ▭

Q23 Welche Aussagen zur Sicherheitsgruppe für den Anschluss von Warmwassergeräten an das Wasserleitungsnetz treffen zu?

a) Ein Rückflussverhinderer ist vorgeschrieben bei geschlossenen Geräten ab 10 l Inhalt . . . . ❍
b) Ein Absperrventil ist vor jedes geschlossene Warmwassergerät zu schalten . . . . ❍
c) Ein Druckminderer ist für alle offenen Warmwassergeräte über 10 l Inhalt vorgeschrieben . . . . ❍
d) Ein Druckminderer ist für alle geschlossenen Warmwassergeräte über 10 l Inhalt vorgeschrieben . . . . ❍

e) Ein Druckminderer ist für geschlossene Warmwassergeräte vorgeschrieben, wenn deren Nenndruck niedriger ist als der höchste auftretende statische Druck im Wasserleitungsnetz .... ❍
f) Druckminderer werden in der Praxis um etwa 1 bar niedriger eingestellt, als der Ansprechdruck des verwendeten Sicherheitsventils ist .... ❍
g) Druckminderer werden in der Praxis möglichst genau auf den Ansprechdruck des verwendeten Sicherheitsventils eingestellt .. ❍

Q24 Welche Aussagen treffen für die Schutzanode in Warmwassergeräten zu?
a) Sie verhindert die Bildung von Kesselstein .... ❍
b) Sie verhindert Korrosion im Behälter .... ❍
c) Sie bildet zusammen mit dem Behältermantel und dem Wasser ein elektrochemisches Element .... ❍
d) Sie ruft einen Schutzstrom durch das Wasser mit (technischer Strom-) Richtung zum Behältermantel hin hervor .... ❍
e) Sie ruft einen Schutzstrom durch das Wasser vom Behältermantel her kommend (technische Stromrichtung) hervor ..... ❍
f) Sie besteht vorwiegend aus Magnesium .... ❍
g) Sie besteht vorwiegend aus Aluminium .... ❍
h) Sie wird in verzinkten Stahlbehältern eingesetzt .... ❍
i) Sie wird in Stahlbehältern mit Innenemaillierung eingesetzt ... ❍
j) Sie wird in Kupferbehältern eingesetzt .... ❍

Q25 Wodurch wird die Härte des Leitungswassers hervorgerufen?
a) durch einen hohen Anteil gelöster Kalzium- und Magnesiumverbindungen .... ❍
b) durch einen hohen Anteil gelöster Natriumverbindungen ..... ❍
c) durch einen hohen Anteil gelösten Kochsalzes .... ❍

Q26 Welche Folgen hat die Verwendung harten Wassers?
a) Kesselsteinbildung bei der Warmwasserbereitung .... ❍
b) Korrosion bei der Warmwasserbereitung .... ❍
c) Erhöhter Waschmittelbedarf beim Wäschewaschen .... ❍
d) Mattglanz am Geschirr nach dem Spülen .... ❍

Q27 a) Durch welche Maßnahme lässt sich am Warmwasserbereiter die Kesselsteinbildung bei Verwendung harten Wassers erheblich mindern?
b) Auf welche Weise lässt sich Kesselstein in Warmwassergeräten entfernen?

Q28 Welchen Inhalt sollte das Warmwassergerät haben bei der Einzelversorgung folgender Zapfstellen:
a) Doppelspüle in der Küche?
b) Handwaschbecken in Bad oder WC?
c) Dusche (ohne Badewanne)?
d) Badewanne?

Q29 Welche Begriffe/Beschreibungen können Kochendwassergeräten zugeordnet werden?
a) Entleerungsprinzip . . . . ❍
b) offener Behälter . . . . ❍
c) geschlossener Behälter . . . . ❍
d) Trockengehschutz . . . . ❍
e) maximal erreichbare Wassertemperatur beträgt 85 °C . . . . ❍

Q30 Die folgenden Beschreibungen sind
a) dem Abluft-Trommeltrockner
b) dem Kondensations-Trommeltrockner mit Luftkühlung zuzuordnen:
1. Das Gerät benötigt zum Betrieb nur einen Elektroanschluss . . . ❑
2. Für das Gerät ist möglichst ein Abluftanschluss vorzusehen (Ausnahme beim Einsatz in belüftbaren Waschküchen) . . . . . . ❑
3. Dem Gerät muss während des Betriebes laufend Abwasser abgeführt werden . . . . ❑
4. Das Gerät benötigt einen Frischwasseranschluss . . . . ❑

Funkentstörung

Q31 Es sind die beschriebenen Geräte und/oder Schaltungen anzukreuzen, bei denen während des Betriebes ständig Funkstörungen zu erwarten sind, wenn keine Funkentstörmaßnahmen getroffen werden:
a) Glühlampen im normalen (ungesteuerten) Betrieb . . . . ❍
b) Dimmerschaltung mit Glühlampen . . . . ❍
c) Dimmerschaltung mit Niederspannungs-Leuchtstofflampen . . . ❍
d) Universalmotor . . . . ❍
e) Drehzahlgesteuerter (nach Dimmerprinzip) Universalmotor . . . ❍
f) Widerstandsheizung im normalen (ungesteuerten) Betrieb . . . . ❍

Q32 Welche Aussagen treffen für Y-Kondensatoren zu?
a) Sie dienen zur Minderung symmetrischer Störspannungen . . . . ❍
b) Sie dienen zur Minderung unsymmetrischer Störspannungen . . ❍
c) Sie dürfen mit dem Gehäuse eines Gerätes verbunden sein . . . . ❍

d) Sie besitzen eine erhöhte Spannungsfestigkeit .... ❍
e) Sie besitzen eine begrenzte Kapazität .... ❍

Q33 Welche Aussagen treffen für X-Kondensatoren zu?
a) Sie dienen vor allem zur Minderung symmetrischer Störspannungen .... ❍
b) Sie dienen zur Minderung unsymmetrischer Störspannungen .. ❍
c) Sie dürfen auch mit dem Gehäuse eines Haushalts-Handgeräts verbunden sein .... ❍
d) Sie müssen eine erhöhte Spannungsfestigkeit aufweisen ...... ❍
e) Nach DIN VDE 0875 wird für diesen Kondensatortyp keine Kapazitätsbegrenzung gefordert .... ❍

Q34 Was versteht man unter einer «unsymmetrischen Störspannung»?
a) eine Störspannung, die nur im unsymmetrisch belasteten Drehstromnetz auftritt .... ❍
b) eine Störspannung, die zwischen 2 Netzleitern auftritt .... ❍
c) eine Störspannung, die zwischen einem Netzleiter und der Erde bzw. dem Gehäuse eines Geräts auftritt .... ❍
d) eine Störspannung, die nur bestimmte Empfangsgerätetypen stören kann .... ❍

Q35 In welcher der 3 Schaltungen ist die Funkstörminderung für symmetrische Störspannungen, die aus dem Gerät kommen, nicht optimal gelöst?

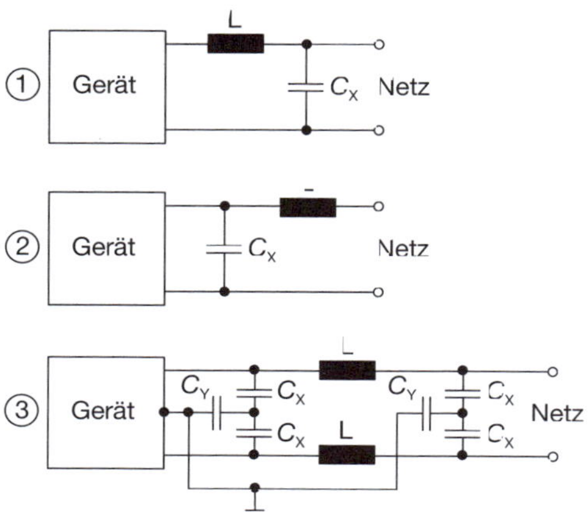

Q36 Kreuzen Sie nur die vollständigste Beschreibung des Begriffes «EMV» bzw. «EMVG» an.

a) Maßnahmen zur Funk-Entstörung ❍
b) Maßnahmen gegen störende elektromagnetische Beeinflussung von Geräten und Anlagen ❍
c) Maßnahmen an Geräten und Anlagen zur Begrenzung von Störaussendungen und der eigenen Störbeeinflussung durch von außen einwirkende elektrische, magnetische und elektromagnetische Felder ❍
d) Maßnahmen an Geräten und Anlagen gegen die Einwirkung elektrischer, magnetischer und elektromagnetischer Felder auf biologische Systeme ❍

R Beleuchtungstechnik

R1 Für welche der im Folgenden beschriebenen physikalischen Erscheinungen trifft die Bezeichnung «elektromagnetische Strahlung» zu?

a) Schall .... ❍
b) Wärmestrahlung .... ❍
c) Infrarot-(IR-)Strahlung .... ❍
d) Ultraviolett-(UV-)Strahlung .... ❍
e) Licht .... ❍

R2 Welche Beschreibungen können dem Begriff «Licht» zugeordnet werden?

a) Infrarot-(IR-)Strahlung .... ❍
b) Ultraviolett-(UV-)Strahlung .... ❍
c) Sichtbare Strahlung .... ❍
d) Elektromagnetische Strahlung mit $\lambda = 380$ nm bis 780 nm .... ❍
e) Wärmestrahlung .... ❍

R3 Es ist die Formel zu nennen, die den Zusammenhang zwischen Frequenz und Wellenlänge einer sich im freien Raum fortbewegenden elektromagnetischen Strahlung beschreibt.

R4 Welche Aussagen zur Ausbreitung elektromagnetischer Strahlung im freien Raum bzw. in Luft sind richtig?

a) Die Ausbreitungsgeschwindigkeit ist mit $c \approx 300\,000$ km/s konstant .... ❍
b) Die Wellenlänge der Strahlung nimmt mit steigender Frequenz zu .... ❍
c) Die Frequenz der Strahlung nimmt mit kürzer werdender Wellenlänge zu .... ❍
d) Frequenz und Wellenlänge der Strahlung stehen im umgekehrten Verhältnis zueinander .... ❍
e) Mit zunehmender Ausbreitungsgeschwindigkeit nimmt die Wellenlänge der Strahlung zu .... ❍

R5 Welche der folgenden Lichtfarben sind Spektralfarben?

a) Weiß .... ❍
b) Violett .... ❍
c) Grün .... ❍
d) Rot .... ❍
e) Schwarz .... ❍

R6 Worin unterscheiden sich die verschiedenen Spektralfarben des Lichtes untereinander?

a) durch ihre Farbtemperatur .... ❍
b) durch ihre Frequenz .... ❍
c) durch ihre Wellenlänge .... ❍
d) durch ihren unterschiedlichen Grad der Brechung beim Durchgang durch ein Glasprisma .... ❍

R7 Was ist «weißes Licht»?

a) elektromagnetische Strahlung mit $\lambda = 780$ nm .... ❍
b) elektromagnetische Strahlung mit $\lambda = 380$ nm .... ❍
c) das Ergebnis der Mischung (Addition) aller Lichtfarben des sichtbaren Spektrums .... ❍
d) das Ergebnis der Mischung (Addition) der Lichtfarben Rot, Grün und Blau .... ❍

R8 Bei der Lichtfarbe von Lampen für Beleuchtungszwecke ist nach DIN EN 12 464-1 (bisher DIN 5035) zwischen a) tageslichtweiß (tw), b) neutralweiß (nw) und c) warmweiß (ww) zu unterscheiden. Welcher Farbtemperatur eines schwarzen Strahlers sind die Lichtfarben in etwa zuzuordnen?

1. 3000 K .... ❑
2. 4000 K .... ❑
3. 6000 K .... ❑

R9 Eine rote Fläche wird nacheinander durch zwei Warmton-Leuchtstofflampen (Lichtfarbe: ww) unterschiedlichen Typs angestrahlt. Beim Vergleich der Wirkungen fällt auf, dass die Fläche im Licht der einen Lampe «strahlend» rot, im Licht der anderen Lampe eher «grau-rot» leuchtet. Welche Ursache könnte die unterschiedliche Wirkung der Lampen haben?

a) Für die eine Lampe wurde ein elektronisches Vorschaltgerät (EVG), für die andere ein konventionelles Vorschaltgerät (KVG) verwendet .... ❍
b) Bei der einen Lampe wird die warmweiße Lichtfarbe durch einen hohen Rotanteil, bei der anderen Lampe vor allem durch einen höheren Anteil gelber Strahlung und vergleichsweise geringem Rotanteil im Gesamtspektrum erzeugt .... ❍
c) Die eine Warmton-Lampe hat eine Farbtemperatur von (ähnlich) 3000 K, die andere hat 5000 K .... ❍

R10 Welchen der folgenden Beschreibungen lässt sich der Begriff Lumineszenz zuordnen?

a) Leuchten einer lichtemittierenden Halbleiterdiode (LED) ..... ❍
b) Leuchten des Glühfadens einer Glühlampe .... ❍
c) Leuchten der Gasstrecke in einer L-Lampe .... ❍
d) Leuchten der Gasstrecke in einer Hochspannungs-Leuchtröhre ❍

R11 Ordnen Sie die folgenden Lampentypen 1. bis 7. als a) Temperaturstrahler oder b) Lumineszenzstrahler ein.

1. Leuchtstofflampen .... ❑
2. Hochspannungs-Leuchtröhren .... ❑
3. Krypton-Glühlampen .... ❑
4. Halogen-Glühlampen .... ❑
5. Halogen-Metalldampflampen .... ❑
6. Standard-Glühlampen .... ❑
7. Kompakt-Leuchtstofflampen .... ❑

R12 Auf einer Entladungslampe fehlt die Angabe der Spannung. Welche Schlussfolgerung trifft zu?

a) Die Lampe ist für 230 V ausgelegt .... ❍
b) Die Lampe ist für 400 V ausgelegt .... ❍
c) Die Lampe ist für Schutzkleinspannung (z.B. 50 V) ausgelegt . ❍
d) Die Lampe kann nur mit Hilfe eines Vorschaltgerätes am Netz betrieben werden .... ❍
e) Die Angabe ist bei der Herstellung der Lampe versehentlich vergessen worden .... ❍

R13 Es sind folgende Sätze zu vervollständigen:

a) Die Einheit des Lichtstromes ist ....
b) Das Formelzeichen für Lichtstrom ist ....
c) Ein anderes Wort für Lichtstrom ist ....

R14 Was versteht man unter der Lichtausbeute einer Lampe?

a) Verhältnis der von der Leuchte ausgestrahlten Lichtleistung zur Lichtleistung, die von der Lampe abgegeben wird .... ❍
b) Verhältnis der von der Lampe abgegebenen Lichtleistung zur aufgenommenen elektrischen Leistung .... ❍
c) Verhältnis der von der Lampe abgegebenen Lichtstärke zur aufgenommenen elektrischen Leistung .... ❍
d) Verhältnis zwischen Beleuchtungsstärke und Lichtleistung .... ❍
e) Verhältnis des von der Lampe abgegebenen Lichtstromes zu der von der Lampe aufgenommenen elektrischen Leistung .... ❍

R15 Vervollständigen Sie die Sätze:
a) Das Maß für die Lichtausbeute lautet ....
b) Das Formelzeichen der Lichtausbeute ist ....
c) Lichtausbeute ist der .... einer Lampe.
d) Lichtausbeute ist das Verhältnis zwischen ....

R16 Aus welchem Material werden Glühwendel für Standard-Glühlampen hergestellt?
a) Eisen .... ❍
b) Mangan .... ❍
c) Chrom-Nickel .... ❍
d) Wolfram .... ❍
e) Platin .... ❍

R17 Wie groß ist die mittlere Lebensdauer von Standard-Glühlampen?
a) Bis etwa 500 Betriebsstunden .... ❍
b) Bis etwa 1000 Betriebsstunden .... ❍
c) Bis etwa 2000 Betriebsstunden .... ❍
d) Bis etwa 3000 Betriebsstunden .... ❍

R18 In welcher Größenordnung etwa liegt die Lichtausbeute von Standardglühlampen?
a) 9 lm/W bis 19 lm/W .... ❍
b) 50 lm/W bis 90 lm/W .... ❍
c) 500 lm/W bis 900 lm/W .... ❍

R19 Was versteht man unter einer Kaltspiegellampe (Cool Spot)?
a) Die Lampe erzeugt besonders «kaltes» Licht (Farbtemperatur ca. 5000 K) .... ❍
b) Die Lampe erzeugt ihre Strahlung auf dem Wege des «kalten» Leuchtens (Lumineszenz) .... ❍
c) Die Lampe besitzt einen Reflektor, der im Wesentlichen nur das Licht und nicht auch die entsprechende Wärmestrahlung bündelt ❍
d) Es handelt sich um eine Entladungslampe .... ❍

R20 Welche der folgenden Beschreibungen lassen sich Halogen-Glühlampen zuordnen?
a) Entladungslampe .... ❍
b) Praktisch konstante Lichtstromabgabe während der gesamten Lebensdauer .... ❍
c) Erhöhte Lichtausbeute im Vergleich zu Standard-Glühlampen . ❍
d) Erhöhte Lichtausbeute im Vergleich zu Leuchtstofflampen ... ❍
e) Kleinere Abmessungen gegenüber Standard-Glühlampen gleicher Leistung .... ❍

R21 Welcher Farbeindruck entsteht beim Leuchten (z. B. infolge elektrischer Entladung) folgender Gase:
Quecksilberdampf
Neon
Natriumdampf

R22 Kreuzen Sie die Beschreibungen an, die zum Begriff Fluoreszenz zugeordnet werden können:
a) das Leuchten einer lichtemittierenden Halbleiterdiode (LED) . . ❍
b) das Leuchten des Glühfadens einer Glühlampe . . . . ❍
c) das Leuchten der Gasstrecke in einer Niederspannungs-Leuchtstofflampe . . . . ❍
d) das nicht auf Reflexion beruhende Selbstleuchten einiger Stoffe unter dem Einfluss einer elektromagnetischen Strahlung . . . . . . ❍
e) die Leuchtwirkung der Leuchtschicht bei Niederspannungs-Leuchtstofflampen . . . . ❍

R23 Welche der folgenden Maßnahmen führen zu einer Minderung oder zur Aufhebung des stroboskopischen Effekts bei Beleuchtungsanlagen mit Entladungslampen?
a) Parallelbetrieb eines Kompensationskondensators zur Lampenschaltung . . . . ❍
b) Duoschaltung . . . . ❍
c) Tandemschaltung . . . . ❍
d) Betrieb der Lampen mit Wechselstrom sehr hoher Frequenz (z. B. 35 kHz) . . . . ❍
e) gleichmäßige Verteilung der installierten Lampen auf die 3 Außenleiter des Drehstromnetzes, wobei jedem Lichtband (jeder Leuchtengruppe) Lampen aller 3 Außenleiter zugeordnet werden . . . . ❍
f) «Dimmen» der Lampen . . . . ❍

R24 Welche Eigenschaften können der L-Lampe in Standardeinstellung zugeschrieben werden?
a) Die mittlere Lebensdauer beträgt etwa 1000 Betriebsstunden und verkürzt sich bei großer Einschalthäufigkeit . . . . ❍
b) Die mittlere Lebensdauer beträgt etwa 1000 Betriebsstunden und ist praktisch unabhängig von der Einschalthäufigkeit . . . . . ❍
c) Die mittlere Lebensdauer beträgt etwa 7500 Betriebsstunden und verkürzt sich bei großer Einschalthäufigkeit . . . . ❍
d) Die mittlere Lebensdauer beträgt etwa 7500 Betriebsstunden und ist praktisch unabhängig von der Einschalthäufigkeit . . . . . ❍

R25 In etwa welcher Größenordnung liegt die Lichtausbeute von L-Lampen?

a) 9 lm/W…19 lm/W ❍
b) 50 lm/W..90 lm/W ❍
c) 500 lm/W..900 lm/W ❍

R26 Welche der folgenden Vorteile bietet der Betrieb von Leuchtstofflampen mit elektronischem Vorschaltgerät (EVG) im Vergleich zum Betrieb mit konventionellem Vorschaltgerät (KVG)?

a) Die Lampen erhalten eine wärmere Lichtfarbe ❍
b) Die Farbtemperatur des Lichtes erhöht sich ❍
c) Die Farbwiedergabequalität der Lampen steigt um 1 Stufe ❍
d) Eine Kompensation von induktiver Blindleistung ist nicht erforderlich ❍
e) Die Lichtausbeute des Systems Lampe/Vorschaltgerät nimmt zu ❍
f) Stroboskopische Effekte sind nicht zu erwarten ❍

R27 Welche Aufgabe hat der Kondensator im Starter der Standardschaltung einer L-Lampe?

a) Blindleistung der Lampenschaltung kompensieren ❍
b) Scheinleistung der Lampenschaltung kompensieren ❍
c) Funkstörungen während des Einschaltvorganges mindern ❍
d) L-Lampe zünden ❍
e) stroboskopischen Effekt mindern ❍

R28 Die folgenden Beschreibungen enthalten Einzelheiten zum Einschaltvorgang von L-Lampen in Standardschaltung. Die Beschreibungen sind in der richtigen Reihenfolge zu ordnen.

a) Starterglimmlampe leuchtet
b) Die Lampenschaltung wird an Netzspannung gelegt
c) Unterbrechung des Stromes in der Drossel
d) Starter-Bimetallkontakt kühlt ab und öffnet
e) Starter-Bimetallkontakt wird erwärmt und schließt
f) Es fließt ein kleiner Strom (mA-Bereich)
g) In der Drossel entsteht eine Zündspannung)
h) Die L-Lampe leuchtet, und die Drossel begrenzt den Strom auf den Nennstrom der Lampe
i) Es fließt ein großer Strom zum Aufheizen der Heizwendel in der L-Lampe

R29 Welche Aufgaben hat die Drossel in der Standardschaltung einer L-Lampe?

a) Leistungsfaktor verbessern .... ❍
b) Lampenstrom begrenzen .... ❍
c) Nennfrequenz der Lampe verändern .... ❍
d) Zündspannung erzeugen .... ❍

R30 Die folgenden Beschreibungen 1. bis 6. sind entweder a) der Leuchtstofflampen-Duoschaltung oder b) der Leuchtstofflampen-Tandemschaltung zuzuordnen.

1. $\cos\varphi \approx 1$ ohne zusätzliche Maßnahmen .... ❑
2. Überspannung an Reihenkondensator und Vorschaltdrossel ... ❑
3. Nur 1 Vorschaltgerät für 2 Lampen .... ❑
4. 1 induktiver und 1 kapazitiver Lampenzweig .... ❑
5. Reihenschaltung von 2 Leuchtstofflampen .... ❑
6. Stroboskopischer Effekt ist vermindert .... ❑

R31 Unter welcher Voraussetzung ist eine Beleuchtung mit üblichen Quecksilberdampf-Hochdrucklampen sinnvoll?

a) wenn höchste Ansprüche an die Farbwiedergabe gestellt werden .... ❍
b) wenn mit Hilfe einer warmweißen Lichtfarbe eine stimmungsvolle Beleuchtung erreicht werden soll .... ❍
c) wenn ein hoher Raum (z.B. über 5 m Höhe) zu beleuchten ist und Farbwiedergabestufe 3 als ausreichend angesehen wird ... ❍

R32 Welche der folgenden Beschreibungen können Natriumdampf-Niederdrucklampen zugeordnet werden?

a) praktisch einfarbig (monochromatisches) gelbes Licht .... ❍
b) höchste Lichtausbeute gegenüber allen anderen Lampentypen . ❍
c) Das menschliche Auge hat bei ihrem Licht eine hohe Kontrastempfindlichkeit .... ❍
d) Ihr Licht durchdringt gut Dunst und Nebel .... ❍
e) In ihrem Licht ist praktisch keine Farbbewertung möglich .... ❍

R33 Wie hoch darf bei Hochspannungs-Leuchtröhrenanlagen die Sekundärspannung zwischen Außenleitern maximal werden, wenn

a) der Transformator hochspannungsseitig keine Mittelanzapfung hat? .... ▭ kV
b) die hochspannungsseitige Mittelanzapfung geerdet ist? ▭ kV

R34 Die Begriffe a) Lichtstrom; b) Beleuchtungsstärke und c) Lichtstärke sind den folgenden Beschreibungen 1. bis 4. zuzuordnen.

1. der je m^2 auftreffende Lichtstrom auf einer beleuchteten Fläche ❑
2. die je m^2 auftreffende Lichtleistung auf einer beleuchteten Fläche .... ❑
3. die gesamte vom menschlichen Auge bewertete Lichtleistung ❑
4. der Anteil des gesamten Lichtstromes einer Lampe, der in 1 m Entfernung von der Lampe durch eine Fläche von 1 m^2 hindurchtritt .... ❑

R35 Die Formelzeichen a) bis e) sind den Begriffen 1. bis 5. zuzuordnen:
a) Φ; b) I; c) L; d) E; e) η_B

1. Lichtstärke .... ❑
2. Beleuchtungsstärke ... ❑
3. Lichtstrom .... ❑
4. Beleuchtungswirkungsgrad .... ❑
5. Leuchtdichte .... ❑

R36 Die Einheiten a) bis e) sind den Formelzeichen 1. bis 5. zuzuordnen:
a) lx; b) lm; c) cd; d) cd/m^2; e) lm/W

1. Φ .... ❑
2. I .... ❑
3. L .... ❑
4. E .... ❑
5. η .... ❑

R37 In den LiTG-Raumwirkungsgradtabellen sind verschiedene Leuchtentypen mit den Kurzzeichen A, B, C, D und E gekennzeichnet. Worin besteht der Unterschied zwischen diesen Leuchten?

R38 Die Begriffe a) Reflexionsgrad; b) Raumwirkungsgrad und c) Leuchtenwirkungsgrad sind den folgenden Beschreibungen 1. bis 4. soweit möglich zuzuordnen.

1. Verhältnis zwischen dem in Höhe der Arbeitsebene vorhandenen Nutzlichtstrom zu dem von den Leuchten abgestrahlten Lichtstrom .... ❑
2. Verhältnis zwischen dem von einer Fläche zurückgeworfenen Lichtstrom zu dem auf die Fläche einstrahlenden Lichtstrom .. ❑
3. Verhältnis zwischen dem von einer Lampe abgestrahlten Lichtstrom zur aufgenommenen elektrischen Leistung der Lampe .. ❑
4. Verhältnis zwischen dem von einer Leuchte abgegebenen Lichtstrom zu dem von der eingebauten Lampe erzeugten Lichtstrom .... ❑

R39 Von den folgenden Begriffen sind nur diejenigen anzukreuzen, die zur Bestimmung des Raumwirkungsgrades mit Hilfe einer LiTG-Tabelle benötigt werden.

a) Reflexionsgrad der Raumdecke . . . . ❍
b) Reflexionsgrad der Wände . . . . ❍
c) Reflexionsgrad der Nutzebene (Arbeitsebene) . . . . ❍
d) Nennbeleuchtungsstärke des Raumes . . . . ❍
e) Leuchtentyp bzw. Lichtstärkeverteilung der zu verwendenden Leuchten (z.B. Typ A40 oder Typ B31 usw.) . . . . ❍
f) Lichtstrom der zu verwendenden Lampen . . . . ❍
g) Planungsfaktor oder Verminderungsfaktor zur Berücksichtigung der Alterung der Beleuchtungsanlage . . . . ❍
h) Raumabmessungen *a*, *b* und *H* sowie Arbeitshöhe und Leuchten-Pendellänge . . . . ❍

R40 Ein Arbeitsraum ist $a = 8$ m lang, $b = 6$ m breit und $H = 3{,}2$ m hoch. Die Arbeitsebene liegt 0,85 m über dem Fußboden.
Es ist der Raumindex *k* zu errechnen und jeweils der nächstliegende nach den LiTG-Tabellen in Frage kommende *k*-Wert auszuwählen:

a) für den Fall, dass Deckeneinbauleuchten (Lampen in Deckenhöhe) installiert sind;
b) für den Fall, dass Pendelleuchten verwendet werden und die Lampenmitte 0,6 m von der Decke entfernt ist.

R41 In einem Arbeitsraum werden Leuchten mit einer Lichtstärkeverteilung gemäß B31 installiert. Die Reflexionsgrade sind $\varrho_{\text{Decke}} = 0{,}8$; $\varrho_{\text{Wand}} = 0{,}5$; $\varrho_{\text{Nutz}} = 0{,}3$. Der Raumindex wurde mit $k = 2{,}5$ bestimmt. Aus einer LiTG-Tabelle für Leuchtstofflampen-Leuchten (Deckenmontage ohne Pendel) ist der zugehörende Raumwirkungsgrad abzulesen.

R42 Für einen Raum mit der Grundfläche $a \times b = 12\text{ m} \times 7\text{ m}$ ist eine Beleuchtungsanlage nach dem Wirkungsgradverfahren zu planen. Der Raumwirkungsgrad wurde mit $\eta_{\text{R}} = 0{,}78$ ermittelt. Als Kehrwert des Wartungsfaktors (bisher: Planungsfaktor) wird $p = 1{,}25$ angenommen. Der Leuchtenbetriebswirkungsgrad ist vom Hersteller mit $\eta_{\text{LB}} = 0{,}6$ angegeben. Die Leuchten sollen mit L-Lampen L 58 W/840 bestückt werden, die je einen Lichtstrom von 5200 lm erzeugen. Der Wartungswert der Beleuchtungsstärke (bisher: Nennbeleuchtungsstärke) nach DIN EN 12 464-1 beträgt $E_{\text{n}} = 500$ lx.

a) Die Anzahl der erforderlichen Lampen ist zu bestimmen (Rechenwert).
b) Die unter a) ermittelte Zahl ist so zu erhöhen, dass Duoschaltung und Drehstrombetrieb bei symmetrischer Aufteilung zugleich anwendbar sind.

S Elektrische Klimatechnik

Klimatisierung

S1 Die Begriffe a) bis d) sind den Beschreibungen 1. bis 6. zuzuordnen:
a) Sättigungsmenge; b) absolute Luftfeuchte; c) relative Luftfeuchte;
d) Taupunkt.

1. die maximal als Dampf mögliche Wassermenge in der Luft . . . ❑
2. die Temperatur, bei der sich der Dampf in Wasser verwandelt . ❑
3. die tatsächlich in der Raumluft befindliche Wasserdampfmenge . . . . ❑
4. gilt als Angabe zur Beurteilung der Behaglichkeit der Raumluft ❑
5. ist das Verhältnis von Taupunkt zur Sättigungsmenge . . . . ❑
6. ist das Verhältnis von absoluter Luftfeuchte zur Sättigungsmenge . . . . ❑

S2 Wie groß ist die relative Luftfeuchte, wenn eine Raumluft von 20 °C 12,4 Gramm Wasserdampf je 1 m^3 Luft enthält?

S3 Die Außenluft von 5 °C besitzt eine relative Luftfeuchte von 60%. Welche Luftfeuchte ergibt sich in einem mit dieser Außenluft belüfteten Raum, wenn die Raumtemperatur 20 °C betragen soll und keine zusätzliche Luftbefeuchtung stattfindet?

S4 In einem Wohnraum mit einer Grundfläche von 30 m^2 und einer Raumhöhe von 2,6 m ist eine relative Luftfeuchte von 90% vorhanden. Die Raumtemperatur beträgt 20 °C.
a) Wie viel Wasser muss der Raumluft entzogen werden, wenn die relative Luftfeuchte auf 50 % gesenkt werden soll?
b) Welche elektrische Arbeit muss zur Abführung der Wassermenge durch das elektrisch betriebene Luftentfeuchtungsgerät aufgebracht werden, wenn bei der Kondensation von 1 kg Wasser 0,628 kWh als Kondensationswärme frei werden?

S5 Die Begriffe a) und b) sind den Beschreibungen 1. bis 3. richtig zuzuordnen:
a) Verdampfer; b) Verflüssiger.

1. Entzieht der Umgebung Wärme und führt diese dem Kühlmittel zu ❑
2. Befindet sich bei dem Kühlgerät in dem zu kühlenden Raum ❑
3. Gibt Wärme an die Umgebung ab und entzieht diese dem Kühlmittel ❑

S6 Worin besteht bei einem Klimagerät oder einer Wärmepumpe der Unterschied zwischen der Leistungszahl ε und der Jahresarbeitszahl β_a?

Lüftung

S7 Man unterscheidet zwischen einer
a) Druck- oder Überdrucklüftung und
b) Saug- oder Unterdrucklüftung.
Die Begriffe a) und b) sind den möglichen Belüftungsanwendungsfällen 1. bis 5. sinnvoll zuzuordnen:
1. WC im Wohnhaus ❑
2. Fertigungsraum für Präzisionsmessgeräte ❑
3. Büro in einer umweltbelasteten Industriegegend ❑
4. Akkumulatorenladeraum ❑
5. Gaststättenraum mit Verbindungstür zu einer Wohnung ❑

S8 Die Begriffe a) bis c) sind den Beschreibungen 1. bis 4. zuzuordnen:
a) Luftwechselzahl; b) Luftumwälzmenge; c) Luftgeschwindigkeit
1. Luftströmung in Metern je Sekunde ❑
2. Luftinhalt eines Raumes ❑
3. Ausgetauschte Luft in Kubikmetern je Stunde ❑
4. Häufigkeit des Luftaustausches je Stunde ❑

Heizungstechnik

S9 Die angegebenen Heizgeräte a) bis d) sind den Anwendungsfällen 1. bis 5. optimal zuzuordnen:
a) Heizstrahler
b) Konvektorheizung mit Normaltarif
c) Speicherheizung mit eingebautem Lüfter
d) Speicherheizung ohne Lüfter
1. Wohnraum mit 14-stündiger Benutzung und guter Regelmöglichkeit ❑
2. einzelner Arbeitsplatz in einer großen unbeheizten Werkhalle ❑

3. Terrassenheizung für kühle Sommerabende ❑
4. Temperierung eines Hausflures mit häufig geöffneter Außentür ❑
5. als Frostsicherung in einem kleinen Lagerraum ❑

S10 Welche Beschreibungen treffen auf den Begriff «Thermische Rückführung» in der Heizungstechnik zu?

a) Zum Beispiel die in einer Lüftungsanlage an die Außenluft abgegebene Wärmeenergie wird über eine Wärmepumpe zurückgeführt ❍
b) die Rückmeldung der Speicherkerntemperatur an das Aufladesteuergerät ❍
c) sorgt für eine feinstufigere Raumtemperaturregelung ❍
d) täuscht dem Raumtemperaturregler eine höhere Raumtemperatur durch einen Heizwiderstand vor ❍

S11 Die Begriffe a) bis c) sind den Beschreibungen 1. bis 7. zuzuordnen:
a) Vorwärtssteuerung; b) Rückwärtssteuerung; c) Spreizsteuerung.

1. wird vom EVU durch eine Rundsteueranlage oder eine Schaltuhr eingeschaltet ☐
2. schaltet zum Beginn der NT-Zeit ein und nach beendeter Aufladung in Abhängigkeit von der Außentemperatur ab ☐
3. schaltet zum Beginn der NT-Zeit ein und am Ende der NT-Zeit ab ☐
4. schaltet die aufgenommene Leistung in mehreren Stufen ☐
5. schaltet je nach Außentemperatur während der NT-Zeit ein und zum Ende der NT-Zeit ab ☐
6. schaltet je nach Außentemperatur während der NT-Zeit ein und ab ☐
7. steuert die aufgenommene Energie des Speicherheizgerätes nur über die Zeit bei konstanter Heizleistung ☐

S12 Der Kunde Heizmann beanstandet bei einer älteren Anlage mit Speicherheizgeräten (mit Aufladesteuerung), dass auch bei einer relativ hohen Außentemperatur eines der Geräte immer sehr heiß wird. Welche der nachfolgend beschriebenen Ursachen könnte zutreffen?

a) Der Raum wird nicht oder kaum genutzt, so dass vom Vortag noch zu viel Restwärme gespeichert ist ❍
b) Der Laderegler im betreffenden Speicherheizgerät ist defekt ❍
c) Die Heizwiderstände zur Aufladung des betreffenden Speicherheizgerätes sind teilweise defekt ❍

d) Der Lüfter im betreffenden Speicherheizgerät ist defekt, das Gerät wird deshalb nur unzureichend gekühlt .... ❍
e) Das Steuergerät für die automatische Laderegelung ist defekt .. ❍
f) Die Steuerheizung für den Laderegler im betreffenden Speicherheizgerät ist defekt .... ❍

Wärmebedarfsberechnung

S13 Die Begriffe a) bis c) sind den Beschreibungen 1. bis 5. zuzuordnen:
a) Heizlast (Wärmebedarf); b) Heizleistung; c) Nennaufnahme.
1. ermittelter Wert für eine Heizungsauslegung .... ❑
2. Anschlusswert eines Speicherheizgerätes .... ❑
3. Temperatur, die für die jeweilige Raumart angegeben ist. ..... ❑
4. vom Speicherheizgerät durchschnittlich abgegebene Leistung während einer vorgegebenen Heizdauer .... ❑
5. Angabe auf dem Typenschild eines Speicherheizgerätes ...... ❑

S14 Für eine Heizlastberechnung (Wärmebedarfsberechnung) wurden folgende Wärmedurchgangskoeffizienten ermittelt:
a) Außenfenster mit Klarglas U (früher k) = 1,8 W/(m^2 K)
b) Außentür ohne Glas U (früher k) = 3,5 W/(m^2 K)
c) Außenwand U (früher k) = 0,8 W/(m^2 K)
Wie groß sind die Norm-Wärmedurchgangskoeffizienten U_N?

S15 Den nachstehenden Begriffen 1. bis 4. sind die richtigen Einheiten a) bis d) zuzuordnen:

a) °C ; b) $\frac{W}{m^2 \cdot K}$; c) kW ; d) $\frac{Wh}{K \cdot m^3}$.
1. Wärmedurchgangskoeffizient (Wärmedurchgangszahl) .... ❑
2. Lüftungswärmebedarf .... ❑
3. Transmissionswärmebedarf .... ❑
4. spezifische Wärme der Luft .... ❑

S16 Die Begriffe a) bis c) sind den Beschreibungen 1. bis 4. zuzuordnen:
a) Wärmedurchgangskoeffizient (Wärmedurchgangszahl)
b) Lüftungswärmebedarf
c) Transmissionswärmebedarf
1. gibt an, wie viel kW durch die den Raum angrenzenden Flächen verloren gehen .... ▭
2. gibt an, wie viel kW durch eine Fläche von 1 m^2 hindurch-

gehen, wenn die Temperaturdifferenz zwischen innen und außen 1 K beträgt ☐

3. Für die Berechnung spielt die Anordnung und Bauart der Türen und Fenster eine große Rolle ☐
4. ist abhängig von der Außentemperatur ☐

S17 Ein Raum hat folgende Flächen und *U*-Werte (früher *k*-Werte) und soll auf 20 °C beheizt werden:

1. Außenwände 20 m^2 — *U* (früher *k*) = 0,6 $W/m^2 \cdot K$
2. Innenwände 12 m^2 — *U* (früher *k*) = 1,5 $W/m^2 \cdot K$
3. Fenster 15 m^2 — *U* (früher *k*) = 1,5 $W/m^2 \cdot K$

Wie groß ist der Gesamttransmissionswärmebedarf, wenn es sich um einen Mittelgeschossraum handelt, dessen Innenwände an 20 °C warme Räume grenzen, und die Außentemperatur von –15 °C einzusetzen ist?

Korrekturen für Außenflächen und Sonneneinwirkung sind zu vernachlässigen.

S18 Ein Speiseraum mit 8-fachem Luftwechsel je Stunde ist 4 m hoch und hat eine Grundfläche von 200 m^2.

Wie groß ist der Lüftungswärmebedarf, wenn die spezifische Wärme der Luft mit 0,36 $Wh/m^3 \cdot K$ angenommen werden kann, und bei einer Innentemperatur von 22 °C eine minimale Außentemperatur von –15 °C zu erwarten ist?

S19 Ein innenliegendes Badezimmer hat eine Grundfläche von 6,0 m^2 und eine Raumhöhe von 2,5 m.

Wie groß ist der Lüftungswärmebedarf für diesen Raum, wenn bei einem 6-fachen Luftwechsel die Temperatur im Bad nach DIN EN 12 831 24 °C betragen soll, und die Luft aus dem 15 °C warmen Flur nachströmt?

T VDE-Bestimmungen

Allgemein

T1 Wann müssen bestehende Anlagen den neuesten VDE-Bestimmungen angepasst werden?

a) überhaupt nicht .... ❍
b) unverzüglich .... ❍
c) wenn ein Gefahrenzustand für Leben und Sachwerte vorhanden ist .... ❍
d) wenn die VDE-Bestimmungen dies fordern .... ❍

T2 Als was gelten die VDE-Bestimmungen?

a) Es sind Gesetze zur Rechtsprechung bei Strafprozessen im Technikbereich .... ❍
b) Es sind die allgemein anerkannten Regeln der Technik, die auch zur Klärung von Rechtsstreitigkeiten bei technischen Prozessen herangezogen werden .... ❍
c) Bestimmungen für den Bereich E-Technik ohne jegliche rechtliche Bedeutung .... ❍

T3 Was heißt VDE?

a) Verein Deutscher Elektrotechniker .... ❍
b) Vereinigung Deutscher Elektriker .... ❍
c) Verband der Elektrotechnik, Elektronik, Informationstechnik .... ❍
d) Verein Deutscher Elektroingenieure .... ❍

T4 Welche Aufgaben hat der VDE?

a) Er bringt Unfallverhütungsvorschriften heraus .... ❍
b) Er erstellt VDE-Bestimmungen .... ❍
c) Er arbeitet an der elektrotechnischen Normung mit .... ❍
d) Er prüft auf Antrag Geräte .... ❍
e) Er führt technische Rechtsprozesse .... ❍

T5 Es sind mindestens 4 VDE-Prüfzeichen aufzuzeichnen oder zu beschreiben.

T6 Die Nummern der VDE-Bestimmungen a) bis f) sind den Aussagen 1. bis 4. richtig zuzuordnen:

a) VDE 0100; b) VDE 0105; c) VDE 0100–710; d) VDE 0185; e) VDE 0113, f) VDE 0165.

1. Errichtung von elektrischen Anlagen in medizinisch genutzten Räumen . . . . ❑
2. Errichtung von elektrischen Anlagen in explosionsgefährdeten Räumen . . . . ❑
3. Blitzschutz . . . . ❑
4. Betrieb von elektrischen Starkstromanlagen . . . . ❑

T7 Welche VDE-Bestimmung ist für den Bau von Starkstromfreileitungen bis 1000 V maßgebend?

VDE 0100	VDE 0101	VDE 0105	VDE 0211	VDE 0530
❍	❍	❍	❍	❍

T8 Die Begriffe a) bis f) sind den Beschreibungen 1. bis 6. zuzuordnen:

a) Körper; b) aktive Teile; c) Neutralleiter; d) Außenleiter; e) PEN-Leiter; f) Betriebsmittel.

1. geerdeter, stromführender Leiter mit Schutzleiteranschluss . . . . ☐
2. unter Spannung stehende Klemmen . . . . ☐
3. Leiter, die Stromquellen mit Verbrauchsmitteln verbinden und nicht vom Sternpunkt ausgehen . . . . ☐
4. Schalter, Steckdosen . . . . ☐
5. leitfähiges Gehäuse eines Verbrauchsmittels mit PE-Anschluss . . . . ☐
6. geerdeter, stromführender Leiter eines Drehstromnetzes ☐

T9 Welche Ströme sind bei angegebener Einwirkdauer für den Menschen lebensgefährlich?

a) 5 mA; 10 s . . . . ❍
b) 50 mA; 5 s . . . . ❍
c) 100 mA; 1 s . . . . ❍
d) 500 mA; 0,1 s . . . . ❍

Schutzmaßnahmen

T10 Welche Spannungskombinationen gelten bei angegebener Stromart als maximal zulässige Berührungsspannungen?

a) 50 V~/120 V– . . . . . . ❍
b) 50 V~/ 60 V– . . . . . . ❍
c) 25 V~/ 50 V– . . . . . . ❍
d) 60 V~/120 V– . . . . ❍
e) 25 V~/ 60 V– . . . . ❍

T11 Es sind mindestens 3 Maßnahmen aufzuzählen, die den Schutz gegen direktes Berühren vollständig erfüllen.

T12 Welche Maßnahmen erfüllen den Schutz bei indirektem Berühren, ohne dass ein Schutzleiter erforderlich ist?

T13 Welche Schutzart nach DIN VDE 0470 muss ein staubgeschützes und gegen Spritzwasser geschütztes Gerät mindestens haben? IP ☐☐

T14 Welche Schutzart nach DIN VDE 0470 muss eine Tauchpumpe haben, die in größeren Wassertiefen arbeitet? IP ☐☐

T15 Welcher Schutzart nach DIN VDE 0470 können Geräte mit den folgenden VDE-Symbolen zugeordnet werden?

a)  .... IP ☐☐

b)  10 bar .... IP ☐☐

c)  .... IP ☐☐

d)  .... IP ☐☐

T16 Wie groß ist die höchstzulässige Schutzkleinspannung?

20 V~	42 V~	50 V~	60 V~
❍	❍	❍	❍

T17 Es ist das Symbol für Sicherheitstransformatoren mit Nennspannungen $U_N > 25$ V aufzuzeichnen.

T18 Welches Installationsmaterial darf in einem 42-V~-Schutzkleinspannungsnetz verwendet werden?

a) Leitungsschutzschalter B 16 A .... ❍
b) NH-Sicherungen .... ❍
c) Signalleitung Y .... ❍
d) Aderleitung H07 V-U .... ❍
e) Mantelleitung NYM .... ❍
f) Motorschutzschalter .... ❍

T19 Ein Sicherheitstransformator mit der Sekundärspannung 42 V speist den Steuerstromkreis für eine Bearbeitungsmaschine. Aus betrieblichen Gründen ist ein Leiter des 42-V-Netzes geerdet. Welche Schutzmaßnahme nach VDE 0100 liegt hier vor?

T20 Es ist das Symbol für schutzisolierte Geräte zu zeichnen.

T21 Welche elektrischen Verbrauchsgeräte müssen nach den VDE-Bestimmungen ohne Ausnahme schutzisoliert sein, wenn nicht Schutzkleinspannung angewendet wird?

a) Geräte für die Haut- und Haarbehandlung . . . . ❍
b) Heizkissen . . . . ❍
c) Handnassschleifmaschine . . . . ❍
d) Handbohrmaschine . . . . ❍
e) Kaffeemaschine . . . . ❍

T22 Es ist das Symbol für die Schutzmaßnahme «Schutztrennung» aufzuzeichnen.

T23 Welche maximale Sekundärspannung ist bei Trenntransformatoren zulässig?

T24 Welches Bild entspricht der vorschriftsmäßigen Schutztrennung?

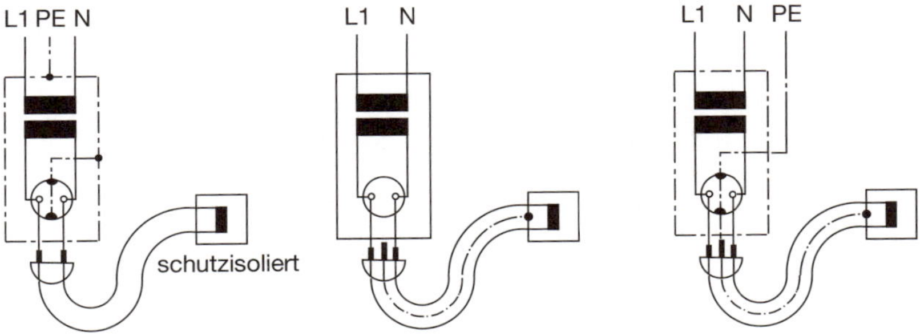

a) b) c)

T25 Ordnen Sie die Symbole a) bis e) den Positionen 1. bis 4. zu:

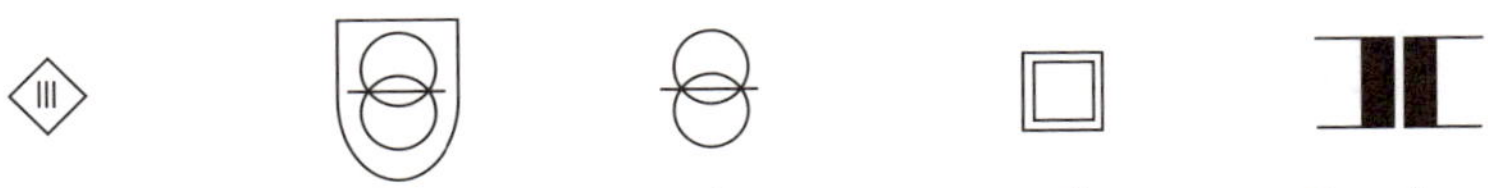

a) b) c) d) e)

1. Schutzkleinspannungstransformator . . . . ❑
2. Trenntransformator . . . . ❑
3. Schutzkleinspannungsgerät . . . . ❑
4. schutzisoliertes Gerät . . . . ❑

T26 Wie werden die Drehstromnetze in folgender Ausführung bezeichnet?
Sternpunkt direkt geerdet; Körper direkt geerdet . . . . . . ❑❑-System

Sternpunkt gegen Erde isoliert; Körper direkt geerdet . . ☐☐-System
Sternpunkt direkt geerdet; Körper mit Sternpunkt verbunden . . . . ☐☐-System

T27 Welche Einzelteile enthält der Fehlerstromschutzschalter?

a) Strommesser . . . . ❍
b) Spannungswandler . . . . ❍
c) Summenstromwandler . . . . ❍
d) Widerstand zwischen Prüftaste und N-Leiter . . . . ❍
e) Spannungsmesser . . . . ❍
f) Prüftaste . . . . ❍

T28 Mit welchen Farben wird ein Schutzleiter gekennzeichnet?

T29 Welche Mindestquerschnitte für Schutzleiter gehören zu den nachstehend genannten Außenleiterquerschnitten in Starkstromleitungen bzw. Kabeln?

1. 10 mm^2 . . . . ☐
2. 16 mm^2 . . . . ☐
3. 25 mm^2 . . . . ☐
4. 35 mm^2 . . . . ☐
5. 70 mm^2 . . . . ☐

T30 Welche Fehlerspannung darf an dem Betriebserder im TN-System maximal auftreten?

10 V . . . . ❍
30 V . . . . ❍
50 V . . . . ❍
115 V . . . . ❍
230 V . . . . ❍

T31 Welche maximale Fehlerspannung tritt in TN-Systemen bei einem vollkommenen Körperschluss zwischen dem Körper des defekten Geräts und der Bezugserde auf, bevor die Schutzeinrichtung anspricht? Die Leitfähigkeit von Außenleiter, PE- und PEN-Leiter ist als gleich anzunehmen.

10 V . . . . ❍
30 V . . . . ❍
50 V . . . . ❍
115 V . . . . ❍
230 V . . . . ❍

T32 Wie unterscheiden sich PEN-Leiter von Schutzleitern?

a) PEN-Leiterquerschnitte betragen in Neuanlagen *mindestens* 10 mm^2 Cu (bei konzentrischen Leitern 4 mm^2 Cu) . . . . ❍
b) PEN-Leiter sind hellblau gekennzeichnet . . . . ❍
c) PEN-Leiter können Überstromschutzeinrichtungen enthalten . . ❍
d) PEN-Leiter führen Betriebsstrom . . . . ❍

T33 Eine fest angeschlossene Leuchte (230 V, 25 W) der Schutzklasse 1 wird über eine 300 m lange NYM-Leitung mit dem Querschnitt $A = 1{,}5\,\text{mm}^2$ aus einem Verteiler versorgt. Wie groß ist der Bemessungsstrom der Schmelzsicherung, die den Stromkreis am Leitungsanfang schützt, damit die automatische Abschaltung im TN-System mit Schutz durch Sicherungen mindestens erzielt wird? Die Schmelzsicherung spricht bei $5 \cdot I_N$ rechtzeitig an ($t \leqq 5$ s); die Schleifenimpedanz vom EVU bis zum Verteiler beträgt 0,3 Ω.

4 A .... ❍ | 16 A .... ❍
6 A .... ❍ | 20 A .... ❍
10 A .... ❍

T34 Was bezeichnet man in einem TN-System mit Schleifenwiderstand?
a) Widerstand, der bei einem vollkommenen Körperschluss den Kurzschlussstrom begrenzt .... ❍
b) Widerstand des PEN- und Schutzleiters zwischen EVU und Kurzschlussstelle .... ❍
c) Widerstand des Stromkreises und des Verbrauchsmittels, der bei Nennspannung den Nennstrom begrenzt .... ❍
d) Summe der Widerstände, die bei einem Außenleitererdschluss den Erdschlussstrom begrenzen .... ❍

T35 In einem TN-Systems mit Schutz durch Fehlerstromschutzschalter wird der Schutzleiter, der alle Körper verbindet, zusätzlich verbunden
a) mit dem N-Leiter .... ❍
b) mit dem PEN-Leiter .... ❍
c) nur mit einem speziellen Erder .... ❍
d) nur mit dem geerdeten Schutzpotentialausgleichsleiter .... ❍

T36 In einer landwirtschaftlichen Betriebsstätte ($U_L = 25$ V) soll für das TT-System mit Schutz durch 2 FI-Schutzschalter mit einem $I_{\Delta N}$ von je 0,3 A der Widerstand des Erders R_A bestimmt werden. Welcher maximal zulässige Widerstand errechnet sich nach VDE? $R_A \leqq$

83 Ω .... ❍ | 41 Ω .... ❍
166 Ω .... ❍ | 100 Ω .... ❍

T37 In einem 230/400-V-TT-System mit Schutz durch FI-Schutzschalter tritt ein vollkommener Körperschluss auf. Welche Fehlerspannung ergibt sich zwischen dem Schutzleiter der Anlage und der Bezugserde bis zur Schutzschalterabschaltung? Der Schutzerder R_A hat einen Widerstand von 100 Ω, der Betriebserder einen Widerstand von 1 Ω. U_F = ca.

25 V .... ❍	230 V .... ❍
50 V .... ❍	170 V .... ❍
115 V .... ❍	

T38 In einem TT-System mit Schutz durch FI-Schutzschalter sind folgende Daten bekannt:
Zulässige Berührungsspannung $U_L = 50$ V.
Bemessungsfehlerstrom der FI-Schutzschalter $I_{\Delta N} = 0{,}5$ A.
Zu bestimmen ist der maximal zulässige Schutzerderwiderstand R_A.

T39 Bei der Inbetriebnahme eines Tauchsieders schaltet der zugeordnete FI-Schutzschalter den Stromkreis ab. Bei der Überprüfung des Tauchsieders stellt sich heraus, dass dieser *keinen* Defekt hat.
Welche Fehler können im Stromkreis nach dem FI-Schutzschalter vorliegen?
a) Der Schutzerderwiderstand ist zu groß .... ❍
b) Der Schutzerderwiderstand ist zu klein .... ❍
c) Ein Außenleiter ist mit dem Schutzleiter verbunden .... ❍
d) Der Neutralleiter ist mit dem Schutzleiter verbunden .... ❍
e) Der Neutralleiter ist direkt mit Erde verbunden .... ❍

T40 Für eine Ersatzstromversorgung wird ein TN-S-System mit einem FI-Schutzschalter errichtet. Wie groß darf der Widerstand des Betriebserders maximal sein, wenn als Berührungsspannung 50 V zugelassen sind und der Nennfehlerstrom des FI-Schutzschalters 0,5 A beträgt?

T41 Welche Aufgabe hat die Isolationsüberwachung in einem IT-System? Sie dient der Anzeige eines Isolationsfehlers …
a) … zwischen 2 Außenleitern .... ❍
b) … zwischen dem Neutralleiter und 1 Außenleiter .... ❍
c) … zwischen aktiven Teilen eines Verbrauchsmittels und dessen Körper .... ❍
d) … bei dem 2. Erdschluss der stromführenden Leiter .... ❍
e) … bei dem 1. Erdschluss der stromführenden Leiter .... ❍

T42 Warum spricht in einem IT-System keine Überstromschutzeinrichtung an, wenn z. B. als erster Fehler ein Körperschluss in einem Verbrauchsmittel auftritt?
a) Der Betriebserder ist verhältnismäßig hochohmig .... ❍
b) Der Schutzerder R_A ist verhältnismäßig hochohmig .... ❍

c) Es kommt kein ausreichender Fehlerstrom zustande, da das IT-System keinen Betriebserder hat . . . . ❍
d) Anstelle des geerdeten Schutzleiters hat diese Netzform einen so genannten erdfreien Potentialausgleich . . . . ❍

T43 Welchen Mindestwert muss der Isolationswiderstand zwischen den Außenleitern in einem 400-V-Drehstromsystem haben?

110 kΩ	127 kΩ	220 kΩ	380 kΩ	500 kΩ
❍	❍	❍	❍	❍

T44 Wie groß muss der Isolationswiderstand von Leitungen in nassen Räumen bei 230 V Betriebsspannung mindestens sein?

11 kΩ	50 kΩ	110 kΩ	220 kΩ	500 kΩ
❍	❍	❍	❍	❍

T45 Wie groß muss der Standortwiderstand bei der Schutzmaßnahme «Schutz durch nichtleitende Räume» mindestens sein, wenn die Spannung der elektrischen Anlage 230/400 V beträgt?

10 kΩ	50 kΩ	110 kΩ	220 kΩ	500 kΩ
❍	❍	❍	❍	❍

T46 Welche der angegebenen Messgeräte treiben mittels eingebauter Spannungsquelle einen Messstrom über das Messobjekt?

a) Isolationswiderstandsmessgerät für Anlagen entsprechend VDE 0100 . . . . ❍
b) Schleifenwiderstandsmessgerät . . . . ❍
c) Erdungsmessbrücke . . . . ❍
d) Messgerät zur Überprüfung der Fehlerstromschutzschaltung . . ❍
e) Ersatzableitstrommessgerät für Messungen nach VDE 0701–702 ❍

T47 An einer Drehstromsteckdose soll der Schleifenwiderstand zur Überprüfung der Schutzmaßnahmen im TN-System gemessen werden. Mit welchen der genannten Anschlüsse a) bis d) ist das Messgerät zu verbinden?

a) L1 – L2 – L3 – N . . . . ❍
b) L2 – N . . . . ❍
c) L1 – PE . . . . ❍
d) N – PE . . . . ❍

T48 In einem Drehstromsystem 230/400 V wird der Schleifenwiderstand (L1–PE) gemessen. Er beträgt 2 Ω. Wie groß ist der zugehörige Kurzschlussstrom?

100 A	❍	230 A	❍
115 A	❍	400 A	❍
200 A	❍		

T49 Mit welcher Stromgrößenordnung werden in der Praxis Schleifenwiderstandsmessungen durchgeführt?

1 mA	❍	10 A	❍
10 mA	❍	20 A	❍

T50 Die Wirksamkeit der Schutzmaßnahme im TN-System ist an einer Wechselstromsteckdose zu prüfen. Zwischen L1 und PE wird ein Kurzschlussstrom von 90 A (Messfehler ist berücksichtigt) gemessen. Wie groß darf der Nennstrom der Stromkreissicherung maximal sein, wenn ein Leitungsschutzschalter (Typ B, $I_A = 5 \cdot I_N$) als Sicherung dient?

6 A	❍	16 A	❍
10 A	❍	20 A	❍

T51 Welche Abstände müssen die Erder bei der Erdungswiderstandsmessung in der Regel voneinander haben?

5 m	❍	20 m	❍
10 m	❍	30 m	❍

T52 Wie sind die Anschlüsse bei der Erdungswiderstandsmessung mit dem Schleifenwiderstandsmessgerät herzustellen?

a) Gerät an den Neutralleiter N des geerdeten Netzes und an die zu messende Erde anschließen ❍
b) Gerät an eine zu setzende Hilfserde und an die zu messende Erde anschließen ❍
c) Gerät an einen Außenleiter und an die zu messende Erde anschließen ❍
d) Gerät an die Haupterdungsschiene und an die zu messende Erde anschließen ❍

T53 Welche Aussagen gelten für die Behrend-Messbrücke zur Bestimmung eines Erdungswiderstandes?

a) Die Sonde hat – sofern der Abgleich möglich ist – keinen Einfluss auf den Messwert ❍
b) Die Messbrücke enthält eine Spannungsquelle ❍
c) Die Messbrücke arbeitet im äußeren Messkreis mit Gleichstrom ❍
d) Die Messbrücke arbeitet mit Wechselstrom 50 Hz ❍
e) Die Messbrücke kommt ohne Hilfserder aus ❍

T54 Welche Prüfungen und Messungen können nach der Instandsetzung einer schutzisolierten Bohrmaschine (230 V) nach VDE 0701-702 erforderlich werden?

a) Funktionsprüfung .... ○
b) Berührungsstrommessung .... ○
c) Schutzleiterwiderstandsmessung .... ○
d) Isolationswiderstandsmessung .... ○
e) Sichtprüfung .... ○

T55 Es sind die Schutzklassen I bis III für folgende Geräte zuzuordnen:

a) Handbohrmaschine mit dem Zeichen ⧈ .... ☐
b) Handbohrmaschine für U_N = 24 V .... ☐
c) E-Herd (aus Metall) .... ☐
d) elektrische Kinderspielzeuglokomotive (aus Metall) .... ☐
e) Trockenrasierer, schutzisoliert .... ☐

T56 Welche Messwerte sind gemäß VDE 0701–702 nach der Instandsetzung eines Elektroherdes mit einer Leistung von 12 kW einzuhalten?

a) Isolationswiderstand ≧ .... ☐ oder
b) Schutzleiterstrom ≦ .... ☐ und
c) Schutzleiterwiderstand ≦ .... ☐

T57 Die abgebildeten Erderformen a) bis d) sind den Begriffen 1. bis 6. zuzuordnen:

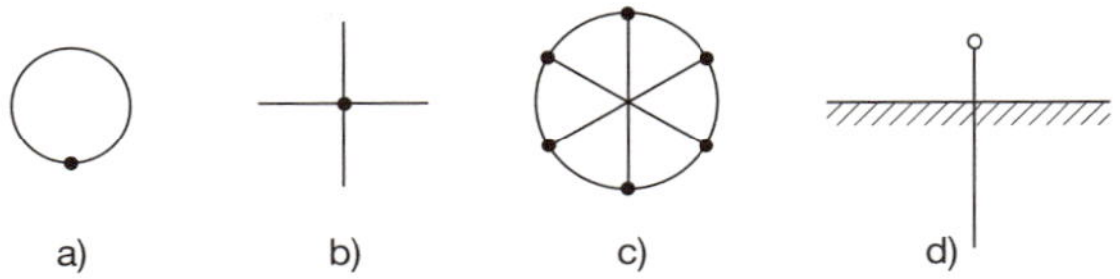

1. Maschenerder .. ☐
2. Plattenerder ... ☐
3. Tiefenerder .... ☐
4. Staberder .... ☐
5. Ringerder .... ☐
6. Strahlenerder .... ☐

T58 Welche Mindestquerschnitte unter Berücksichtigung der Materialart sind für ungeschützt verlegte Erdungsleitungen außerhalb des Erdbodens zulässig?

a) 1,5 mm^2 Cu .... ○
b) 2,5 mm^2 Cu .... ○
c) 4 mm^2 Cu .... ○
d) 4 mm^2 Al .... ○
e) 25 mm^2 verzinkter Bandstahl .... ○
f) 50 mm^2 verzinkter Bandstahl .... ○

T59 Welche Aufgaben hat der Schutzpotentialausgleich?

a) Verbesserung des Schleifenwiderstandes .... ❍

b) Verbesserung des Erdungswiderstandes, damit die zusätzlichen Schutzmaßnahmen erfüllt werden .... ❍

c) Vermeidung von gefährlichen Berührungsspannungen zwischen nicht zum Betriebsstromkreis gehörenden leitfähigen Anlagenteilen und Erde .... ❍

T60 Welcher Mindestquerschnitt gilt für den Schutzpotentialausgleichsleiter zum Anschluss an die Haupterdungsschiene in Abhängigkeit vom angegebenen Außenleiterquerschnitt?

Außenleiterquerschnitt der Hauptleitung (Cu):	Querschnitt des Potentialausgleichsleiters (Cu):
a) 10 mm²	☐
b) 16 mm²	☐
c) 25 mm²	☐
d) 35 mm²	☐
e) 95 mm²	☐

Leitungsbemessung

T61 Welche Mindestquerschnitte gelten für fest verlegte, geschützte Leitungen?

1 mm² Cu .... ❍	1,5 mm² Al .... ❍
1,5 mm² Cu .... ❍	2,5 mm² Al .... ❍
2,5 mm² Cu .... ❍	16 mm² Al .... ❍

T62 Der Spannungsfall darf in Steckdosenstromkreisen 3 % nicht überschreiten. Wie lang darf eine NYM-Leitung sein, wenn der Verbraucherstrom 16 A und der Leitungsquerschnitt 1,5 mm² beträgt (U_N = 230 V~)?

T63 Eine 2,5-mm²-NYM-Leitung darf bei einer Umgebungstemperatur von 30 °C mit 26 A Dauerstrom belastet werden. Welche Dauerbelastung ist für eine 2,5-mm²-Cu-Mantelleitung mit erhöhter Wärmebeständigkeit und maximaler Leitertemperatur von 180 °C zulässig, wenn die Raumtemperatur 100 °C beträgt?

13 A .... ❍	26 A .... ❍
15,6 A .... ❍	52 A .... ❍

T64 Eine 4 × 4-mm²-NYM-Leitung (Verlegungsart C) führt durch einen Raum mit einer Temperatur bis maximal 55 °C. Wie groß ist die Strombelastbarkeit dieser Leitung, und wie groß darf der Bemessungsstrom eines Leitungsschutzschalters (Typ «B») sein, der den Stromkreis schützt?

Folgende Tabellenwerte sind gegeben:
$I_Z = 32$ A
$I_{Z\,(55°)} = 0{,}61 \cdot I_Z$

T65 Welche Aussagen treffen für den Kurzschlussschutz von Leitungen zu?

a) Der Kurzschlussschutz muss sich am Leitungsanfang befinden . ❍
b) Der Kurzschlussschutz kann auch am Leitungsende eingebaut werden . . . . ❍
c) Der Nennstrom der Kurzschlussschutzsicherung darf den maximal zulässigen Dauerstrom I_Z der Leitung nicht überschreiten . . ❍
d) Der Nennstrom der Kurzschlussschutzsicherung kann mehrere Nennstromstufen höher sein als der Nennstrom der Überlastsicherung . . . . ❍
e) Leitungen, die gegen Überlast geschützt sind, benötigen keinen Kurzschlussschutz . . . . ❍

Leitungen und Kabel

T66 Die Leiterfarben a) bis f) sind richtig zuzuordnen:
a) Schwarz; b) Rot; c) Blau; d) Grün/Gelb; e) Braun; f) Grau

1. Außenleiter . . . . ❑
2. N-Leiter . . . . ❑
3. Schutzleiter . . . . ❑
4. PEN-Leiter . . . . ❑

T67 Wie sind die Aderfarben folgender Leitungen?

a) NYM(J) 3 × 1,5 mm²
b) NYM(O) 4 × 1,5 mm²
c) NYM(J) 7 × 1,5 mm²

T68 Wo darf NHXMH verlegt werden?

a) in feuchten und nassen Räumen . . . . ❍
b) in feuergefährdeten Räumen . . . . ❍
c) im Erdboden . . . . ❍
d) in Wasch- und Duschräumen . . . . ❍
e) im Freien . . . . ❍

T69 Wo darf die Stegleitung verlegt werden?

a) in feuchten und nassen Räumen . . . . ❍
b) in feuergefährdeten Räumen . . . . ❍
c) im Badezimmer eines Wohnhauses oberhalb 2,25 m . . . . ❍
d) in Wasch- und Duschräumen einer Turnhalle . . . . ❍
e) im Freien . . . . ❍

T70 Welche Kurzzeichen kennzeichnen Kabel?

NYM	NYRUZY	NYY	NYBUY	NYKY
❍	❍	❍	❍	❍

T71 Die Kabel bzw. Leitungen a) bis e) sind den Verwendungszwecken 1. bis 3. zuzuordnen:

a) NKBA; b) NYY; c) NYKY; d) NYBUY; e) NYM.

1. Kabel im Erdboden für schwere mechanische Beanspruchungen ❑
2. Kabel im Erdboden, im Freien und in Innenräumen mit Einwirkung von Treibstoffen, Ölen usw. . . . . ❑
3. Kabel im Erdboden, im Freien und in Innenräumen ohne besondere mechanische Gefährdung . . . . ❑

T72 Weshalb werden die Kupferadern einer Leitung, die von einer Gummiisolierung umgeben sind, verzinnt?

T73 Welche der aufgeführten Leitungsadern sind feindrähtig?

a) H07V-U . . . . ❍
b) H07V-K . . . . ❍
c) H07V-R . . . . ❍
d) H05V-K . . . . ❍
e) H05SJ-K . . . . ❍

T74 Welches Kurzzeichen hat eine 3,75-kV-Leuchtröhrenleitung, die ungeschützt verlegt werden darf?

NYIF	NYL	NYLRZY	NYRUZY
❍	❍	❍	❍

T75 Welche Bedeutung haben die Kurzzeichen der Leitung H05VV-F 2 × 1,5?

H	. . . .	F	. . . .
05	. . . .	2	. . . .
V	. . . .	X	. . . .
V	. . . .	1,5	. . . .

T76 Welche Mindestverlegetiefe ist für Starkstromkabel im Erdboden vorgeschrieben?

0,5 m	❍	0,8 m	❍
0,6 m	❍	1 m	❍

Installationsbestimmungen

T77 Welche der nachstehenden Personen dürfen mit einem Auftrag abgeschlossene elektrische Betriebsstätten betreten?

a) Fachkräfte ❍
b) Auszubildender im Elektrohandwerk, 3. Lehrjahr ❍
c) unterwiesene Personen ❍
d) Personen in Begleitung einer Fachkraft ❍
e) Maler zur Ausführung von Anstricharbeiten ❍

T78 Welche Schutzart nach DIN VDE 0470 sollten Verteiler in elektrischen Betriebsstätten mindestens haben? IP ☐☐

T79 Die Maße a, b und c zur äußeren Abgrenzung des Bereichs 2 im Bad sind anzugeben:

a = m
b = m
c = m

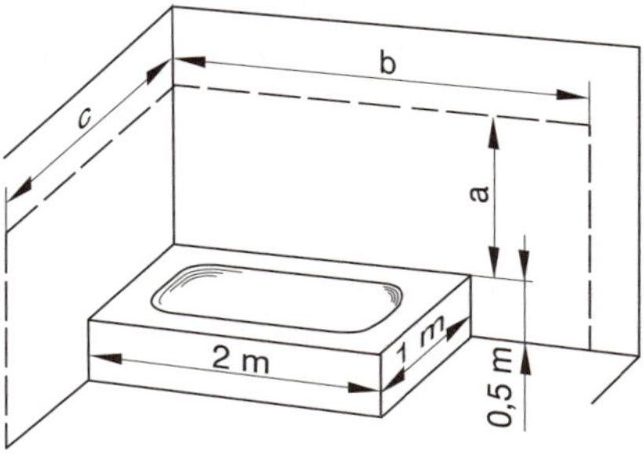

T80 Welche der Installationen sind unter Putz im Bereich 2 des Badezimmers einer Wohnung zulässig

a) Wärmestrahler IP X4 mit senkrechter Zuleitung ❍
b) Waagerechte Leitungsführung zum Heißwasserspeicher ❍
c) Senkrechte Leitungsführung zum Heißwasserspeicher ❍
d) Leitungsführung zu einer Leuchte, die in 2,5 m Höhe unter der Decke montiert ist ❍

T81 Wie groß ist der Mindestquerschnitt (Cu) der Potentialausgleichsleitungen im Badezimmer bei ungeschützter Verlegung?

$2{,}5\ mm^2$	$4\ mm^2$	$6\ mm^2$	$10\ mm^2$	$16\ mm^2$
❍	❍	❍	❍	❍

T82 Welche Räume zählen zu «feuchten Räumen»?
a) Badezimmer nur mit den Bereichen 0 bis 2 . . . . ❍
b) Toiletten in Wohnungen . . . . ❍
c) Küche in Wohnungen . . . . ❍
d) Hotelküche . . . . ❍
e) belüfteter Keller, ungeheizt . . . . ❍

T83 Welche Räume zählen zu «nassen Räumen»?
a) Gemeinschaftsduschen . . . . ❍
b) Garagen . . . . ❍
c) Düngerschuppen . . . . ❍
d) Schlachträume . . . . ❍
e) Wagenwaschhallen . . . . ❍

T84 Welche Leitungen dürfen in «feuchten und nassen Räumen» verlegt werden?
a) NYIF unter Putz . . . . ❍
b) H07V-U (NYA) in Rohr . . . . ❍
c) NYIF im Putz . . . . ❍
d) NYM in Rohren . . . . ❍
e) NYM auf Wänden . . . . ❍

T85 Welche Schutzart nach DIN VDE 0470 ist für Handleuchten in «feuchten und nassen Räumen» vorgeschrieben? IP ❑❑

T86 Die Begriffe a) «geschützte Anlagen im Freie» und b) «ungeschützte Anlagen im Freien» sind den Beschreibungen 1. bis 4. zuzuordnen:
1. überdachte Kfz-Einstellplätze im Freien . . . . ❑
2. nicht überdachter Bahnsteig . . . . ❑
3. überdachter Wandelgang zwischen zwei Gebäuden . . . . ❑
4. Montagebereich für eine Sprechanlage am Gartentor . . . . ❑

T87 Welche Abmessungen sind in Schwimmhallen für den Schutzbereich 1 festgelegt?
a) seitlich vom Beckenrand . . . . ☐ m
b) oberhalb vom Beckenrand . . . . ☐ m

T88 Welche Maßnahmen sind in Schwimmbädern als Schutz bei indirektem Berühren im Schutzbereich 2 zulässig?
a) TN-System mit Schutz durch Fehlerstromschutzschalter, $I_{\Delta N} \leqq 30$ mA . . . . ❍

b) TN-System mit Schutz durch Schmelzsicherungen .... ❍
c) TT-System mit Schutz durch Fehlerstromschutzschalter, $I_{\Delta N} \leqq 30$ mA .... ❍
d) Schutzisolierung .... ❍
e) Schutzkleinspannung .... ❍

T89 Die für eine trockene Sauna zutreffenden nachstehenden Aussagen sind anzukreuzen:

a) Der Wert der relativen Luftfeuchte ist in der Regel ähnlich dem Wert eines Wohnraumes .... ❍
b) Die relative Luftfeuchtigkeit ist höher als die eines Wohnraumes .. ❍
c) Die relative Luftfeuchtigkeit ist in der Regel niedriger als die eines Wohnraumes .... ❍
d) Die Innentemperatur kann höher als 100 °C werden .... ❍
e) Die Innentemperatur bleibt stets unter 100 °C .... ❍

T90 Welche Maßnahmen sind in Saunen zum Schutz bei indirektem Berühren zu empfehlen?

a) TT-System mit Schutz durch Fehlerstromschutzschalter, $I_{\Delta N} \leqq 30$ mA .... ❍
b) IT-System mit Schutz durch Meldung .... ❍
c) TN-System mit Schutz durch Fehlerstromschutzschalter, $I_{\Delta N} \leqq 30$ mA .... ❍
d) Schutztrennung .... ❍
e) Schutzisolierung .... ❍
f) Schutzkleinspannung .... ❍

T91 Welche Aufgabe hat die so genannte N-Leiter-Trennklemme in Verteilern für feuergefährdete Betriebsstätten? Trennung des N- vom PE- oder PEN-Leiter für …

a) … Spannungsmessungen .... ❍
b) … Schleifenwiderstandsmessungen .... ❍
c) … Isolationswiderstandsmessungen .... ❍
d) … Strommessungen .... ❍

T92 Maßnahmen zur Vermeidung von Bränden in feuergefährdeten Betriebsstätten durch Fehler in elektrischen Anlagen sind:

a) Abschaltung durch Schutzorgane innerhalb von 5 s für Verteilerzuleitungen .... ❍
b) Abschaltung durch FI-Schutzschalter mit $I_{\Delta N} \leqq 1$ A in 0,2 s ...... ❍
c) Abschaltung durch FI-Schutzschalter mit $I_{\Delta N} \leqq 0{,}3$ A in 0,2 s im TN-System .... ❍

d) Verwendung von Mantelleitungen mit einer PVC-Hülle ...... ❍
e) Abschaltung durch Schutzorgane innerhalb 0,2 s im TN-System ❍

T93 Welcher Schutzart nach DIN VDE 0470 müssen Leuchten in staubigen feuergefährdeten Räumen mindestens entsprechen? IP ❑❑

T94 Welche Maßnahmen sind in landwirtschaftlichen Betriebsstätten zum Schutz bei indirektem Berühren bei Neuanlagen zulässig?
a) TT-System mit Schutz durch Schmelzsicherungen .... ❍
b) TN-System mit Schutz durch Fehlerstromschutzschalter ...... ❍
c) TT-System mit Schutz durch Fehlerstromschutzschalter ...... ❍
d) Schutzisolierung .... ❍
e) Schutztrennung .... ❍
f) Schutzkleinspannung .... ❍

T95 Welche Leitungen dürfen in landwirtschaftlichen Betriebsstätten verwendet werden?
a) NYM .... ❍
b) NYIF .... ❍
c) H05RN-F .... ❍
d) H07RN-F .... ❍
e) NSSHöu .... ❍

T96 Im Standbereich von Tieren innerhalb landwirtschaftlicher Betriebsstätten soll eine Potentialsteuerung als Schutzpotentialausgleich vorgesehen werden. Welche Materialien dürfen verwendet werden?
a) durchgeschweißte Stahlmatten .... ❍
b) Cu blank, mindestens 6 mm^2 .... ❍
c) Cu isoliert, mindestens 4 mm^2 .... ❍
d) verzinkter Bandstahl 30 mm × 3 mm .... ❍
e) verzinkter Rundstahl 8 mm ϕ .... ❍

T97 Welche Maßnahmen sind auf Baustellen hinter Baustromverteilern als Schutz bei indirektem Berühren zulässig?
a) TN-System mit Schutz durch Fehlerstromschutzschalter ...... ❍
b) TT-System mit Schutz durch Fehlerstromschutzschalter ...... ❍
c) TN-System mit Schutz durch Überstromschutzeinrichtung bis 32 A .... ❍
d) Schutztrennung .... ❍
e) Schutzisolierung .... ❍
f) Schutzkleinspannung .... ❍

T98 Welche Leitungen dürfen auf Baustellen verwendet werden?

a) NSSHöu . . . . ❍
b) H05RR-F . . . . ❍
c) NYM . . . . ❍
d) NYIF . . . . ❍
e) H05VV-F . . . . ❍

T99 Welche Zeichen trägt eine auf Baustellen zugelassene Handleuchte?

a)  . . . . ❍
b) 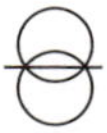 . . . . ❍
c)  . . . . ❍
d)  . . . . ❍
e)  . . . . ❍
f)  . . . . ❍

T100 Für die Stromversorgung der Stellplätze auf Campingplätzen sind die richtigen nachstehenden Aussagen anzukreuzen:

a) Die Einspeisung erfolgt über spritzwassergeschützte Schutzkontaktsteckdose . . . . ❍
b) Der Abstand zwischen Steckdose und Stellplatz beträgt max. 50 m . . . . ❍
c) Der Abstand zwischen Steckdose und Stellplatz beträgt max. 20 m . . . . ❍
d) Als Schutzmaßnahme ist ein RCD (FI-Schutzschalter) mit $I_{\Delta N} \leqq 0{,}5$ A vorzusehen . . . . ❍
e) Als Schutzmaßnahme ist ein RCD (FI-Schutzschalter) mit $I_{\Delta N} \leqq 30$ mA vorzusehen . . . . ❍

T101 Welche Zeichen tragen Leuchten für Leuchtstofflampen, die direkt auf Holz montiert werden dürfen?

a)  . . . . ❍
b)  . . . . ❍
c)  . . . . ❍
d)  . . . . ❍
e) F . . . . ❍

T102 Die nachstehenden Zeichen a) bis e) sind den Beschreibungen 1. bis 5. zuzuordnen.

a) b) c) d) e) f)

1. Kondensator, flammsicher ❑
2. Leuchte darf nach Gebrauchsanweisung an Möbeln montiert werden ❑
3. Leuchte darf auf Holz montiert werden, jedoch nicht an allen Möbeln ❑
4. Leuchte darf in Räumen mit brennbaren Staubablagerungen montiert werden ❑
5. Drosselspule, wird auch im Fehlerfall nicht zu heiß ❑

T103 In einem Wohnzimmerschrank sollen eine elektrische Beleuchtung und eine Steckdose installiert werden. Der Anschluss soll über Stecker erfolgen. Welche Leitungen sind für diesen Anwendungsfall zugelassen?

a) H05VV-F 1,5 mm² ❍
b) NYM 1,5 mm² ❍
c) NYIF 1,5 mm² ❍
d) H07RN-F 1,5 mm² ❍
e) H05RR-F 1,5 mm² ❍
f) H04VV-F 1,0 mm² ❍
g) H05VV-F 0,75 mm² ❍
h) H05RR-F 0,75 mm² ❍

T104 Ordnen Sie die Begriffe nach DIN VDE 0165 a) Flammpunkt; b) Zündtemperatur den Erklärungen 1. bis 4. zu:

1. Temperatur, bei der ein fester Stoff mittels Streichholz in 10 s entflammt ❑
2. Temperatur, bei der ein explosibles Gas-Luft-Gemisch entsteht ❑
3. Temperatur, bei der eine Flüssigkeit zu gasen beginnt ❑
4. Temperatur, bei der ein brennbares Gas-Luft-Gemisch zur Zündung gebracht wird ❑

T105 Welche der nachstehenden Räume oder Bereiche gehören in den Bereich der explosionsgefährdeten Betriebsstätten?

a) Lagerstätte von brennbaren Flüssigkeiten mit einem Flammpunkt über 55 °C ❍
b) Lagerstätte von brennbaren Flüssigkeiten mit einem Flammpunkt unter 55 °C ❍
c) Zapfsäulenanlagen für Benzin ❍
d) Zapfsäulenanlagen für Diesel ❍
e) Heizöllagerraum in Wohnungen ❍
f) staubige Mühlenanlage ❍
g) Verarbeitungsstätte von Nitrolacken ❍
h) Lagerungsstätte von Nitrolacken ❍

T106 Was ist unter dem Begriff Temperaturklasse zu verstehen?

a) Einteilung der Flüssigkeit nach der erreichbaren Temperatur beim Verbrennen ❍

b) Temperaturangabe, bei der Stoffe zu brennen beginnen ...... ❍
c) Einteilung brennbarer Gase nach ihrer Zündtemperatur .... ❍
d) Einteilung brennbarer Flüssigkeiten nach ihrem Flammpunkt .. ❍

T107 Die Angabe der Explosionsgruppe von Stoffen ist wichtig für die
a) Verarbeitbarkeit explosiver Stoffe .... ❍
b) Bestimmung der maximalen Oberflächentemperatur von Betriebsmitteln .... ❍
c) Anwendung der druckfesten Kapselung .... ❍
d) Anwendung der Überdruckkapselung .... ❍

T108 Ordnen Sie die Zündschutzarten a) bis f) den nachstehenden Beschreibungen 1. bis 6. zu:

a) Druckfeste Kapselung	d) Überdruckkapselung
b) Sandkapselung	e) Ölkapselung
c) Erhöhte Sichrheit	f) Eigensicherheit

1. Schaltkontakte befinden sich in einer isolierenden Flüssigkeit ❑
2. Im Betrieb oder bei einer Störung kann kein Funke entstehen, der eine Explosion einleitet .... ❑
3. Die gefährdeten Teile sind von einem Schutzgas umgeben .... ❑
4. Die gefährdeten Teile sind mit Gießharz vergossen .... ❑
5. Es werden Maßnahmen getroffen, die das Entstehen von unzulässig hohen Temperaturen, Funken oder Lichtbögen verhindern .... ❑
6. Die Gehäuse sind so konstruiert, dass im Falle einer Explosion im Innern der Gehäuse, sich diese nicht auf die Umgebung ausbreiten kann .... ❑

T109 Ordnen Sie die Kurzbezeichnungen s; o; i; e; p; q; d; m nachstehenden Zündschutzarten zu:

1. druckfeste Kapselung ❑	5. Ölkapselung .... ❑
2. Sandkapselung ...... ❑	6. Eigensicherheit .... ❑
3. erhöhte Sicherheit .... ❑	7. Sonderschutz .... ❑
4. Überdruckkapselung .. ❑	8. Vergusskapselung ..... ❑

T110 Explosionsgefährdete Bereiche für Gase werden je nach Gefährlichkeitsgrad in die Zonen 0, 1 und 2 eingeteilt. Geben Sie für nachstehende Erklärungen an, ob sie für Zone 0, 1, 2 oder für ungefährdete Bereiche (Kennzeichnung: u) gelten.
1. Es besteht selten, und dann nur kurzzeitig Explosionsgefahr ......
Zone ...

2. Alle handelsüblichen Betriebsmittel dürfen verwendet werden .... Zone ...
3. Es dürfen Betriebsmittel der Zündschutzart Eigensicherheit, nicht aber «Druckfeste Kapselung» verwendet werden ...... Zone ...
4. Es besteht gelegentlich Explosionsgefahr .... Zone ...
5. Es besteht ständig Explosionsgefahr .... Zone ...
6. Es dürfen nur Betriebsmittel aller Ex-Zündschutzarten verwendet werden .... Zone ...
7. Es dürfen niemals Funken auftreten .... Zone ...

T111 Welche der nachstehenden Leitungen bzw. Kabel dürfen in Ex-Räumen verwendet werden?

a) NYRUZY ❍	b) NYM ❍	c) NYIF ❍	d) NYBUY ❍
e) NYY ❍	f) NYKY ❍	g) H05RR-F ❍	h) H07RN-F ❍

T112 Welchen Cu-Querschnitt muss der Schutzpotentialausgleichsleiter in Ex-Räumen mindestens haben?

a) 4 mm^2 ❍	b) 6 mm^2 ❍	c) 10 mm ❍	d) 16 mm ❍

T113 Welche der nachstehenden Aussagen gelten in Ex-Räumen für eigensichere Stromkreise?

a) Es darf nur NYM verlegt werden .... ❍
b) Betriebsmittel dürfen nicht in den Schutzpotentialausgleich einbezogen werden .... ❍
c) Die Ex-i-Betriebsmittel müssen außerhalb des Ex-Bereichs installiert werden .... ❍
d) Leitungen müssen gekennzeichnet sein .... ❍
e) Leitungen für eigensichere Stromkreise sollen möglichst nicht mit Leitungen anderer Stromkreise in einem gemeinsamen Kabelkanal liegen .... ❍
f) Motoren müssen Erwärmungsschutz haben .... ❍

T114 Welche Aussagen sind für den Schutzpotentialausgleich eines Operationsraumes richtig?

a) Mehrere Teile dürfen an eine gemeinsame Schutzpotentialausgleichsleitung angeschlossen werden .... ❍
b) Jedes metallene Rohr erhält eine eigene Schutzpotentialausgleichsleitung .... ❍

c) Der Querschnitt der Schutzpotentialausgleichsleitung beträgt mindestens 4 mm^2 Cu bei ungeschützter Verlegung .... ❍
d) Der Querschnitt der Schutzpotentialausgleichsleitung beträgt mindestens 6 mm^2 Cu .... ❍
e) Der Querschnitt der Schutzpotentialausgleichsleitung beträgt mindestens 10 mm^2 Cu .... ❍

T115 Für welche medizinisch genutzten Räume ist eine besondere Ersatzstromversorgungsanlage vorzusehen?
a) für alle medizinisch genutzten Räume .... ❍
b) für Räume der Gruppe 0 .... ❍
c) für Räume der Gruppe 1 .... ❍
d) für Räume der Gruppe 2 .... ❍

T116 Medizinisch genutzte Räume werden entsprechend der Wichtigkeit ihrer Energieversorgung in die Gruppen
a) Gruppe 0
b) Gruppe 1
c) Gruppe 2
eingeteilt. Nachstehende Räume sind in die entsprechende Gruppe einzusortieren.
1. Bettenzimmer .... ❑
2. Operationsräume .... ❑
3. Massageräume .... ❑
4. chirurgische Ambulanzen .... ❑
5. Intensivpflegestationen .... ❑

T117 Welche der nachstehenden Schutzmaßnahmen sind in medizinisch genutzten Räumen zugelassen?
a) Schutzkleinspannung, $U \leqq 50$ V~ .... ❍
b) Schutzkleinspannung, $U \leqq 25$ V~ .... ❍
c) Schutztrennung .... ❍
d) Schutzisolierung .... ❍
e) Schutz durch Meldung .... ❍
f) TN-System mit Schutz durch Fehlerstromschutzschalter, $I_{\Delta N} \leqq 30$ mA .... ❍
g) TT-System mit Schutz durch Fehlerstromschutzschalter, $I_{\Delta N} \leqq 30$ mA .... ❍

T118 Welche DIN VDE-Bestimmung enthält besondere Vorschriften für Versammlungsstätten?

a) DIN VDE 0100 ❍
b) DIN VDE 0105 ❍
c) DIN VDE 0100–718 ❍
d) DIN VDE 0128 ❍
e) DIN VDE 0165 ❍

T119 Welche der nachstehenden Räume oder Bereiche fallen in den Bereich der Bestimmungen DIN VDE 0100–718?

a) Schnellimbissladen . . . ❍
b) Kaufhaus . . . . ❍
c) Theater . . . . ❍
d) Hochhäuser . . . . ❍
e) Konzertsäle . . . . ❍
f) Krankenhäuser . . . . ❍

T120 Weshalb wird in Versammlungsstätten mit TN-System eine Trennklemme für den N-Leiter gefordert?

a) damit der Schutzleiterwiderstand besser gemessen werden kann ❍
b) damit beim Durchmessen des Isolationswiderstandes zwischen den Außenleitern diese nicht abgeklemmt werden müssen . . . . ❍
c) damit beim Durchmessen des Isolationswiderstandes zwischen N und PE der N nicht abgeklemmt werden muss . . . . ❍

T121 Ordnen Sie die Begriffe a) bis d) den nachstehenden Beschreibungen 1. bis 5. zu:

a) Dauerschaltung im Umschaltbetrieb
b) Dauerschaltung in Bereitschaftsparallelbetrieb
c) Bereitschaftsschaltung
d) Sonderbeleuchtung

1. Ein Teil der allgemeinen Beleuchtung in betriebsmäßig verdunkelten Räumen, die unabhängig von der Stellung der Verdunkelungseinrichtung jederzeit eingeschaltet werden kann . . . . ☐
2. Schaltet sich ein, wenn die Netzspannung der Allgemeinbeleuchtung ausfällt . . . . ☐
3. Beleuchtung, die bei betriebsmäßiger Verdunkelung und bei Netzausfall Räume und Rettungswege mit einer Mindestbeleuchtungsstärke erhellt . . . . ☐
4. Beleuchtung, die bei Netzausfall vom Netz abgeschaltet wird und dann über eine Batterie versorgt wird . . . . ☐
5. Wegkennzeichnungsleuchten oder Stufenbeleuchtung werden von einer Batterie gespeist, und die Batterie wird ständig auf Ladung gehalten . . . . ☐

T122 Geben Sie für nachstehende Fragen die Werte für Sicherheitsbeleuchtungsanlagen entsprechend DIN VDE 0108–100 bzw. DIN EN 1838 an.

1. In welcher Höhe vom Fußboden aus wird die Beleuchtungsstärke in Rettungswegen gemessen? . . . . ☐
2. Ein Raum wird von 3 Sicherheitsleuchten erhellt. Wie viele Stromkreise sind mindestens erforderlich? . . . . ☐
3. Wie viele Lampen dürfen maximal am gleichen Stromkreis betrieben werden? . . . . ☐
4. Wie hoch dürfen Stromkreise maximal abgesichert werden? . . . . ☐
5. Mit wie viel Prozent des Nennwertes der Sicherung darf der Stromkreis belastet werden? . . . . ☐
6. Wie groß darf der maximale Strom in einem Stromkreis werden, wenn er mit 10 A abgesichert wird? . . . . ☐
7. Wie viele Lampen 24 V/60 W dürfen auf einen Stromkreis geschaltet werden? . . . . ☐
8. Wie groß muss der Isolationswiderstand je Stromkreis mindestens sein? . . . . ☐

U Blitzschutz-, Antennen- und Fernmeldeanlagen

Blitzschutzanlagen

U1 Bei Gewittern kommt es zu Blitzschlägen. Kreuzen Sie die diesbezüglichen richtigen Aussagen an.

a) Die gesamte Gewitterwolke lädt sich elektrisch positiv auf. Bei genügend hoher Feldstärke kommt es zum Überschlag zur Erde . . . ❍

b) Ursache der Blitzschläge ist die Ladungsträgertrennung, d. h. das Entstehen positiver und negativer Raumladungen innerhalb der Gewitterwolken . . . . ❍

c) Blitzschläge treten grundsätzlich nur zwischen der Gewitterwolke und der Erdoberfläche auf . . . . ❍

d) Wolkenblitze sind elektrische Funkenentladungen zwischen Wolkengebieten mit unterschiedlicher elektrischer Ladung . . . . ❍

e) Erdblitze sind elektrische Funkenentladungen zwischen dem unteren Ladungsgebiet der Gewitterwolken und der Erdoberfläche ❍

U2 In welcher Größenordnung liegt etwa bei einer Blitzentladung zwischen den Wolken und der Erde der Blitzstrom?

a) 200 A . . . . ❍
b) $20 \cdot 10^3$ A . . . . ❍
c) $2 \cdot 10^6$ A . . . . ❍
d) $5 \cdot 10^6$ A . . . . ❍

U3 Nach einem Blitzschlag wird der Donner 10 s später wahrgenommen. In welcher Entfernung fand die Entladung ungefähr statt?

a) 3300 m . . . . ❍
b) 6600 m . . . . ❍
c) 660 m . . . . ❍
d) 330 m . . . . ❍

U4 Zu den wesentlichen Bestandteilen einer Blitzschutzanlage gehören a) Erder, b) Ableitungen, c) Trennstellen und d) Fangeinrichtungen. In welcher Reihenfolge sind diese Teile – vom höchsten Punkt des Gebäudes ausgehend – miteinander verbunden?

U5 Vom Blitz bevorzugte Einschlagstellen eines Gebäudes müssen mit Fangeinrichtungen versehen werden. Welche sind erfahrungsgemäß solche gefährdeten Stellen?

a) Turm- und Giebelspitzen . . . . ❍
b) Giebelkanten vom First bis zur Traufe . . . . ❍

c) flache Giebelwände .... ❍
d) Schornsteine und Dachaufbauten .... ❍
e) Firste und Grate .... ❍
f) Traufkanten bei flachen Dächern .... ❍
g) niedrige Längswände eines Hauses .... ❍

U6 Ein Gebäude soll mit einer Blitzschutzanlage versehen werden. Der Gebäudeumfang beträgt 90 m. Wie viele Ableitungen sind mindestens erforderlich, wenn die Blitzschutzklasse IV gewählt wurde?

2	4	6	8	10
❍	❍	❍	❍	❍

U7 Welche Mindestdurchmesser sind für Ableitungen einzuhalten, wenn Rundstahl – stark verzinkt – verwendet wird?

4 mm	8 mm	10 mm	12,5 mm
❍	❍	❍	❍

U8 Wovon ist der Schutzwinkel einer Fangstange abhängig?
a) vom Material der Fangstange .... ❍
b) von der Blitzschutzklasse .... ❍
c) von der Anzahl der Ableiter .... ❍
d) von der Höhe der Fangstange über dem zu schützenden Bereich .. ❍
e) von der Größe des zu schützenden Gebäudes .... ❍

U9 Wovon ist der erforderliche Trennungsabstand zwischen einer Fangstange und einem zu schützenden Dachaufbau abhängig?
a) vom Material der Fangstange .... ❍
b) von der Blitzschutzklasse .... ❍
c) von der Anzahl der Ableiter .... ❍
d) von der Höhe der Fangstange über dem zu schützenden Bereich ❍
e) von der möglichen Stromaufteilung des Blitzstromes am Fußpunkt der Fangstange .... ❍

U10 Eine elektrische Anlage soll gegen Überspannungen bei Blitzeinschlag geschützt werden. Wie viele Überspannungsableiter sind in dem Hauptverteiler erforderlich, wenn ein TT-System mit FI-Schutzschalter die Verbraucheranlage schützt?

1	2	3	4	5
❍	❍	❍	❍	❍

Fernmeldeanlagen

U11 Welcher Leitungstyp wird als abgeschirmte, fest verlegte Installationsleitung in Fernmeldeanlagen überwiegend verwendet?

a) Y .... ❍
b) YR .... ❍
c) I-FY .... ❍
d) NYIF .... ❍
e) I-Y(St)Y .... ❍
f) LiY .... ❍

U12 Welche der beschriebenen Signal- bzw. Sprechanlagen können nur mit abgeschirmten Leitungen betrieben werden?

a) Wechselstromklingelanlagen .... ❍
b) Sprechanlagen mit Verstärker bei hohem Fremdfeldeinfluss ... ❍
c) batteriegespeiste Sprechanlagen ohne Verstärker (mit Kohlemikrofon) .... ❍
d) Lichtrufanlagen .... ❍

U13 Welche der Beschreibungen 1. bis 4. treffen a) für Wechselsprechanlagen und b) für Gegensprechanlagen in Hausanlagen zu?

1. Lautsprecher bzw. Hörer und Mikrofon sind an jeder Sprechstelle akustisch zu trennen .... ❑
2. Die Anlage enthält 2 getrennte Verstärker .... ❑
3. Die Übertragungsrichtung muss durch Tastendruck umgeschaltet werden .... ❑
4. Der Lautsprecher bzw. Hörer dient als Mikrofon .... ❑

U14 Welche Anlage zeigt die abgebildete Schaltung?

a) Haussprechanlage mit Türöffner und 3 Sprechstellen .... ❍
b) Gegenrufanlage für 3 Wohnungen .... ❍
c) Lichtrufanlage mit Türöffner für 3 Wohnungen .... ❍
d) Klingelanlage mit Türöffner für 3 Wohnungen .... ❍

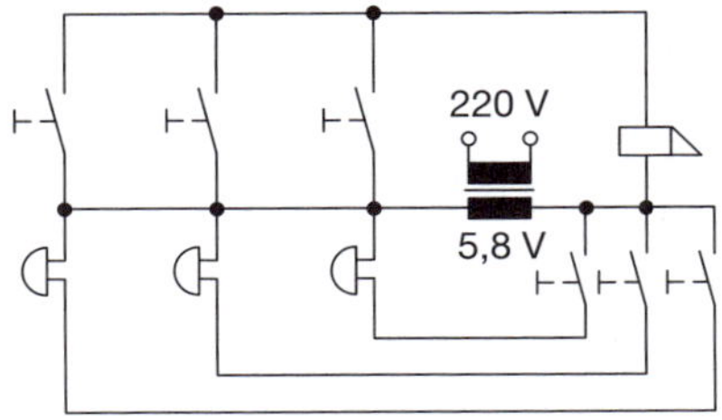

Antennenanlagen

U15 Welche der nachstehenden Formeln drückt den Zusammenhang zwischen Frequenz und Wellenlänge einer elektromagnetischen Welle im freien Raum *direkt* aus?

a) $f = \frac{1}{T}$ .... ❍

b) $\lambda = c \cdot T$ .... ❍

c) $\lambda = c \cdot \frac{1}{f}$ .... ❍

d) $T = \frac{1}{f}$ .... ❍

e) $f = \frac{c}{\lambda}$ .... ❍

U16 Ordnen Sie die Bereiche a) Langwelle; b) Mittelwelle; c) Kurzwelle; d) Ultrakurzwelle; e) VHF und f) UHF den nachstehend aufgeführten Wellenlängen bzw. Frequenzbereichen zu.

1. 3,43 ...2,88 m ..... ❑
2. 0,638 ...0,38 m ...... ❑
3. 590 ... 187 m ...... ❑
4. 0,15 ...0,285 MHz ..... ❑
5. 3,95 ...26,1 MHz ...... ❑
6. 47 ...230 MHz .... ❑

U17 Ein Sender strahlt elektromagnetische Wellen mit einer Frequenz von 91,65 MHz ab.

a) Welcher Wellenlänge entspricht diese Frequenz?
b) Welchem Wellenbereich ist dieser Sender zuzuordnen?

U18 Mit welcher Geschwindigkeit breiten sich elektromagnetische Wellen im freien Raum aus?

a) mit Schallgeschwindigkeit .... ❍
b) mit stark unterschiedlichen Geschwindigkeiten .... ❍
c) mit Lichtgeschwindigkeit .... ❍
d) mit einer Geschwindigkeit von 1000 km/s .... ❍
e) mit einer Geschwindigkeit von 300 000 km/s .... ❍

U19 Wie ändert sich die Geschwindigkeit der elektromagnetischen Welle längs einer HF-Leitung gegenüber der im freien Raum?

a) Die Geschwindigkeit ist höher als im freien Raum .... ❍
b) Die Geschwindigkeit ist geringer als im freien Raum .... ❍
c) Die Geschwindigkeit ist in beiden Medien gleich .... ❍
d) Im freien Raum ist die Geschwindigkeit gleich der Lichtgeschwindigkeit, längs einer HF-Leitung gleich der Schallgeschwindigkeit .... ❍

U20 Man unterscheidet a) symmetrische und b) unsymmetrische Antennenleitungen. Ordnen Sie diese Begriffe den Angaben 1. bis 4. zu.

1. Flachbandleitung .... ❑
2. Koaxialleitung .... ❑
3. Antennenleitung mit einer abgeschirmten Ader .... ❑
4. 2-adrige Antennenleitung mit Trennsteg .... ❑

U21 Die Dämpfung eines HF-Signals in einer Leitung hängt von der Länge und der Frequenz ab. Welche der nachstehenden Aussagen sind zutreffend?

a) Die Dämpfung wird mit zunehmender Länge größer .... ❍
b) Die Dämpfung wird mit zunehmender Länge kleiner .... ❍
c) Die Dämpfung wird mit zunehmender Frequenz größer ...... ❍
d) Die Dämpfung wird mit zunehmender Frequenz kleiner ...... ❍

U22 Von welchen Größen hängt der Wellenwiderstand einer homogenen HF-Leitung im Wesentlichen ab?

a) von der Leitungslänge und der Frequenz .... ❍
b) nur von der Frequenz .... ❍
c) nur von der Leitungslänge .... ❍
d) vom Verhältnis der Leitungsinduktivität zur Leitungskapazität ❍
e) praktisch nur vom ohmschen Widerstand der Leitung .... ❍

U23 In einer Empfangsantennenanlage speist die Antenne über eine HF-Leitung hochfrequente elektrische Energie in den Ton- oder Fernsehrundfunkempfängereingang. Zur optimalen Energieübertragung gilt auch hier die Regel der Leistungsanpassung. Welche der nachstehenden Aussagen ist zutreffend?

a) Der Antennenfußpunktwiderstand muss gleich dem Empfängereingangswiderstand sein; der Wellenwiderstand der HF-Leitung hat keinen Einfluss .... ❍
b) Der Wellenwiderstand der HF-Leitung muss gleich dem Empfängereingangswiderstand sein; der Antennenfußpunktwiderstand hat keinen Einfluss .... ❍
c) Der Antennenfußpunktwiderstand muss gleich dem Wellenwiderstand der HF-Leitung sein; der Empfängereingangswiderstand hat keinen Einfluss .... ❍
d) Antennenfußpunktwiderstand, Wellenwiderstand der HF-Leitung und Empfängereingangswiderstand müssen gleich sein ❍

U24 Wie ist der Pegel 0 dBµV in der Antennentechnik definiert?

a) 0 dBµV ≙ 1 µV an einem beliebigen Widerstand .... ❍
b) 0 dBµV ≙ 0 µV an 75 Ω .... ❍
c) 0 dBµV ≙ 1 µV an 75 Ω .... ❍
d) 0 dBµV ≙ 0 µV an 300 Ω .... ❍
e) 0 dBµV ≙ 1 µV an 300 Ω .... ❍

U25 Was versteht man unter dem Begriff Störabstand?

a) das logarithmische Verhältnis einer Nutzsignalspannung zu einer Störsignalspannung .... ❍
b) das lineare Verhältnis einer Nutzsignalspannung zu einer Störsignalspannung .... ❍
c) das logarithmische Verhältnis einer Störsignalspannung zu einer Nutzsignalspannung .... ❍
d) die Differenz zwischen einem Nutzsignalpegel in dBµV und einem Störsignalpegel in dBµV .... ❍
e) die Differenz zwischen einer Nutzsignalspannung in µV und einer Störsignalspannung in µV .... ❍

U26 Je nach Umfang unterscheidet man bei Antennenanlagen zwischen a) EA-, b) GA- und c) GGA-Anlagen. Ordnen Sie diese Begriffe den nachstehenden Aussagen zu.

1. Groß-Gemeinschaftsantennenanlagen .... ❏
2. Einzelantennenanlagen .... ❏
3. Gesamtantennenanlagen .... ❏
4. Gemeinschaftsantennenanlagen .... ❏

U27 Für den Empfang im UKW-Bereich verwendet man gerne Kreuzdipole. Welche Vorteile bietet diese Antenne?

a) Der Kreuzdipol bringt einen Antennengewinn gegenüber dem einfachen Halbwellendipol .... ❍
b) Der Kreuzdipol ermöglicht aufgrund seiner horizontalen Richtcharakteristik einen Rundumempfang .... ❍
c) Der Kreuzdipol braucht bei der Montage nicht in eine Hauptempfangsrichtung ausgerichtet werden .... ❍
d) Der Kreuzdipol besitzt eine ausgeprägte Richtcharakteristik in der Hauptempfangsrichtung .... ❍
e) Der Kreuzdipol besitzt ein hohes Vor-/Rück-Verhältnis ...... ❍

U28 Wann werden Empfangsantennen mit Richtcharakteristik eingesetzt?

a) zum Empfang schwächerer Sender aus der Hauptempfangsrichtung bei gleichzeitiger Dämpfung stärkerer Sender aus anderen Richtungen .... ❍

b) zum Empfang eines Senders bestimmter Frequenz .... ❍
c) um einen guten Empfang aus allen Richtungen zu gewährleisten ❍
d) bei schlechten Empfangsbedingungen am Aufstellungsort .... ❍
e) um eine gute Abschwächung von Sendern aus der rückwärtigen Richtung zu erreichen .... ❍

U29 Bei den Empfangsantennen unterscheidet man bezüglich der Frequenzbandbreite zwischen: a) Kanalantennen; b) Kanalgruppenantennen; c) Bereichsantennen; d) Mehrbereichsantennen. Ordnen Sie diese Antennen den nachstehenden Aussagen zu.

1. Antennen zum Empfang aller Frequenzen eines bestimmten Bereichs, z. B. FI oder FIII usw. .... ❑
2. Antennen zum Empfang eines eingeengten Frequenzbereichs, d. h. praktisch nur für den Empfang eines Senders geeignet ... ❑
3. Antennen zum Empfang aller Frequenzen zweier oder mehrerer benachbarter Frequenzbereiche, z. B. FIV und FV .... ❑
4. Antennen zum Empfang mehrerer benachbarter Sender innerhalb eines Frequenzbereichs .... ❑

U30 Welche Vorteile bietet eine 2-Ebenen-Antenne gegenüber den Einzelantennen, aus denen sie kombiniert wird?

a) Mit der 2-Ebenen-Antenne lässt sich gegenüber einer einzelnen Antenne ein Gewinn von etwa 2 dB erzielen .... ❍
b) Die 2-Ebenen-Antenne besitzt eine eingeengte horizontale Richtcharakteristik, während die vertikale Richtcharakteristik gleich ist .... ❍
c) Die 2-Ebenen-Antenne besitzt gleiche horizontale Richtcharakteristik, während die vertikale Richtcharakteristik eingeengt ist ❍
d) Durch die eingeengte horizontale Richtcharakteristik werden reflektierte Signale außerhalb der Hauptempfangsrichtung gemindert .... ❍
e) Durch die eingeengte vertikale Richtcharakteristik werden Störeinstrahlungen von vorbeifahrenden Automobilen, wie z. B. Zündfunkentstörungen, gemindert .... ❍

U31 Welche Vorteile bietet eine Zwillingsantenne gegenüber den Einzelantennen, aus denen sie kombiniert wird?

a) Die Zwillingsantenne besitzt eine eingeengte horizontale Richtcharakteristik, während die vertikale Richtcharakteristik gleich ist .... ❍

b) Die Zwillingsantenne besitzt gleiche horizontale Richtcharakteristik, während die vertikale Richtcharakteristik eingeengt ist .. ❍
c) Mit der Zwillingsantenne lässt sich gegenüber einer einzelnen Antenne ein Gewinn erzielen ... ❍
d) Durch die eingeengte horizontale Richtcharakteristik werden reflektierte Signale außerhalb der Hauptempfangsrichtung gemindert ... ❍
e) Durch die eingeengte vertikale Richtcharakteristik werden Störeinstrahlungen von vorbeifahrenden Automobilen, wie z.B. Zündfunkenstörungen, gemindert ... ❍

U32 Bei einer Antennenstandortbestimmung wurde eine Empfangsantenne mit einem Gewinn von 5,5 dB verwendet. Mit einem modernen Antennenmeßgerät wurde in der Hauptempfangsrichtung ein Antennenpegel von 49 dBμV ermittelt. Welchen Gewinn muss die zu installierende Empfangsantenne haben, wenn für den Antennenverstärker ein Rauschpegel von 9 dBμV angegeben wird und der Rauschabstand 46 dB betragen soll?

U33 Welche Aufgabe hat ein Antennenverstärker in einer Empfangsantennenanlage?
a) Der Verstärker soll die Dämpfung des HF-Verteilungsnetzes ausgleichen ... ❍
b) Der Verstärker soll einen zu niedrigen Antennenpegel auf den für den Empfänger mindest erforderlichen Eingangspegel anheben ... ❍
c) Der Verstärker soll grundsätzlich nur den am Empfänger eingestellten Sender verstärken ... ❍
d) Die Antennenpegel müssen grundsätzlich verstärkt werden, um einen Empfänger betreiben zu können ... ❍

U34 In größeren Empfangsantennenanlagen benötigt man zur Verteilung der HF-Energie a) Verteilerdosen; b) Antennensteckdosen; c) Hauptstammleitungen; d) Stammleitungen und e) Stichleitungen. Ordnen Sie diese Begriffe den nachstehenden Beschreibungen zu.
1. Sie verbindet den Antennenverstärkerausgang bzw. den Antennenweichenausgang mit einer Verteilerdose ... ❑
2. Sie ermöglicht den steckbaren Anschluss der Empfänger an die HF-Leitung ... ❑
3. Sie verbindet die Verteilerdose mit mehreren geschleiften Antennensteckdosen ... ❑

4. Sie verteilt die HF-Energie auf mehrere abgezweigte Stammleitungen ❑
5. Sie verbindet die Verteilerdose mit nur einer Antennensteckdose .. ❑

U35 Bei gleichzeitigem Anschluss mehrerer Empfänger an eine Stammleitung ist die Entkopplung der Empfänger untereinander von Wichtigkeit. Welche Größen sind in diesem Zusammenhang von Interesse?

a) Auskoppeldämpfung der Antennensteckdosen ❍
b) Durchgangsdämpfung der Antennensteckdosen ❍
c) Verteilerdämpfung der Verteilerdose ❍
d) Dämpfung der Empfängeranschlussleitung ❍
e) Dämpfung von Richtungskopplern ❍

U36 Die Hersteller von Antennenverstärkern geben in ihren Unterlagen neben der erzielbaren Verstärkung einen maximalen Ausgangspegel an. Welchen Grund hat diese Angabe?

a) Der maximale Eingangspegel darf nicht überschritten werden, da er in jedem Fall zur Zerstörung des Verstärkers führt ...... ❍
b) Wird der maximale Eingangspegel überschritten, kommt es zu einer nichtlinearen Verstärkung und damit zu Verzerrungen des Ausgangssignals ❍
c) Der maximale Ausgangspegel darf nicht überschritten werden, da der Verstärker elektrisch überlastet würde ❍
d) Bei Überschreitung des maximalen Ausgangspegels kommt es infolge Verzerrungen zu Störungen des Ton- bzw. Fernsehrundfunkempfangs ❍

U37 Die nachstehende Empfangsantennenanlage soll berechnet werden. Es ist die Mindest- und die Maximalverstärkung der vorgesehenen Antennenverstärker zu vermitteln.

Gemessene Antennenpegel: K 32 = 62 dBµV
K 42 = 57 dBµV
K 55 = 68 dBµV
UKW = 60 dBµV

Nutzpegel am Empfänger in dBµV	Minimum	Maximum
K 21 … K65	60	84
UKW	56	80

Angaben aus Herstellerkatalog

Antennenweiche:	Durchgangsdämpfung = 1 dB		
Verteilerdose:	Verteilerdämpfung = 8 dB		
Antennensteckdose:	Durchgangsdämpfung = 1 dB, Auskoppeldämpfung einschließlich Empfängeranschluss = 15 dB		
Leitungsdämpfung	UKW	K 32/42	K 55
je 100 m:	9 dB	24 dB	29 dB

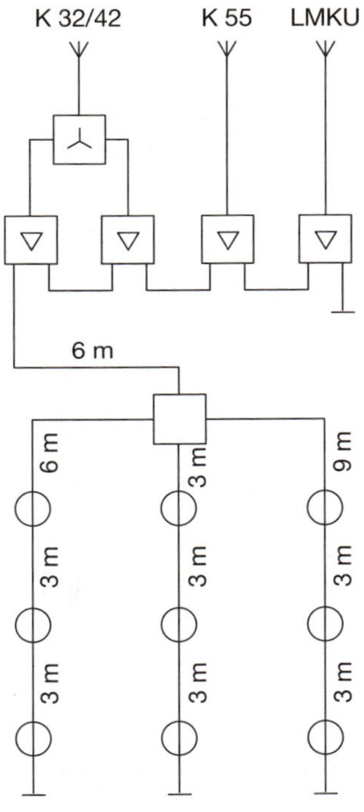

V Unfallverhütungsvorschriften

V1 An wen richten sich die Unfallverhütungsvorschriften (UVV) der Berufsgenossenschaften?

a) an alle Personen ❍
b) nur an Arbeitnehmer ❍
c) nur an Arbeitgeber ❍
d) an Arbeitnehmer und Arbeitgeber ❍

V2 Welche der nachstehenden Aussagen sind bezüglich der Benutzung von persönlichen Schutzausrüstungen richtig?

a) Schutzhelme sind auf jeder Arbeitsstelle zu tragen ❍
b) Auf Baustellen müssen Sicherheitsschuhe getragen werden ❍
c) Bei Stemmarbeiten sind Schutzbrillen zu tragen ❍
d) Ein Winkelschleifer erzeugt eine Lautstärke von ca. 100 dB(A); deshalb muss bei lang andauernden Arbeiten Gehörschutz getragen werden ❍
e) Beim Benutzen von Kraftfahrzeugen zu Dienstfahrten sind stets Warnwesten zu tragen ❍

V3 Unter welchen Bedingungen darf grundsätzlich in explosionsgefährdeten Betriebsstätten an elektrischen Anlagen unter Spannung gearbeitet werden?

a) bei Nennspannungen unter 50 V ❍
b) bei eigensicheren Stromkreisen ❍
c) generell verboten ❍
d) nur in Ausnahmefällen zulässig, nämlich nach Beseitigung der Ex-Gefahr ❍

V4 Unter welchen Voraussetzungen darf in nicht Ex- oder nicht feuergefährdeten Anlagen bis zu Nennspannungen von 500 V unter Spannung gearbeitet werden?

a) bei Spannungen unter 50 V ❍
b) generell bis 230 V ❍
c) nach Erhalt eines Auftrags eines beliebigen Vorgesetzten ❍
d) nach Erhalt eines Auftrags von einem für die Elektroanlage verantwortlichen Vorgesetzten ❍

e) zur Beseitigung von offensichtlicher Lebensgefahr .... ❍
f) wenn bei Abschaltung der Anlage Lebensgefahr oder großer wirtschaftlicher Schaden auftritt .... ❍

V5 Es ist die richtige Reihenfolge der Sicherheitsregeln anzugeben:
a) Spannungsfreiheit prüfen
b) gegen spannungsführende Teile abgrenzen
c) spannungsfrei schalten
d) erden
e) gegen Wiedereinschalten sichern
f) kurzschließen

1.	2.	3.	4.	5.	6.

V6 Unter welchen 4 Bedingungen darf im 230/400-V-Netz unter Spannung gearbeitet werden?
a) wenn durch Abschaltung ein Produktionsausfall an einer Werkzeugmaschine entsteht .... ❍
b) wenn durch Abschaltung ein erheblicher wirtschaftlicher Schaden entsteht .... ❍
c) wenn ein schriftlicher Auftrag des verantwortlichen technischen Leiters vorliegt .... ❍
d) wenn die Arbeiten von einer unterwiesenen Person ausgeführt werden .... ❍
e) wenn die Arbeiten von einer geeigneten Fachkraft ausgeführt werden .... ❍
f) wenn isolierendes Werkzeug und alle Hilfs- bzw. Körperschutzmittel vorhanden sind .... ❍
g) wenn eine zweite Person ständig anwesend ist .... ❍

V7 Welchen Personen dürfen Bolzensetzwerkzeuge anvertraut werden?
a) Auszubildenden ab 16 Jahre unter Aufsicht des Ausbilders ... ❍
b) allen Gesellen ab 18 Jahren .... ❍
c) Elektrofachkräften .... ❍
d) unterwiesenen Hilfskräften ab 18 Jahre .... ❍

V8 Welche Höhen dürfen nicht überschritten werden?
a) die Standfläche bei Anlegeleitern?
b) bei fahrbaren Gerüsten ohne Seitenschutz?
c) bei Behelfsgerüsten mit Seitenschutz?

W Elektronik

Halbleiterwerkstoffe

W1.1 Was versteht man unter:
a) Eigenleitfähigkeit
b) Störstellenleitfähigkeit

W1.2 Welche der folgenden Aussagen ist für reine Halbleitermaterialien zutreffend?
a) Bei –273 °C ist der Kristall ein Isolator ❍
b) Bei Raumtemperatur ist ein Elektronen- und ein Löcherstrom möglich ❍
c) Ein Strom oberhalb 0 K ist erst nach einer Dotierung möglich ❍
d) Wenn ein Elektron frei wird, entsteht gleichzeitig ein Loch ❍
e) Es sind mehr freie Löcher als freie Elektronen vorhanden ❍
f) Freie Ladungsträger entstehen durch thermisch bedingtes Aufbrechen von Kristallbindungen ❍

Halbleiterwiderstände

W2.1 Ein Halbleiterwiderstand soll zur Temperaturüberwachung eingesetzt werden. Was versteht man unter Eigenerwärmung bei temperaturabhängigen Halbleiterwiderständen?
a) Wird ein Halbleiterwiderstand von außen erwärmt, kommt es zur Eigenerwärmung und damit auch zu Widerstandsänderungen ❍
b) Wird ein Halbleiterwiderstand durch den ihn durchfließenden Strom erwärmt, kommt es zur Eigenerwärmung und damit auch zu Widerstandsänderungen. Bei sehr kleinen Stromstärken kann die Eigenerwärmung vernachlässigt werden ❍
c) Wird ein Halbleiterwiderstand durch benachbarte Bauelemente erwärmt, kommt es zur Eigenerwärmung und damit auch zu Widerstandsänderungen ❍
d) Die Eigenerwärmung kann bei Halbleiterwiderständen vernachlässigt werden, da diese temperaturunabhängig sind ❍

W2.2 Welche der folgenden Anwendungsbeispiele treffen für einen NTC-Widerstand zu?

a) Säuredichtemessung bei Akkumulatoren .... ❍
b) Temperaturmessung und Temperaturkompensation .... ❍
c) Niedervoltmessungen .... ❍
d) Anzugsverzögerungen bei Relais .... ❍
e) Abschlusswiderstand bei Lichtwellenleiterkabeln .... ❍

W2.3 Ein Mitarbeiter von Ihnen sagt während eines Versuchsaufbaus, dass eine Betriebsspannungserhöhung bei einem PTC-Widerstand nicht zur thermischer Zerstörung führen kann. Wodurch ist ein PTC-Widerstand vor Überlastung bei Anstieg der Betriebsspannung geschützt?

a) Eine höhere Betriebsspannung führt nicht zur Eigenerwärmung des PTC-Widerstandes, da der innere Halbleitereffekt die Spannung am PTC konstant hält. .... ❍
b) In einem PTC-Widerstand ist immer ein Vorwiderstand integriert. .... ❍
c) Bei Eigenerwärmung des PTC-Widerstandes durch eine höhere Betriebsspannung kommt es zum Widerstandsanstieg und damit wieder zur Stromabnahme. Eine Zerstörung durch zu hohe Stromwärme ist somit nicht möglich. .... ❍
d) Bei Eigenerwärmung des PTC-Widerstandes durch eine höhere Betriebsspannung kommt es zur Widerstandsabnahme und damit wieder zur Betriebsspannungsabnahme. .... ❍

W2.4 PTC-Widerstände werden beispielsweise eingesetzt für

a) Überstromsicherungen .... ❍
b) Leistungsmessungen bei Wechselstromverbrauchern .... ❍
c) Temperaturerfassungen .... ❍
d) Abfallverzögerungen bei Relais .... ❍
e) selbstregelnde Heizwiderstände .... ❍

Weitere Aufgaben zu temperaturabhängigen Halbleiterwiderständen: E28 bis E32

Aufgaben zu Varistoren: E91 und E92

Halbleiterdioden

W3.1 a) Wie verhält sich der Sperrstrom eines pn-Übergangs bei Temperaturerhöhung?

b) Wie verhält sich die Schwellspannung eines pn-Übergangs bei Temperaturerhöhung?

W3.2 Welche Aussage trifft für die Sperrschicht zu:

a) Sie wird breiter beim Anlegen einer äußeren Spannungsquelle unabhängig von der Polung . . . . ❍

b) Bei genügend hoher Spannung mit Plus an der p-Zone und Minus an der n-Zone verschwindet sie ganz . . . . ❍

W3.3 Wie ändert sich die Sperrschichtkapazität eines in Sperrichtung gepolten pn-Übergangs, wenn die anliegende Spannung größer wird?

W3.4 In einer Reihenschaltung, bestehend aus einem Widerstand $R = 12$ kΩ und einer Diode, wird bei einer angelegten Gleichspannung $U_1 = 10$ V, am Widerstand eine Spannung von $U_R = 9{,}7$ V gemessen. Handelt es sich um eine

a) Siliziumdiode? . . . . ❍

b) Germaniumdiode? . . . . ❍

W3.5 Bei Parallelschaltung von Gleichrichterdioden kann der gleichzurichtende Strom größer als der zulässige Durchlassstrom I_F einer Diode gewählt werden. Welche Forderung muss jedoch für einen einwandfreien Betrieb an die parallel geschalteten Dioden gestellt werden?

W3.6 Anhand der Diodenkennlinie sind die Spannungen an der Diode U_F, die Spannung am Widerstand U_{RV} und die Verlustleistung der Diode P_V zu ermitteln.

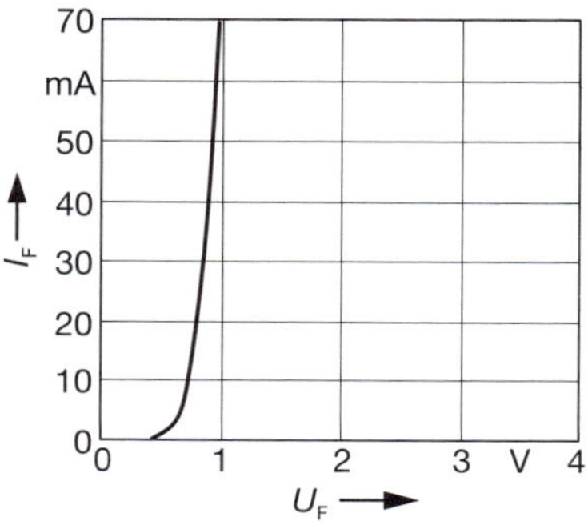

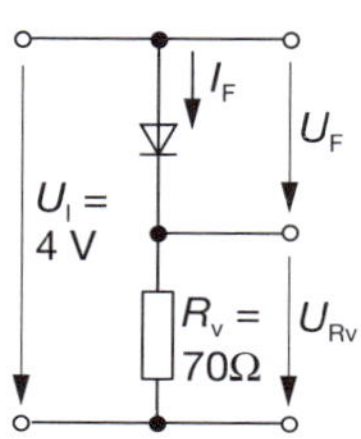

W3.7 Für jede der folgenden Schaltungen a) bis f) ist die Ausgangsspannung U_Q bei einer Eingangsspannung von $U_I = +5$ V anzugeben. Alle Dioden sind Silizium-Gleichrichterdioden ($U_F = 0{,}7$ V).

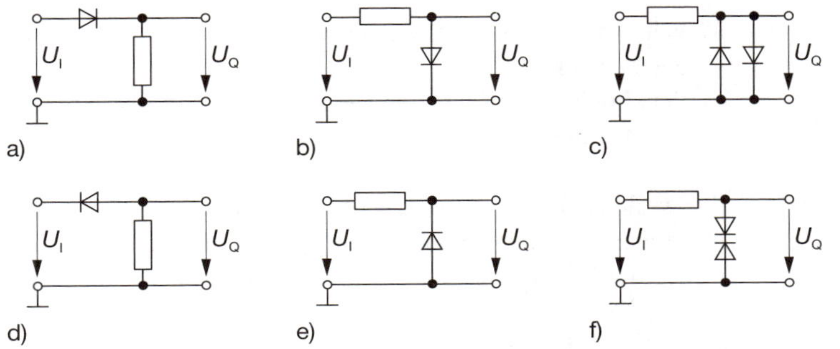

W3.8 Jede der Schaltungen von Aufgabe W3.7 liegt an einer sinusförmigen Wechselspannung von ca. 5 V. Den zeitlichen Spannungsverläufen 1. bis 6. sind die zugehörigen Schaltungen a) bis f) zuzuordnen (Schwellspannung berücksichtigen).

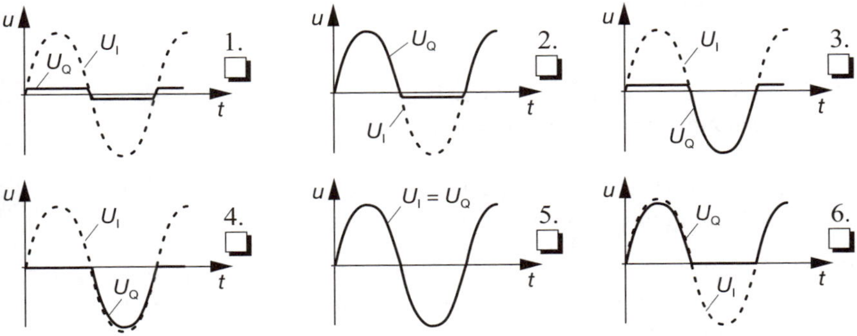

W3.9 Welchen Wert hat die Ausgangsspannung U_Q
a) bei offenem Schalter S?
b) bei geschlossenem Schalter S?
Durchlassspannung von $U_F = 0{,}8$ V bei Belastung.

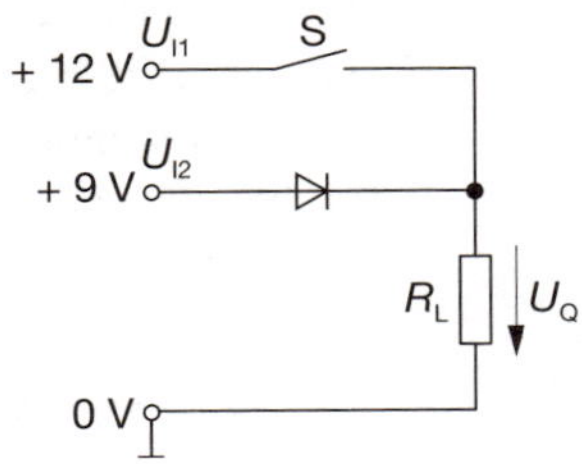

W3.10 Die Leistung einer Heizwicklung beträgt am 230-V-Netz $P_1 = 500$ W. Mittels einer Gleichrichterdiode und eines Schalters soll die Leistung zwischen $P_1 = 500$ W und $P_2 = 250$ W umschaltbar sein.

a) Es ist ein Schaltbild zu entwerfen.

b) Wie hoch muss die Spitzensperrspannung U_{RRM} der Diode mindestens sein?

c) Wie hoch muss der zulässige arithmetische Mittelwert des Durchlassstromes I_d der Diode mindestens sein?

W3.11 Für welche Sperrspannungen müssen die Gleichrichterdioden der folgenden Gleichrichterschaltungen mindestens bemessen sein, wenn der Effektivwert der Eingangswechselspannung $U = 100$ V beträgt?

a) 1-Weg-Gleichrichter ohne Ladekondensator $U_{RRM} =$

b) 1-Weg-Gleichrichter mit Ladekondensator $U_{RRM} =$

c) Brückengleichrichter ohne Ladekondensator $U_{RRM} =$

d) Brückengleichrichter mit Ladekondensator $U_{RRM} =$

W3.12 Welche Bedeutung haben die folgenden Bezeichnungen auf einem Kleingleichrichter (DIN 41 743)?
B 40 C 900/600

W3.13 Wie nennt man die der Gleichspannung überlagerte Wechselspannung am Ausgang einer Gleichrichterschaltung?

W3.14 Wovon hängt die Größe der Brummspannung einer Gleichrichterschaltung mit Ladekondensator ab?

W3.15 In welchem Verhältnis ändert sich die Brummfrequenz einer Gleichrichterschaltung, wenn die Einwegschaltung durch eine Brückenschaltung ausgewechselt wird?

W3.16 Für nebenstehende Schaltung ist die erforderliche Kapazität des Ladekondensators zu bestimmen, wenn die Brummspannung 5 % betragen darf.
$R_L = 750\ \Omega$; $U_d = 6$ V

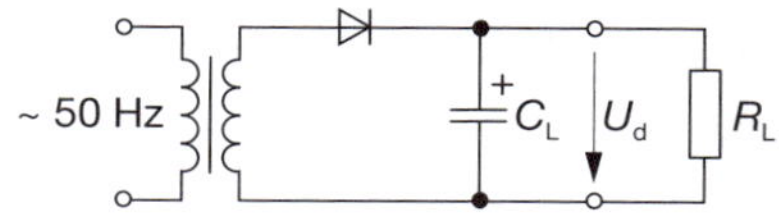

W3.17 Für nebenstehende Schaltung ist die erforderliche Kapazität des Ladekondensators zu bestimmen, wenn die Brummspannung 5 % betragen darf.
$R_L = 380\ \Omega$; $U_d = 12$ V

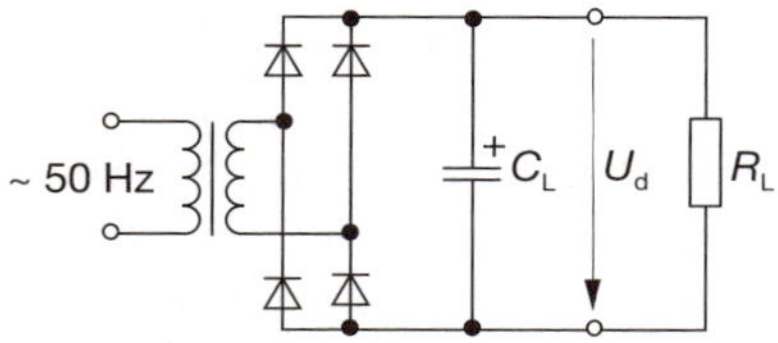

W3.18 Ein Brückengleichrichter soll bei einer Ausgangsgleichspannung von $U_d = 24$ V einen Laststrom von $I_L = 1{,}2$ A abgeben können. Die Brummspannung soll 5 % nicht überschreiten. $f_{Netz} = 50$ Hz. Zu berechnen sind:

a) die Kapazität des Ladekondensators (nach E 6 auswählen)
b) Sekundärspannung des Transformators U_I
c) Scheinleistung des Transformators S_T

W3.19 Die Gleichrichter- und Verdopplerschaltungen a) bis h) sind den richtigen Oszillogrammen der Ausgangsspannungen zuzuordnen. Die Art der Belastung ist zu berücksichtigen.

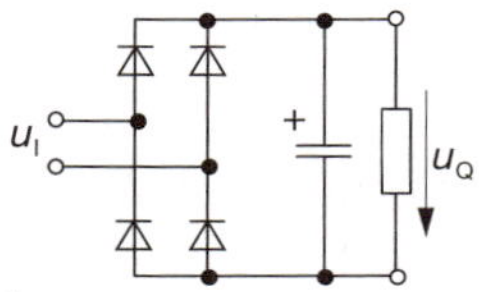

a)

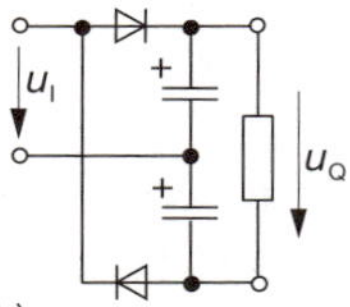

b)

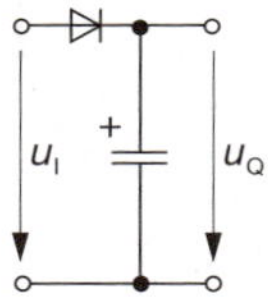

c)

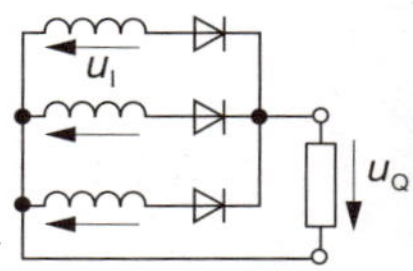

d)

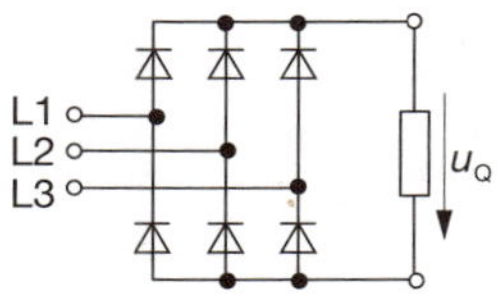

e)

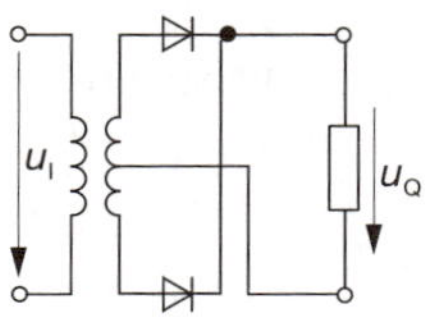

f)

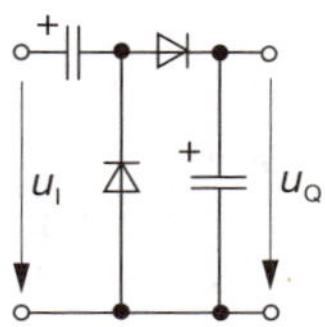

g)

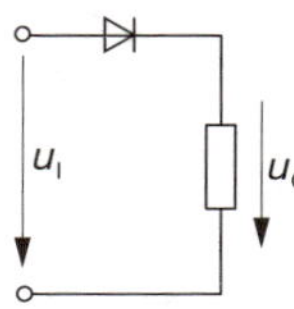

h)

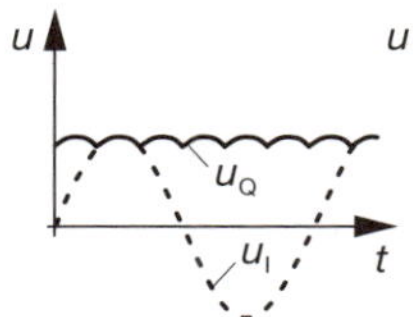

1. ❏

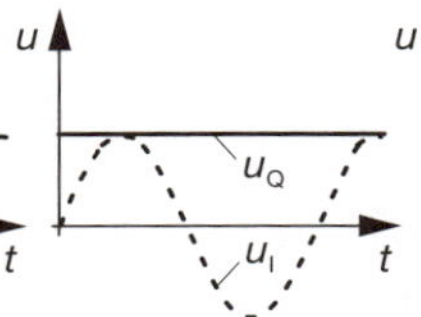

2. ❏

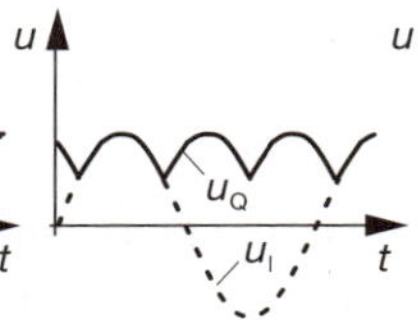

3. ❏

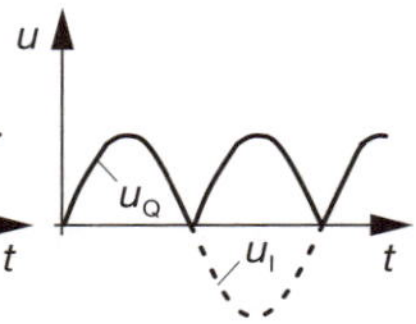

4. ❏

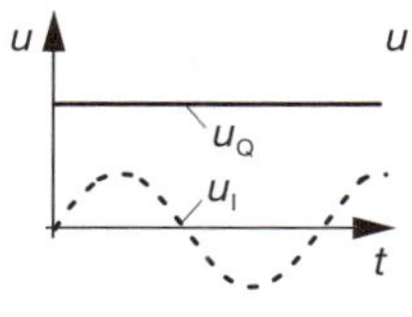

5. ❏

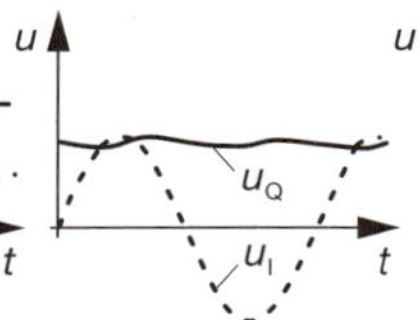

6. ❏

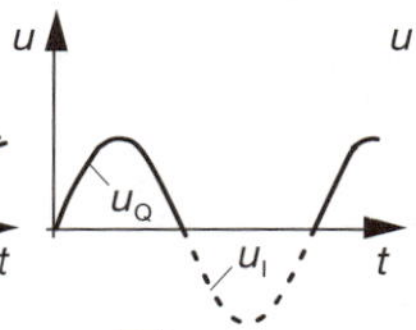

7. ❏

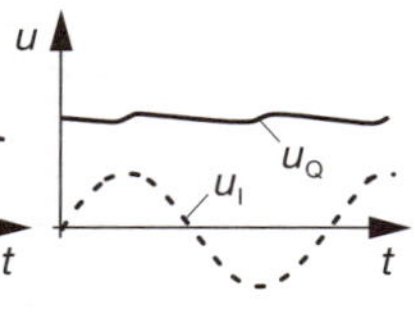

8. ❏

Spannungsstabilisierung mit Z-Dioden

W3.20 Nach nebenstehender Schaltung sind folgende Werte zu bestimmen:
a) die Verlustleistung der Z-Diode
b) die Verlustleistung des Vorwiderstandes

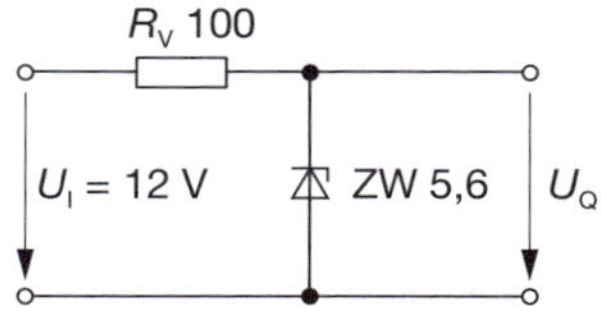

W3.21 Welchen differentiellen Widerstand r_Z hat eine Z-Diode, wenn sich der Z-Strom $I_Z = 12$ mA bei Lastschwankungen um ± 9 % ändert? U_Z schwankt dabei zwischen 5,89 V und 5,91 V.

W3.22 Wie hoch ist die Verlustleistung der Z-Diode, wenn bei $U_I = 15$ V, $U_Z = 9$ V, $R_V = 330\ \Omega$ der Laststrom $I_L = 10$ mA beträgt?

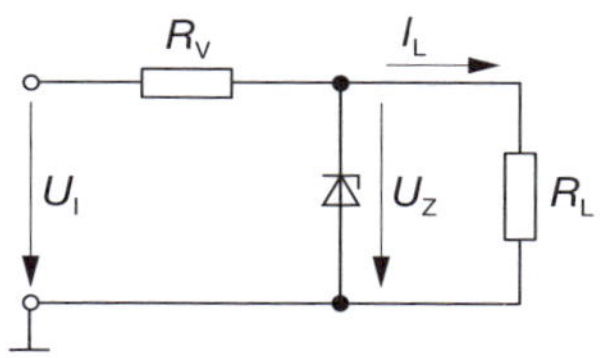

W3.23 Wie hoch muss der Laststrom mindestens sein, wenn die zulässige Verlustleistung der Z-Diode $P_{V\,max} = 300$ mW beträgt?
Gegeben: $U_I = 24$ V; $U_Z = 15$ V; $R_v = 270\ \Omega$

W3.24 Wie hoch darf die Eingangsspannung U_I maximal sein, wenn die Z-Diode bei $U_Z = 12$ V mit $P_{V\,max} = 400$ mW belastet werden darf? Der Laststrom liegt in den Grenzen $I_L = 5$ mA bis 20 mA. Der Vorwiderstand beträgt $R_V = 470\ \Omega$.

W3.25

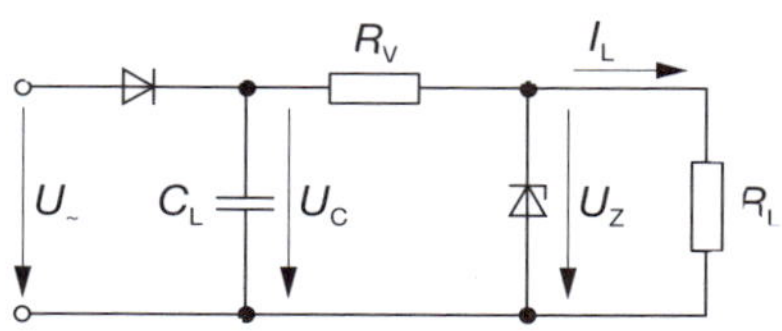

Für das dargestellte Netzgerät sind zu berechnen:
a) Der Vorwiderstand R_V nach Widerstandswert und Verlustleistung
b) der Ladekondensator nach Nennkapazität und Spannung. Widerstands- und Kapazitätswert sind nach der Reihe E 6 auszuwählen. Die Eingangswechselspannung liegt in den Grenzen $U_{\sim} = 20$ V bis

25 V. Die Ausgangsspannung ist auf $U_Z = 12$ V stabilisiert. Der Laststrom schwankt zwischen $I_{L\,min} = 5$ mA und $I_{L\,max} = 10$ mA. Die Z-Diode kann unter Einbaubedingungen mit $P_{V\,max} = 300$ mW belastet werden (der Z-Strom soll mindestens 10 % vom zulässigen Wert betragen).

c) Wie hoch ist die max. Brummspannung U_{W2} am Ausgang, wenn der differentielle Widerstand der Z-Diode mit $r_Z = 20\ \Omega$ gegeben ist?

W3.26

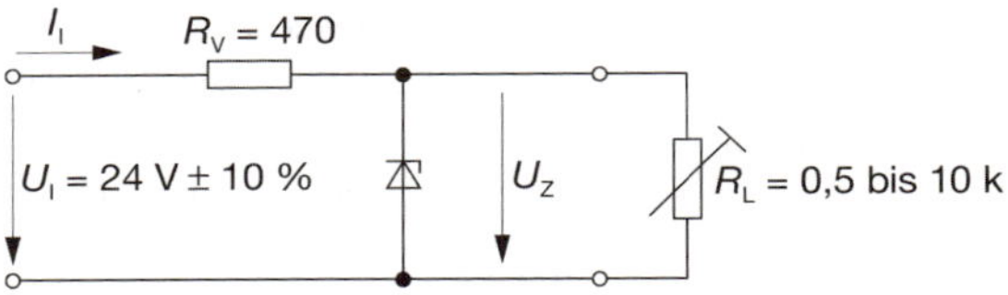

Die Z-Diode in der oben dargestellten Stabilisierungsschaltung hat folgende Daten:

$U_Z = 10$ V, $r_Z = 8\ \Omega$, $R_{th\,U} = 0{,}3$ K/mW, $\alpha_{Uz} = 6 \cdot 10^{-4}$/K

Es sind zu berechnen:

a) Die maximale Spannungsänderung ΔU_Z bei maximaler Eingangsspannungsänderung (R_L = konstant, $\Delta\vartheta_j$ der Z-Diode vernachlässigt).

b) die maximale Spannungsänderung ΔU_Z bei max. Laständerung (U_I = konstant, $\Delta\vartheta_j$ der Z-Diode vernachlässigt).

c) Die max. Temperaturänderung $\Delta\vartheta_j$, die sich für die Z-Diode ergibt bei gleichzeitiger maximaler Änderung der Eingangsspannung U_I und des Lastwiderstandes R_L.

d) Die Spannungsänderung ΔU_Z, die sich allein aus der unter c) berechneten Temperaturänderung ergibt.

Bipolartransistor

W4.1 In der Werkstatt ist die Aufschrift eines Transistors unleserlich geworden. Mittels eines Multimeters wurde im Widerstandsbereich geprüft, ob zwischen den Anschlüssen Sperrrichtung oder Durchlassrichtung herrscht, und die Ergebnisse in der folgenden Tabelle eingetragen.

Welcher Transistortyp liegt vor?

a) npn-Transistor . . . . ❍

b) pnp-Transistor . . . . ❍

Kollektor	Basis	Emitter	hochohmig	niederohmig
+	-		x	
	-	+	x	
-	+			x
	+	-		x
+		-	x	
-		+	x	

W4.2 Auf der Platine eines Verstärkers bei Ihrem Kunden ist ein Leistungstransistor direkt auf einem Kühlkörper montiert. Der Kühlkörper ist mit einer elektrischen Zuleitung verbunden. Welcher Anschluss ist bei einem Bipolar-Leistungstransistor mit dem Metallgehäuse bzw. der Kühlfahne elektrisch leitend verbunden?

a) kein Anschluss ❍
b) Basis ❍
c) Kollektor ❍
d) Emitter ❍

Linearverstärker mit Bipolartransistoren

W4.3 In den Schaltungsunterlagen einer industriellen Steuerung sind u.a. die Transistorschaltungen a) bis f) abgebildet. Um sich einen Überblick über die einzelnen Funktionsweisen zu verschaffen, sind zunächst die Transistorschaltungen in die Aufzählung der Grundschaltungen 1. bis. 3. einzuordnen:

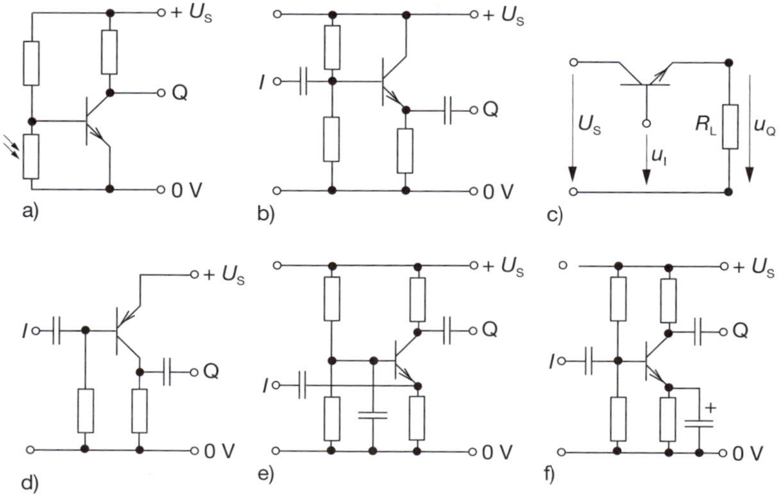

1. Basisschaltung ☐
2. Kollektorschaltung ☐ 3. Emitterschaltung ☐

W4.4 Um die Funktionsweise des abgebildeten Linearverstärkers auch einem Auszubildenden oder einem Ihrer Mitarbeiter erklären zu können, sind die richtigen Eigenschaften und Aufgaben der Bauteile anzukreuzen.

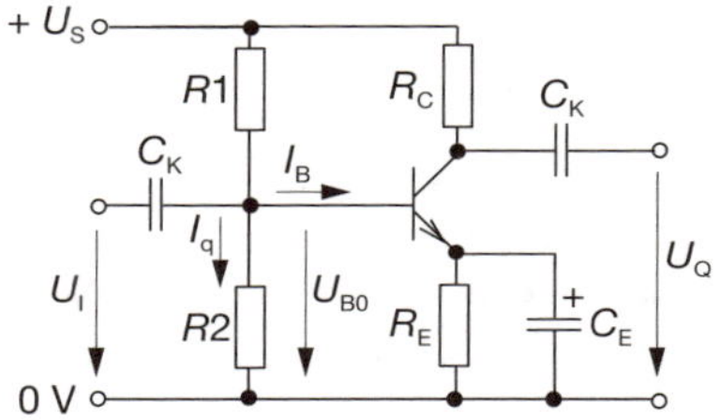

a) Mit dem Basisspannungsteiler $R1$ und $R2$ wird ein gewünschter mittlerer Arbeitspunkt eingestellt . . . . ❍
b) Die Basisvorspannung U_{BO} ist relativ konstant, wenn der Querstrom I_q etwa den gleichen Wert hat wie der mittlere Basisstrom I_B . . . . ❍
c) Die Stabilität des Arbeitspunktes bei Temperaturschwankungen ist abhängig von der Größe des Emitterwiderstandes R_E ❍
d) Der Emitterwiderstand bewirkt immer eine Spannungsgegenkopplung . . . . ❍
e) Wird die Schaltung ohne Emitterkondensator betrieben, bewirkt das eine größere Verzerrung und Verstärkung der Eingangswechselspannung . . . . ❍
f) Die Größe der Stufenverstärkung entspricht etwa dem Widerstandsverhältnis R_C zu R_E, wenn kein Emitterkondensator C_E verwendet wird . . . . ❍
g) Der Emitterkondensator C_E hat die Aufgabe, große Signalverstärkung der Stufe zu gewährleisten . . . . ❍
h) Für Eingangswechselspannungen mit niedriger Frequenz sollte der Wechselstromwiderstand X_c des Kondensators C_E größer sein als der Emitterwiderstand R_E . . . . ❍
i) Der Koppelkondensator C_K am Eingang des Verstärkers soll Gleichspannungs-Potentialunterschiede zwischen der Eingangsspannung U_I und der Basisspannung U_{BO} voneinander trennen und Wechselspannung übertragen . . . . ❍

W4.5 In den Schaltungsunterlagen eines Verstärkers ist angegeben, dass an einem bezeichneten Messpunkt ein Ruhestrom von 20 mA eingestellt werden muss. Warum muss bei einem Wechselspannungsverstärker (NF-Verstärker) mit einem Transistor ein Ruhestrom eingestellt werden?

a) um eine definierte Grundbelastung des Netzteils zu gewährleisten ❍
b) Angeschlossene Lautsprecher benötigen immer einen Strom, der als Ruhestrom bezeichnet wird ❍
c) Ein Transistor benötigt als Halbleiter zur korrekten Funktion immer eine bestimmte Betriebstemperatur, die mit Hilfe eines Ruhestromes erreicht wird ❍
d) damit beide Halbwellen des Wechselspannungssignals eine Änderung des Kollektorstroms (Verstärkung) bewirken können ❍
e) damit aus jeder Eingangssignalform ein verstärktes reines Sinussignal am Ausgang erscheint ❍

W4.6 Warum sollte der Ruhestrom bei einem Wechselspannungsverstärker stabilisiert werden?

a) damit der Einfluss der Sperrschichttemperatur auf den Kollektor-Ruhestrom (Arbeitspunkt) weitgehend kompensiert wird ❍
b) damit das Netzteil nicht überlastet wird ❍
c) damit Schwankungen des Eingangssignals kompensiert werden und daher nicht auf das Ausgangssignal wirken ❍
d) damit der Einfluss der Exemplarstreuungen der Stromverstärkung auf den Kollektor-Ruhestrom (Arbeitspunkt) weitgehend kompensiert wird ❍
e) Ein stabilisierter Ruhestrom hat eine stabilisierte Betriebsspannung und somit eine korrekte Verstärkung des Eingangssignals zur Folge. ❍

W4.7 Im Blockschaltbild zur Abbildung aller Komponenten eines Audioverstärkers ist einer der Blöcke mit der Bezeichnung «Komplementär-Endstufe» versehen. Was versteht man bei einem Verstärker (mit Bipolartransistoren) unter einer Komplementär-Endstufe?

a) Signalverstärkung in der Endstufe mit zwei besonders leistungsfähigen npn-Transistoren ❍
b) Ein npn- und ein pnp-Transistor arbeiten im Gegentaktbetrieb, d.h., sie übernehmen abwechselnd die Verstärkung des Signals. ❍

c) Ein npn- und ein pnp-Transistor arbeiten im Gleichtaktbetrieb, d.h., sie verstärken die positive und negative Halbwelle synchron (gleichzeitig). . . . . ❍
d) Signalverstärkung in der Endstufe mit zwei besonders leistungsfähigen pnp-Transistoren . . . . ❍
e) Die Aufgabe dieser Stufe besteht in der Strom- und damit Leistungsverstärkung. . . . . ❍

W4.8 Im Blockschaltbild zur Abbildung aller Komponenten einer elektronischen Schaltung ist ein Block mit der Aufschrift «Darlingtonstufe» versehen. Was versteht man unter einer Darlingtonstufe?

a) eine Zusammenschaltung (Hintereinanderschaltung) zweier Transistoren zu praktisch einem Transistor mit höherer Stromverstärkung . . . . ❍
b) Mehrere Transistoren übernehmen in Parallelschaltung die Verstärkung des Eingangssignals . . . . ❍
c) eine Transistorendstufe mit nur einem npn- oder pnp-Transistor . . . . ❍
d) eine Zusammenschaltung zweier Transistoren mit einer Gesamtstromverstärkung $B \approx B1 \cdot B2$ . . . . ❍

W4.9 Für den abgebildeten NF-Verstärker sind alle fehlenden Widerstandswerte zu berechnen. Der Querstrom des Basis-Spannungsteilers soll $I_q \geqq 3 \cdot I_B$ sein.

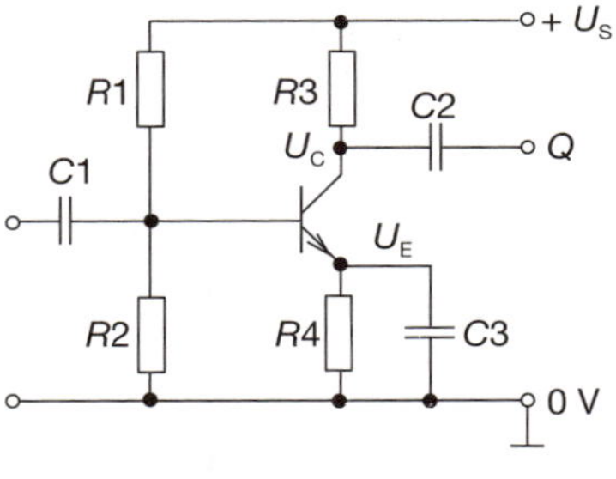

Gegeben: $B \geqq 180$; $U_S = 9$ V; $R_3 = 820\ \Omega$; $U_C = 5$ V; $U_E = 1$ V; ($U_{BE} \approx 0{,}65$ V).

W4.10 Die Endstufe eines Audioverstärkers eines Ihrer Kunden ist defekt. Nach der Reparatur fragt der Kunde nach der Leistung des Gerätes. Wie hoch ist die maximale Sinus-Ausgangsleistung dieses Gegentakt-Leistungsverstärkers (Komplementärendstufe) mit symmetrischer Spannungsversorgung von ±US = 56 V an einem Lastwiderstand von $R_L = 12\ \Omega$?
Bei maximaler Aussteuerung beträgt die Restspannung an den Transistoren der Endstufe noch $U_{CE\ REST} = 3{,}5$ V.

Bipolartransistor als Schalter

W4.11 Welche Eigenschaften und Wirkungen in der abgebildeten Schaltung werden im Folgenden richtig dargestellt?

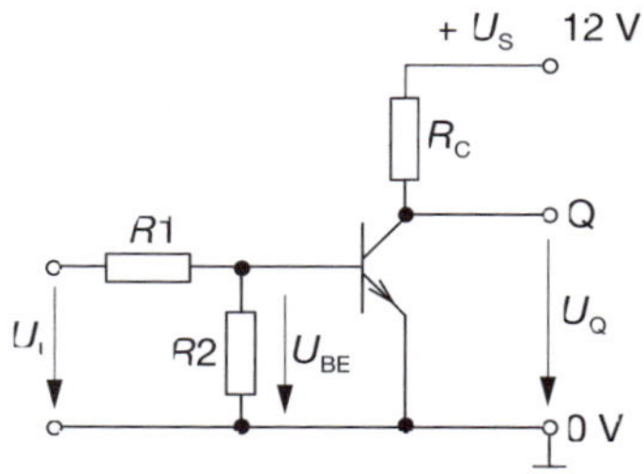

a) R_1 und R_2 dienen zur Einstellung des Ruhestromes . . . . ❍
b) Der Kollektorwiderstand R_C dient zur Strombegrenzung . . . ❍
c) Die Schaltleistung der Stufe ist die Verlustleistung des Transistors im Zustand «Ein» . . . . ❍
d) Bei langsamem Durchsteuern der Stufe tritt eine höhere Erwärmung im Transistor auf . . . . ❍
e) Der Spannungsteiler $R1$ und $R2$ bestimmt den maximalen Wert für das Eingangssignal «L» ($U_{IL\,max}$) . . . . ❍

W4.12 Die Schaltung (Bild W4.11) wurde als Versuchsschaltung in der Werkstatt aufgebaut. Welche Spannungen mit welchen Polaritäten müssen an einem npn-Transistor gegen Masse (0 V) etwa gemessen werden?

	Transistor gesperrt	Transistor leitet
am Kollektor	....	....
an der Basis	....	....

W4.13 Aus welchem Grund werden Bipolartransistoren im Schalterbetrieb übersteuert?

a) um eine geringe Verlustleistung im Transistor durch eine geringe Spannung (U_{CEsat}) zu erreichen . . . . ❍
b) damit das sinusförmige Eingangssignal nicht verzerrt wird . ❍
c) um ein sicheres Durchsteuern des Transistors zu garantieren ❍
d) um eine hohe Leistung im Transistor durch den maximalen Kollektorstrom zu erreichen . . . . ❍

W4.14 In der Steuerung einer Industrieanlage wird ein Relais mit einem Transistor geschaltet. Im zugehörigen Stromlaufplan befindet sich dazu die folgende Schaltung. Welche Aufgabe hat die Diode parallel zum Relais?

a) Sie wird als Freilaufdiode bezeichnet und bewirkt eine Anzugsverzögerung des Relais . . . . ❍
b) Sie dient als Verpolungsschutz zum Schutz des Transistors . ❍
c) Sie dient als Gleichrichterdiode, da Transistoren nur mit Gleichspannung betrieben werden können . . . . ❍
d) Sie beschleunigt den Einschaltvorgang des Relais . . . . ❍
e) Sie wirkt als Freilaufdiode und schützt den Transistor vor Induktionsspannungen beim Abschalten des Relais . . . . ❍

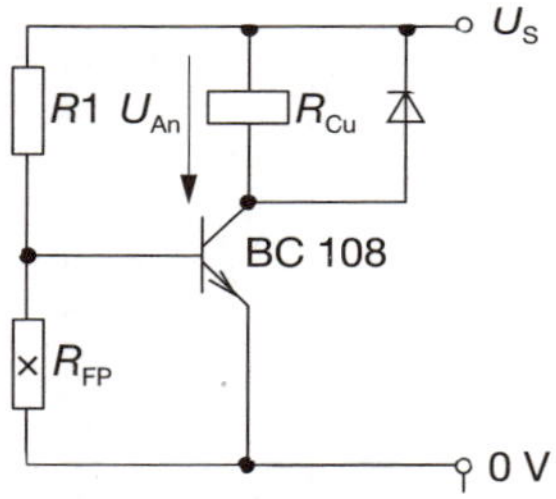

W4.15 Bis zu welcher Eingangsspannung ist jeweils der Transistor in den mit a) bis d) bezeichneten Schaltstufen noch sicher gesperrt? ($U_{BE} \leqq 0{,}5$ V; $U_F \leqq 0{,}6$ V von V 1 und V 2)

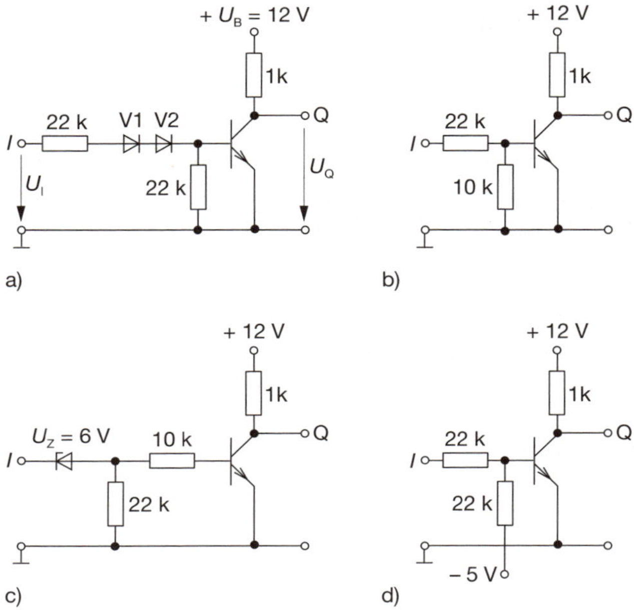

W4.16 Ein induktiver Näherungsschalter in der Montagelinie für Kfz-Motoren soll neu justiert werden. Welcher magnetischen Induktion B muss die Feldplatte als induktiver Sensor ausgesetzt werden, damit das Relais anzieht (auf mittlerer Kurve ablesen; U_{AN} = Anzugsspannung des Relais)?

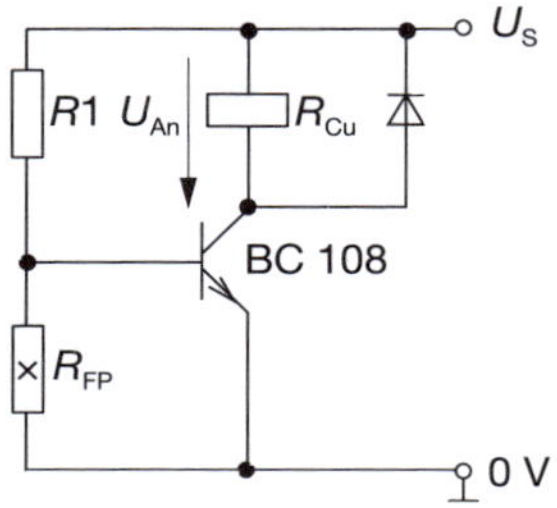

Gegeben:
$U_S = 24$ V
$R_{Cu} = 600\ \Omega$
$U_{An} = 16$ V
$B = 200$
$R2 = 33$ kΩ
$U_{BE} = 0{,}7$ V

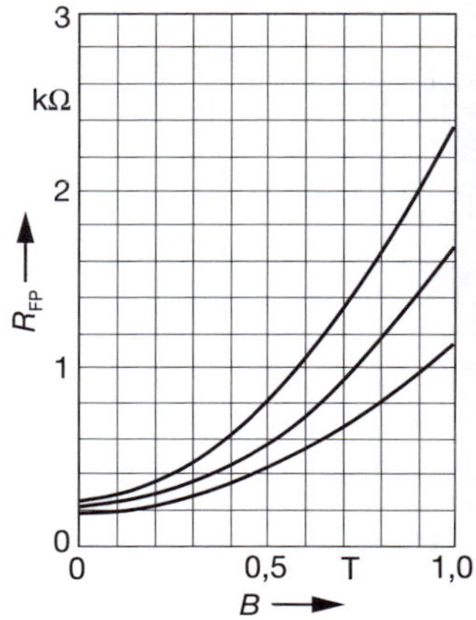

W4.17 Die Abbildungen zeigen verschiedene Transistorschaltstufen mit Treiber für einen Relaisausgang.

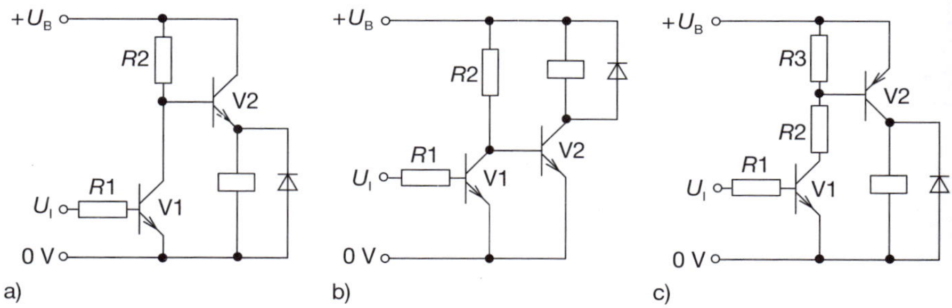

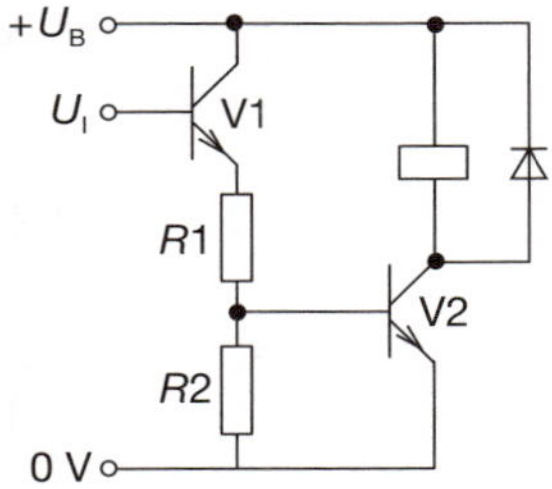

d)

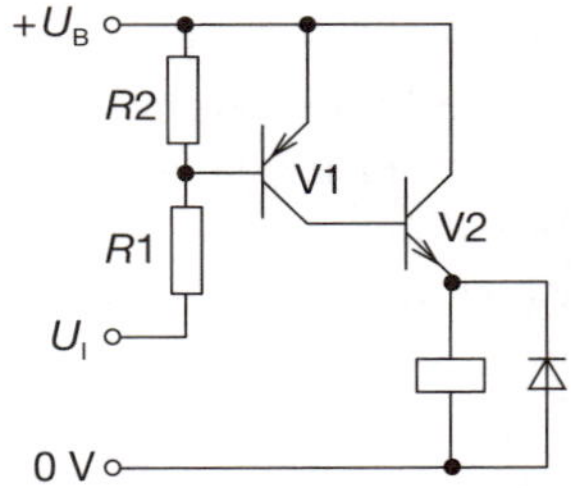

e)

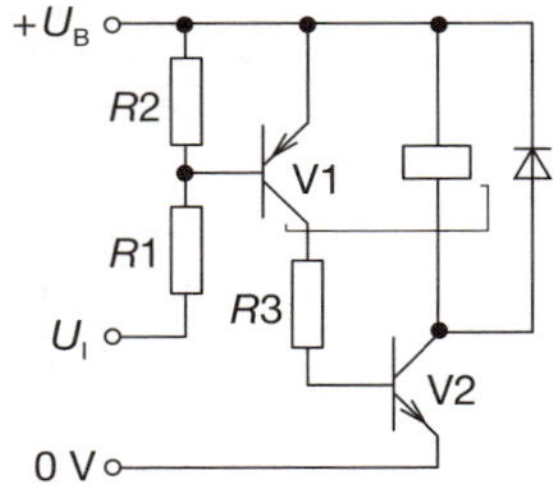

f)

1. Bei welchen Schaltungen zieht das Relais an, wenn am Eingang $U_I = U_B$ liegt? . . . . ☐
2. Bei welchen Schaltungen sperren beide Transistoren, wenn am Eingang $U_I = 0$ V liegen? . . . . ☐
3. Bei welchen Schaltungen zieht das Relais an, wenn der Eingang offen ist ($I_I = 0$)? . . . . ☐
4. Bei welchen Stufen geht der Treibertransistor V2 im leitenden Zustand in die Sättigung? . . . . ☐

Kippschaltungen mit Bipolartransistoren

W4.18 Im Blockschaltbild einer digitalen Steuerung sind die einzelnen Schaltungsblöcke mit Bezeichnungen versehen, die deren Funktion beschreiben. Um sich zur Fehlerbehebung zunächst einen Überblick über die Gesamtfunktion der Schaltung zu verschaffen, muss die Funktion der einzelnen Blöcke bekannt sein. Ordnen Sie den Beschreibungen 1. bis 14. die folgenden Schaltungsbezeichnungen zu:

a) Multivibrator . . . . ○
b) Monoflop . . . . ○
c) Flipflop . . . . ○
d) Schmitt-Trigger . . . . ○

1. dient der Impulsformung und -regenerierung . . . . ☐
2. dient als Funktionsgenerator mit annähernd rechteckförmiger Ausgangsspannung . . . . ☐
3. wird als Frequenzteiler eingesetzt . . . . ☐
4. wird auch als bistabiles Kippglied bezeichnet . . . . ☐
5. die Ausgangsfrequenz ist durch RC-Glieder bestimmt . . . . . ☐
6. die Ausgangsfrequenz hängt von der Eingangsfrequenz ab ☐
7. die Amplitude der Ausgangsspannung hängt von der Amplitude der Eingangsspannung ab . . . . ☐

8. dient als Schwellwertschalter .... ❑
9. der arithmetische Mittelwert der Ausgangsspannung hängt von der Frequenz der Eingangsspannung ab .... ❑
10. wird als Informationsspeicher verwendet .... ❑
11. wird zur Frequenzverdopplung eingesetzt .... ❑
12. dient als einfachste Form eines Analog-Digital-Wandlers .. ❑
13. dient zum Entprellen mechanischer Kontakte .... ❑
14. liefert bis zu einer bestimmten Höchstfrequenz Ausgangsimpulse konstanter Dauer, unabhängig von der Eingangsfrequenz .... ❑

W4.19 Zur Änderung der Impulsdauer der abgebildeten Versuchsschaltung sollen entsprechende Bauelemente gewechselt werden. Welche Bauelemente bestimmen die Zeit t_i?

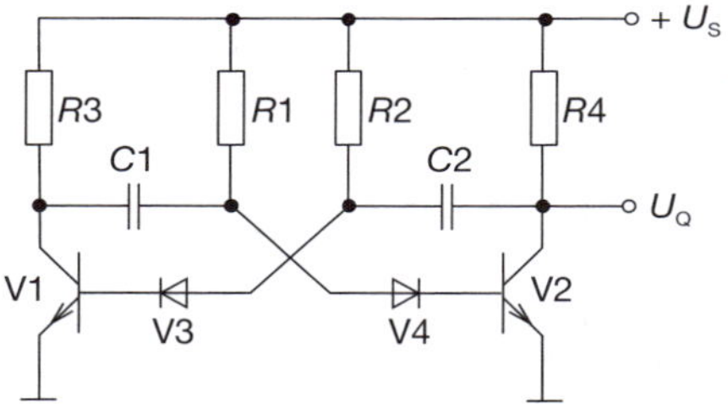

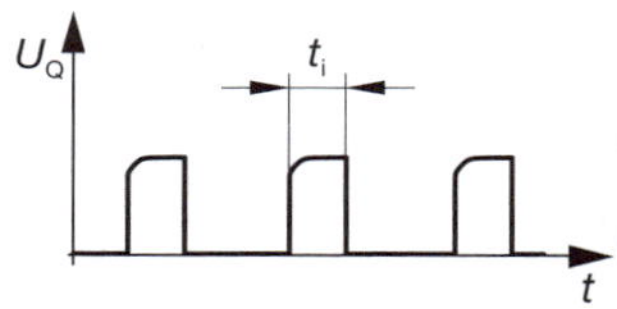

W4.20 In der folgenden Aufgabe soll die Frequenz eines Taktgenerators rechnerisch bestimmt werden. Wie hoch ist etwa die Ausgangsfrequenz einer Schaltung nach Aufgabe W4.19, wenn $R_1 = R_2 = 100\ \text{k}\Omega$ und $C_1 = C_2 = 10\ \text{nF}$ sind?

W4.21 Im Stromlaufplan einer elektronischen Regelung ist der folgende Schaltungsausschnitt abgebildet. Welche Funktion erfüllt diese Schaltung?

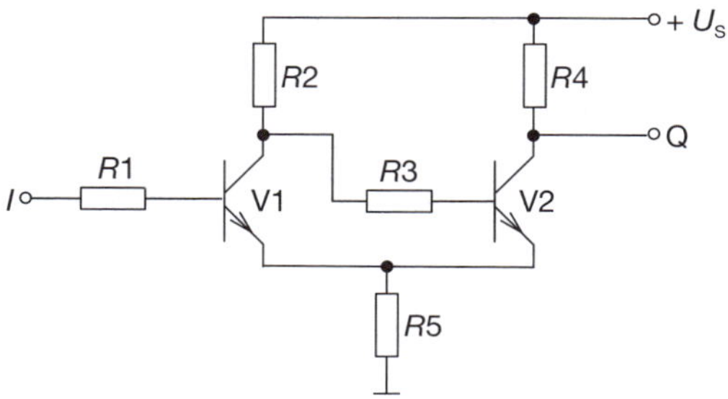

a) linearer Verstärker ❍
b) Monoflop ❍
c) Darlingtonschaltung ❍
d) Schmitt-Trigger ❍
e) Flipflop ❍
f) Komplementärstufe ❍

W4.22

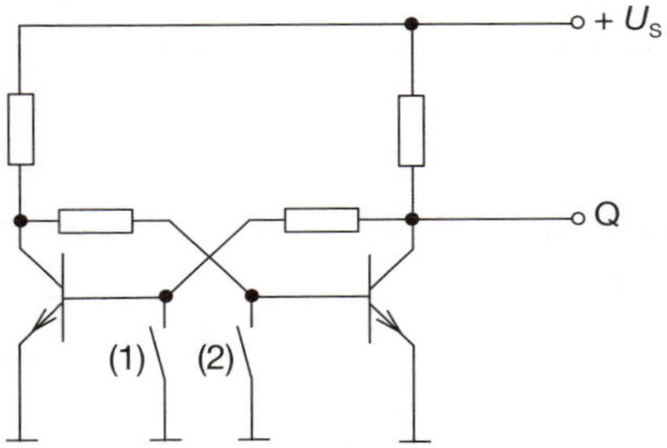

Durch Betätigen welcher Taste wird das Flipflop gesetzt ($Q = H$)?

Feldeffekttransistoren

W5.1 Die Bezeichnungen der unter a) bis f) aufgeführten Feldeffekttransistoren sind den betreffenden Schaltzeichen und den Steuer- oder Übertragungskennlinien zuzuordnen.

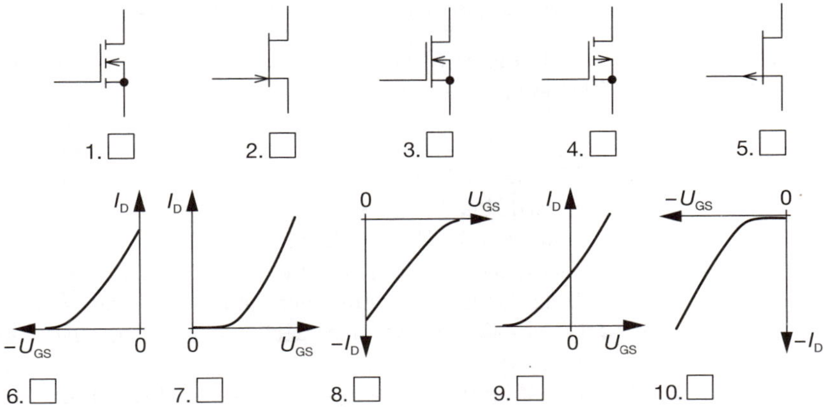

a) n-Kanal-Sperrschicht-FET
b) p-Kanal-Sperrschicht-FET
c) selbstsperrender n-Kanal-MOS-FET
d) selbstleitender n-Kanal-MOS-FET
e) selbstsperrender p-Kanal-MOS-FET
f) selbstleitender p-Kanal-MOS-FET

W5.2 Welcher prinzipielle Unterschied besteht zwischen einem Feldeffekttransistor und einem Bipolartransistor in Bezug auf die Art der Ansteuerung, und welcher Vorteil resultiert daraus für den Feldeffekttransistor?

W5.3 Aus welchem Grund sind bei der Handhabunag von MOS-Schaltkreisen bzw. Leiterplatten, die mit MOS-IC bestückt sind, besondere Schutzmaßnahmen notwendig, und welcher Art sind diese Schutzmaßnahmen?

Feldeffekttransistor als Schalter

W5.4 Nennen und begründen Sie die Vorteile, die für die Verwendung von Power-MOS-FET anstelle von bipolaren Leistungstransistoren als Schalter für hohe Lastströme sprechen.

W5.5 Nennen Sie einige Vorteile der Schaltkreise in CMOS-Technik gegenüber anderen Schaltkreistechniken.

W5.6 Wovon ist die Verlustleistung digitaler hochintegrierter Schaltkreise (z. B. Mikroprozessoren) in CMOS-Technik abhängig?

W5.7 Worin besteht die Aufgabe eines Abtast- und Halte-Gliedes (S & H-Glied)? Nennen Sie ein Anwendungsbeispiel.

W5.8 Leistungsschalter für unipolar angesteuerte Lasten werden in L-Side- und H-Side-Schalter unterteilt. Ordnen Sie die beiden Begriffe den Aussagen 1. bis 7. richtig zu:

a) L-Side-Schalter, b) H-Side-Schalter.

1. Die Last ist auch im ausgeschalteten Zustand mit dem positiven Pol der Betriebsspannung verbunden. Der Transistor verbindet den anderen Anschluss der Last beim Einschalten mit dem Bezugspotential (0 V) . . . . ❑
2. Die Last ist immer mit dem Bezugspotential (0 V) oder dem negativen Pol der Betriebsspannung verbunden. Der Transistor verbindet den anderen Anschluss der Last beim Einschalten mit dem positiven Pol der Betriebsspannung . . ❑

3. Diese Betriebsart wird wegen ihrer höheren Betriebssicherheit bevorzugt ❑
4. Bei Einsatz eines N-Kanal-MOS-FET arbeitet dieser in Sourceschaltung und er kann mit relativ kleiner Steuerspannung (z. B. H-Pegel einer Logikschaltung) angesteuert werden ❑
5. Bei Einsatz eines N-Kanal-MOS-FET arbeitet dieser in Drainschaltung (Sourcefolger). Die Einschaltspannung des Steuersignals muss höher sein als die Betriebsspannung im Lastkreis ❑
6. Bei Einsatz eines P-Kanal-MOS-FET arbeitet dieser in Sourceschaltung. Das Steuersignal muss im eingeschalteten Zustand ca. 0 V betragen (L-Pegel) ❑
7. Für die Erzeugung des Steuersignals des N-Kanal-MOS-FET wird oft eine Ladungspumpe eingesetzt, die bei entsprechenden Modulen mit integriert ist ❑

W5.9 Welche Aufgabe übernehmen die Inversdioden in den Power-MOS-FET in einem Leistungsschalter für bipolare Ansteuerung induktiver Lasten (z. B. Wechselrichter)?

Operationsverstärker

W6.1 Ordnen Sie den folgenden Kenngrößen eines idealen OP die Buchstaben a) für 0 (Null) und b) für ∞ (Unendlich) zu:

1. Leerlaufverstärkung ❑
2. Gleichtaktverstärkung ❑
3. Gleichtaktunterdrückung ❑
4. Eingangswiderstand ❑
5. Ausgangswiderstand ❑
6. Transitfrequenz ❑
7. Offset- oder Eingangsnullspannung ❑
8. Eingangsnullstrom ❑

W6.2 Um welchen Betrag muss sich die Differenz-Eingangsspannung ΔU_I eines OP mit einer Leerlaufverstärkung von $v_{D0} = 110$ dB ändern, wenn sich das Ausgangssignal um $\Delta U_Q = 12$ V ändern soll?

W6.3 Zur Erhöhung des Eingangssignals einer Verstärkeranlage soll ein NF-Vorverstärker mit einem OP realisiert werden. Für die technische Beschreibung muss die maximale Übertragungsfrequenz angegeben werden. Wie hoch ist die obere Grenzfrequenz, wenn die Verstärkung $V_U = 50$ beträgt? Der OP hat laut Datenblatt eine Transitfrequenz von $f_T = 1$ MHz.

W6.4 Die OP-Verstärkerschaltungen a) bis f) sind den nachstehenden Benennungen 1. bis 6. zuzuordnen:

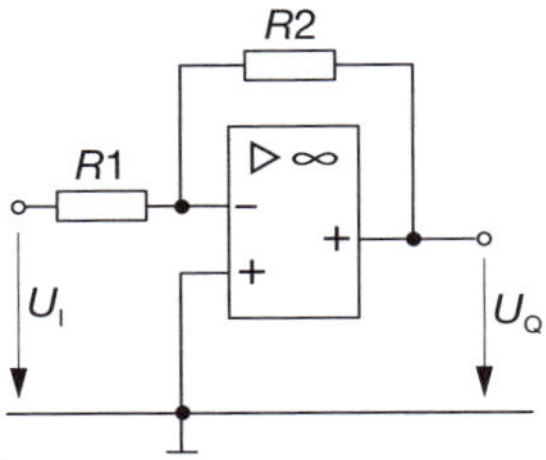

a)

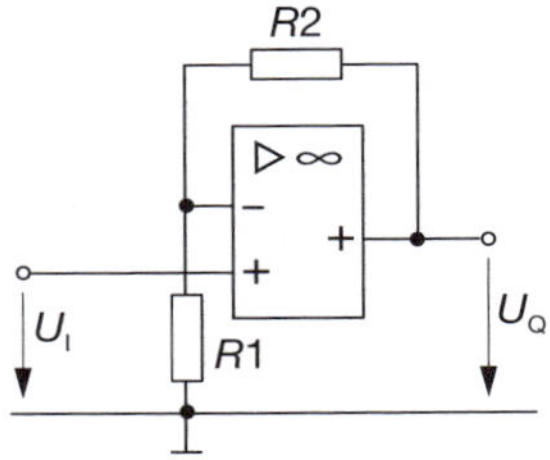

b)

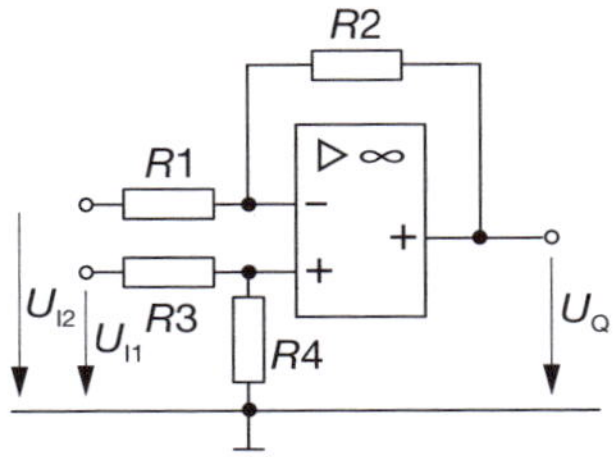

c)

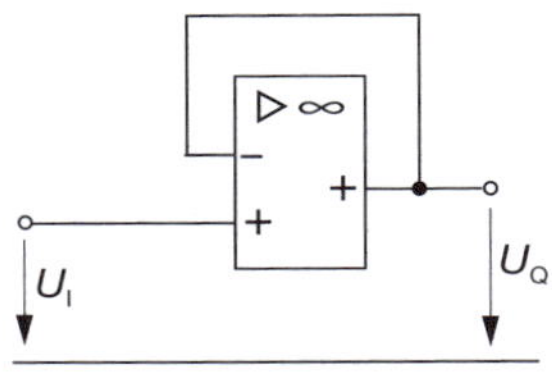

d)

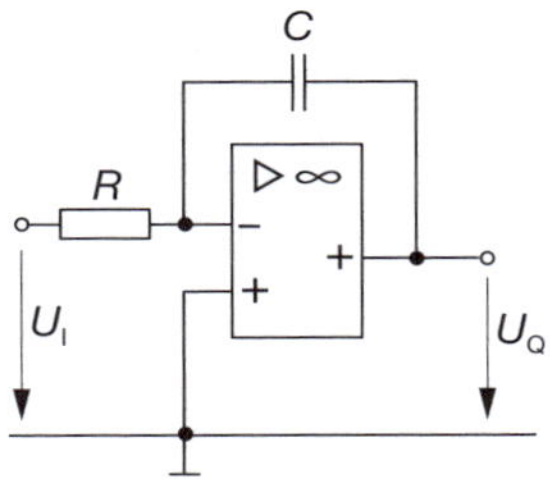

e)

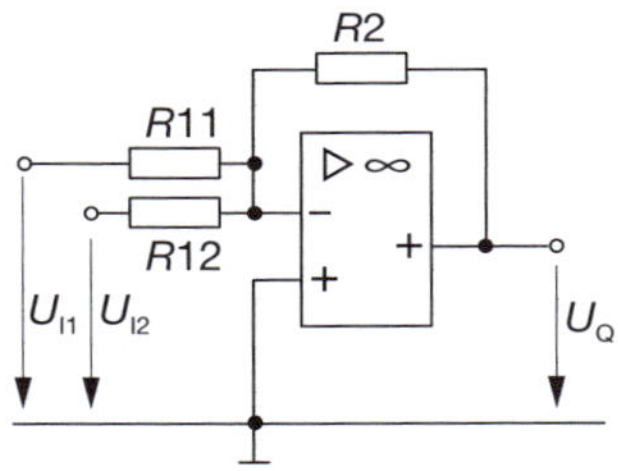

f)

1. Impedanzwandler . . . . ❑
2. Summierverstärker . . . . ❑
3. Subtrahierverstärker . . . . ❑
4. invertierender Verstärker . . . . ❑
5. nichtinvertierender Verstärker . . . . ❑
6. integrierender Verstärker . . . . ❑

W6.5 Wie hoch sind die Ausgangsspannungen U_Q der dargestellten Verstärker nach Betrag und Vorzeichen?

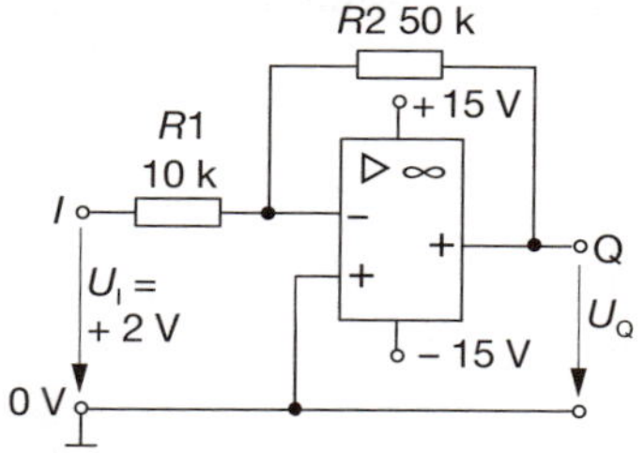

a)

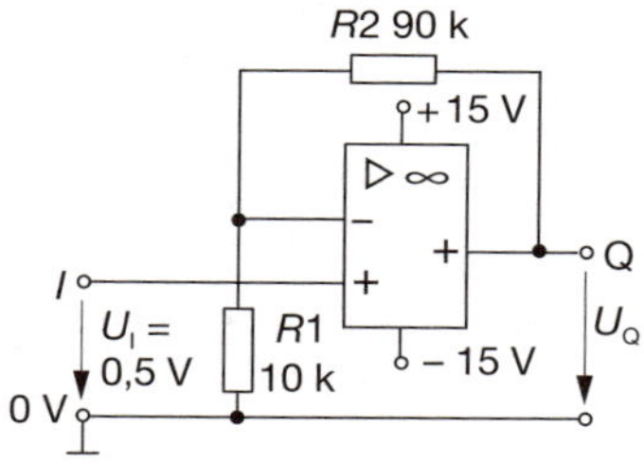

b)

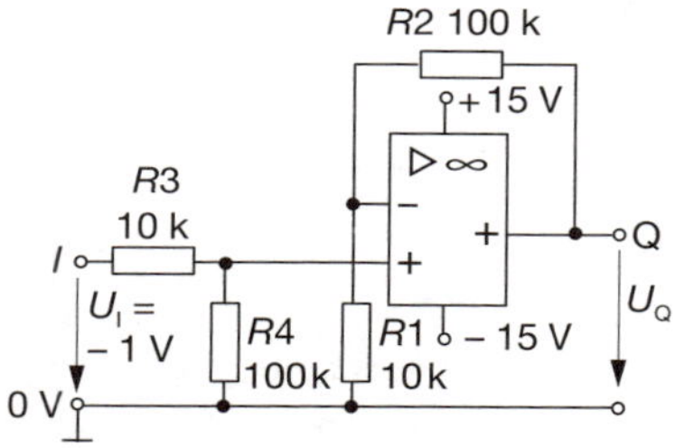

c)

W6.6 In den Schaltungsunterlagen für die Regelung eines Antriebs in der Anlage Ihres Kunden ist die abgebildete Schaltung zum Vergleich zwischen Soll- und Istwert zu finden. Wie groß ist die Ausgangsspannung U_Q, wenn bei der dargestellten Schaltung $U_{I1} = 0{,}5$ V und $U_{I2} = 1{,}0$ V betragen?

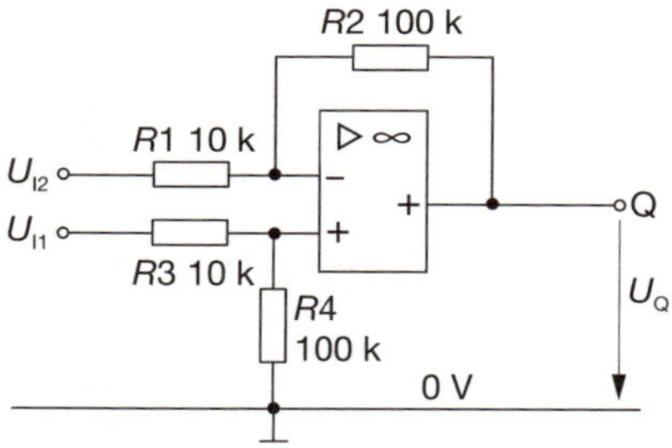

W6.7 In einer analogen Regelungsschaltung für die Stromversorgung einer industriellen Steuerung werden drei Spannungswerte addiert. Wie hoch ist die Ausgangsspannung U_Q, wenn folgende Eingansspannungen anliegen:

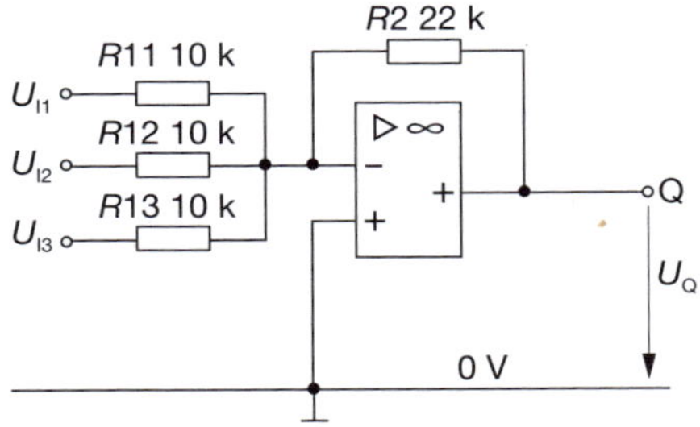

Sollwert:	U_{I1} = +1,5 V
Istwert:	U_{I2} = -3,0 V
Zusatzwert:	U_{I3} = +4,0 V

W6.8 Welchen der 3 zeitlichen Verläufe hat die Ausgangsspannung U_Q, wenn sich die Eingangsspannung U_I des Integrators – wie dargestellt – sprungförmig ändert?

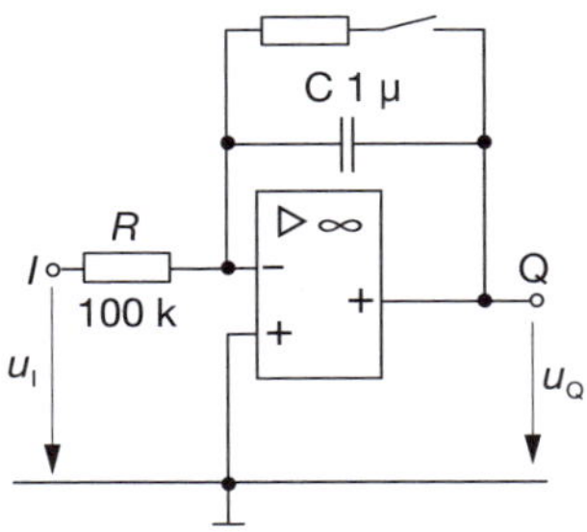

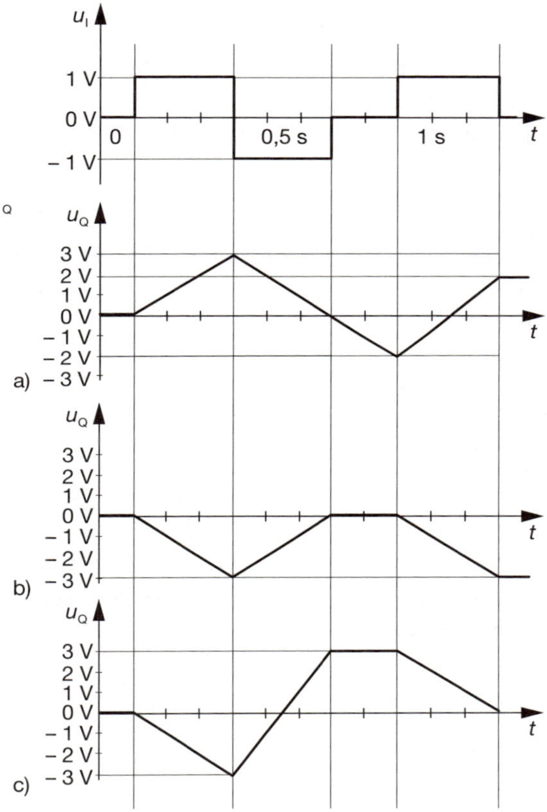

W6.9 Die Abbildung zeigt eine Verzögerungsschaltung mit OP. Welche der folgenden Aussagen sind richtig?

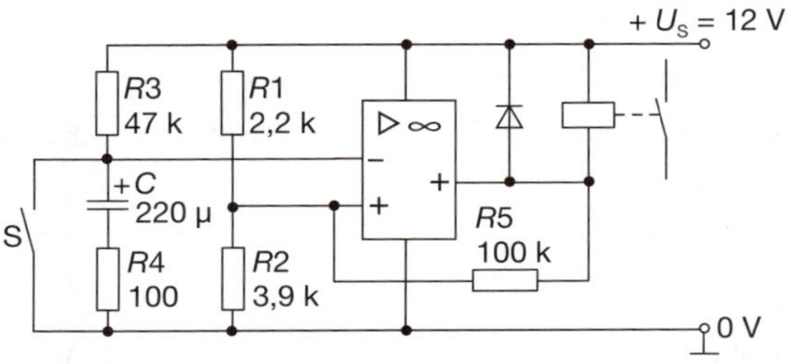

a) Nach Schließen des Schalters S zieht das Relais verzögert an ❍
b) Nach Schließen des Schalters S zieht das Relais sofort an . . ❍
c) Nach Schließen des Schalters S fällt das Relais verzögert ab . ❍

d) Nach Schließen des Schalters S fällt das Relais sofort ab ... ❍
e) Nach Öffnen des Schalters S zieht das Relais verzögert an .. ❍
f) Nach Öffnen des Schalters S zieht das Relais sofort an .... ❍
g) Nach Öffnen des Schalters S fällt das Relais verzögert ab .. ❍
h) Nach Öffnen des Schalters S fällt das Relais sofort ab ..... ❍

W6.10 Die Frequenz des Ausgangssignals des Taktgenerators (Bild) soll im Bereich zwischen $f_{min} \approx 20$ Hz bis $f_{max} \approx 60$ Hz einstellbar sein. Der OP wird an der Betriebsspannung von $+U_S = 5$ V betrieben.
Berechnen Sie die erforderlichen Widerstandswerte von R_1 und dem Trimmpotentiometer R_T, und wählen Sie die Werte aus!

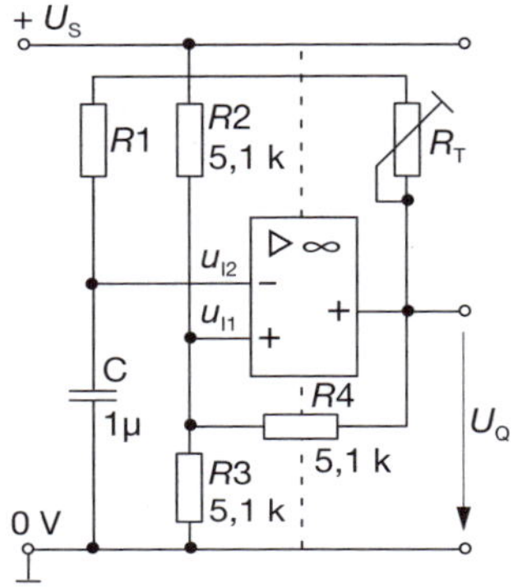

W6.11 Ein Integrator (Bild) wird mit einer symmetrischen Rechteck-Wechselspannung angesteuert.

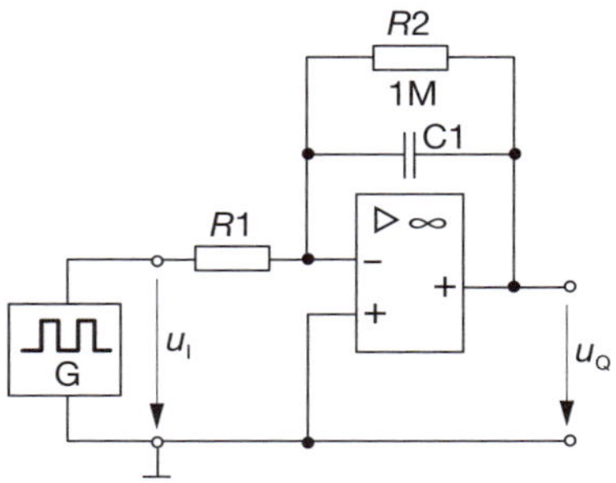

1. Welche Kurvenform hat das Ausgangssignal (im Idealfall)?
   a) Rechteckform .... ❍
   b) Dreieckform .... ❍
   c) Sinusform .... ❍
   d) Gleichspannung .... ❍
2. Welche Aufgabe hat der hochohmige Widerstand im Rückkopplungszweig?
   a) Frequenzkompensation .... ❍
   b) Bestimmung des Verstärkungsfaktors .... ❍

c) Unterdrückt einen Gleichspannungsanteil im Ausgangssignal . . . . ❍
d) Kompensation der Offsetspannung des OP . . . . ❍

W6.12 Ein Integrator mit OP soll eine symmetrische Rechteck-Wechselspannung mit einer Frequenz von $f = 200$ Hz und einem Spitze-Spitze-Spannungswert von $U_{ISS} = 5$ V in eine Dreieckspannung mit $U_{QSS} = 10$ V umformen. Der Integrationskondensator hat eine Kapazität von $C_I = 15$ nF.
Welchen Widerstandswert muss der Integrationswiderstand R_I haben?

Thyristoren

W7.1 Die abgebildeten Schaltzeichen a) bis g) sind den Bezeichnungen 1. bis 7. richtig zuzuordnen.

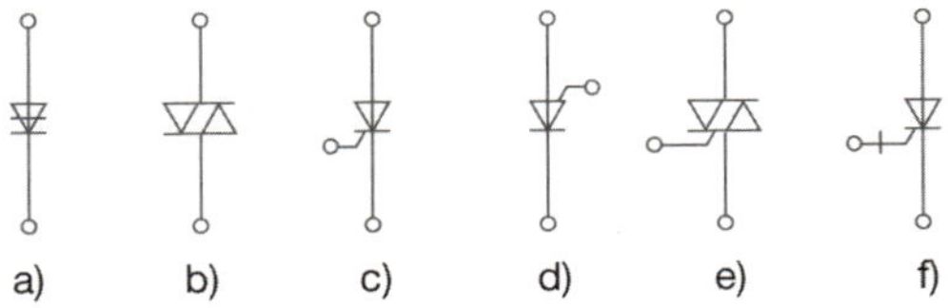

1. Triac . . . . ❑
2. 4-Schicht-Diode . . . . ❑
3. Diac . . . . ❑
4. anodenseitig gesteuerter Thyristor . . . . ❑
5. katodenseitig gesteuerter Thyristor . . . . ❑
6. Abschaltthyristor (GTO) . . . . ❑

W7.2 Die *I-U*-Kennlinien a) bis d) sind in den Schaltungssymbolen 1. bis 4. richtig zuzuordnen.

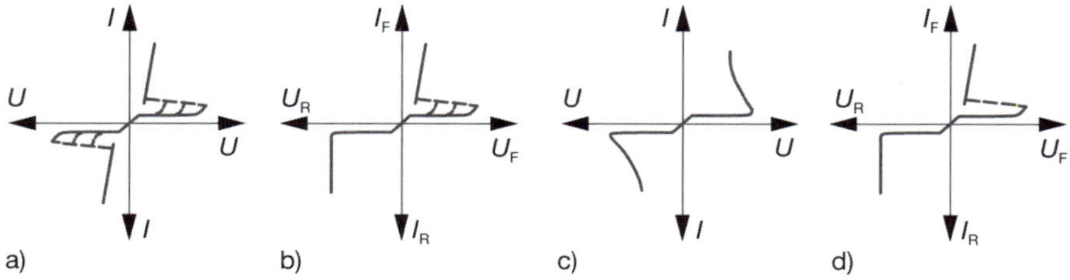

1. ❑ 2. ❑ 3. ❑ 4. ❑

W7.3 Welche der Beschreibungen treffen für Leistungsthyristoren üblicher Bauart zu?

a) steuerbarer Gleichrichter . . . . ❍
b) steuerbarer Wechselstromschalter . . . . ❍
c) Die Abschaltung des Hauptstromes erfolgt durch einen positiven Spannungsimpuls am Gate . . . . ❍
d) Die Abschaltung des Hauptstromes erfolgt durch Verringern des Stromes unter dem Haltestromwert . . . . ❍

W7.4 Welche der Beschreibungen von 1. bis 5. lassen sich

a) dem anodenseitig gesteuerten Thyristor,
b) dem katodenseitig gesteuerten Thyristor,
c) dem Triac zuordnen?

1. Das Bauelement wird nur dann leitend, wenn Anode und Gate zugleich ein ausreichend positives Potential gegenüber der Katode haben . . . . ❑
2. Das Bauelement wird nur dann leitend, wenn die Anode ein negatives und das Gate zugleich ein ausreichend positives Potential gegenüber der Katode aufweisen . . . . ❑
3. Das Bauelement wird nur dann leitend, wenn Anode und Gate zugleich ein ausreichend negatives Potential gegenüber der Katode aufweisen . . . . ❑

4. Das Bauelement wird nur dann leitend, wenn die Anode ein positives Potential gegenüber der Katode hat und das Gate zugleich ein ausreichend negatives Potential gegenüber der Anode hat . . . . ❏
5. Das Bauelement wird leitend, unabhängig von der Polung der angelegten Spannungen an Steueranschluss und Hauptstromstrecke . . . . ❏

W7.5 Was ist unter der Freiwerdezeit t_q eines Thyristors zu verstehen?

W7.6 Welche Bedeutung hat die Angabe $U_{DRM}/U_{RRM} = 1000$ V bei einem Thyristor?

W7.7 Die Zündung von Thyristoren und Triacs erfolgt vorwiegend mit Zündimpulsen. Diese Zündimpulse müssen bei gleich bleibender Leistung immer um den gleichen Winkel zum Netzspannungsnulldurchgang verschoben sein.
Wodurch wird dieses erreicht?

W7.8 Das Diagramm ① zeigt den Verlauf der Netzspannung U_{LN} an der abgebildeten Thyristorschaltung. Auf das Gate des Thyristors werden Steuerimpulse ausreichender Intensität gegeben, deren zeitlicher Verlauf dem Diagramm ② zu entnehmen ist. Welches der weiteren abgebildeten Diagramme stellt

1. den zeitlichen Verlauf der Spannung u_{RL} an R_L .... ❑
2. den zeitlichen Verlauf der Spannung u_V am Thyristor dar? . ❑

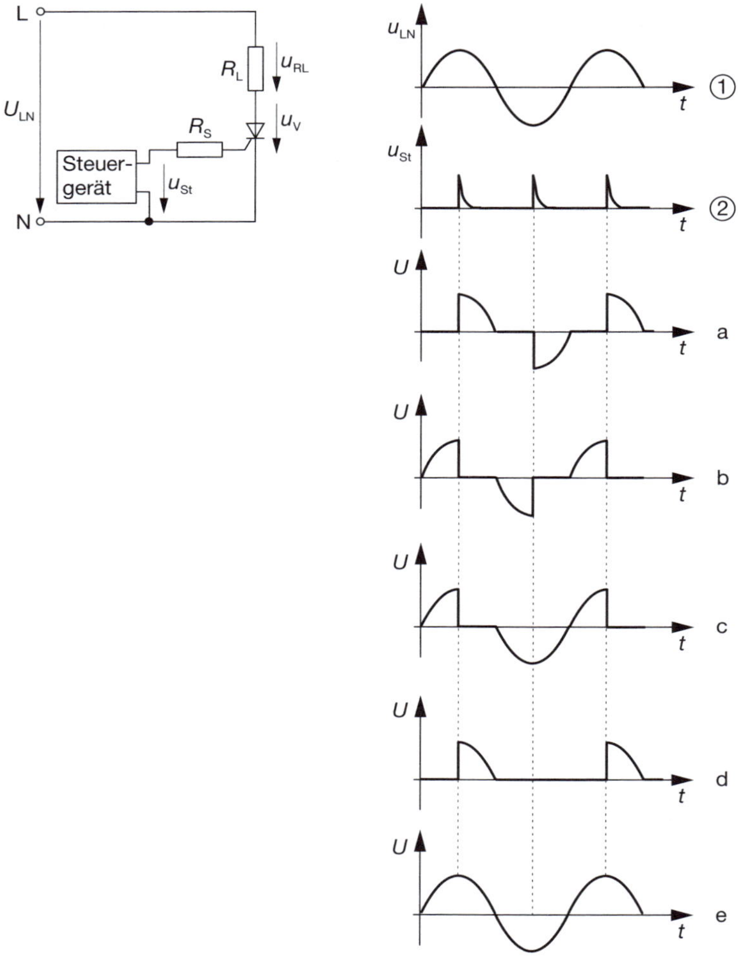

W7.9 Das Diagramm ① zeigt den Verlauf der Netzspannung U_{LN} an der abgebildeten Triacschaltung. Auf das Gate des Triac werden Steuerimpulse ausreichender Intensität gegeben, deren zeitlicher Verlauf dem Diagramm ② zu entnehmen ist. Welches der weiteren abgebildeten Diagramme stellt

1. den zeitlichen Verlauf der Spannung u_{RL} an R_L .... ❑
2. den zeitlichen Verlauf der Spannung u_V am Triac dar? ..... ❑

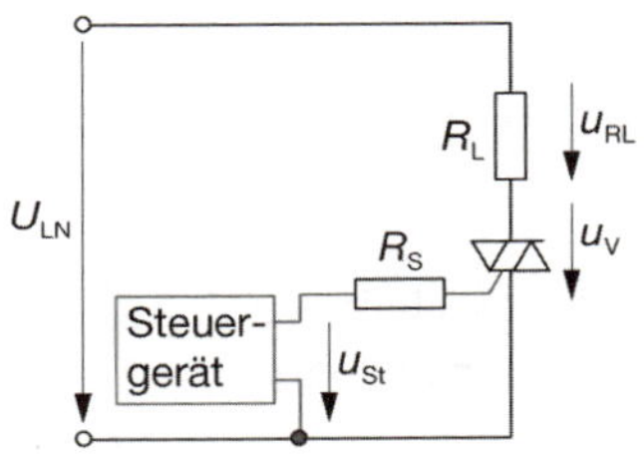

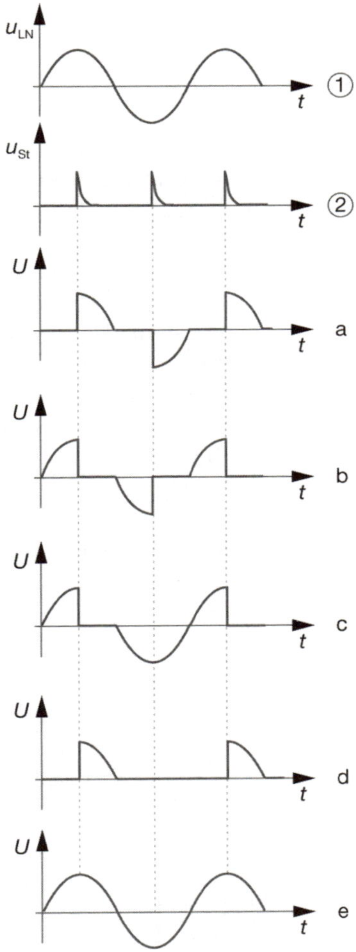

W7.10 Die Bauelemente der dargestellten Phasenanschnittschaltung sind ihren Aufgaben 1. bis 9. zuzuordnen.

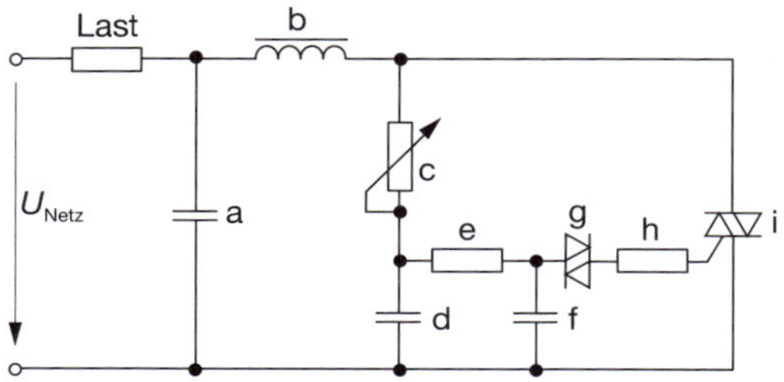

1. Einstellung des Zündwinkels .... ❑
2. kontaktloser Wechselstrom-Leistungsschalter .... ❑
3. Erzeugung einer gegenüber der Netzspannung phasenverschobenen Wechselspannung .... ❑
4. Verringerung der Hysterese und der Anfangsleistung ...... ❑
5. Erzeugung von Zündimpulsen, die in der positiven und der negativen Halbwelle den gleichen Zündwinkel haben ...... ❑
6. liefert die zum Zünden des Triac erforderliche Energie .... ❑
7. Vermeidung hochfrequenter Oberschwingungen im Netz ... ❑
8. Verlängerung des Zündimpulses, um ein sicheres Durchschalten des Triac zu gewährleisten .... ❑
9. ermöglicht eine Verschiebung des Zündwinkels auf über 90° ❑

W7.11 Warum ist bei der Phasenanschnittsteuerung von Kleinmotoren zur Drehzahlverstellung eine RC-Kombination parallel zum Triac erforderlich?

W7.12 Die Leistung eines Widerstandes $R = 24{,}2\ \Omega$ über eine Phasenanschnittsteuerung (Triac) verändert. Die Netzspannung beträgt 230 V/50 Hz.

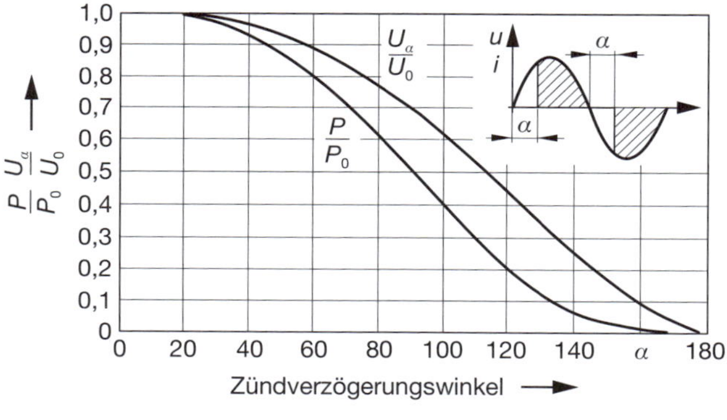

Gegeben ist die Steuerkennlinie der Phasenanschnittsteuerung.

a) In welchem Bereich muss der Zündwinkel α verändert werden, damit die Leistung zwischen $P_{\alpha 1} = 200$ W und $P_{\alpha 2} = 1{,}6$ kW einstellbar ist?

b) Wie groß sind die Effektivwerte der Spannung $U_{\alpha 1}$ und $U_{\alpha 2}$ und des Stromes $I_{\alpha 1}$ und $I_{\alpha 2}$ bei $P_{\alpha 1} = 200$ W und $P_{\alpha 2} = 1{,}6$ kW?

W7.13 Welche Vorteile bietet die Verwendung von Nullspannungsschaltern bei folgenden Anwendungsfällen:

a) Schalten von Glühlampen, z. B. in Signalanlagen, bei hoher Schalthäufigkeit.

b) Schalten von Heizwicklungen in Temperaturreglern.

W7.14 Zur elektronischen Steuerung der Leistung von Verbrauchern am 1-Phasen- bzw. 3-Phasen-Wechselstromnetz wird

a) Phasenanschnittsteuerung oder

b) Schwingpaketsteuerung eingesetzt.

Den folgenden Aussagen bzw. Anwendungsfällen 1. bis 8. ist das richtige Verfahren zuzuordnen:

1. Leistungssteuerung erfolgt durch Verschiebung des Zündwinkels innerhalb jeder Halbwelle der Netzspannung ...... ❑
2. Die Steuerung der mittleren Leistung erfolgt durch Änderung des Verhältnisses der Einschaltzeit zur Schaltperiode über mehrere Perioden .... ❑
3. Entstörglieder zur Vermeidung von hochfrequenten Oberschwingungen im Netz sind nicht notwendig, da nur in unmittelbarer Nähe des Nulldurchganges geschaltet wird ..... ❑
4. Zur Helligkeits- und Motorsteuerung kann nur dieses Verfahren eingesetzt werden .... ❑
5. Zur Temperatursteuerung bzw. Regelung von Heizgeräten, vor allem bei größeren Leistungen, die wirtschaftlichste Lösung .... ❑
6. Bei Leistungsminderung tritt eine Verschlechterung des Leistungsfaktors ($\cos \varphi$) auf .... ❑

W7.15 Die Leistung eines Verbrauchers wird mit einer Schwingungspaketsteuerung verändert. Die Schaltfrequenz beträgt 0,5 Hz. In welchem Bereich lässt sich P/P_{max} einstellen, wenn die Einschaltzeit zwischen $t_{E1} = 400$ ms und $t_{E2} = 1{,}6$ s eingestellt werden kann?

W7.16 Die Leistung eines Widerstandes $R = 20\ \Omega$ soll bei einem Anschluss an 230 V/50 Hz im Bereich 0,1 kW bis 2 kW stufenlos verändert werden. Die Schaltperiode beträgt $T_s = 4$ s. In welchem Bereich muss die Einschaltdauer t_E veränderbar sein?

Optoelektronik

W8.1 Den unter 1. bis 12. aufgeführten Eigenschaften von optoelektronischen Empfängern sind die betreffenden Bauelemente a) bis e) zuzuordnen.

a) Silizium-Fotoelement c) Fototransistor e) Fotothyristor
b) Fotodiode d) Fotowiderstand

1. Die Leerlaufspannung ist über einen großen Bereich nahezu unabhängig von der Beleuchtungsstärke und beträgt etwa $U_0 \approx 500$ mv…600 mV. . . . . ❑
2. Der Widerstand sinkt bei steigender Beleuchtungsstärke und ist unabhängig von der Polarität der anliegenden Spannung . . . . ❑
3. Bei Überschreiten einer bestimmten Beleuchtungsstärke wird das Bauelement schlagartig niederohmig . . . . ❑
4. Spontane Änderungen der Beleuchtungsstärke (Bereich µs) können aufgrund der Trägheit nicht erfasst werden . . . . ❑
5. Der Kollektorstrom steigt bei zunehmender Beleuchtungsstärke . . . . ❑
6. Der Kurzschlussstrom steigt linear mit zunehmender Beleuchtungsstärke . . . . ❑
7. Wegen geringer Trägheit ist die Grenzfrequenz sehr hoch (bei speziellen Bauformen im Bereich GHz) . . . . ❑
8. Liefert bei Beleuchtung nur einen Fotostrom in der Größenordnung µA . . . . ❑
9. Der Fotostrom liegt bei Beleuchtung in der Größenordnung mA . . . . ❑
10. Der Fotostrom ist bereits ab kleiner Spannung praktisch nur noch von der Beleuchtungsstärke abhängig . . . . ❑
11. Die Wellenlänge der max. Empfindlichkeit hängt von der Art der Halbleiterverbindung ab . . . . ❑
12. Der Fotostrom ist sehr linear von der Beleuchtungsstärke abhängig . . . . ❑

W8.2 Bei welcher der dargestellten Schaltungen wird die Ausgangsspannung U_Q bei Beleuchtung des betreffenden lichtabhängigen Bauelementes größer?

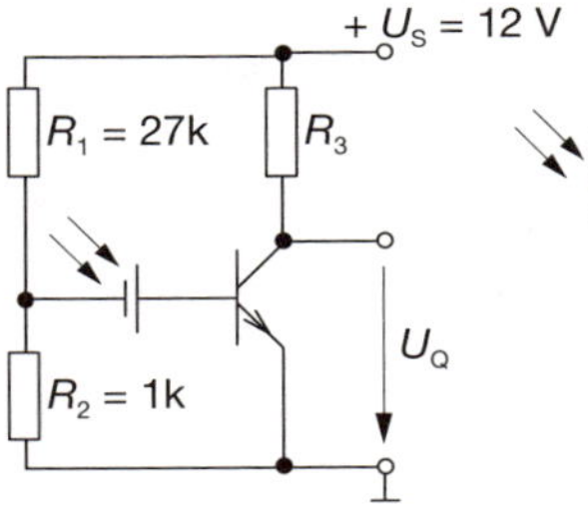

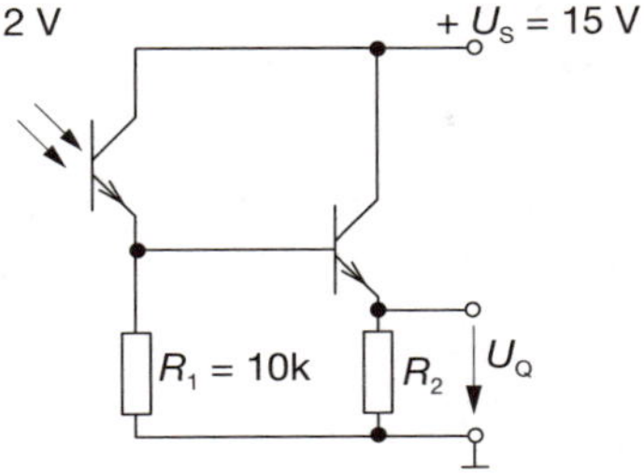

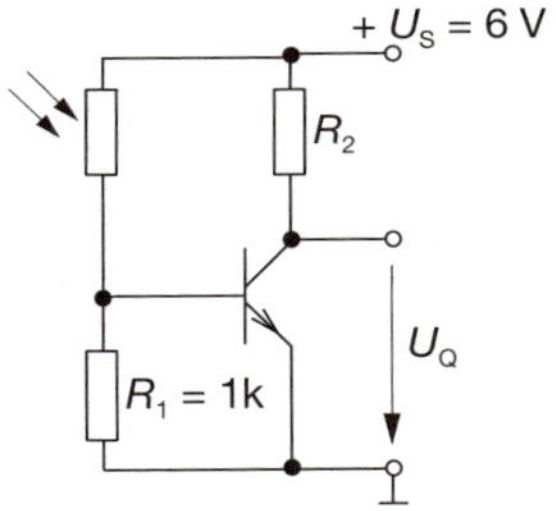

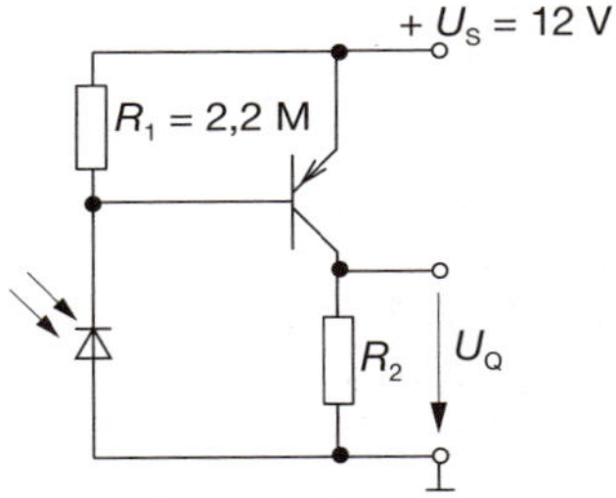

W8.3 Der abgebildete lichtabhängige Spannungsteiler soll bei einer Beleuchtungsstärke von $E = 50$ lx eine Spannung von $U_Q = 3$ V abgeben.
Welchen Widerstandswert muss der Vorwiderstand R_V haben?
(Auf der mittleren Kennlinie ablesen)

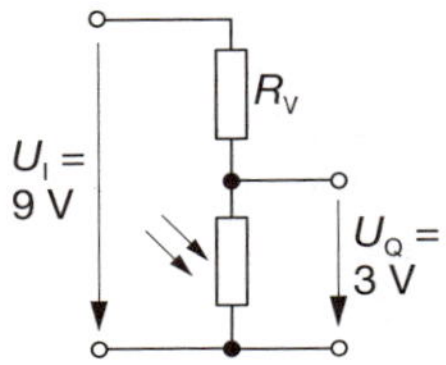

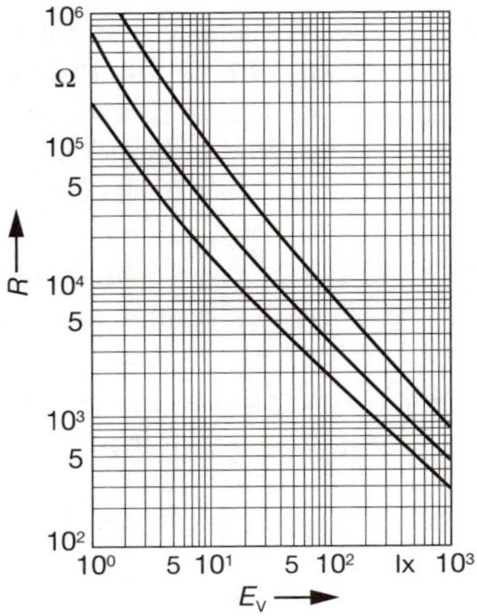

W8.4 Eine rot leuchtende LED soll an einer Betriebsgleichspannung von $U_S = 24$ V mit einem Strom von 20 mA betrieben werden.
Die Datenliste enthält folgende Angaben: $I_{F\,max} = 50$ mA, $U_{R\,max} = 3$ V, $P_{tot} = 120$ mW, $U_F = 1{,}6$ V.
Wie hoch müssen Widerstandswert und zulässige Verlustleistung des Vorwiderstandes sein?

W8.5 Eine Leuchtdiode soll zur Betriebsanzeige an einer sinusförmigen Wechselspannung von $U_{eff} = 15$ V betrieben werden (Bild).

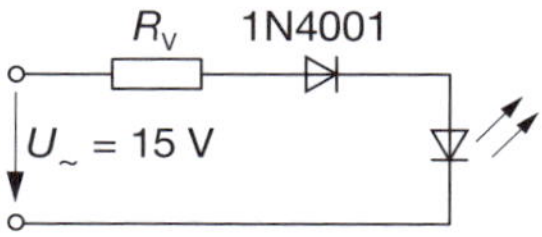

Der Durchlassstrom soll $I_{FAV} \approx 10$ mA betragen.
Die Gleichrichterdiode verhindert die Beanspruchung der LED in Sperrrichtung.
Welchen Widerstandswert und welche zulässige Verlustleistung muss der Vorwiderstand haben (Schwellspannungen können vernachlässigt werden)?

W8.6 Wodurch unterscheidet sich das ausgesendete Licht einer Laserdiode von dem einer LED?
a) Es kann nur in einer einzigen Wellenlänge entstehen ...... ❍
b) Die Strahlungsleistung ist sehr viel niedriger .... ❍
c) Das ausgesendete Licht lässt sich bedeutend besser bündeln und modulieren .... ❍
d) Es ist stark gestreut und kann daher einen großen Bereich ausleuchten .... ❍
e) Es ist kohärentes Licht .... ❍
f) Es ist inkohärentes Licht .... ❍

W8.7 Die Fehleranalyse in einer mikroprozessorgesteuerten Anlage zeigt, dass das Einganssignal nicht mehr vom Optokoppler übertragen wird. Welche Funktion haben Optokoppler?
a) Optokoppler sind Lichtschranken, die mit sichtbarer Strahlung arbeiten .... ❍
b) Sie übertragen insbesondere digitale Signale zwischen Steuereinheit und Peripherie und dienen zum Schutz der Steuereinheit vor Störsignalen .... ❍

c) Sie übertragen digitale und analoge Signale bei gleichzeitiger optischer Anzeige mittels LED .... ❍
d) Sie gewährleisten optimale Übertragung von analogen Signalen bei der Kopplung unterschiedlicher elektronischer Baugruppen .... ❍
e) Optokoppler übertragen digitale und analoge Signale bei gleichzeitiger galvanischer Trennung zwischen Eingangs- und Ausgangssignal .... ❍

W8.8 Welche der genannten Aussagen treffen für die Informationsübertragung durch Lichtwellenleiter zu?
a) Übertragung höherer Informationsmengen durch eine höhere Bandbreite .... ❍
b) schnellere Übertragung der Informationen, da mit Lichtgeschwindigkeit gearbeitet werden kann .... ❍
c) Unempfindlichkeit gegenüber elektromagnetischen Störfeldern ❍
d) geringerer Raumbedarf und geringeres Gewicht als vergleichbare Koaxialkabel auf Kupferbasis .... ❍
e) Übertragung größerer Informationsmengen, wobei Lichtwellenleiter sich nur für wenige Meter Übertragungsentfernung eignen .... ❍
f) Bei der Verlegung darf ein minimaler Biegeradius nicht unterschritten werden .... ❍

Hall-Generatoren und Feldplatten

W9.1 Welche der folgenden Aussagen über den Hall-Generator sind richtig?
a) Die Hall-Spannung ist der Dicke des Hall-Generators und der magnetischen Flussdichte nahezu proportional .... ❍
b) Die Hall-Spannung ist dem Steuerstrom und der magnetischen Flussdichte nahezu proportional .... ❍
c) Die Polarität der Hall-Spannung ist nur von der Polarität des Magnetfeldes abhängig .... ❍
d) Die Polarität der Hall-Spannung ist von der Polarität des Magnetfeldes und der des Steuerstromes abhängig .... ❍
e) Die Leerlauf-Hall-Spannung bei $B = 1$ T und Steuernennstrom liegen im mV-Bereich .... ❍
f) die Leerlauf-Hall-Spannung bei $B = 1$ T und Steuernennstrom liegen bei einigen V .... ❍

W9.2 Welche der folgenden Anwendungsbeispiele treffen für Hall-Generatoren zu?

a) potentialfreie Strommessung (Strommesszangen) . . . . ❍
b) kontaktlose Positionserfassung, die abhängig von der Betätigungsgeschwindigkeit ist . . . . ❍
c) kontaktlose Positionserfassung, die unabhängig von der Betätigungsgeschwindigkeit ist . . . . ❍
d) kollektorloser Gleichstrommotor (Elektronikmotor) . . . . ❍
e) magnetische Erfassung von Schallwellen oder Schallereignissen . . . . ❍
f) Messung magnetischer Felder . . . . ❍

W9.3 Im Blockschaltbild einer industriellen Montagelinie für Verbrennungsmotoren ist folgendes Prinzipbild dargestellt. Überlegen Sie sich für die Fehlersuche in der Anlage, welcher der Verläufe sich für die Hall-Spannung U_2 in Abhängigkeit vom Abstand d zwischen Dauermagnet und Hall-Generator ergibt.

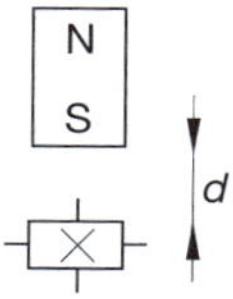

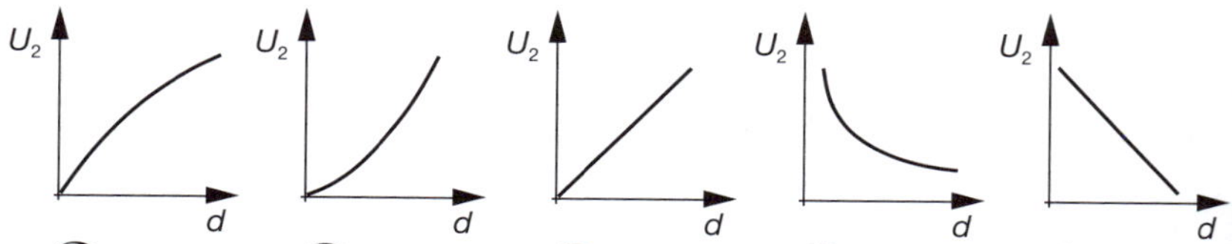

a) ❍ b) ❍ c) ❍ d) ❍ e) ❍

W9.4 Welche der folgenden Aussagen über die Feldplatte sind richtig?

a) Der elektrische Widerstand ist der magnetischen Induktion B proportional . . . . ❍
b) Der elektrische Widerstand sinkt bei steigender magnetischer Induktion B . . . . ❍
c) Der elektrische Widerstand steigt nichtlinear mit zunehmender magnetischer Induktion . . . . ❍
d) Der elektrische Widerstand ist unabhängig von der Polarität des Magnetfeldes . . . . ❍

e) Der elektrische Widerstand ist abhängig von der Änderungsgeschwindigkeit des Magnetfeldes .... ❍
f) Das Element reagiert nur auf die senkrecht zur Oberfläche gerichtete Komponente des Magnetfeldes .... ❍

W9.5 Die Differentialfeldplatte wird teilweise vom Magnetfeld eines Dauermagneten durchsetzt.
Wie ändert sich die Brückenspannung U_{AB}, wenn der Dauermagnet nach unten bewegt wird?

a) U_{AB} wird positiver .... ❍
b) U_{AB} wird negativer ... ❍
c) U_{AB} bleibt konstant ... ❍

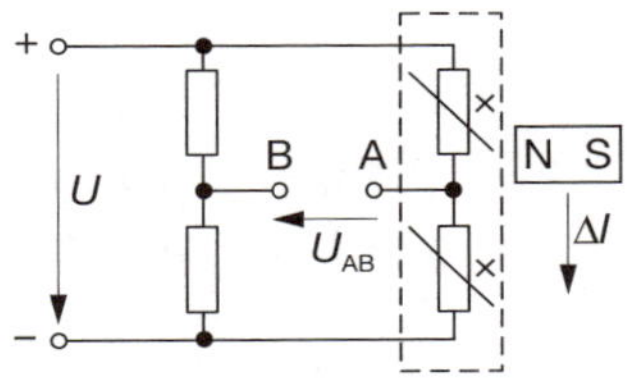

Elektronische Strom- und Spannungsquellen

W10.1 Die Abbildung zeigt eine Schaltung zur Spannungsstabilisierung mit Längstransistor.

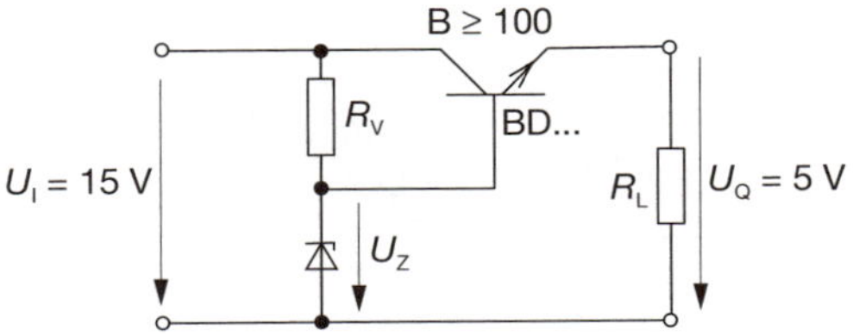

a) Wie hoch ist die Verlustleistung im Längstransistor, wenn der Laststrom $I_L = 200$ mA beträgt?
b) Wie hoch ist die Z-Spannung U_Z der Z-Diode zu wählen, wenn $U_Q = 5$ V betragen soll?
c) Wie hoch darf der Vorwiderstand höchstens gewählt werden, wenn der Z-Strom $I_Z = 5$ mA nicht unterschreiten soll? Der max. Laststrom beträgt $I_L = 200$ mA.

W10.2 Die Schaltung zeigt einen Konstantstrom-4-Pol mit Bipolartransistor.

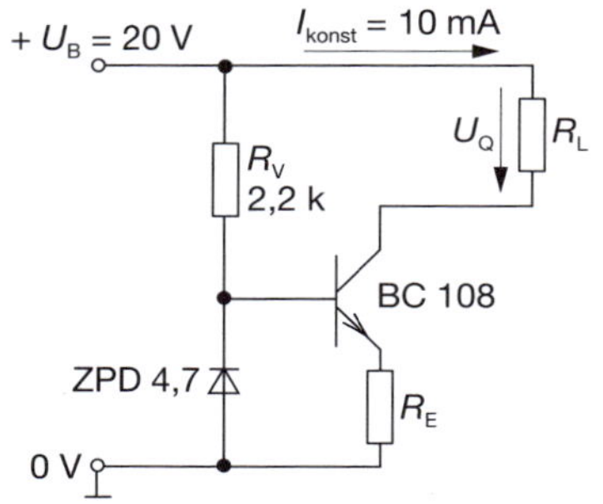

a) Welchen Wert muss der Widerstand R_E haben, wenn die Schaltung einen konstanten Strom von $I_{konst} = 10$ mA abgeben soll?
b) In welchem Bereich darf sich der Lastwiderstand R_L ändern, ohne dass die Stabilisierung aussetzt? ($U_{CE} \geq 0{,}5$ V)
c) Bei welchem Lastwiderstand R_L tritt die höchste Verlustleistung im Transistor auf, und wie hoch ist diese?

W10.3 Auf welchen Wert wird der Strom I_L durch die dargestellte Schaltung etwa begrenzt? ($U_{BE} \approx 0{,}6$ V)

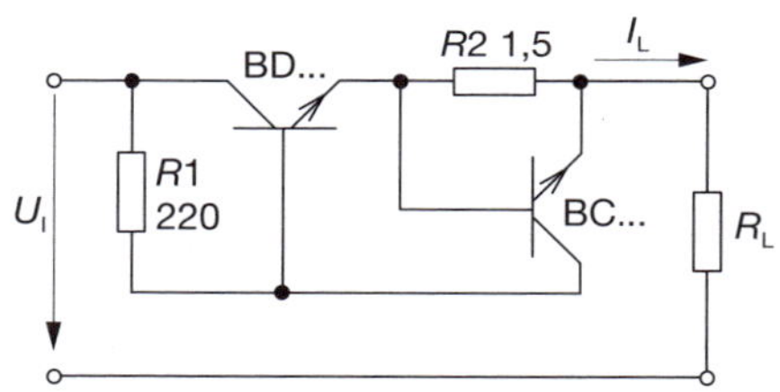

W10.4 Die Abbildung zeigt ein einfaches geregeltes Netzgerät für eine feste Ausgangsspannung. Welche Potentiale U_1 bis U_5 müssten ungefähr an den mit 1 5 bezeichneten Messpunkten gemessen werden? Die Sekundärspannung des Transformators beträgt U_{eff} = 20 V, das Trimmpoti steht etwa in Mittellage, und das Gerät ist unbelastet (U_{BE} = 0,6 V).

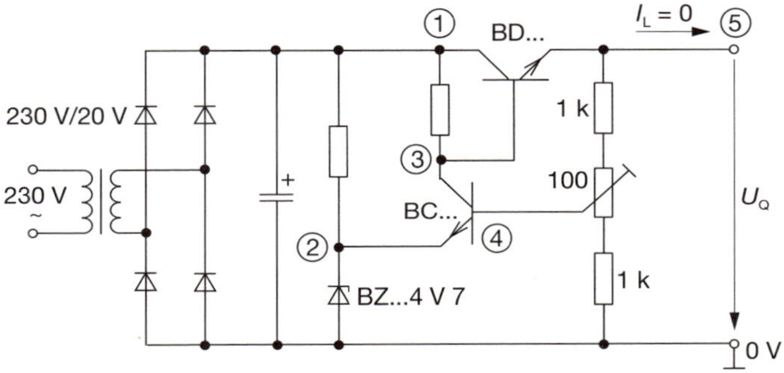

W10.5 a) Welchen Wert muss der Widerstand R haben, wenn $I_{L\,max}$ = 1,5 A sein soll und der Festspannungsregler mit max. 0,5 A belastet werden darf (U_{BE} = 0,7 V)?

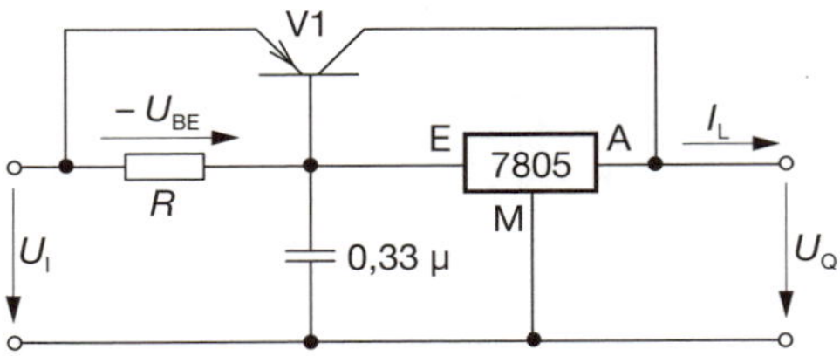

b) Welchen Wärmewiderstand darf der Kühlkörper für den Transistor V1 bei den unter a) genannten Betriebsbedingungen höchstens haben?
(U_I = 8 V, $\vartheta_{j\,max}$ = 180 °C, ϑ_U = 60 °C, $R_{th\,JG}$ = 4,5 K/W, $R_{th\,GK}$ = 0,5 K/W).

W10.6 Wozu dient der Trimmer Tr?

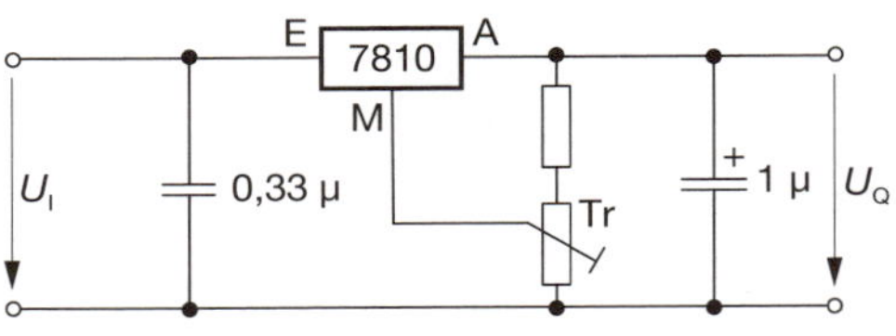

W10.7 a) Welche Bauteile sind gefährdet, wenn der Ausgang kurzgeschlossen wird?
b) Welche Bauteile sind gefährdet, wenn der Ausgang unbelastet ist (Leerlaufbetrieb)?

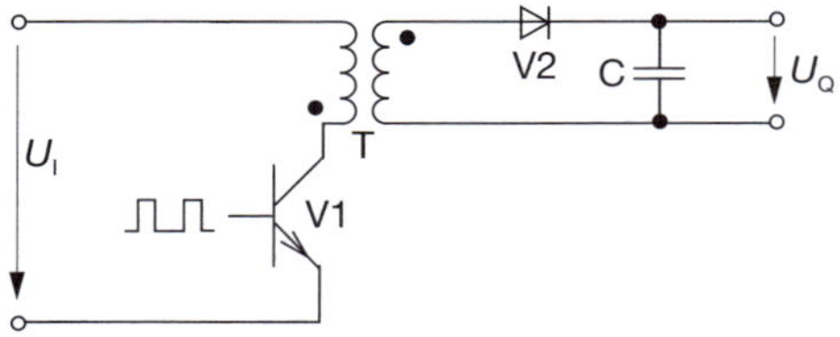

W10.8 Die Schalter S sind elektronische Schaltelemente (MOS-FET), die mit $f_{Takt} =$ 100 kHz angesteuert werden. Welchen Wert nehmen die Leerlauf-Ausgangsspannungen U_{QA} und U_{QB} an?

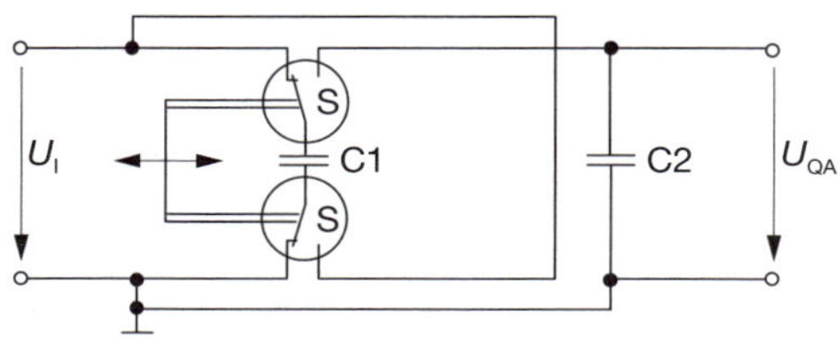

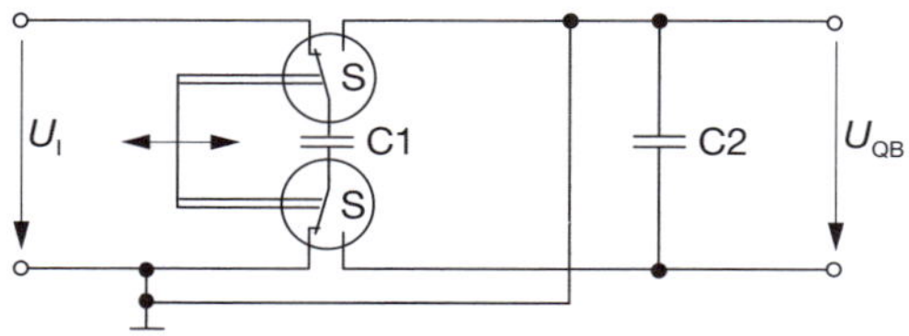

W10.9 a) Welches Vorzeichen hat die Ausgangsspannung U_Q?
b) Welche Bauteile sind bei ausgangsseitigem Kurzschluss unmittelbar gefährdet?

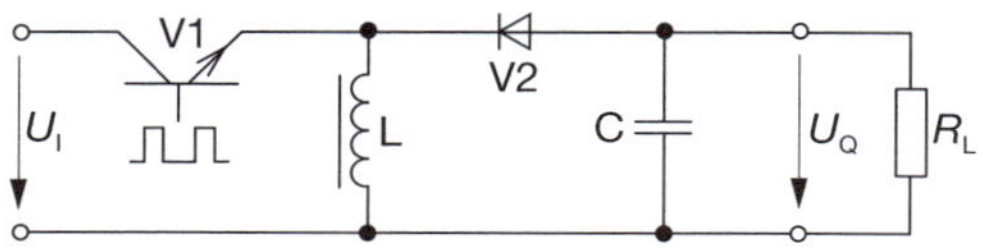

W10.10 Mit welchem Strom I_L darf die Schaltung bei $\vartheta_U = 60\,°C$ betrieben werden, wenn der Festspannungsregler ohne Kühlkörper betrieben wird ($R_{thJU} = 50$ K/W, $\vartheta_{j\,max} = 150\,°C$)?

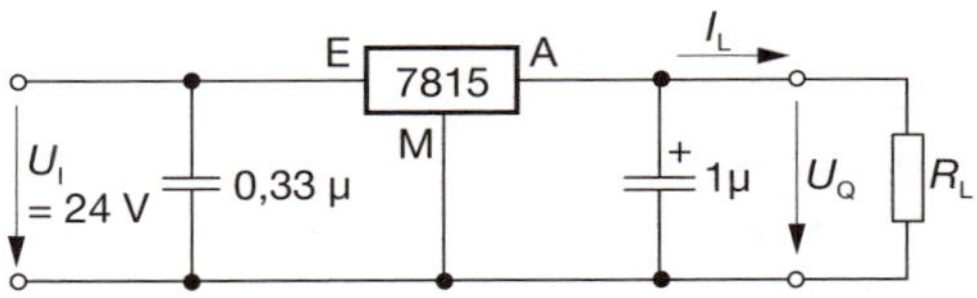

Digitaltechnik

W11.1 Wandeln Sie folgende Dezimalzahlen nach dem Verfahren der schrittweisen Division in Dualzahlen um:
a) $781_{(10)}$ b) $2364_{(10)}$

W11.2 Wandeln Sie folgende Dualzahlen in Dezimalzahlen um:
a) $110101101_{(2)}$ b) $1101001100_{(2)}$

W11.3 Wandeln Sie folgende Dualzahlen in Hexadezimalzahlen um:
a) $0110\,1101\,0101\,1110_{(2)}$ b) $11\,0100\,1101_{(2)}$

W11.4 Wandeln Sie folgende Hexadezimalzahlen in Dualzahlen und Dezimalzahlen um:
a) $4D6C_{(16)}$ b) $FC02_{(16)}$

W11.5 Stellen Sie folgende Dezimalzahlen im binären 8-4-2-1-BCD-Code dar:
a) $7518_{(10)}$ b) $9025_{(10)}$

W11.6 Wandeln Sie die folgenden BCD-Zahlen in Dezimalzahlen um:
a) $0110\,1001_{(8\text{-}4\text{-}2\text{-}1\text{-}BCD)}$ b) $10\,1000\,0110_{(8\text{-}4\text{-}2\text{-}1\text{-}BCD)}$

W11.7 Addieren Sie folgende Dualzahlen:
a) $0100111_{(2)} + 101110_{(2)}$ b) $10110001_{(2)} + 10111011_{(2)}$

W11.8 Geben Sie der Datenverarbeitung gebräuchliche Bezeichnungen sowie die Anzahl der möglichen Bitkombinationen, die bei folgenden Wortlängen darstellbar sind:
a) 4-Bit-Wortlänge
b) 8-Bit-Wortlänge

c) 16-Bit-Wortlänge
d) 32-Bit-Wortlänge

W11.9 Nennen Sie den Unterschied zwischen einem numerischen und einem alphanumerischen Binärcode!

W11.10 Welches ist der gebräuchlichste internationale alphanumerische Binärcode, und wie groß ist die Wortlänge eines Zeichens?

W11.11 Geben Sie das ASCII-Zeichen für die Ziffer «5» in binärer und hexadezimaler Form an!

W11.12 Welche Funktion wird durch die nachstehende Relais-Schaltung realisiert?

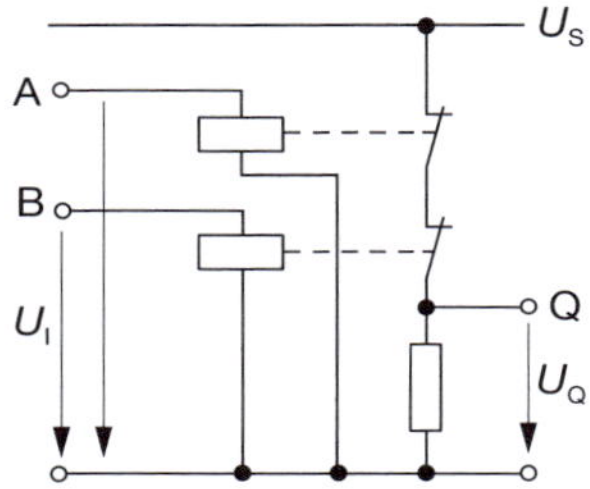

W11.13 Welche Funktion wird durch die nachstehende Schaltung realisiert?

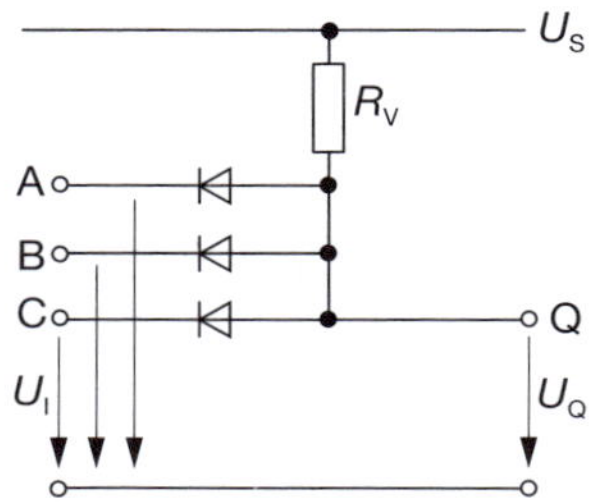

W11.14 Ordnen Sie die Wahrheitstabellen a) bis e) den nachstehenden Funktionen 1. bis 6. zu.

a)

B	A	Q
0	0	0
0	1	1
1	0	1
1	1	1

b)

B	A	Q
0	0	1
0	1	0
1	0	0
1	1	0

c)

B	A	Q
0	0	0
0	1	0
1	0	0
1	1	1

d)

B	A	Q
0	0	1
0	1	1
1	0	1
1	1	0

e)

A	Q
0	1
1	0

f)

B	A	Q
0	0	0
0	1	1
1	0	1
1	1	0

1. NICHT . . . . ❑
2. UND . . . . ❑
3. ODER . . . . ❑
4. NAND . . . . ❑
5. NOR . . . . ❑
6. EXOR . . . . ❑

W11.15 Ordnen Sie die Funktionen a) NICHT, b) UND, c) ODER, d) NAND, e) NOR den nachstehenden Funktionsgleichungen 1. bis 8. zu.

1. $Q = \overline{A \wedge B \wedge C}$ . . . . ❍
2. $Q = \overline{A} \wedge \overline{B} \wedge \overline{C}$ . . . . ❍
3. $Q = \overline{A}$ . . . . ❍
4. $Q = A$ . . . . ❍
5. $Q = \overline{A \vee B \vee C \vee D}$ . . . . ❍
6. $Q = \overline{A} \vee \overline{B} \vee \overline{C}$ . . . . ❍
7. $Q = A \wedge B \wedge C \wedge D \wedge E$ . . . . ❍
8. $Q = A \vee B \vee C$ . . . . ❍

W11.16 Welche logische Grundverknüpfung wird durch folgende Schaltung nachgebildet?

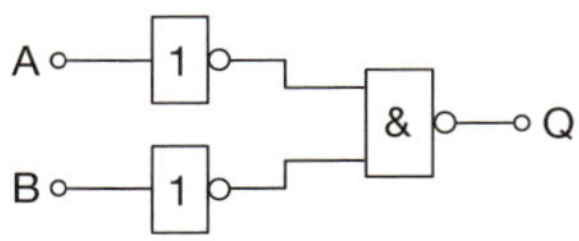

W11.17 Analyse eines logischen Schaltnetzes.
Gesucht sind:
a) Funktionstabelle mit den Zwischenvariablen
b) Namen dieser Verknüpfung
c) Schaltzeichen dieser Verknüpfung

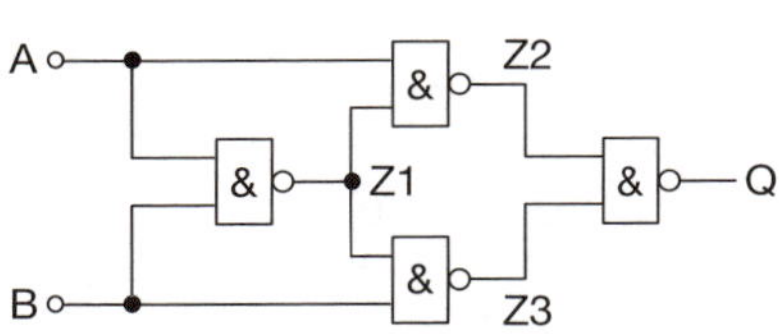

W11.18 Gesucht sind bei folgender Komparatorschaltung:

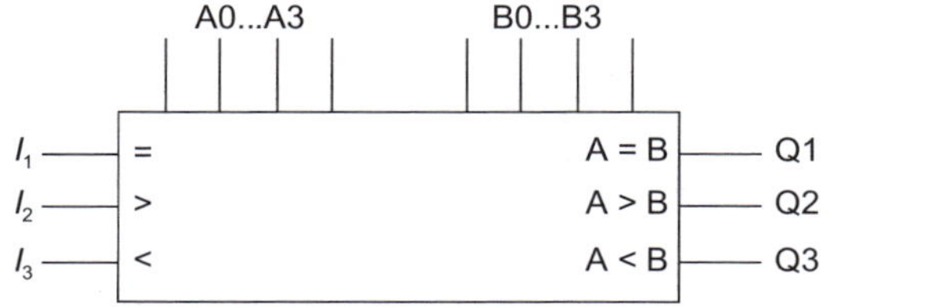

Fall	A3	A2	A1	A0	B3	B2	B1	B0	Q1	Q2	Q3
1	0	1	1	0	0	1	1	1			
2	0	1	0	1	1	0	1	0			
3	0	0	0	0	0	0	0	0			
4	1	1	1	1	1	1	1	0			

a) die Ausgangszustände Q_1, Q_2, Q_3 für die Fälle 1 ..4
b) Beschaltung der Eingänge =, >, <

W11.19 Ermitteln Sie für folgende Schaltung

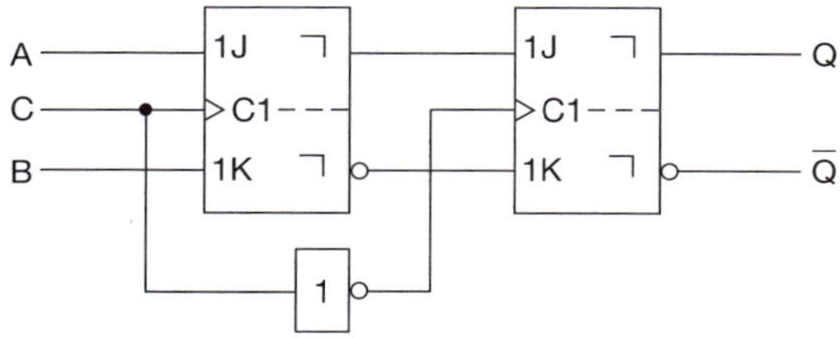

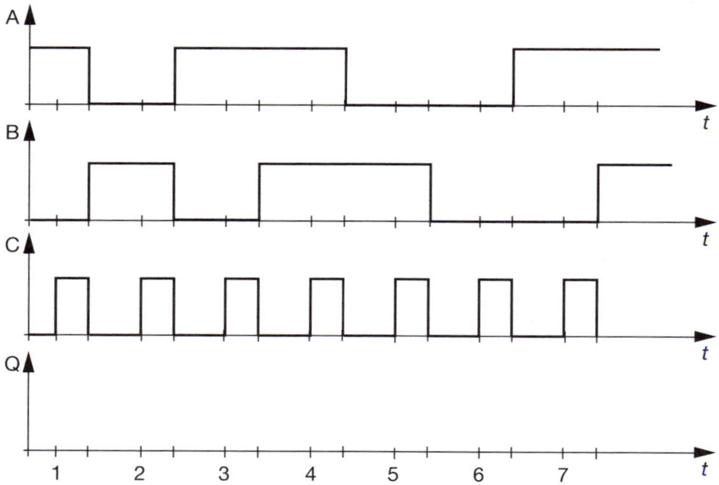

a) das Ausgangssignal an Q im Signal-Zeit-Plan
b) die Funktion der Schaltung mit Angabe der Bezeichnung und des Symbols, das diese Schaltung ersetzt.

W11.20 Geben Sie jeweils für Q das Signal im Signal-Zeit-Plan für nachstehende Flipflops an:

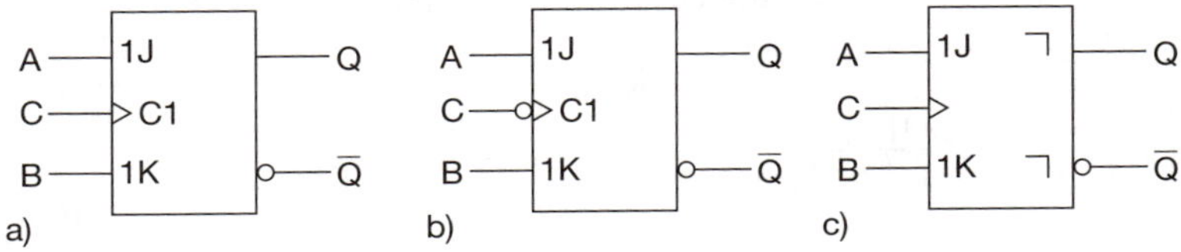

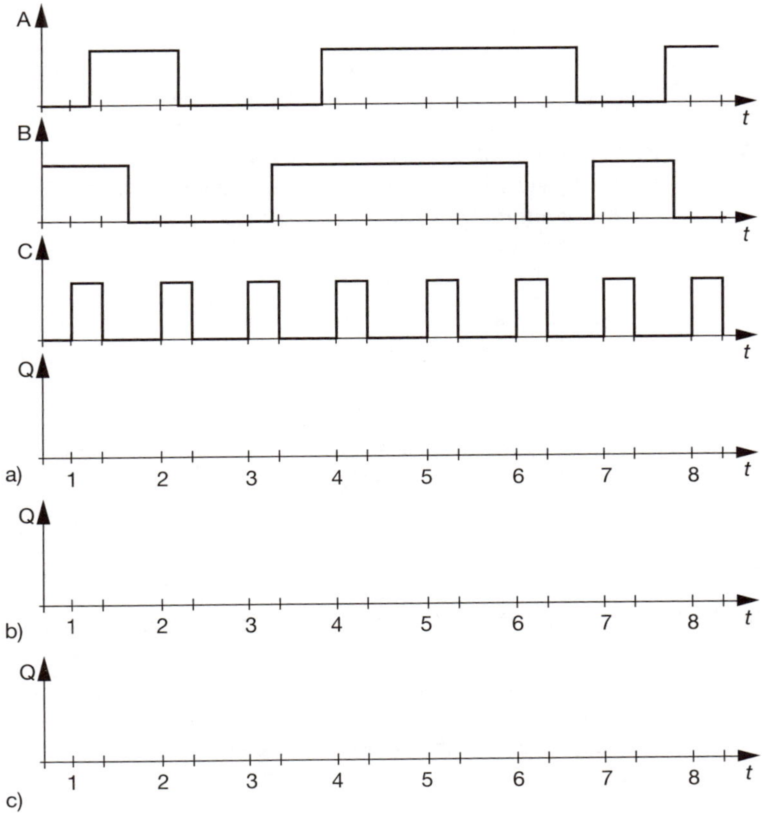

W11.21 Zu folgender Schaltung ist anzugeben:
a) der Signal-Zeit-Plan
b) eine Schaltung aus einzelnen Gattern und Kippgliedern

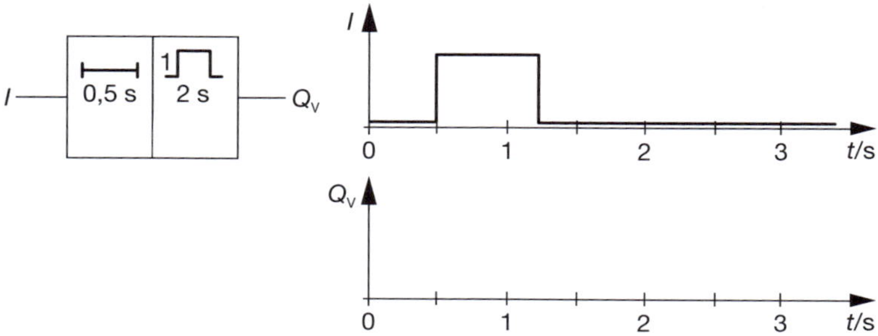

W11.22 a) Um welche Zählerart handelt es sich?
b) Nach wie vielen Impulsen am Eingang C hat der Zähler seinen Ausgangszustand wieder erreicht?
c) Welche Funktion hat der Eingang $\overline{R}$

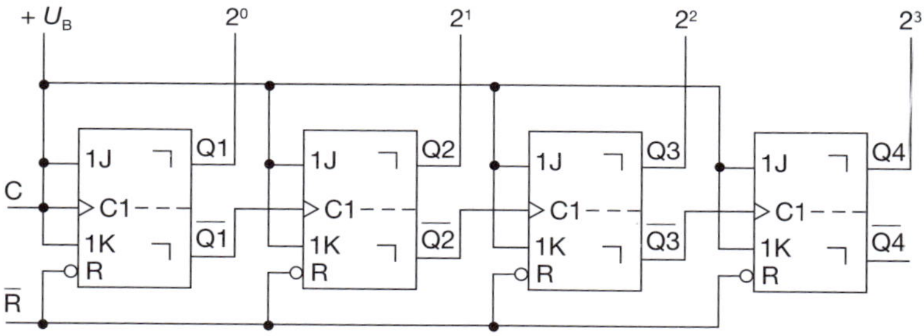

W11.23 a) Welche Möglichkeiten bietet ein Baustein mit folgendem Kurzzeichen?
b) Welche Funktion hat der Eingang R?
c) Welche Verbindung ist zur Bildung eines Dezimalzählers (8-4-2-1-BCD) erforderlich?

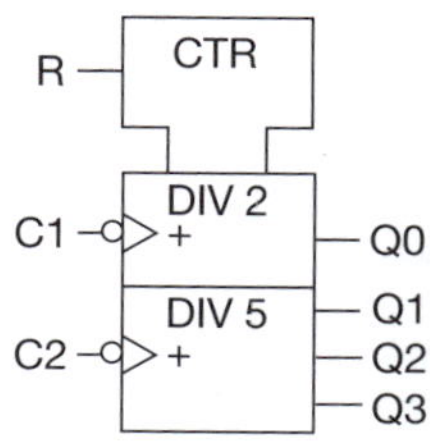

W11.24 a) Geben Sie für folgendes Kurzzeichen die Schaltung aus einzelnen Kippgliedern an.
b) Welche Funktion hat die Schaltung?
c) Stellen Sie die Zustände der Ausgänge Q1 …Q4 in Abhängigkeit von C und I im folgenden Signal-Zeit-Plan dar.

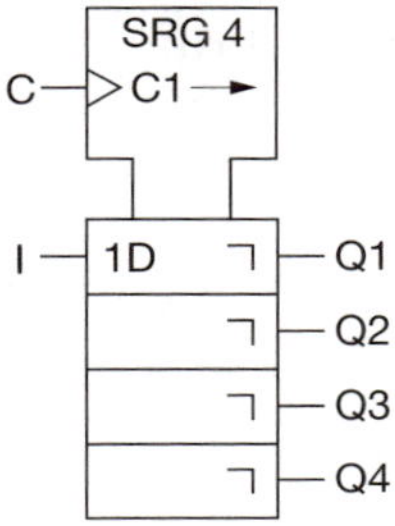

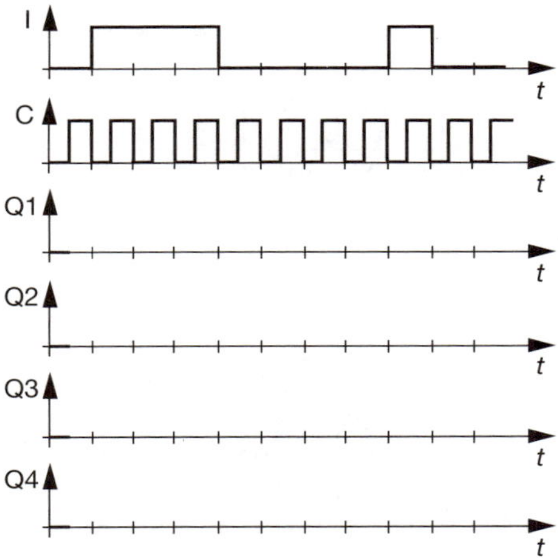

Kühlung von Bauelementen

W12.1 In einer Leistungsendstufe wird ein Transistor BC 137 mit $R_{thJG} =$ 5 K/W verwendet. Welcher Kühlkörperwärmewiderstand ist erforderlich, wenn $U_{CE} = 15$ V; $I_c = 0{,}4$ A; $\vartheta_j = 150\,°C$ und $\vartheta_u = 40\,°C$ jeweils als Grenzwert angenommen wird?

W12.2 Mit welchem Kollektorstrom darf der Transistor mit folgenden Daten betrieben werden, wenn $U_{CE} = 5$ V und die Umgebungstemperatur 60 °C betragen?
Daten: $R_{th\,Ju}$ = 500 K/W
$\vartheta_{j\,max}$ = 175 °C
$I_{c\,max}$ = 150 mA

W12.3 Für einen integrierten Festspannungsregler vom Typ 7815 im TO-220-Gehäuse ist ein Kühlblech auszuwählen (Aluminium, quadratisch, siehe Diagramm). Die Eingangsspannung schwankt zwischen 22 V und 26 V, die Ausgangsspannung beträgt 15 V. Es kann ein max. Laststrom von 800 mA fließen bei Umgebungstemperaturen bis 70 °C. Das Gehäuse soll mit einer Glimmerscheibe isoliert auf das Kühlblech montiert werden, deren Übergangswärmewiderstand (mit Wärmeleitpaste) $R_{\text{th GK}} = 1{,}4$ K/W beträgt. Welche Dicke und Kantenlänge muss das Kühlblech mindestens haben?

Daten des ICs: $\vartheta_{\text{j max}} = 150\,°\text{C}$

$R_{\text{th JG}} = 4$ K/W

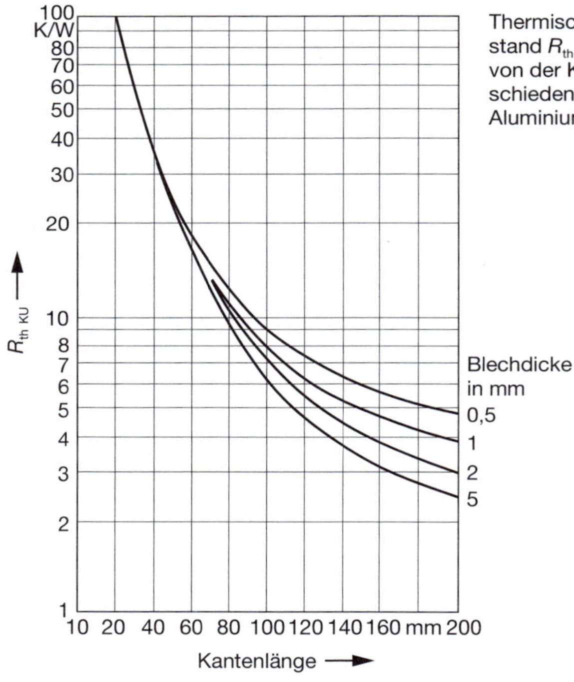

Thermischer Abgabewiderstand $R_{\text{th KU}}$ in Abhängigkeit von der Kantenlänge für verschieden dicke quadratische Aluminiumbleche

X Telekommunikations- und Gefahrenmeldetechnik

X1 Welcher Frequenzbereich kann an einem analogen Telefonanschluss genutzt werden?

X2 Welches ist der Übergabepunkt an einem analogen Tk-Anschluss und was ist zu beachten?

X3 Was geschieht elektrisch an einem funktionsfähigen analogen Telefonanschluss (a-b-Schnittstelle), wenn der Hörer eines Telefons abgehoben wird?

X4 Wie wird die Ziffer 4 bei IWV und prinzipiell bei MFV an die Vermittlungstechnik übertragen?

X5 Bei einem IWV-Telefon soll ein Zweitwecker nur bei gezogenem Telefon klingeln.
Welche Schaltung ist vorzunehmen?

X6 Welche Zeit ist erforderlich für die Übertragung einer Datei mit 0,5 MByte
a) einmal in zwei gebündelten B-Kanälen an einem Basisanschluss,
b) zum anderen in einem B-Kanal an einem Primärmultiplexanschluss?
c) Was ist jeweils zu zahlen, wenn der Netzbetreiber minutenweise mit 0,12 €/min z.B. für ein Telefongespräch abrechnet?

X7 Wozu wird ein Starkstrom-Anschalterelais eingesetzt?

X8 Auf der ISDN-S0-Schnittstelle werden Nutz- und Signalisierungsinformationen transportiert. Welche Kanäle sind wofür vorhanden?

X9 Wie hoch ist die Datenübertragungsgeschwindigkeit an einem ISDN-Basisanschluss?

X10 Geben Sie die Zuordnung der Aderbezeichnungen beim ISDN-S0-Bus zu den Klemmpunkten einer UAE (RJ45) an. Welches ist der Unterschied zu einer IAE?

X11 Wozu wird ein Multiplexer eingesetzt?

X12 Wie viele Adern sind in der Anschlussschnur eines Modems netzseitig gewöhnlich vorhanden und warum?

X13 Welche 3 möglichen Übertragungswege von einer Gefahrenmeldeanlage zu einer Hilfe leistenden Stelle sind nutzbar? Was bedeutet redundanter Übertragungsweg bei GMAs?

X14 Wozu dienen AWUG und AWAG? Beschreiben Sie den Unterschied.

X15 In welchem Zusammenhang steht das ISDN-Leistungsmerkmal «Dauerüberwachung» mit der Einbruchmeldetechnik?

X16 Welche Überwachungsarten werden bei Einbruch-Meldeanlagen unterschieden?

X17 Was ist mit geistiger Scharfschalteinrichtung gemeint?

X18 Warum ist bei der Errichtung einer EMA auch auf den Einsatz von mechanischen Elementen Wert zu legen?

X19 Welche Melder finden bei einer Außenhautüberwachung Anwendung?

X20 Welche Melder finden bei einer Innenraumüberwachung Anwendung?

X21 Was ist unter «überwachter Übertragungsweg» zu verstehen?

Y Kombinierte auftragsorientierte Aufgaben zur Prüfung

Y1 Herr Krug töpfert in seiner Freizeit. Zum Brennen der gefertigten Gegenstände besitzt er einen Glühofen mit Widerstandsheizung zum Anschluss an 400 V/230 V. Durch einen Stern-Dreieck-Schalter besitzt der Glühofen 2 Heizstufen.

Da Herr Krug teilweise sehr aufwendig gearbeitete Stücke brennt, bittet er Sie, die Leistungsdaten dieses Ofens und die Heizstäbe auf richtige Werte zu prüfen.

Bei der Überprüfung gehen Sie zunächst von der zweiten Schaltstufe aus. Der Ofen nimmt, wenn er in Dreieck geschaltet ist, 5,63 A auf. Aus dieser Größe errechnen Sie, bevor Sie weitermessen, die folgenden Werte:

a) die Leistungsaufnahme in Dreieckschaltung,
b) den Widerstand eines Stranges,
c) den Strom bei Sternschaltung,
d) die Leistungsaufnahme bei Sternschaltung.

Danach stellen Sie durch entsprechende Messungen fest, dass die tatsächlichen Werte den errechneten Daten entsprechen.

Nach einer zusätzlich durchgeführten Überprüfung auf Sicherheit teilen Sie Herrn Krug mit, dass sein Glühofen zur Zeit in Ordnung ist.

Y2 Es ist zu prüfen, ob für nachstehende Motordaten im TN-System mit Schutz durch Schutzorgane ($I_A = 5 \cdot I_N$) ein gemessener Schleifenwiderstand von 2,1 Ω zulässig ist. Der Motor soll mit Schmelzsicherungen um 2 Stufen höher abgesichert werden, als nach dem Bemessungsstrom erforderlich wäre. Der max. zulässige Schleifenwiderstand ist anzugeben. Motordaten: 7,5 kW; 230/400 V; $\cos\varphi = 0{,}77$; $\eta = 0{,}8$.

Y3 Ein 24-kW-Durchlauferhitzer mit der Bemessungsspannung 400 V soll über eine 60 m lange NYM-Leitung (Referenzverlegeart «C») versorgt werden. Zu bestimmen sind der Bemessungsstrom I_n der Überstrom-Schutzeinrichtung (Leitungsschutzschalter, Charakteristik B) und der Leitungsquerschnitt, wenn als Schutzmaßnahme Schutz durch Schutzorgane im TN-System angewendet wird ($I_A \leq 5 \cdot I_n$) und der Spannungsfall auf der NYM-Leitung 3% nicht überschreiten soll. Die Schleifenimpedanz (der Schleifenwiderstand) vor der Sicherungsverteilung beträgt 100 mΩ. Um den Schutz bei Überlast zu gewährleisten, muss die Bedingung $I_b \leq I_n \leq I_z$ erfüllt sein (I_b = Betriebsstrom des

Stromkreises). Orientieren Sie sich auch anhand des nachfolgenden Tabellenauszugs.

Auszug Tabelle 1 aus DIN VDE 0100-520 Bbl 2:2002-11
Zulässige Strombelastbarkeit I_z von Kabeln und Leitungen
PVC-isolierte Kabel und Leitungen mit Cu-Leiter bei fester Verlegung in oder an Bauwerken.
Betriebstemperatur am Leiter 70 °C, Umgebungstemperatur 25 °C

Verlegeart	Direkte Verlegung auf oder in Wänden, unter Decken oder in ungelochten Kabelwannen (ein- oder mehradrige Kabel/Mantelleitungen, Stegleitungen)	
Referenz-verlegeart	C	
Zahl der gleichzeitig belasteten Adern	2	3
Leiternenn-querschnitt in mm²	zulässige Strombelastbarkeit I_z in A	
1,5	21	19
2,5	29	25
4	38	35
6	50	43
10	67	63
16	90	81

Y4 Die Aula einer Schule besitzt eine Grundfläche $A = 20\ \text{m} \cdot 10\ \text{m}$ und eine Höhe $H = 4$ m. Sie soll mit Leuchtstofflampen L 58 W/840 gleichmäßig beleuchtet werden. Jede Lampe erzeugt einen Lichtstrom $\Phi_0 = 5200$ lm. Die Lampen sollen mit verlustarmen Vorschaltgeräten (VVG) in Duoschaltung ($\cos\varphi \approx 0{,}95$) betrieben werden, für die eine Verlustleistung $P_V = 8$ W angegeben wird. Der Wartungswert der Beleuchtungsstärke (bisheriger Begriff: Nennbeleuchtungsstärke) beträgt $\overline{E}_m = 500$ lx. Der Raumwirkungsgrad wurde mit $\eta_R = 0{,}6$ ermittelt, und der Leuchtenbetriebswirkungsgrad beträgt nach Herstellerangabe $\eta_{LB} = 0{,}8$. Für die Verschmutzung und Alterung der Beleuchtungsanlage ist ein Wartungsfaktor (entspricht dem Verminderungsfaktor bzw. *Kehrwert* des Planungsfaktors p) $\eta_W = 0{,}8$ anzusetzen.

a) Wie groß ist der zu installierende Gesamtlichtstrom Φ_{ges}?

b) Wie viele Lampen sind zu installieren?

c) Wie groß ist die Gesamt-Anschlussleistung P der Beleuchtungsanlage?

d) Wie viele Wechselstromkreise ($U = 230$ V) sind für die Anlage erforderlich, wenn Leitungsschutzschalter vom Typ B mit einem Nennstrom $I_n = 10$ A zum Einsatz kommen?

Y5 Frau Nixe ruft Sie an und berichtet Ihnen, sie habe den Eindruck, dass das Wasser, das aus ihrem Durchlauferhitzer in die Badewanne einläuft, nicht mehr so heiß sei, wie sie es von früher gewohnt sei.
Sie vereinbaren mit Frau Nixe einen Termin am nächsten Tag und versprechen ihr, den Durchlauferhitzer zu überprüfen. Vor Ort stellen Sie fest, dass Ihr Messgerät nur einen Strommessbereich bis 10 A aufweist. Um die Leistung des Durchlauferhitzers zu ermitteln, ziehen Sie den Elektrizitätszähler heran. Die Zählerkonstante beträgt 96 kWh^{-1}. Bei Betrieb des Gerätes zählen Sie für 20 Umdrehungen 36 s.
Aus diesen Werten errechnen Sie die folgenden Daten des Durchlauferhitzers:
a) die aufgenommene elektrische Leistung,
b) die Einzelwiderstände der Heizleiter bei Sternschaltung,
c) die Einzelwiderstände der Heizleiter bei Dreieckschaltung.
Sie errechnen jetzt noch, welche Werte sich mit dem Ohmmeter jeweils zwischen zwei Leiteranschlussklemmen ergeben müssen,
d) wenn die Heizleiter in Sternschaltung angeschlossen sind,
e) wenn die Heizleiter in Dreieckschaltung angeschlossen sind.
Nach Prüfung der errechneten Werte mit dem Ohmmeter stellen Sie fest, dass der Durchlauferhitzer in Ordnung ist, erkennen jedoch, dass anscheinend das Wasser zu schnell in die Badewanne einläuft.
Daher errechnen Sie noch die zulässige Durchflussmenge unter der Voraussetzung, dass die Temperatur des Leitungswassers 10 °C beträgt und die Warmwassertemperatur 45 °C betragen soll.
Zum Schluss stellen Sie diesen Wert am Durchlauferhitzer ein und untermauern Ihre Einstellung noch einmal durch Überprüfung der Auslauftemperatur.

Y6 Ein 4-poliger Drehstrom-Kurzschlussläufermotor für 230/400 V, 50 Hz, $\cos \varphi = 0{,}78$, $n = 1440\ \text{min}^{-1}$ besitzt eine Wellenleistung von 5,5 kW und treibt über ein Getriebe eine Werkzeugmaschine an. Die Verluste des Motors betragen 15%, der Getriebewirkungsgrad ist 82%.
Der rechnerisch ermittelte Stromwert soll im Betrieb überprüft werden mit Hilfe eines digitalen Zangenamperemeters mit folgenden Daten: $3^3/_4$-stellige Anzeige, Genauigkeitsangabe (2% + 7 Digits)
Gesucht werden:
a) die abgegebene Leistung des Getriebes,
b) die aufgenommene Wirkleistung des Motors,
c) der Gesamtwirkungsgrad von Motor und Getriebe,
d) das Bemessungsmoment des Motors,
e) der Schlupf des Motors,
f) der Strom in der Zuleitung,

g) der erforderliche Kupferleitungsquerschnitt bei einer Länge von 23 m nach Spannungsfall, wenn der Spannungsfall nicht mehr als 3% betragen darf,
h) die absolute und die relative Abweichung bei der Messung des Stromes im Betrieb,
i) eine einfache Möglichkeit, die relative Abweichung bei der Strommessung auf <2,5% zu begrenzen.

Y7 Frau Koch hat in ihrer Küche einen 5-Liter-Heißwasserspeicher installiert. Da ihr die zur Verfügung stehende Wassermenge zu gering ist, möchte sie diesen durch einen vorhandenen 30-Liter-Speicher mit einer Leistung von 4 kW ersetzen. Dieser hat 3 Schaltstufen für die Temperaturvorwahl:
Stufe 1: 35 °C
Stufe 2: 55 °C
Stufe 3: 85 °C
Die Zulauftemperatur des Wassers beträgt 12 °C. Aus den zugehörigen Unterlagen, die Frau Koch noch besitzt, entnehmen Sie einen Speicherwirkungsgrad von 97%.
Um ihre Arbeit besser planen zu können, möchte Frau Koch noch von Ihnen wissen, wie lange es dauert, bis der Speicher nach dem Einschalten seine jeweils eingestellte Temperatur erreicht hat, und wie hoch die Kosten jeweils für einen Aufheizvorgang sind bei einem Strompreis von 12,5 Cent/kWh.
Für Ihre eigene Planung errechnen Sie noch den Strom in der Zuleitung und den benötigten Leitungsquerschnitt bei einer Zuleitungslänge von 20 m (NYM-Leitung unter Putz) und einem maximalen Spannungsfall von 3% der Netzspannung.

Y8 Auf einem Prüfstand wird ein Drehstrom-Asynchronmotor 230/400 V, 50 Hz, auf seine Nennwerte untersucht.
Der Messreihe wurden folgende Werte entnommen:
$P_{zu} = 6{,}2$ kW; $\cos\varphi = 0{,}8$; $n = 1430$ min^{-1}; $M = 36{,}7$ Nm
Gesucht werden:
a) die abgegebene Leistung (Wellenleistung)
b) der Motorwirkungsgrad
c) der Strom bei 400 V Y und 230 V △
d) der Schlupf

Y9 Ein Gleichstrom-Nebenschlussmotor mit Wendepolen hat bei der Bemessungsspannung $U_N = 440$ V und dem Bemessungsstrom $I_N = 13{,}5$ A die Bemessungsleistung $P_N = 5$ kW.
Vom Bemessungsstrom fließen 4% durch die Nebenschlusswicklung. Unter den Bürsten herrscht insgesamt ein Spannungsfall $U_{VB} = 2$ V. Der Widerstand der Ankerwicklung beträgt im Betriebszustand $R_A = 0{,}5\ \Omega$, der Widerstand der Wendepolwicklung $R_W = 0{,}6\ \Omega$.
Zu bestimmen sind:

a) Leistungsverlust P_{Ve} in der Erregerwicklung
b) Leistungsverlust P_{VB} unter den Bürsten
c) Spannungsfall U_{VA} am ohmschen Widerstand der Ankerwicklung
d) Gegenspannung U_O in der Ankerwicklung
e) Leistungsverlust P_{VW} in der Wendepolwicklung
f) Wirkungsgrad η des Motors

Y10 Ein 1-Phasen-Kleintransformator mit der sekundären Bemessungsleistung $S_{N2} = 250$ VA und den Bemessungsspannungen $U_{N1} = 230$ V sowie $U_{N2} = 24$ V arbeitet mit dem primären Leistungsfaktor $\cos\varphi_1 = 0{,}78$ und dem sekundären Leistungsfaktor $\cos\varphi_2 = 0{,}8$ bei einem Wirkungsgrad $\eta = 0{,}91$.
Seine Leerlaufverluste (vorwiegend Eisenverluste) wurden mit $P_{Fe} =$ 5 W gemessen.
Zu bestimmen sind:

a) sekundärer Bemessungsstrom I_{N2}
b) sekundäre Wirkleistung P_2
c) primäre Wirkleistung P_1
d) Kurzschlussverluste (Kupferverluste)
e) pimäre Bemessungsleistung S_{N1}
f) Blindleistung Q_1
g) primärer Bemessungsstrom I_{N1}

Y11 Drei Transformatoren mit den Leistungen und Kurzschlussspannungen
I: $S_{N1} = 5$ kVA; $u_{k1} = 2\%$
II: $S_{N2} = 50$ kVA; $u_{k2} = 2{,}5\%$
III: $S_{N3} = 100$ kVA; $u_{k3} = 3\%$
sollen parallel geschaltet werden.
Zu bestimmen sind:

a) mittlere Kurzschlussspannung u_{km}
b) Lastverteilung durch die Parallelschaltung
c) sich hieraus ergebende Schlussfolgerung

X12 Ein Drehstromtransformator hat eine Bemessungsleistung $S_{N2} =$ 500 kVA, Bemessungsspannungen $U_N = 20000$ V/400 V, Dyn-5-Schaltung, Kurzschlussspannung $u_k = 6\,\%$.
Es wurden folgende Messungen durchgeführt:
I. Leerlaufmessung: $P_{Fe} = 5000$ W
II. Kurzschlussmessung: $P_{cu} = 7500$ W
III. Leistungsfaktormessung primär (oberseitig) bei Volllast: $\cos \varphi_1 = 0{,}98$
Zu bestimmen sind:
a) Wirkungsgrad η bei rein Ohm'scher sekundärer Volllast ($\cos \varphi_2 = 1$)
b) Bemessungsstrom I_{N2} an der Unterspannungsseite
c) Bemessungsstrom I_{N1} an der Oberspannungsseite
d) Kurzschlussstrom I_{KD2} an der Unterspannungsseite

Y13 Für einen Büroraum mit der Grundfläche A = 15 m × 10 m und der Höhe H = 3,4 m ist die Beleuchtungsanlage zu planen. Dabei ist eine mittlere Beleuchtungsstärke E_m = 500 lx (bisheriger Begriff: Nennbeleuchtungsstärke E_n), bezogen auf die gesamte Raumfläche, zugrunde zu legen.
Die Reflexiongrade betragen für die $\rho_{Decke} = 0{,}8$; $\rho_{Nutz} = 0{,}1$; für eine lange Wand $\rho_{j1} = 0{,}65$; für die andere lange Wand (überwiegend Fenster) $\rho_{j2} = 0{,}1$; für 2 kurze Wände $\rho_{j3} = 0{,}5$.
Es sollen 2-lampige Deckenaufbauleuchten zum Einsatz kommen, deren Lichtstärkeverteilung ca. dem Typ B21 entspricht. Der Leuchtenwirkungsgrad beträgt $\eta_{LB} = 0{,}65$. Die Leuchten werden mit L-Lampen vom Typ L 58W/840 bestückt. Deren Lichtstrom wird mit $\Phi_0 = 5200$ lm angegeben. Die Verlustleistung der Vorschaltgeräte beträgt $P_V = 13$ W.
Die Alterung der Anlage wird durch einen Wartungsfaktor $WF = 0{,}8$ (bisheriger Begriff: Verminderungsfaktor v oder Kehrwert des Planungsfaktors p) berücksichtigt.
Als Planungsgrundlage sind die LiTG-Raumwirkungsgradtabellen heranzuziehen. Die zu ermittelnden Zwischenergebnisse sind, wenn erforderlich, auf den jeweils nächstliegenden Wert zu runden.
Zu bestimmen sind die Zahl der erforderlichen Lampen und Leuchten bei Drehstrombetrieb (ggf. auf den nächsthöheren Wert runden) sowie die Zahl der erforderlichen Kondensatoren bei Anwendung der Duoschaltung. Außerdem ist die Gesamtleistung der Beleuchtungsanlage zu errechnen.

Y14 Eine L-Lampe vom Typ L 58 W/840 wird am 230-V-Netz mit einem Vorschaltgerät in Reihe betrieben, das eine Verlustleistung $P_V = 13$ W hat. Die Reihenschaltung nimmt $I = 0{,}67$ A auf.

Gesucht sind:

a) Scheinleistung S der Schaltung, Blindleistung Q_L, Leistungsfaktor $\cos\varphi$ und Phasenverschiebungswinkel φ.

b) Stromaufnahme I der Schaltung, wenn mit Hilfe eines Kompensationskondensators der Leistungsfaktor auf $\cos\varphi = 1$ verbessert wird (vergleiche die Ströme vor und nach der Kompensation miteinander).

Y15 Ein Drehstrommotor mit den Daten $P = 25$ kW, $U = 400$ V, $\eta = 0{,}8$ und $\cos\varphi = 0{,}8$ soll über eine 100 m lange NYM-Leitung (Verlegungsart C) versorgt werden. Die Leitung führt durch einen Raum mit einer Raumtemperatur von 45 °C.

Zur Verbesserung des Leistungsfaktors sind parallel zur Motorwicklung Kondensatoren zu schalten, die den Leistungsfaktor auf $\cos\varphi = 0{,}9$ verbessern.

Der Überlastschutz soll durch ein Bimetallrelais erfolgen, das sich am Netzschütz vor Ort befindet. Der Kurzschlussschutz ist durch Schmelzsicherungen im Anschlussverteiler sicherzustellen. Der Kurzschlussstrom beträgt an dieser Anschlussstelle 1100 A.

Als Schutzmaßnahme gegen gefährliche Körperströme liegt ein TN-Netz mit Schutz durch Sicherungen vor. Die automatische Abschaltung muss im Fehlerfall innerhalb von 5 s erfolgen. Der Spannungsfall auf

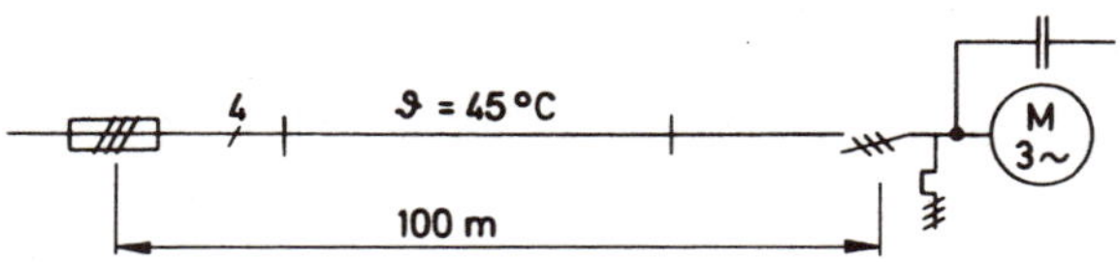

der 100 m langen Leitung darf 3 % nicht überschreiten.

Gesucht:

a) Wie groß ist die Blindleistung Q_C der Kompensationskondensatoren?

b) Auf welche Stromgröße muss das Bimetallrelais eingestellt werden?

c) Der Mindestquerschnitt A_1 der Leitung, der sich aus dem zulässigen Spannungsfall ergibt, ist zu bestimmen.

d) Der Mindestquerschnitt A_2 der Leitung, der sich aus der zulässigen Strombelastbarkeit ergibt, ist zu bestimmen.

e) Der maximale Bemessungsstrom I_N für die Kurzschlussschutzsicherung ist zu bestimmen (aus DIN VDE 0100 Beiblatt 5).

f) Es ist nachzuweisen, ob die unter e) ausgewählte Kurzschlusssicherung für die Schutzmaßnahme gegen gefährliche Körperströme geeignet ist: $I_A \leqq I_K$. Für I_A kann der 5-fache Wert des Sicherungsnennstromes angenommen werden.

Y16 Ein Kunde besitzt einen Basisanschluss in der Betriebsart Mehrgeräteanschluss. Am S_0-Bus im Haus hat er drei normale ISDN-Telefone angeschlossen. Er hatte kürzlich einen Stromausfall. Er möchte von Ihnen wissen, warum er die ISDN-Telefone nicht benutzen konnte und was man dagegen machen kann.

Y17 In einem Holzverarbeitungsbetrieb hat eine Furnierpresse eine Anschlussleistung von 90 kW. Der Betreiber möchte aus kalkulatorischen Gründen die jährlichen Energiekosten für diese Presse ermitteln, dabei soll das Thema Spitzenlast unberücksichtigt bleiben. Im vorhandenen Verteilerschrank ist Platz für alle Einbauten.
Es ist eine Materialzusammenstellung und eine Kostenermittlung für die Messeinrichtung vorzunehmen. Es soll ein Stundenverrechnungssatz von 33, 27 € und ein Materialzuschlag von 30% sowie ein Gewinn von 10% berücksichtigt werden.
Für Klein- und Verdrahungsmaterial sind 10% vom Materialwert anzusetzen.
Hilfsmittel: Kalkulationshilfe (ZVEH).

Lösungen der Aufgaben

A Mathematische Grundlagen

A1 $\mathbf{13}\boldsymbol{d}$

A2 $17a + 4a + 4b + 12b = \mathbf{21}\boldsymbol{a} + \mathbf{16}\boldsymbol{b}$

A3 $7h + 8h + h - 3h - 4h = 16h - 7h = \mathbf{9}\boldsymbol{h}$

A4 $4x + 8x + 9z + z + 3xz + 5xz + 21 + 4 = \mathbf{12}\boldsymbol{x} + \mathbf{10}\boldsymbol{z} + \mathbf{8}\boldsymbol{xz} + \mathbf{25}$

A5 $\mathbf{6}\boldsymbol{ax}$

A6 $-3c + 5c + 5cx + 3cx - 8cx = \mathbf{2}\boldsymbol{c}$

A7 6 V + 6 V = **12 V**

A8 15 V – 4 V = **11 V**

A9 –6 V + 8 V = **2 V**

A10 –12 V – 4 V = **–16 V**

A11 6 mA – 4 mA = **2 mA**

A12 4 A + 2 A = **6 A**

A13 –6 V – 4 V = **–10 V**

A14 –12 A + 4 A = **–8 A**

A15 $-10c - 5c = \mathbf{-15}\boldsymbol{c}$

A16 $5xy + 8xy = \mathbf{13}\boldsymbol{xy}$

A17 $8a + 2a = \mathbf{10}\boldsymbol{a}$

A18 $-7x - 3x = \mathbf{-10}\boldsymbol{x}$

A19 $4b + 5b = \mathbf{9}\boldsymbol{b}$

A20 $-8ad - 12ad = \mathbf{-20}\boldsymbol{ad}$

A21 $-8a + 5a - 3a = \mathbf{-6}\boldsymbol{a}$

A22 $6d - 8d + 2d = \mathbf{0}$

A23 $-4x - 9x + 5x = \mathbf{-8}\boldsymbol{x}$

A24 $12b + 8b + 20b = \mathbf{40}\boldsymbol{b}$

A25 $10x + 3x - 4y + 4y - 13x =$
$10x + 3x - 13x - 4y + 4y = \mathbf{0}$

A26 $12 - 5x + 6 + 13x + 1 - x + 10 =$
$-5x + 13x - x + 12 + 6 + 1 + 10 = \mathbf{7}\boldsymbol{x} + \mathbf{29}$

A27 $\mathbf{6}\boldsymbol{c}$

A28 $22 \cdot 2 \cdot f \cdot g \cdot h = \mathbf{44}\boldsymbol{fgh}$

A29 $6ab + 24ab = \mathbf{30}\boldsymbol{ab}$

A30 $21xyz - 8xyz + 6xyz = \mathbf{19}\boldsymbol{xyz}$

A31 $\mathbf{-6}\boldsymbol{abcd}$

A32 $\mathbf{15}\boldsymbol{xy}$

A33 $(-12)\,(+10) = \mathbf{-120}$

A34 $30 + 8 \cdot 20 = 30 + 160 = \mathbf{190}$

A35 $-12xy + (-15xy) = -12xy - 15xy = \mathbf{-27}\boldsymbol{xy}$

A36 $18ab + (+6bc) - (+12bc) - (-4ab) =$
$18ab + 6bc - 12bc + 4ab =$
$18ab + 4ab + 6bc - 12bc = \mathbf{22\,ab - 6\,bc}$

A37 $-16ab - (-35ab) - (+60ab) =$
$-16ab + 35ab - 60ab = \mathbf{-41\,ab}$

A38 $\mathbf{29\,a}$

A39 $\mathbf{-32}$

A40 $\mathbf{4\,c}$

A41 $\mathbf{-3\,b}$

A42 $\mathbf{-6\,y}$

A43 $\boldsymbol{x}$

A44 $\frac{x + y + (x - y)}{2} = \frac{x + y + x - y}{2} = \frac{2x}{2} = \boldsymbol{x}$

A45 $\frac{x + y - (x - y)}{2} = \frac{x + y - x + y}{2} = \frac{2y}{2} = \boldsymbol{y}$

A46 $\frac{x - y + (3x + y)}{2} = \frac{x - y + 3x + y}{2} = \frac{4x}{2} = \mathbf{2\,x}$

A47 $\frac{a - 2b + (a + 3b)}{a + b} = \frac{a - 2b + a + 3b}{a + b} = \boldsymbol{\frac{2a + b}{a + b}}$

A48 $\frac{3a - 2b - (3a + 2b)}{a + b} = \frac{3a - 2b - 3a - 2b}{a + b} = \boldsymbol{\frac{-4b}{a + b}}$

A49 $\frac{5a \cdot 5 - 4a \cdot 6}{30} = \frac{25a - 24a}{30} = \boldsymbol{\frac{a}{30}}$

A50 $\frac{7x \cdot 5 - 4x \cdot 3}{75} = \frac{35x - 12x}{75} = \boldsymbol{\frac{23x}{75}}$

A51 $\frac{5 \cdot 2y - x}{2y} = \boldsymbol{\frac{10y - x}{2y}}$

A52 $\boldsymbol{\frac{6f + 7ef - 5e}{ef}}$

A53 $\boldsymbol{\frac{3}{x}}$

A54 $\boldsymbol{\frac{by}{x}}$

A55 $\mathbf{2}$

A56 $\boldsymbol{\frac{b}{g}}$

A57 $\boldsymbol{\frac{a}{2d}}$

A58 $\boldsymbol{\frac{63ay}{2}}$

A59 $\boldsymbol{\frac{1}{9b}}$

A60 **3**

A61 $\frac{\boldsymbol{b}}{\boldsymbol{3d}}$

A62 110 m ≙ ? €
85 m ≙ 45,63 €

$$\frac{45{,}63\ € \cdot 110\ \text{m}}{85\ \text{m}} = \mathbf{59{,}05\ €}$$

A63 Anzahl der Statorbleche: $111\ \frac{\text{Bleche}}{\text{Statorpaket}} \cdot 3000\ \text{Statorpakete} = \underline{333\,000\ \text{Bleche}}$

333 000 Bleche ≙ ? h
9 000 Bleche ≙ 1 h

$$\frac{1\ \text{h} \cdot 333\,000\ \text{Bleche}}{9000\ \text{Bleche}} = \mathbf{37\ h}$$

A64 4 Arb ≙ ? Tg
12 Arb ≙ 6 Tg

$$\frac{6\ \text{Tg} \cdot 12\ \text{Arb}}{4\ \text{Arb}} = \mathbf{18\ Tg}$$

A65 6 h ≙ 7200 T ≙ ? Ma
8 h ≙ 5760 T ≙ 3 Ma

$$\frac{3\ \text{Ma} \cdot 8\ \text{h} \cdot 7200\ \text{T}}{6\ \text{h} \cdot 5760\ \text{T}} = \mathbf{5\ Ma}$$

A66 100% ≙ ? €
4,5 % ≙ 69 €

$$\frac{69\ € \cdot 100\%}{4{,}5\%} = \mathbf{1533{,}33\ €}$$

A67 ±1,5% ≙ ? V
100 % ≙ 230 V

$$\frac{230\ \text{V} \cdot (\pm 1{,}5\%)}{100\%} = \mathbf{\pm 3{,}45\ V}$$

A68 100% ≙ ? €
68% ≙ 920,33 €

$$\frac{920{,}33\ € \cdot 100\%}{68\%} = \mathbf{1353{,}43\ €}$$

A69 60% ≙ ? kg
100% ≙ 3,5 kg

$$\frac{3{,}5\ \text{kg} \cdot 60\%}{100\%} = \mathbf{2{,}1\ kg\ Sn}$$

36% ≙ ? kg
100% ≙ 3,5 kg

$$\frac{3{,}5\ \text{kg} \cdot 36\%}{100\%} = \mathbf{1{,}26\ kg\ Pb}$$

4% ≙ ? kg
100% ≙ 3,5 kg

$$\frac{3{,}5\ \text{kg} \cdot 4\%}{100\%} = \mathbf{0{,}14\ kg\ Ag}$$

A70 12 Tg ≙ ? G

15 Tg ≙ 4 G

$$\frac{4\text{ G} \cdot 15\text{ Tg}}{12\text{ Tg}} = \mathbf{5\ G}$$

Es muss zusätzlich 1 Geselle eingestellt werden.

A71 Gesamtzeit $= \dfrac{8\text{ Gh} \cdot 12\text{ Lh}}{8\text{ Gh} + 12\text{ Lh}} = \mathbf{4{,}8\ h = 4\ Std.,\ 48\ min}$

A72 $\boldsymbol{128x + 16}$

A73 $\boldsymbol{3a^2 + 5ab}$

A74 $\boldsymbol{n^2 + n}$

A75 $\boldsymbol{n^2 - n}$

A76 $\boldsymbol{5a - 5b + 5c}$

A77 $\boldsymbol{6ab + 10b^2 - 14bc}$

A78 $\boldsymbol{-ax + bx}$

A79 $\boldsymbol{-15x^2 + 12xy - 9xz}$

A80 $5x + 10y - 8x + 12y = \boldsymbol{-3x + 22y}$

A81 $12a - 3(2b + c) = \boldsymbol{12a - 6b - 3c}$

A82 $\boldsymbol{10abx - 6aby}$

A83 $6x + 6y + 3x - 3y = \boldsymbol{9x + 3y}$

A84 $-10xy\,(2a + 3b - 8c) = \boldsymbol{-20axy - 30bxy + 80cxy}$

A85 $\boldsymbol{xy - 5y + 3x - 15}$

A86 $\boldsymbol{-15b + 5bx + 12 - 4x}$

A87 $(7x - 8y)(6b - 9c) = \boldsymbol{42bx - 63cx - 48by + 72cy}$

A88 $\boldsymbol{7(2a + 9b)}$

A89 $\boldsymbol{e(d + f - g)}$

A90 $\boldsymbol{3ab\,(5 + c - 15cd)}$

A91 $\boldsymbol{b(1 - a)}$

A92 $\boldsymbol{c(5e - d)}$

A93 $12ab - 3bc = \boldsymbol{3b(4a - c)}$

A94 $\boldsymbol{4x\,(4y + a - 5z)}$

A95 $\boldsymbol{\dfrac{2}{\kappa \cdot A}(I_1 \cdot l_1 + I_2 \cdot l_2 + I_3 \cdot l_3)}$

A96 $\boldsymbol{\dfrac{\pi s}{2}(D + d)}$

A97 $\boldsymbol{\dfrac{\pi}{4}(D^2 - d^2)}$

A98 $\boldsymbol{R_K\,(1 + \alpha \Delta \vartheta)}$

A99 $\boldsymbol{\dfrac{Q}{8}(1 - d)}$

A100 $\boldsymbol{R_m(1 - n)}$

A101 $\boldsymbol{R\,(R_1 - R_2)}$

A102 $\boldsymbol{Q\,(R - r)}$

A103 $\boldsymbol{n_0(s - 1)}$

A104 $\boldsymbol{216;\ 25;\ 16;\ 27;\ 1728;\ 4x^2;\ 27y^3;\ 9\,\dfrac{m^2}{s^2}}$

A105 $\mathbf{2 \cdot 10^2; 1{,}2 \cdot 10^3; 6{,}5 \cdot 10^{-1};}$
$\mathbf{3 \cdot 10^{-1}\ mm; 4 \cdot 10^2\ A; 30 \cdot 10^6\ W; 500 \cdot 10^3\ V; 100 \cdot 10^{-3}\ V}$

A106 $10^{5+3} = \mathbf{10^8}$

A107 $2^{3+2+4} = \mathbf{2^9}$

A108 $10^{5-3} = \mathbf{10^2}$

A109 $10^{3-5} = \mathbf{10^{-2}}$

A110 $10^{8-(-6)} = 10^{8+6} = \mathbf{10^{14}}$

A111 $10^{-3+4} = 10^1 = \mathbf{10}$

A112 $10^{-3+(-4)} = 10^{-3-4} = \mathbf{10^{-7}}$

A113 $10^{-3-(-4)} = 10^{-3+4} = 10^1 = \mathbf{10}$

A114 $\mathbf{\frac{1}{10^3}}$

A115 $\mathbf{10^{-3}}$

A116 $\mathbf{10^3}$

A117 **–100**

A118 **–1000**

A119 **100**

A120 **–1000**

A121 $(-c)^{2+3} = \boldsymbol{-c^5}$

A122 $x^5 \cdot x^6 = x^{5+6} = \boldsymbol{x^{11}}$

A123 $(a^4+2)(a^4+2) = a^8 + 2a^4 + 2a^4 + 4 = \boldsymbol{a^8 + 4a^4 + 4}$

A124 $(a^7-b^4)(a^7-b^4) = a^{14} - a^7b^4 - a^7b^4 + b^8 = \boldsymbol{a^{14} - 2a^7b^4 + b^8}$

A125 $(a+b)^{4-3} = (a+b)^1 = \boldsymbol{a+b}$

A126 $\frac{a^2(a^3+a^4)}{a^2} = \boldsymbol{a^3 + a^4}$

A127 $4x^{5-3} = \boldsymbol{4x^2}$

A128 $17^2a^2 = \boldsymbol{289a^2}$

A129 $0{,}05^3 \cdot y^3 = \boldsymbol{1{,}25 \cdot 10^{-4}y^3}$

A130 $2{,}7^2 \cdot d^2 = \boldsymbol{7{,}29\,d^2}$

A131 $\frac{6^2 \cdot a^2}{5^2} = \frac{36a^2}{25} = \boldsymbol{\frac{36}{25}a^2}$

A132 $\frac{\sqrt{1}}{\sqrt{25}} = \mathbf{\frac{1}{5}} = \mathbf{0{,}2}$

A133 $\frac{\sqrt{25}}{\sqrt{4}} = \mathbf{\frac{5}{2}} = \mathbf{2{,}5}$

A134 $25^{\frac{2}{2}} = 25^1 = \mathbf{25}$

A135 $\sqrt{3 \cdot 12} = \sqrt{36} = \mathbf{6}$

A136 $\sqrt{2 \cdot 8} = \sqrt{16} = \mathbf{4}$

A137 $\sqrt{18a \cdot 2a} = \sqrt{36a^2} = \sqrt{36} \cdot \sqrt{a^2} = \boldsymbol{6a}$

A138 $\sqrt{2} \cdot \sqrt{8} + \sqrt{2} \cdot \sqrt{18} = \sqrt{16} + \sqrt{36} = 4 + 6 = \mathbf{10}$

A139 $\sqrt{\frac{18}{2}} = \sqrt{9} = \mathbf{3}$

A140 $\sqrt[3]{\frac{24}{3}} = \sqrt[3]{8} = \mathbf{2}$

A141 $\sqrt{\frac{8a^5}{2a^3}} = \sqrt{\frac{8}{2}a^{5-3}} = \sqrt{4a^2} = \sqrt{4} \cdot \sqrt{a^2} = \mathbf{2a}$

A142 $\sqrt{3} = \mathbf{1{,}73}$

A143 $3^{\frac{4}{2}} = 3^2 = \mathbf{9}$

A144 $\sqrt{\frac{1}{3^2}} = \frac{\sqrt{1}}{\sqrt{3^2}} = \mathbf{\frac{1}{3}}$

A145 $\sqrt{\frac{3p \cdot p}{3p^2}} = \sqrt{1} = \mathbf{1}$

A146 $\sqrt{25} = \mathbf{5}$

A147 $\sqrt[3]{8^2} = \sqrt[3]{64} = \mathbf{4}$

A148 $\sqrt{3} \cdot \sqrt{a^2} = \mathbf{1{,}73a}$

A149 $\sqrt[3]{125} \cdot \sqrt[3]{a^6} \cdot \sqrt[3]{b^9} = 5a^{\frac{6}{3}} \cdot b^{\frac{9}{3}} = \mathbf{5a^2b^3}$

A150 $\frac{\sqrt{625} \cdot \sqrt{x^2}}{\sqrt{144} \cdot \sqrt{y^4}} = \frac{25x^{\frac{2}{2}}}{12y^{\frac{4}{2}}} = \mathbf{\frac{25x}{12y^2}} = \mathbf{2{,}08xy^{-2}}$

A151 $\sqrt{x^2} \cdot \sqrt{y^6} = x^{\frac{2}{2}} \cdot y^{\frac{6}{2}} = \mathbf{xy^3}$

A152 $\sqrt{9} \cdot \sqrt{a^2} = 3a^{\frac{2}{2}} = \mathbf{3a}$

A153 $\sqrt{196} \cdot \sqrt{b^2} = 14b^{\frac{2}{2}} = \mathbf{14b}$

A154 $\frac{\sqrt{a^2}}{\sqrt{b^2}} = \frac{a^{\frac{2}{2}}}{b^{\frac{2}{2}}} = \mathbf{\frac{a}{b}}$

A155 **0,317**

A156 **9,5**

A157 **5,83**

A158 **14,08**

Bei Gleichungen mit Formelbuchstaben können auch andere Lösungen richtig sein.

A159 $x = 81 - 26$
$\mathbf{x = 55}$

A160 $\mathbf{P_1 = P - P_2}$

A161 $x = 33 + 16$
$\mathbf{x = 49}$

A162 $\boldsymbol{R = R_1 + R_2}$

A163 $x = 82 + 18$

$\boldsymbol{x = 100}$

A164 $I = \frac{119}{7}$

$\boldsymbol{I = 17}$

A165 $\boldsymbol{L = \frac{X_L}{\omega}}$

A166 $U = 4 \cdot 7$

$\boldsymbol{U = 28}$

A167 $7{,}5 = 2{,}5 \cdot I \;|: 2{,}5$

$I = \frac{7{,}5}{2{,}5}$

$\boldsymbol{I = 3}$

A168 $R \cdot A = \varrho \cdot l \;|: \varrho$

$\frac{R \cdot A}{\varrho} = l$

$\boldsymbol{l = \frac{R \cdot A}{\varrho}}$

$R \cdot A = \varrho \cdot l \;|: R$

$\boldsymbol{A = \frac{\varrho \cdot l}{R}}$

A169 $R \cdot \kappa \cdot \mathrm{A} = l$

$l = \boldsymbol{R \cdot \kappa \cdot A}$

$R \cdot A = \frac{l}{\kappa} \;|: R$

$A = \boldsymbol{\frac{l}{\kappa \cdot R}}$

A170 $\boldsymbol{M = \frac{P}{n}}$

A171 $P \cdot t = F \cdot s \;|: s$

$\frac{P \cdot t}{s} = F$

$\boldsymbol{F = \frac{P \cdot t}{s}}$

$P \cdot t = F \cdot s \;|: P$

$\boldsymbol{t = \frac{F \cdot s}{P}}$

A172 $\frac{v}{d \cdot \pi} = n$

$\boldsymbol{n = \frac{v}{d \cdot \pi}}$

A173 $R_1 \cdot I_1 = R_2 \cdot I_2 \;|: R_1$

$\boldsymbol{I_1 = \frac{R_2 \cdot I_2}{R_1}}$

$\frac{R_1 \cdot I_1}{R_2} = I_2$

$\boldsymbol{I_2 = \frac{R_1 \cdot I_1}{R_2}}$

A174 $H \cdot l = I \cdot N \;|: N$

$\frac{H \cdot l}{N} = I$

$\boldsymbol{I = \frac{H \cdot l}{N}}$

$H \cdot l = I \cdot N \;|: H$

$\boldsymbol{l = \frac{I \cdot N}{H}}$

A175 $5\,I = 17 + 3 \;|: 5$

$I = \frac{20}{5}$

$\boldsymbol{I = 4}$

A176 $2U = 13 - 7 \quad |: 5$

$U = \frac{6}{2}$

$\boldsymbol{U = 3}$

A177 $4 + x = 9 \quad | -4$

$x = 9 - 4$

$\boldsymbol{x = 5}$

A178 $10 + 2R = 12 \quad | -10$

$2R = 12 - 10 \quad |: 2$

$R = \frac{2}{2}$

$\boldsymbol{R = 1}$

A179 $6x - 5 = 17 - 10 \quad | +5$

$6x = 17 - 10 + 5 \quad |: 6$

$x = \frac{12}{6}$

$\boldsymbol{x = 2}$

A180 $\frac{x}{5} = 13 - 8 \quad |\cdot 5$

$x = 5 \cdot 5$

$\boldsymbol{x = 25}$

A181 $\frac{U}{3} = 16 + 5 \quad |\cdot 3$

$U = 21 \cdot 3$

$\boldsymbol{U = 63}$

A182 $\frac{12}{x} = 8 - 5 \quad |\cdot x$

$12 = 3 \cdot x \quad |: 3$

$\frac{12}{3} = x$

$4 = x$

A183 $\frac{18}{-x} = -8 \quad |\cdot (-x)$

$18 = (-8)(-x)$

$18 = 8x \quad |: 8$

$\frac{18}{8} = x$

$2{,}25 = x$

$\boldsymbol{x = 2{,}25}$

A184 $\frac{1}{R} = \frac{R_2 + R_1}{R_1 \cdot R_2}$

$$\boldsymbol{R = \frac{R_1 \cdot R_2}{R_1 + R_2}}$$

$\frac{1}{R} - \frac{1}{R_2} = \frac{1}{R_1}$

$\frac{1}{R_1} = \frac{1}{R} - \frac{1}{R_2}$

$\frac{1}{R_1} = \frac{R_2 - R}{R \cdot R_2}$

$$\boldsymbol{R_1 = \frac{R \cdot R_2}{R_2 - R}}$$

A185 $\frac{R_w}{1 + \alpha\Delta\vartheta} = R_K$

$$\boldsymbol{R_K = \frac{R_w}{1 + \alpha\Delta\vartheta}}$$

$\frac{R_w}{R_K} = 1 + \alpha\Delta\vartheta \quad |-1$

$\frac{R_w}{R_K} - 1 = \alpha\Delta\vartheta \quad |: \alpha$

$\frac{\frac{R_w}{R_K} - 1}{\alpha} = \Delta\vartheta$

$$\boldsymbol{\Delta\vartheta = \frac{\frac{R_w}{R_K} - 1}{\alpha}}$$

oder:

$$\boldsymbol{\Delta\vartheta = \frac{R_w - R_K}{\alpha \cdot R_K}}$$

A186 $$Z^2 = R^2 + X_L^2 \quad |-X_L^2$$

$$Z^2 - X_L^2 = R^2 \quad |\sqrt{}$$

$$\sqrt{Z^2 - X_L^2} = R$$

$$\boldsymbol{R = \sqrt{Z^2 - X_L^2}}$$

$$Z^2 = R^2 + X_L^2 \quad |-R^2$$

$$Z^2 - R^2 = X_L^2 \quad |\sqrt{}$$

$$\sqrt{Z^2 - R^2} = X_L$$

$$\boldsymbol{X_L = \sqrt{Z^2 - R^2}}$$

A187 $$A \cdot 4 = d^2 \cdot \pi \quad |:\pi$$

$$\frac{4A}{\pi} = d^2 \quad |\sqrt{}$$

$$\sqrt{\frac{4A}{\pi}} = d$$

$$\boldsymbol{d = \sqrt{\frac{4A}{\pi}}}$$

A188 $$v - v_0 = a \cdot t \,|:t$$

$$\frac{v - v_0}{t} = a$$

$$a = \frac{v - v_0}{t}$$

A189 $$R_v = R_m \cdot n - R_m \quad |:R_m$$

$$R_v + R_m = R_m \cdot n$$

$$\frac{R_v + R_m}{R_m} = n$$

$$n = \frac{R_v + R_m}{R_m}$$

oder:

$$n = \frac{R_v}{R_m} + 1$$

A190 $$18 = 6 + x + x \quad |-6$$

$$18 - 6 = 2x \quad |:2$$

$$\frac{12}{2} = x$$

$$\boldsymbol{x = 6}$$

A191 $$18 + 8a - 5a = 27 \quad |-18$$

$$3a = 27 - 18 \quad |:3$$

$$a = \frac{9}{3}$$

$$\boldsymbol{a = 3}$$

A192 $$9x - 7 = 5x - 3 \quad |-5x$$

$$9x - 7 - 5x = -3 \quad |+7$$

$$4x = -3 + 7 \quad |:4$$

$$x = \frac{4}{4}$$

$$\boldsymbol{x = 1}$$

A193 $$24x - 24 = 0 \quad |+24$$

$$24x = 24 \quad |:24$$

$$x = \frac{24}{24}$$

$$\boldsymbol{x = 1}$$

A194
$$3a - 4b = 5x - b - 2x \quad |+b$$
$$3a - 4b + b = 3x$$
$$3a - 3b = 3x \quad |:3$$
$$\frac{3(a-b)}{3} = x$$
$$\boldsymbol{x = a - b}$$

A195
$$40 - 8U = 3U - 15 \quad |+8U$$
$$40 = 3U - 15 + 8U \quad |+15$$
$$40 + 15 = 11U \quad |:11$$
$$\frac{55}{11} = U$$
$$\boldsymbol{U = 5}$$

A196
$$9x - 63 = 6x + 36 \quad |-6x$$
$$9x - 63 - 6x = 36 \quad |+63$$
$$3x = 36 + 63 \quad |:3$$
$$x = \frac{99}{3}$$
$$\boldsymbol{x = 33}$$

A197
$$56x - 21 + 10x + 18 = 63$$
$$66x - 3 = 63 \quad |+3$$
$$66x = 63 + 3 \quad |:66$$
$$x = \frac{66}{66}$$
$$\boldsymbol{x = 1}$$

A198
$$\frac{3R + 2R}{6} = 5 \quad |\cdot 6$$
$$3R + 2R = 5 \cdot 6$$
$$5R = 30 \quad |:5$$
$$R = \frac{30}{5}$$
$$\boldsymbol{R = 6}$$

A199
$$\frac{4R - 3R}{12} = 1 \quad |\cdot 12$$
$$4R - 3R = 12$$
$$\boldsymbol{R = 12}$$

A200 $\frac{2 \cdot 4 + 3 \cdot 3}{12x} = \frac{17}{24} \quad |\cdot 12x$

$$8 + 9 = \frac{17 \cdot 12x}{24} \quad |\cdot 24$$

$$17 \cdot 24 = 17 \cdot 12x \quad |: 17$$

$$\frac{17 \cdot 24}{17} = 12x \quad |: 12$$

$$\frac{17 \cdot 24}{17 \cdot 12} = x$$

$$2 = x$$

$$\boldsymbol{x = 2}$$

A201 $R(R_1 + R_2) = R_1 \cdot R_2$

$$R \cdot R_1 + R \cdot R_2 = R_1 \cdot R_2 \quad |-R \cdot R_2$$

$$R \cdot R_1 = R_1 \cdot R_2 - R \cdot R_2 \quad |\text{ausklammern}$$

$$R \cdot R_1 = R_2(R_1 - R) \quad |: (R_1 - R)$$

$$\frac{R \cdot R_1}{R_1 - R} = R_2$$

$$\boldsymbol{R_2 = \frac{R_1 \cdot R}{R_1 - R}}$$

A202 $U_2(R_1 + R_2) = R_2 \cdot U$

$$U_2 \cdot R_1 + U_2 \cdot R_2 = R_2 \cdot U \quad |- U_2 \cdot R_2$$

$$U_2 \cdot R_1 = R_2 \cdot U - U_2 \cdot R_2 \quad |\text{ausklammern}$$

$$U_2 \cdot R_1 = R_2(U - U_2) \quad |: (U - U_2)$$

$$\frac{U_2 \cdot R_1}{U - U_2} = R_2$$

$$\boldsymbol{R_2 = \frac{U_2 \cdot R_1}{U - U_2}}$$

A203 $s \cdot n_0 = (n_0 - n) \cdot 100$

$$s \cdot n_0 = 100 \cdot n_0 - 100 \cdot n \quad |+100 \cdot n$$

$$s \cdot n_0 + 100 \cdot n = 100 \cdot n_0 \quad |- s \cdot n_0$$

$$100 \cdot n = 100 \cdot n_0 - s \cdot n_0 \quad |\text{ ausklammern}$$

$$100 \cdot n = n_0(100 - s) \quad |: (100 - s)$$

$$\frac{100 \cdot n}{100 - s} = n_0$$

$$\boldsymbol{n_0 = \frac{100 \cdot n}{100 - s}}$$

oder:
$$\frac{s}{100} = \frac{n_0 - n}{n_0}$$

$$\frac{s}{100} = 1 - \frac{n}{n_0} \qquad \left| + \frac{n}{n_0} \right.$$

$$\frac{s}{100} + \frac{n}{n_0} = 1 \qquad \left| - \frac{s}{100} \right.$$

$$\frac{n}{n_0} = 1 - \frac{s}{100} \qquad | \cdot n_0$$

$$n = \left(1 - \frac{s}{100}\right) \cdot n_0 \quad \left| : \left(1 - \frac{s}{100}\right) \right.$$

$$\frac{n}{1 - \frac{s}{100}} = n_0$$

$$\boldsymbol{n_0 = \frac{n}{1 - \frac{s}{100}}}$$

A204
$$F = \frac{Q(R - r)}{2R} \qquad | \cdot 2R$$

$$F \cdot 2R = QR - Qr \qquad | + Qr$$
$$2FR + Qr = QR \qquad | - 2FR$$
$$Qr = QR - 2FR \qquad | \text{ausklammern}$$
$$Qr = R(Q - 2F) \qquad | : (Q - 2F)$$

$$\frac{Qr}{Q - 2F} = R$$

$$\boldsymbol{R = \frac{Qr}{Q - 2F}}$$

A205
$$U_0 = I(R_a + R_i) \quad | : (R_a + R_i)$$

$$\frac{U_0}{R_a + R_i} = I$$

$$\boldsymbol{I = \frac{U_0}{R_a + R_i}}$$

A206 $R_p(I - I_m) = R_m \cdot I_m$

$$R_p \cdot I - R_p \cdot I_m = R_m \cdot I_m \quad | + R_p \cdot I_m$$
$$R_p \cdot I = R_m \cdot I_m + R_p \cdot I_m$$
$$R_p \cdot I = I_m\,(R_m \cdot + R_p) \quad |: (R_m + R_p)$$
$$\frac{R_p \cdot I}{R_m + R_p} = I_m$$
$$\boldsymbol{I_m = \frac{R_p \cdot I}{R_m + R_p}}$$

A207 $\vartheta_m(m_1 \cdot c_1 + m_2 \cdot c_2) = m_1 \cdot c_1 \cdot \vartheta_1 + m_2 \cdot c_2 \cdot \vartheta_2$

$$\vartheta_m \cdot m_1 \cdot c_1 + \vartheta_m \cdot m_2 \cdot c_2 = m_1 \cdot c_1 \cdot \vartheta_1 + m_2 \cdot c_2 \cdot \vartheta_2$$
$$\vartheta_m \cdot m_2 \cdot c_2 - m_2 \cdot c_2 \cdot \vartheta_2 = m_1 \cdot c_1 \cdot \vartheta_m \cdot m_1 \cdot c_1$$

Rechenoperation: $| - m_2 \cdot c_2 \cdot \vartheta_2 | - \vartheta_m \cdot m_1 \cdot c_1$

$$m_2 \cdot c_2(\vartheta_m - \vartheta_2) - m_1 \cdot c_1(\vartheta_1 - \vartheta_m)$$

Rechenoperation: | ausklammern $|: c_2\,(\vartheta - \vartheta_2)$

$$\boldsymbol{m_2 = \frac{m_1 \cdot c_1(\vartheta_1 - \vartheta_m)}{c_2(\vartheta_m - \vartheta_2)}}$$

Einsetzverfahren

A208 $x + y = 7 \qquad y = 7 - x$

$$x - y = 1$$
$$x - (7 - x) = 1$$
$$x - 7 + x = 1 \quad |+7$$
$$2x = 1 + 7 \quad |:2$$
$$x = \frac{8}{2}$$
$$\boldsymbol{x = 4}$$

$$y = 7 - x$$
$$y = 7 - 4$$
$$\boldsymbol{y = 3}$$

Additionsverfahren

A209 $2y + 6x = 22$

$$2y - 6x = -2$$
$$4y = 20 \quad |:4$$
$$y = \frac{20}{4}$$
$$\boldsymbol{y = 5}$$

$$2y - 6x = -2 \quad |+6x$$
$$2 \cdot 5 = 6x - 2 \quad |+2$$
$$10 + 2 = 6x \quad |:6$$
$$\frac{12}{6} = x$$
$$2 = x$$
$$\boldsymbol{x = 2}$$

Additionsverfahren

A210

$$\begin{array}{rcl} 5x - 3y &=& -7 \quad |\cdot 4 \\ -8x + 4y &=& 8 \quad |\cdot 3 \\ \hline 20x - 12y &=& -28 \\ -24x + 12y &=& 24 \\ \hline -4x &=& -4 \quad |:(-4) \\ x &=& \frac{-4}{-4} \\ \boldsymbol{x} &\boldsymbol{=}& \mathbf{1} \end{array}$$

$$\begin{array}{rcll} 5x - 3y &=& -7 & \\ 5 - 3y &=& -7 & |+3y \\ 5 &=& -7 + 3y & |+7 \\ 5 + 7 &=& 3y & |:3 \\ \frac{12}{3} &=& y & \\ 4 &=& y & \\ \boldsymbol{y} &\boldsymbol{=}& \mathbf{4} & \end{array}$$

A211

$$\begin{array}{rcll} 5x + 2 &=& 6y & |\cdot(-4) \\ 7x + 4 &=& 8y & |\cdot(+3) \\ \hline -20x - 8 &=& -24y & \\ 21x + 12 &=& 24y & \\ \hline x + 4 &=& 0 & \\ \boldsymbol{x} &\boldsymbol{=}& \mathbf{-4} & \end{array}$$

$$\begin{array}{rcll} 5x + 2 &=& 6y & \\ 5\cdot(-4) + 2 &=& 6y & \\ -20 + 2 &=& 6y & |:6 \\ \frac{-18}{6} &=& y & \\ -3 &=& y & \\ \boldsymbol{y} &\boldsymbol{=}& \mathbf{-3} & \end{array}$$

A212

$$\begin{array}{rcll} \frac{4x + 3y}{12} &=& 10 & \\ \frac{3x \cdot 2 + y \cdot 5}{10} &=& 19 & \\ \hline 4x + 3y &=& 120 & |\cdot(-5) \\ 6x + 5y &=& 190 & |\cdot(+3) \\ \hline -20x - 15y &=& -600 & \\ 18x + 15y &=& 570 & \\ \hline -2x &=& -30 & |:(-2) \\ x &=& \frac{-30}{-2} & \\ \boldsymbol{x} &\boldsymbol{=}& \mathbf{15} & \end{array}$$

$$\begin{array}{rcll} \frac{x}{3} + \frac{y}{4} &=& 10 & \\ \frac{15}{3} + \frac{y}{4} &=& 10 & \\ 5 + \frac{y}{4} &=& 10 & |-5 \\ \frac{y}{4} &=& 10 - 5 & |\cdot 4 \\ y &=& 5 \cdot 4 & \\ \boldsymbol{y} &\boldsymbol{=}& \mathbf{20} & \end{array}$$

A213 $\frac{3R_1 + 5R_2}{15} = -2 \quad |\cdot 15$

$\frac{5R_1 - 3R_2}{15} = \ \ 8 \quad |\cdot 15$

$$\begin{aligned} 3R_1 + \ \ 5R_2 &= -30 \quad |\cdot 3 \\ 5R_1 - \ \ 3R_2 &= 120 \quad |\cdot 5 \end{aligned}$$

$$\begin{aligned} 9R_1 + 15R_2 &= -90 \\ 25R_1 - 15R_2 &= 600 \end{aligned}$$

$$34R_1 = 510 \quad |: 34$$

$$R_1 = \frac{510}{34}$$

$$\boldsymbol{R_1 = 15}$$

$$\frac{R_1}{5} + \frac{R_2}{3} = -2$$

$$\frac{15}{5} + \frac{R_2}{3} = -2$$

$$3 + \frac{R_2}{3} = -2 \quad |-3$$

$$\frac{R_2}{3} = -2 - 3 \quad |\cdot 3$$

$$R_2 = (-5) \cdot 3$$

$$\boldsymbol{R_2 = -15}$$

A214 $l = \sqrt{c^2 - a^2} = \sqrt{(17\text{ cm})^2 - (7\text{ cm})^2} = \mathbf{15{,}5\ cm}$

A215 $e = \sqrt{a^2 + b^2} = \sqrt{(297\text{ mm})^2 + (210\text{ mm})^2} = \mathbf{363{,}7\ mm}$

A216 $s = \sqrt{D^2 - \left(\frac{D}{2}\right)^2} = \sqrt{D^2 - \frac{D^2}{4}} = \sqrt{\frac{4D^2 - D^2}{4}}$

$= \sqrt{\frac{3D^2}{4}} = \frac{D}{2}\sqrt{3} = 0{,}866 \cdot D = 0{,}866 \cdot 60\text{ mm} = \mathbf{52\ mm}$

A217 $a = \sqrt{(5\text{ m})^2 - (4\text{ m})^2} = \mathbf{3\ m}$

$b = \sqrt{(39\text{ mm})^2 + (22\text{ mm})^2} = \mathbf{44{,}8\ mm}$

$c = \sqrt{(4{,}2\text{ cm})^2 - (1{,}8\text{ cm})^2} = \mathbf{3{,}8\ cm}$

$d = \sqrt{(0{,}48\text{ m})^2 + (0{,}36\text{ m})^2} = \mathbf{0{,}6\ m}$

$e = \sqrt{(0{,}08\text{ m})^2 - (0{,}06\text{ m})^2} = 0{,}053\text{ m} = \mathbf{53\ mm}$

A218 $c = \sqrt{a^2 + b^2} = \sqrt{(26{,}5\text{ m})^2 + (32{,}7\text{ m})^2} = \mathbf{42\ m}$

A219 $b = \sqrt{c^2 - a^2} = \sqrt{(75\text{ m})^2 - (36\text{ m})^2} = \mathbf{65{,}8\ m}$

A220 $A = \boldsymbol{a^2}$

$$a = \sqrt{A} = \sqrt{150\ \text{m}^2} = \mathbf{12{,}25\ m}$$

$$e = \sqrt{a^2 + a^2} = \sqrt{2a^2} = a \cdot \sqrt{2} = 12{,}25\ \text{m} \cdot \sqrt{2} = \mathbf{17{,}32\ m}$$

A221 $l = \sqrt{h^2 + \left(\frac{D}{2}\right)^2} = \sqrt{(8\ \text{m})^2 + (2{,}9\ \text{m})^2} = \mathbf{8{,}51\ m}$

A222 $l_1 = \sqrt{h^2 + s^2} = \sqrt{(18\ \text{m})^2 + (3{,}10\ \text{m})^2} = \mathbf{18{,}26\ m}$

$$l = l_1 + z = 18{,}26\ \text{m} + 0{,}6\ \text{m} = \mathbf{18{,}86\ m}$$

A223 $h = \sqrt{l^2 - s^2} = \sqrt{(5\ \text{m})^2 - (1{,}6\ \text{m})^2} = \mathbf{4{,}74\ m}$

A224 $s = \sqrt{\left(\frac{b}{2}\right)^2 + h^2} = \sqrt{(7{,}5\ \text{m})^2 + (0{,}8\ \text{m})^2} = \mathbf{7{,}54\ m}$

$$l = 2 \cdot s = 2 \cdot 7{,}54\ \text{m} = \mathbf{15{,}08\ m}$$

A225

	a)	b)	c)	d)	e)	f)	g)
$\sphericalangle\ \alpha$	44,9°	1,36°	51°	72,7°	29,2°	26,2°	26,8°
$\sin\alpha$	0,706	0,0238	0,777	0,955	0,488	0,442	0,451
$\cos\alpha$	0,708	0,9997	0,629	0,297	0,873	0,897	0,893
$\tan\alpha$	0,997	0,0238	1,236	3,21	0,559	0,492	0,505

A226 $\sin\alpha = \frac{s}{l}$

$$l = \frac{s}{\sin\alpha} = \frac{3{,}2\ \text{m}}{0{,}2588} = \mathbf{12{,}4\ m}$$

A227 $\tan\alpha = \frac{h}{s}$

$$h = s \cdot \tan\alpha = 3{,}8\ \text{km} \cdot 0{,}7265 = \mathbf{2{,}76\ km}$$

A228 $c = \sqrt{h^2 + \left(\frac{b}{2}\right)^2} = \sqrt{(4\text{ m})^2 + (8\text{ m})^2} = \mathbf{8{,}94\text{ m}}$

$l = c + a = 8{,}94\text{ m} + 3\text{ m} = \mathbf{11{,}94\text{ m}}$

A229 $u_1 = \hat{u} \cdot \sin\varphi_1 = 325\text{ V} \cdot 0{,}5 = \mathbf{162{,}5\text{ V}}$
$u_2 = \hat{u} \cdot \sin\varphi_2 = 325\text{ V} \cdot 0{,}707 = \mathbf{229{,}8\text{ V}}$
$u_3 = \hat{u} \cdot \sin\varphi_3 = 325\text{ V} \cdot 0{,}866 = \mathbf{281{,}5\text{ V}}$
$u_4 = \hat{u} \cdot \sin\varphi_4 = 325\text{ V} \cdot 0{,}966 = \mathbf{314\text{ V}}$

A230 $l = 2 \cdot \sqrt{c^2 - h^2} = 2 \cdot \sqrt{(35\text{ m})^2 - (12\text{ m})^2} = 2 \cdot 32{,}88\text{ m} = \mathbf{65{,}8\text{ m}}$

A231 a) $\eta = 90° - \varepsilon = 90° - 47° = \mathbf{43°}$

$\tan\varepsilon = \frac{y}{z}$

$y = z \cdot \tan\varepsilon = 4{,}7\text{ cm} \cdot 1{,}072 = \mathbf{5{,}04\text{ cm}}$

$\cos\varepsilon = \frac{z}{x}$

$x = \frac{z}{\cos\varepsilon} = \frac{4{,}7\text{ cm}}{0{,}682} = \mathbf{6{,}89\text{ cm}}$

b) $\eta = 90° - \varepsilon = 90° - 73° = \mathbf{17°}$

$\cos\varepsilon = \frac{z}{x}$

$z = x \cdot \cos\varepsilon = 456\text{ m} \cdot 0{,}2924 = \mathbf{133{,}3\text{ m}}$

$\sin\varepsilon = \frac{y}{x}$

$y = x \cdot \sin\varepsilon = 456\text{ m} \cdot 0{,}9563 = \mathbf{436\text{ m}}$

c) $\tan\varepsilon = \frac{y}{z} = \frac{7{,}51\text{ mm}}{3{,}9\text{ mm}} = 1{,}926$

$\varepsilon = 62{,}6°$

$\eta = 90° - \varepsilon = 90° - 62{,}6° = \mathbf{27{,}4°}$

$\cos\varepsilon = \frac{z}{x}$

$x = \frac{z}{\cos\varepsilon} = \frac{3{,}9\text{ mm}}{0{,}46} = \mathbf{8{,}48\text{ mm}}$

d) $\cos\varepsilon = \frac{z}{x} = \frac{6{,}89 \text{ m}}{12{,}1 \text{ m}} = \mathbf{0{,}5694}$

$\varepsilon = \mathbf{55{,}3°}$

$\eta = 90° - \varepsilon = 90° - 55{,}3° = \mathbf{34{,}7°}$

$\tan\varepsilon = \frac{y}{z}$

$y = z \cdot \tan\varepsilon = 6{,}89 \text{ m} \cdot 1{,}444 = \mathbf{9{,}95\ m}$

A232 a) $R = 25\ \Omega$

b)

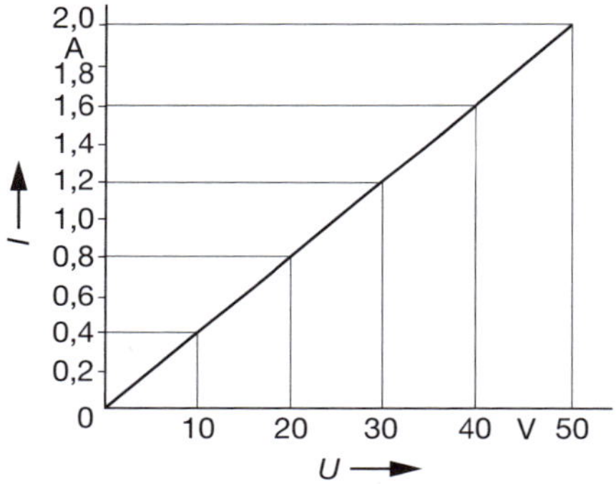

A233

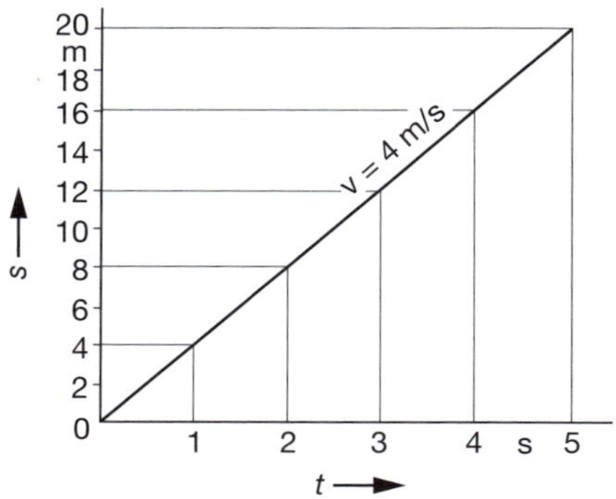

A234 a)

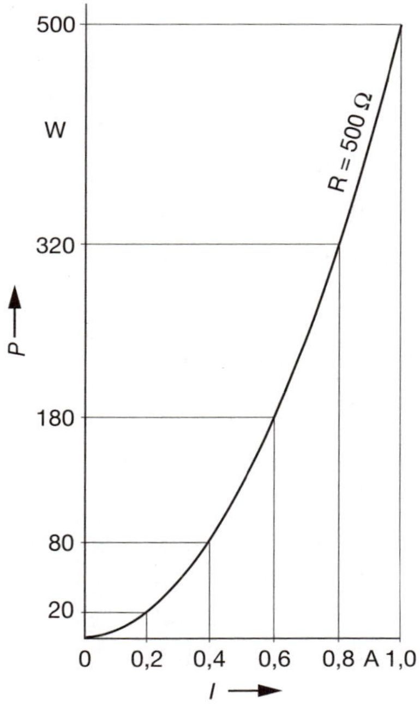

b)

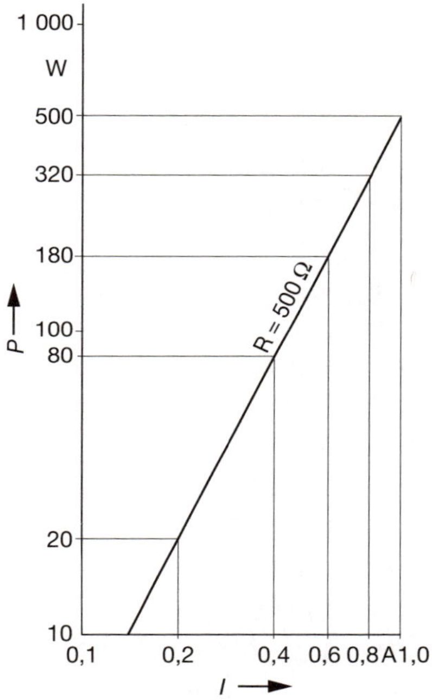

A235 a) $t =$ **5 s**

b) $t =$ **10 s**

c) $t =$ **1 s**

B Technisches Rechnen

B1 0,47 mm

B2 0,7 m

B3 0,12 dm

B4 $3{,}2 \cdot 10^{6}$ cm

B5 6,5 m

B6 600 W

B7 $6 \cdot 10^{-6}$ F

B8 6,75 nF

B9 $16 \cdot 10^{-3}$ H

B10 22 kΩ

B11 2,4 µF

B12 270 kW

B13 $1{,}2 \cdot 10^{3}\ \text{cm}^{2}$

B14 $30 \cdot 10^{3}\ \text{mm}^{2}$

B15 $12 \cdot 10^{-3}\ \text{m}^{2}$

B16 $12 \cdot 10^{-6}\ \text{m}^{3}$

B17 $3 \cdot 10^{6}\ \text{mm}^{3}$

B18 $96 \cdot 10^{-6}\ \text{dm}^{3}$

B19 $0{,}5 \cdot 10^{-4}\ \text{dm}^{2}$

B20 $4{,}2 \cdot 10^{6}\ \text{mm}^{2}$

B21 $0{,}222\ \text{m}^{3}$

B22 $55 \cdot 10^{-6}\ \text{dm}^{3}$

B23 $0{,}25 \cdot 10^{6}\ \Omega$

B24 $2{,}2 \cdot 10^{-3}$ A

B25 $220 \cdot 10^{3}$ V

B26 $25 \cdot 10^{-6}$ µF

B27 $5{,}2 \cdot 10^{3}$ A/m

B28 $3{,}06 \cdot 10^{6}$ Ws

B29 90 km/h

B30 $5\ \text{A/mm}^{2}$

B31 $A = a \cdot b = 1{,}2\ \text{m} \cdot 0{,}9\ \text{m} = \mathbf{1{,}08\ m^{2}}$

B32 $A = a^{2}$

$$e = \sqrt{2} \cdot a \Rightarrow a = \frac{e}{\sqrt{2}} = \frac{10{,}6\ \text{dm}}{\sqrt{2}} = 7{,}5\ \text{dm}$$

$A = 7{,}5^{2}\ \text{dm}^{2} = \mathbf{56{,}2\ dm^{2}}$

B33 $A = a^{2} = b \cdot c \Rightarrow c = \dfrac{a^{2}}{b} = \dfrac{5^{2}\ \text{cm}^{2}}{2{,}5\ \text{cm}} = \mathbf{10\ cm}$

B34 $A = \dfrac{d^{2} \cdot \pi \cdot \alpha}{4 \cdot 360°} = \dfrac{23^{2}\ \text{cm}^{2} \cdot \pi \cdot 70°}{4 \cdot 360°} = \mathbf{80{,}8\ cm^{2}}$

B35 $A = \frac{\pi}{4}(D^2 - d^2) =$

$$A_i \frac{d^2 \cdot \pi}{4} \Rightarrow d = \sqrt{\frac{4 \cdot A_i}{\pi}} = \sqrt{\frac{4 \cdot 965\ \text{cm}^2}{\pi}} = 35{,}1\ \text{cm}$$

$$A = \frac{\pi}{4}(42^2\ \text{cm}^2 - 35{,}1^2\ \text{cm}^2) = \mathbf{420\ cm^2}$$

B36 $A_E = A_1 - A_2 = a \cdot b - c \cdot d$

$$A_E = 40\ \text{mm} \cdot 20\ \text{mm} - 16\ \text{mm} \cdot 12\ \text{mm} = \mathbf{608\ mm^2}$$

B37 $A = a \cdot b = 160\ \text{mm} \cdot 180\ \text{mm} = \mathbf{28{,}8 \cdot 10^3\ mm^2}$

$$A_V = 4 \cdot c^2 = 4 \cdot 50^2\ \text{mm}^2 = 10^4\ \text{mm}^2$$

$$\frac{A_V}{A} = \frac{10^4\ \text{mm}^2}{28{,}8 \cdot 10^3\ \text{mm}^2} = 0{,}347 = \mathbf{34{,}7\,\%\ Verschnitt}$$

B38 $V = a \cdot b \cdot c = 30\ \text{m} \cdot 15\ \text{m} \cdot 2{,}5\ \text{m} = 1125\ \text{m}^3$

$$V_1 = d \cdot e \cdot f = 6{,}5\ \text{m} \cdot 1{,}75\ \text{m} \cdot 1{,}8\ \text{m} = 20{,}475\ \text{m}^3$$

$$n = \frac{V}{V_1} = \frac{1125\ \text{m}^3}{20{,}48\ \text{m}^3} = 54{,}9 \approx \mathbf{55}$$

B39 $Q = \frac{V}{t}$

$$V = a \cdot b \cdot c = 12\ \text{m} \cdot 6\ \text{m} \cdot 1{,}7\ \text{m} = 122{,}4\ \text{m}^3$$
$$= 122{,}4 \cdot 10^3\ \text{dm}^3$$

$$Q = \frac{122{,}4 \cdot 10^3\ \text{l}}{30\ \text{min}} = \mathbf{4080\ l/min}$$

B40 $V = \frac{d^3 \cdot \pi}{6} = Q \cdot t = 2\ \text{m}^3/\text{min} \cdot 32{,}5\ \text{min} = 65\ \text{m}^3$

$$d = \sqrt[3]{\frac{6 \cdot v}{\pi}} = \sqrt[3]{\frac{6 \cdot 65\ \text{m}^3}{\pi}} = \mathbf{4{,}99\ m}$$

B41 $V = A \cdot d_m \cdot \pi$

$$A = \frac{D - d}{2} \cdot h$$

$$= \frac{320\ \text{mm} - 270\ \text{mm}}{2} \cdot 25\ \text{mm} = 625\ \text{mm}^2$$

$$d_m = \frac{D + d}{2} = \frac{320\ \text{mm} + 270\ \text{mm}}{2} = 295\ \text{mm}$$

$$V = 625\ \text{mm}^2 \cdot 295\ \text{mm} \cdot \pi = 0{,}579 \cdot 10^6\ \text{mm}^3 = \mathbf{0{,}579\ dm^3}$$

B42 $Q = \frac{V}{t}$

$$V = n \cdot a \cdot b \cdot b \cdot c = 8 \cdot 20 \text{ m} \cdot 10 \text{ m} \cdot 3{,}5 \text{ m} = 5600 \text{ m}^3$$

$$Q = \frac{5600 \text{ m}^3}{1 \text{ h}} = \mathbf{5600\ m^3/h}$$

B43 $n = \frac{Q}{Q_1}$

$$Q = \frac{n \cdot V}{t} = n\,(A_1 + A_2) \cdot \frac{l}{t}$$

$$Q = n \cdot \left(a \cdot b + \frac{a \cdot c}{2}\right) \cdot \frac{l}{t}$$

$$Q = 3 \cdot \left(15 \text{ m} \cdot 3 \text{ m} + \frac{15 \text{ m} \cdot 2{,}5 \text{ m}}{2}\right) 28 \text{ m/h} = 5355 \text{ m}^3\text{/h}$$

$$n = \frac{5355 \text{ m}^3\text{/h}}{900 \text{ m}^3\text{/h}} = 5{,}95 \approx \mathbf{6}$$

B44 a) $N_\text{L} = \frac{b}{d} = \frac{400 \text{ mm}}{25 \text{ mm}} = \mathbf{16}$

b) $L = \frac{h}{d} = \frac{d_2 - d_1}{2 \cdot d} = \frac{700 \text{ mm} - 300 \text{ mm}}{2 \cdot 25 \text{ mm}} = \mathbf{8}$

c) $N = N_\text{L} \cdot L = 16 \cdot 8 = \mathbf{128}$

d) $l = l_\text{m} \cdot N =$

$$l_\text{m} = d_\text{m} \cdot \pi = \frac{d_2 + d_1}{2} \cdot \pi$$

$$= \frac{700 \text{ mm} + 300 \text{ mm}}{2} \cdot \pi = 1570 \text{ mm} = 1{,}57 \text{ m}$$

$$l = 1{,}57 \text{ m} \cdot 128 = \mathbf{201\ m}$$

B45 a) $N = \frac{A_\text{L}}{A_1}$

$$A_\text{L} = A_\text{W} \cdot f = b \cdot h \cdot f = 32 \text{ mm} \cdot 8 \text{ mm} \cdot 0{,}52 = 133{,}1 \text{ mm}^2$$

$$A_1 = \frac{d^2 \cdot \pi}{4} = \frac{0{,}12^2 \text{ mm}^2 \cdot \pi}{4} = 0{,}0113 \text{ mm}^2$$

$$N = \frac{133{,}1 \text{ mm}^2}{0{,}0113 \text{ mm}^2} = \mathbf{11770}$$

B45 b) $l = l_m \cdot N =$

$$l_m = d_m \cdot \pi = (d_2 - h) \cdot \pi$$
$$= (30\ \text{mm} - 8\ \text{mm}) \cdot \pi = 69{,}12\ \text{mm}$$

$l = 0{,}0691\ \text{m} \cdot 11770 = \mathbf{813\ m}$

B46 $d = \sqrt{\dfrac{4 \cdot A_1}{\pi}}$ $\qquad A_W = a \cdot b + \dfrac{b^2 \cdot \pi}{4}$

$$= 20\ \text{mm} \cdot 8\ \text{mm} + \frac{8^2\ \text{mm}^2 \cdot \pi}{4} = 210{,}3\ \text{mm}^2$$

$$A_L = A_W \cdot f = 210{,}3\ \text{mm}^2 \cdot 0{,}3 = 63{,}09\ \text{mm}^2$$

$$A_1 = \frac{A_L}{N} = 63{,}09\ \text{mm}^2/60 = 1{,}052\ \text{mm}^2$$

$$d = \sqrt{\frac{4 \cdot 1{,}052\ \text{mm}^2}{\pi}} = 1{,}16\ \text{mm, gewählt } \boldsymbol{d = 1{,}12\ \text{mm}}$$

B47 a) $l_m = 2 \cdot (a_1 + b_1) + h \cdot \pi \qquad h = \dfrac{a_2 - a_1}{2} = \dfrac{80\ \text{mm} - 50\ \text{mm}}{2} = 15\ \text{mm}$

$l_m = 2\,(50\ \text{mm} + 20\ \text{m}) + 15\ \text{mm} \cdot \pi = 140\ \text{mm} + 47{,}1\ \text{mm} = \mathbf{187{,}1\ mm}$

b) $d = \sqrt{\dfrac{4 \cdot A_1}{\pi}}$ $\qquad A_W = b \cdot h = 30\ \text{mm} \cdot 15\ \text{mm} = 450\ \text{mm}^2$

$$A_L = A_W \cdot f = 450\ \text{mm}^2 \cdot 0{,}58 = 261\ \text{mm}^2$$

$$A_1 = \frac{A_L}{N} = 261\ \text{mm}^2/7900 = 0{,}033\ \text{mm}^2$$

$$d = \sqrt{\frac{4 \cdot 0{,}033\ \text{mm}^2}{\pi}} = 0{,}205\ \text{mm, gewählt } \boldsymbol{d = 0{,}20\ \text{mm}}$$

c) $l = l_m \cdot N = 0{,}1871\ \text{m} \cdot 7900 = \mathbf{1478\ m}$

B48 $v = \dfrac{s}{t} = 450\ \text{km}/5{,}5\ \text{h} = \mathbf{81{,}8\ km/h} = \mathbf{22{,}7\ m/s}$, $3{,}6\ \text{km/h} = 1\ \text{m/s}$

B49 $v = \dfrac{s}{t} = 63\ \text{m}/36\ \text{s} = \mathbf{1{,}75\ m/s}$

B50 $t = \dfrac{s}{v} = 360\ \text{m}/5{,}7\ \text{m/min} = \mathbf{63{,}2\ min}$, $9{,}5\ \text{cm/s} = 5{,}7\ \text{m/min}$

B51 $v = d \cdot \pi \cdot n \Rightarrow d = \dfrac{v}{\pi \cdot n}$, $\quad 60\ \text{n}^{-1} = \text{s}^{-1}$

$$d = \frac{20\ \text{m/s}}{\pi \cdot 20\ 1/\text{s}} = 0{,}318\ \text{m} = \mathbf{318\ mm}$$

B52 $v = d \cdot \pi \cdot n \Rightarrow d = \frac{v}{\pi \cdot n} = \frac{25\ \text{m/s}}{\pi \cdot 49{,}33\ 1/\text{s}} = 0{,}161\ \text{m} = \mathbf{161\ mm}$

B53 $v = d \cdot \pi \cdot n \Rightarrow n = \frac{v}{d \cdot \pi} = \frac{25\ \text{m/s}}{0{,}12\ \text{m} \cdot \pi} = 66{,}3\ 1/\text{s} = \mathbf{3978\ min^{-1}}$

B54 a) $a = \frac{\Delta v}{\Delta t} = \frac{0{,}167\ \text{m/s}}{4\ \text{s}} = \mathbf{0{,}042\ m/s^2}$, $1\ \text{m/min} = 0{,}0167\ \text{m/s}$

b) $h = \frac{a \cdot t^2}{2} = \frac{0{,}042\ \text{m/s}^2 \cdot 4^2 \cdot \text{s}^2}{2} = \mathbf{0{,}336\ m}$

B55 a) $a = \frac{\Delta v}{\Delta t} \Rightarrow \Delta t = \frac{\Delta v}{a} = \frac{38{,}89\ \text{m/s}}{2{,}8\ \text{m/s}^2} = \mathbf{13{,}9\ s}$, $140\ \text{km/h} = 38{,}89\ \text{m/s}$

b) $s = \frac{a \cdot t^2}{2} = \frac{2{,}8\ \text{m/s}^2 \cdot 13{,}9^2 \cdot \text{s}^2}{2} = \mathbf{270\ m}$

B56 a) $\frac{n_1}{n_2} = \frac{d_2}{d_1} \Rightarrow n_2 = \frac{d_1 \cdot n_1}{d_2} = \frac{0{,}2\ \text{m} \cdot 1400\ \text{min}^{-1}}{0{,}4\ \text{m}} = \mathbf{700\ min^{-1}} = 11{,}67\ 1/\text{s}$

b) $v_2 = d_2 \cdot \pi \cdot n_2 = 0{,}4\ \text{m} \cdot \pi \cdot 11{,}67\ 1/\text{s} = \mathbf{14{,}7\ m/s}$

B57 $\frac{n_1}{n_2} = \frac{d_2}{d_1} \Rightarrow d_2 = \frac{d_1 \cdot n_1}{n_2}$

$$v_2 = d_2 \cdot \pi \cdot n_2 \Rightarrow n_2 = \frac{v_2}{d_2 \cdot \pi}$$

$$n_2 = \frac{65\ \text{m/s}}{0{,}45\ \text{m} \cdot \pi} = 46\ 1/\text{s} = 2760\ \text{min}^{-1}$$

$$d_2 = \frac{60\ \text{mm} \cdot 6500\ \text{min}^{-1}}{2760\ \text{min}^{-1}} = \mathbf{141\ mm}$$

B58 $\frac{n_1}{n_T} = \frac{d_T}{d_1} \Rightarrow n_T = \frac{d_1 \cdot n_1}{d_T} = \frac{0{,}15\ \text{m} \cdot 1450\ \text{min}^{-1}}{0{,}3\ \text{m}} = 725\ \text{min}^{-1}$

a) $i_{M2} = \frac{d_{M2}}{d} \Rightarrow d = \frac{d_{M2}}{i_{M2}} = \frac{600\ \text{mm}}{3} = \mathbf{200\ mm}$

b) $i_{M1} = \frac{n_T}{n_{M1}} \Rightarrow n_{M1} = \frac{n_T}{i_{M1}} = \frac{725\ \text{min}^{-1}}{2} = \mathbf{363\ min^{-1}}$

$$n_{M2} = \frac{n_T}{i_{M2}} = \frac{725\ \text{min}^{-1}}{3} = \mathbf{242\ min^{-1}}$$

c) $i_{M1} = \frac{d_{M1}}{d} \Rightarrow d_{M1} = d \cdot i_{M1} = 200\ \text{mm} \cdot 2 = \mathbf{400\ mm}$

B59 a) $i = \frac{Z_2}{Z_1} \Rightarrow Z_2 = i \cdot Z_1 = 6 \cdot 12 = \mathbf{72}$

b) $i = \frac{n_1}{n_2} \Rightarrow n_2 = \frac{n_1}{i} = \frac{2800\ \text{min}^{-1}}{6} = \mathbf{467\ min^{-1}}$

B60 $\frac{n_1}{n_2} = \frac{Z_1}{Z_2} \Rightarrow n_2 = \frac{n_1 \cdot Z_1}{Z_2} = \frac{12\,000\ \text{min}^{-1} \cdot 10}{60} = 2000\ \text{min}^{-1}$

Hubzahl 2000 min^{-1}

B61 a) $\frac{n_3}{n_4} = \frac{Z_4}{Z_3} \Rightarrow n_3 = \frac{n_4 \cdot Z_4}{Z_3} = \frac{73\ \text{min}^{-1} \cdot 60}{10} = \mathbf{438\ min^{-1}}$

$n_3 = n_2$

$\frac{n_1}{n_2} = \frac{Z_2}{Z_1} \Rightarrow n_1 = \frac{n_1 \cdot Z_2}{Z_1} = \frac{438\ \text{min}^{-1} \cdot 40}{12} = \mathbf{1460\ min^{-1}}$

b) $i = \frac{n_1}{n_4} = \frac{1460\ \text{min}^{-1}}{73\ \text{min}^{-1}} = \mathbf{20}$

B62 a) $i = \frac{Z_R}{g_s} \Rightarrow Z_R = g_s \cdot i = 2 \cdot 18 = \mathbf{36}$

b) $i = \frac{n_s}{n_R} \Rightarrow n_s = n_R \cdot i = 80\ \text{min}^{-1} \cdot 18 = \mathbf{1440\ min^{-1}}$

B63 a) $\frac{n_1}{n_2} = \frac{Z_2}{g_1} \Rightarrow n_2 = \frac{n_1 \cdot g_1}{Z_2} = \frac{720\ \text{min}^{-1} \cdot 2}{72} = 20\ \text{min}^{-1}$

$n_2 = n_3$

$\frac{n_3}{n_4} = \frac{Z_4}{Z_3} \Rightarrow Z_4 = \frac{Z_3 \cdot n_3}{n_4} = \frac{12 \cdot 20\ \text{min}^{-1}}{5\ \text{min}^{-1}} = \mathbf{48}$

b) $i = \frac{n_1}{n_4} = \frac{720\ \text{min}^{-1}}{5\ \text{min}^{-1}} = \mathbf{144}$

B64 a) $v_1 = \frac{2 \cdot s}{t} \Rightarrow t = \frac{2\,s}{v_1} = \frac{2 \cdot 60\ \text{m}}{22{,}2\ \text{m/s}} = 5{,}4\ \text{s}$

$a' = \frac{v_1}{t} = \frac{22{,}2\ \text{m/s}}{5{,}4\ \text{s}} = \mathbf{4{,}11\ m/s^2}$

b) $W_k = \frac{m \cdot v_1^2}{2} = \frac{12 \cdot 10^3 \text{ kg} \cdot 22{,}2^2 \text{ m}^2/\text{s}^2}{2} = 2957 \text{ kNm}$

$W_k = F_B \cdot s \Rightarrow F_B = \frac{W_k}{s} = \frac{2957 \text{ kNm}}{60 \text{ m}} = \mathbf{49{,}3\ kN}$

B65 a) $a = \frac{v_2}{t} = \frac{8{,}33 \text{ m/s}}{4 \text{ s}} = 2{,}083 \text{ m/s}^2$, $\quad 30 \text{ km/h} = 8{,}33 \text{ m/s}$

$s = \frac{a \cdot t^2}{2} = \frac{2{,}083 \text{ m/s}^2 \cdot 4^2 \cdot \text{s}^2}{2} = \mathbf{16{,}7\ m}$

b) $W_k = \frac{m \cdot v_1^2}{2} = F_B \cdot s \Rightarrow F_B = \frac{m \cdot v_1^2}{2 \cdot s}$

$F_B = \frac{18 \cdot 10^3 \text{ kg} \cdot 8{,}33^2 \cdot \text{m}^2/\text{s}^2}{2 \cdot 15 \text{ m}} = \mathbf{41{,}7\ kN}$

B66 1. b) und e); 2. a) und f); 3. c), d) und g)

B67 $m = n \cdot V \cdot \varrho = n \cdot \frac{\pi}{4} (D^2 - d^2) \cdot l \cdot \varrho$

$m = \frac{10^3 \cdot \pi (0{,}22^2 \text{ dm}^2 - 0{,}16^2 \text{ dm}^2) \cdot 0{,}36 \text{ dm} \cdot 1{,}4 \text{ kg/dm}^3}{4} = \mathbf{9{,}03\ kg}$

$G = m \cdot g = 9{,}03 \text{ kg} \cdot 9{,}81 \text{ m/s}^2 = \mathbf{88{,}5\ N}$

B68 $m = n\,(V_1 + V_2 + V_3) \cdot \varrho$

$m = n \cdot (a_1 \cdot b_1 \cdot c_1 + a_2 \cdot b_2 \cdot c_2 + a_3 \cdot b_3 \cdot c_3) \cdot \varrho$

$m = 3 \cdot (120 \text{ dm} \cdot 0{,}8 \text{ dm} \cdot 0{,}1 \text{ dm} + 360 \text{ dm} \cdot 0{,}4 \text{ dm} \cdot 0{,}06 \text{ m}$
$\quad + 120 \text{ dm} \cdot 1 \text{ dm} \cdot 0{,}2 \text{ dm}) \cdot 8{,}9 \text{ kg/dm}^3$

$m = 3 \cdot (9{,}6 \text{ dm}^3 + 8{,}64 \text{ dm}^3 + 24 \text{ dm}^3) \cdot 8{,}9 \text{ kg/dm}^3 = 1128 \text{ kg}$

$G = m \cdot g = 1128 \text{ kg} \cdot 9{,}81 \text{ m/s}^2 = \mathbf{11{,}1\ kN}$

B69 $m = A \cdot l \cdot \varrho = \frac{d^2 \cdot \pi}{4} \cdot l \cdot \varrho$

$= \frac{0{,}05^2 \text{ dm}^2\ \pi \cdot 3000 \text{ dm} \cdot 8{,}9 \text{ kg/dm}^3}{4} = \mathbf{52{,}4\ kg}$

$G = m \cdot g = 52{,}4 \text{ kg} \cdot 9{,}81 \text{ m/s}^2 = \mathbf{514\ N}$

B70 $m = V \cdot \varrho = n \cdot A \cdot h \cdot \varrho$

$$A = A_1 - A_2 = a \cdot b - 2 \cdot c \cdot d$$

$$A = 1{,}4\ \text{dm} \cdot 0{,}8\ \text{dm} - 2 \cdot 0{,}4\ \text{dm} \cdot 0{,}5\ \text{dm}$$

$$= 0{,}72\ \text{dm}^2$$

$$m = 120 \cdot 0{,}72\ \text{dm}^2 \cdot 0{,}005\ \text{dm} \cdot 7{,}8\ \text{kg/dm}^3 = \mathbf{3{,}37\ kg}$$

B71 $G = m \cdot g = \dfrac{d^2 \cdot \pi}{4} \cdot l \cdot \varrho \cdot g \Rightarrow l = \dfrac{4 \cdot G}{d^2 \cdot \pi \cdot \varrho \cdot g}$

$$l = \frac{4 \cdot 5\ \text{N}}{0{,}075^2\ \text{dm}^2 \cdot \pi \cdot 8{,}9\ \text{kg/dm}^3 \cdot 9{,}81\ \text{m/s}^2} = 1300\ \text{dm} = \mathbf{130\ m}$$

B72

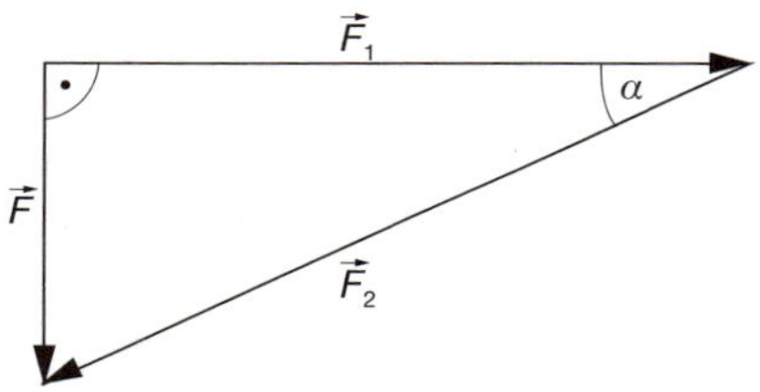

$$\cos\alpha = \frac{l_1}{l_2} = \frac{5\ \text{m}}{5{,}5\ \text{m}} = 0{,}909 \rightarrow \alpha = 24{,}6°$$

$$\tan\alpha = \frac{F}{F_1} \Rightarrow F_1 = \frac{F}{\tan\alpha} = \frac{2000\ \text{N}}{0{,}4583} = \mathbf{4360\ N}$$

$$\sin\alpha = \frac{F}{F_2} \Rightarrow F_2 = \frac{F}{\sin\alpha} = \frac{2000\ \text{N}}{0{,}4166} = \mathbf{4800\ N}$$

B73

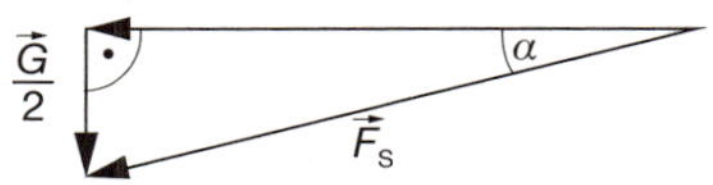

$$\tan\alpha = \frac{D}{l/2} = \frac{0{,}95\ \text{m}}{9\ \text{m}} = 0{,}1056 \rightarrow \alpha = 6{,}03°$$

$$\sin\alpha = \frac{G/2}{F_S} \Rightarrow F_S = \frac{G/2}{\sin\alpha} = \frac{40\ \text{N}}{0{,}105} = \mathbf{381\ N}$$

B74

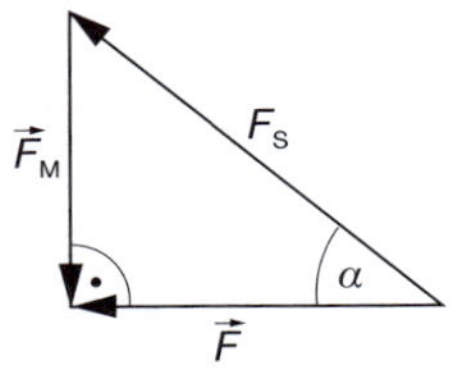

$$\tan\alpha = \frac{l_M}{l_A} = \frac{16\text{ m}}{20\text{ m}} = 0{,}8 \rightarrow \alpha = 38{,}66°$$

a) $$\cos\alpha = \frac{F}{F_S} \Rightarrow F_S = \frac{F}{\cos\alpha} = \frac{24\text{ kN}}{0{,}7809} = \mathbf{30{,}7\ kN}$$

b) $$\tan\alpha = \frac{F_M}{F} \Rightarrow F_M = F \cdot \tan\alpha = 24\text{ kN} \cdot 0{,}8 = \mathbf{19{,}2\ kN}$$

B75 $$F \cdot l = F_K \cdot l_K \Rightarrow F_K = \frac{F \cdot l}{l_K}$$

$$l = r_T + s/2 = 75\text{ mm} + 4\text{ mm} = 79\text{ mm}$$

$$F_K = \frac{3000\text{ N} \cdot 79\text{ mm}}{700\text{ mm}} = \mathbf{339\ N}$$

B76 $$M = F \cdot r \Rightarrow r = \frac{M}{F} = \frac{150\text{ Nm}}{500\text{ N}} = 0{,}3\text{ m}$$

$$d = 2 \cdot r = 2 \cdot 300\text{ mm} = \mathbf{600\ mm}$$

B77 $$\sum M = \sum \widehat{M}$$

$$F_W \cdot l = M + F_F \cdot l\,, \quad l = r + b + s/2 = 90\text{ mm} + 30\text{ mm} + 1\text{ mm} = 121\text{ mm}$$

a) $$M = F_W \cdot l - F_F \cdot l = 185\text{ N} \cdot 0{,}121\text{ m} - 18\text{ N} \cdot 0{,}121\text{ m} = \mathbf{20{,}2\ Nm}$$

b) $$M = F \cdot r \Rightarrow F = \frac{M}{r} = \frac{20{,}2\text{ Nm}}{0{,}09\text{ m}} = \mathbf{224\ N}$$

C Grundbegriffe der Physik und Chemie

C1 1. a); 2. –; 3. b); 4. d); 5. c); 6. –)

C2 a); c); f); h)

C3 1. –); 2, c); 3. –); 4, –); 5. a); 6. b)

C4 a); c); d)

C5 b); c)

C6 b); d)

C7 1. c); 2. a); 3. b); 4. c); 5. b)

C8 1. d); 2. d); 3. c); 4. a); 5. b); 6. d)

C9 a); b); e)

C10 b)

C11 b); c)

C12 a); b); c)

C13 b); c); e)

C14 2.); 4.); 5.); 6.)

C15 1. b); 2. c); 3. a); 4. b); 5. c); 6. a); 7. b); 8. a); 9. c)

C16 $t = 15$ Minuten $= 0{,}25\ \text{h} = 900\ \text{s}$

$Q = I \cdot t = 5\ \text{A} \cdot 0{,}25\ \text{h} = \mathbf{1{,}25\ Ah} = \mathbf{4500\ As}$

C17 $t = \dfrac{Q}{I} = \dfrac{12\ \text{Ah}}{0{,}05\ \text{A}} = \mathbf{240\ h}$

C18
1. Wärmewirkung, z. B. bei Heizgeräten
2. chemische Wirkung, z. B. beim Galvanisieren
3. magnetische Wirkung, z. B. bei Elektromotoren
4. Lichtwirkung, z. B. bei Glimmlampen
5. physiologische Wirkung, als Wirkung auf das menschliche Gefühl

C19 1. d); 2. b); 3. f); 4. a); 5. c)

C20 Bild 3

C21 a) $U_A = U_E - U_{ED} - U_{DC} + U_{BC} + U_{AB}$

$= 16\text{ V} - 19\text{ V} - (-7\text{ V}) + (-12\text{ V}) + 18\text{ V} = \mathbf{10\ V}$

$U_B = U_E - U_{ED} - U_{DC} + U_{BC} = 16\text{ V} - 19\text{ V} + 7\text{ V} - 12\text{ V} = \mathbf{-8\ V}$

$U_C = U_E - U_{ED} - U_{DC} = 16\text{ V} - 19\text{ V} + 7\text{ V} = \mathbf{4\ V}$

$U_D = U_E - U_{ED} = 16\text{ V} - 19\text{ V} = \mathbf{-3\ V}$

b) höchstes Potential liegt an Klemme E, niedrigstes Potential liegt an Klemme B

c) höchste Potentialdifferenz: $U_{EB} = 24\text{ V}$

C22 $U_{AB} = U_A - U_B = 12\text{ V} - (-7\text{ V}) = \mathbf{19\ V}$

$U_{AC} = U_A - U_C = 12\text{ V} - 3\text{ V} = \mathbf{9\ V}$

$U_{AD} = U_A - U_D = 12\text{ V} - (-6\text{ V}) = \mathbf{18\ V}$

$U_{BC} = U_B - U_C = -7\text{ V} - 3\text{ V} = \mathbf{-10\ V}$

$U_{BD} = U_B - U_d = -7\text{ V} - (-6\text{ V}) = \mathbf{-1\ V}$

$U_{CD} = U_C - U_D = 3\text{ V} + 6\text{ V} = \mathbf{9\ V}$

C23

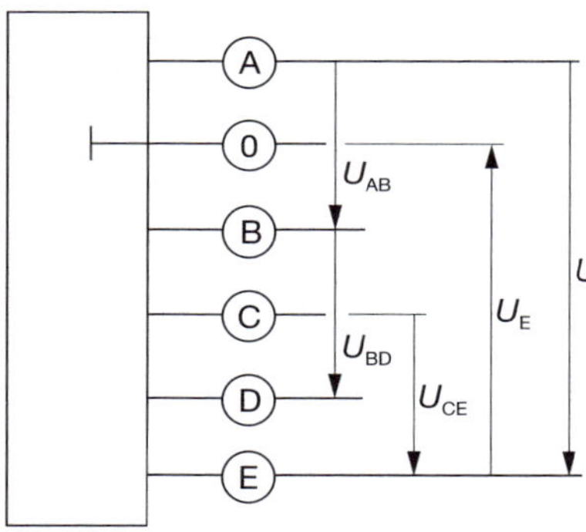

$U_A = U_{AE} + U_E = 1\text{ V} + 5\text{ V} = \mathbf{6\ V}$

$U_C = U_{CE} + U_E = -1\text{ V} + 5\text{ V} = \mathbf{4\ V}$

$U_B = U_A - U_{AB} = 6\text{ V} - (-4\text{ V}) = \mathbf{10\ V}$

$U_D = U_B - U_{BD} = 10\text{ V} - 12\text{ V} = \mathbf{-2\ V}$

C24 a); c)

C25 c)

C26 2.); 4.)

C27 $S = \frac{I}{A}$

$$A = \frac{d^2 \cdot \pi}{4} = \frac{(0{,}03\ \text{mm})^2 \cdot \pi}{4} = 0{,}0007069\ \text{mm}^2$$

$$S = \frac{270\ \text{mA}}{0{,}0007069\ \text{mm}^2} = \mathbf{382\ \frac{A}{mm^2}}$$

C28 $A = \frac{I}{S} = \frac{2{,}88\ \text{A}}{1{,}6\ \frac{\text{A}}{\text{mm}^2}} = \mathbf{1{,}8\ mm^2}$

$$d = \sqrt{\frac{4 \cdot A}{\pi}} = \sqrt{\frac{4 \cdot 1{,}8\ \text{mm}^2}{\pi}} = \mathbf{1{,}51\ mm}$$

C29 $I = S \cdot A$

$$A = \frac{d^2 \cdot \pi}{4} = \frac{(0{,}7\ \text{mm})^2 \cdot \pi}{4} = 0{,}3848\ \text{mm}^2$$

$$I = 2{,}5\ \frac{\text{A}}{\text{mm}^2} \cdot 0{,}3848\ \text{mm}^2 = \mathbf{0{,}962\ A}$$

D Elektrochemie

D1 1. a); 2. b); 3. d); 4. –); 5. –); 6. c)

D2 a); c); e); f);

D3 c)

D4 a); b); e)

D5 Nutzstrom $I = I_{ges} \cdot \frac{80}{100} = 2{,}8\ \text{A} \cdot \frac{80}{100} = 2{,}24\ \text{A}$

$m = I \cdot t \cdot c = 2{,}24\ \text{A} \cdot 1{,}5\ \text{h} \cdot 2{,}372\ \frac{\text{g}}{\text{Ah}} = \mathbf{7{,}97\ g}$

D6 c)

D7 1. d); 2. a); 3. b); 4. c); 5. e)

D8 1. b); 2. b); 3. a); 4. b); 5. a)

D9 b); c); d); e)

D10 b); e); f); g)

D11 a)

D12 a); c); d); e)

D13 a); c); e); f); h)

D14 1. a); 2. b); 3. –); 4. a); 5. –)

D15 1. b); 2. a); 3. c); 4. c); 5. b); 6. a)

D16 1. –); 2. c); 3. b); 4. a); 5. a); 6. d)

D17 b); e); f)

D18 a); c); f)

D19 c)

D20 a)

D21 1. –); 2. a); 3. b); 4. –); 5. c); 6. d); 7. –)

D22 1. b); 2. a); 3. a); 4. b); 5. a); 6. b)

D23 1. b); 2. a); 3. a); 4. a); 5. b); 6. a); 7. a); 8. a); 9. b)

D24 1. a); 2. c); 3. g); 4. b); 5. e); 6. c); 7. g); 8. f); 9. f); 10. e); 11. d)

D25 e)

D26 Der Ladefaktor bezieht sich auf den Kehrwert des Amperestundenwirkungsgrades. Er beträgt etwa 1,1 bis 1,2.

D27 $I_L = \frac{C_N}{t_L} \cdot f_L = \frac{150 \text{ Ah}}{12 \text{ h}} \cdot 1{,}2 = \mathbf{15\ A}$

D28 b); d); e)

D29 a); c); e); g)

D30 1. d); 2. c); 3. e); 4. f)

D31 1. b); 2. c); 3. a); 4. c); 5. b); 6. c)

D32 b); e)

D33 1. b); 2. a); 3. c); 4. d); 5. a); 6. b); 7. a); 8. b)

E Elektrischer Widerstand und Schaltungen mit Widerständen

E1 (2) und (3)

E2 1. a); 2. c) 3. a); 4. b); 5. a); 6. c)

E3 a) $R = U / I_1 = 230\ \text{V} / 89\ \text{A} = 2{,}58\ \Omega$
b) $R = U / I_2 = 230\ \text{V} / 23\ \text{A} = 10\ \Omega$
c) $R = U / I_3 = 230\ \text{V} / 8{,}5\ \text{A} = 27{,}1\ \Omega$
d) $R = U / I_4 = 230\ \text{V} / 3{,}2\ \text{A} = 71{,}9\ \Omega$

E4 $$I = \frac{\Delta U}{R}$$

$$\Delta U = U_1 - U_2 = 0{,}84\ \text{V} - (-0{,}6\ \text{V}) = \mathbf{1{,}44\ V}$$

$$I = \frac{1{,}44\ \text{V}}{10\ \text{k}\Omega} = \mathbf{0{,}144\ mA}$$

E5 $U = R \cdot I = 0{,}0132\ \Omega \cdot 50\ 000\ \text{A} = 660\ \text{V}$

E6 $$R = \frac{U}{I} = \frac{230\ \text{V}}{30\ \text{mA}} = \mathbf{7{,}67\ k\Omega}$$

E7 $$I = \frac{U}{R_\text{m}}$$

$$R_\text{m} = \frac{U}{I} = \frac{250\ \text{V}}{50\ \text{mA}} = \mathbf{5\ k\Omega}$$

$$I = \frac{160\ \text{V}}{5\ \text{k}\Omega} = \mathbf{32\ mA}$$

E8 $U = I \cdot R = 5\ \text{A} \cdot 0{,}3\ \Omega = \mathbf{1{,}5\ V}$

E9 $U_\text{KL} = U - U_\text{V}$

$$U_\text{V} = I \cdot R = 5\ \text{A} \cdot 1{,}2\ \Omega = \mathbf{6\ V}$$

$U_\text{KL} = 230\ \text{V} - 6\ \text{V} = \mathbf{224\ V}$

E10 b); d); e)

E11 1. c); 2. a); 3. b); 4. –)

E12 a)

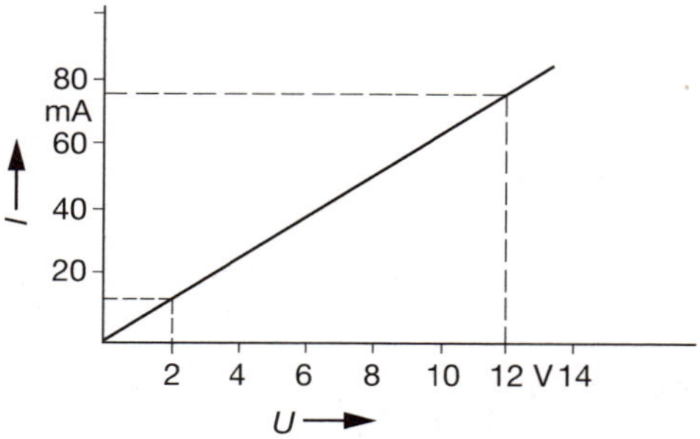

b) $R = \frac{U}{I} = \frac{8\ \text{V}}{50\ \text{mA}} = \mathbf{0{,}16\ k\Omega}$

c) $U_2 = I_2 \cdot R = 12{,}5\ \text{mA} \cdot 0{,}16\ \text{k}\Omega = \mathbf{2\ V}$

d) $I_3 = \frac{U_3}{R} = \frac{12\ \text{V}}{0{,}16\ \text{k}\Omega} = \mathbf{75\ mA}$

E13 c)

E14 $r_Z = \frac{\Delta U_Z}{\Delta I_Z}$; $\Delta U_Z = r_Z \cdot \Delta I_Z$

$\Delta I_Z = I_2 - I_1 = 18\ \text{mA} - 10\ \text{mA} = \mathbf{8\ mA}$

$\Delta U_Z = 10\ \Omega \cdot 8\ \text{mA} = \mathbf{80\ mV}$

E15 Aus Kennlinie:

a) Bei $U = 5\ \text{V} \rightarrow I = 5\ \text{mA}$

$R = \frac{U}{I} = \frac{5\ \text{V}}{5\ \text{mA}} = \mathbf{1\ k\Omega}$

b) Bei $U = 7\ \text{V} \rightarrow I = 13\ \text{mA}$

$R = \frac{U}{I} = \frac{7\ \text{V}}{13\ \text{mA}} = \mathbf{0{,}54\ k\Omega}$

c) $r = \frac{\Delta U}{\Delta I} = \frac{U_1 - U_2}{I_1 - I_2} = \frac{5\ \text{V} - 7\ \text{V}}{5\ \text{mA} - 13\ \text{mA}} = \mathbf{0{,}25\ k\Omega}$

E16 a), c), d)

E17 1. b); 2. d); 3. c); 4. a); 5. c)

E18 $R = \frac{l}{\kappa \cdot A}$; $A = \frac{d^2 \cdot \pi}{4} = \frac{0{,}5\ \text{mm}^2 \cdot \pi}{4} = \mathbf{0{,}196\ mm^2}$

$R = \frac{500\ \text{m} \cdot \Omega \cdot \text{mm}^2}{56\ \text{m} \cdot 0{,}196\ \text{mm}^2} = \mathbf{45{,}5\ \Omega}$

E19 $R = \frac{l}{\kappa \cdot A}$; $l = R \cdot \kappa \cdot A$; $A = \frac{d^2 \cdot \pi}{4} = \frac{0{,}6\ \text{mm}^2 \cdot \pi}{4} = \mathbf{0{,}283\ mm^2}$

$l = 64{,}5\ \Omega \cdot 0{,}89\ \frac{\text{m}}{\Omega \cdot \text{mm}^2} \cdot 0{,}283\ \text{mm}^2 = \mathbf{16{,}2\ m}$

E20 $R = \frac{l}{\kappa \cdot A} = \frac{2 \cdot 20\ \text{m}}{36 \frac{\text{m}}{\Omega\,\text{mm}^2} \cdot 1{,}5\ \text{mm}^2} = 741\ \text{m}\Omega$

E21 $A = \frac{l}{\kappa \cdot R} = \frac{2 \cdot 200\ \text{m}}{56 \frac{\text{m}}{\Omega\ \text{mm}^2} \cdot 1\ \Omega} = 7{,}41\ \text{mm}^2$

Gewählt: Antwort d): 10 mm^2

E22 1. c); 2. –); 3. f); 4. b); 5. e); 6. d); 7. –); 8. a)

E23 1. b); 2. –); 3. a); 4. c); 5. d); 6. e); 7. –)

E24 a), c) (PTC und Kaltleiter sind identische Bezeichnungen)

E25 1. d); 2. b); 3. –); 4. a); 5. –); 6. f); 7. d); 8. –); 9. e); 10. c); 11. a)

E26 b), d)

E27 a) $A = \frac{d^2 \cdot \pi}{4}$; $d = \sqrt{\frac{A \cdot 4}{\pi}}$

$A = \frac{I}{S} = \frac{2{,}5\ \text{A} \cdot \text{mm}^2}{5\ \text{A}} = \mathbf{0{,}5\ mm^2}$

$d = \sqrt{\frac{0{,}5\ \text{mm}^2 \cdot 4}{\pi}} = \mathbf{0{,}798\ mm}$

Gewählt: d = **0,9 mm**

b) $R = \frac{l}{\kappa \cdot A}$; $l = R \cdot \kappa \cdot A$

$$R = \frac{U}{I} = \frac{30\ \text{V}}{2{,}5\ \text{A}} = \mathbf{12\ \Omega}$$

$$A = \frac{d^2 \cdot \pi}{4} = \frac{(0{,}9\ \text{mm})^2 \cdot \pi}{4} = \mathbf{0{,}636\ mm^2}$$

$$l = 12\ \Omega \cdot 2\ \frac{\text{m}}{\Omega \cdot \text{mm}^2} \cdot 0{,}636\ \text{mm}^2 = \mathbf{15{,}27\ m}$$

E28 b)

E29 $R_2 = R_1 \cdot (1 + \alpha \cdot \Delta\vartheta)$

$$\Delta\vartheta = \vartheta_2 - \vartheta_1 = 70\,°\text{C} - 20\,°\text{C} = \mathbf{50\ K}$$

$$R_2 = 40\ \Omega \cdot \left(1 + 3{,}9 \cdot 10^{-3}\ \frac{1}{\text{K}} \cdot 50\ \text{K}\right) = \mathbf{47{,}8\ \Omega}$$

E30 $\vartheta_2 = \vartheta_1 + \Delta\vartheta$

$$\Delta\vartheta = \frac{\Delta R}{R_1 \cdot \alpha}; \quad \Delta R = R_2 - R_1 = 65\ \Omega - 55\ \Omega = \mathbf{10\ \Omega}$$

$\vartheta_2 = 20\ °\text{C} + 46{,}6\ \text{K} = 66{,}6\ ^0\text{C}$

$$= \frac{10\ \Omega\ \text{K}}{55\ \Omega \cdot 3{,}9 \cdot 10^{-3}} = \mathbf{46{,}6\ K}$$

$$\vartheta_2 = 20\,°\text{C} + 46{,}6\ \text{K} = \mathbf{66{,}6\,°C}$$

E31 $\Delta R = R_1 \cdot \alpha \cdot \Delta\vartheta$

$$\Delta\vartheta = \frac{\Delta R}{R_1 \cdot \alpha}; \quad \Delta R = R_2 - R_1; \quad R_2 = \frac{U}{I_2} = \frac{230\ \text{V}}{3{,}6\ \text{A}} = \mathbf{63{,}9\ \Omega}$$

$$R_1 = \frac{U}{I_1} = \frac{230\ \text{V}}{4\ \text{A}} = \mathbf{57{,}5\ \Omega}$$

$$= 63{,}9\ \Omega - 57{,}5\ \Omega = \mathbf{6{,}39\ \Omega}$$

$$\Delta\vartheta = \frac{6{,}39\ \Omega\text{K}}{57{,}5\ \Omega \cdot 3{,}9 \cdot 10^{-3}}$$

$$= \mathbf{28{,}5\ K}$$

E32 $R = R_1 \cdot (1 + \alpha \cdot \Delta\vartheta)$

$$= 99{,}2\ \Omega \cdot \left(1 + 3{,}9 \cdot 10^{-3}\ \frac{1}{\text{K}} \cdot 30\ \text{K}\right)$$

$$= \mathbf{111\ \Omega}$$

$$R_1 = \frac{l}{\kappa \cdot A} = \frac{62{,}8\ \text{m} \cdot \Omega \cdot \text{mm}^2}{56\ \text{m} \cdot 0{,}0113\ \text{mm}^2} = \mathbf{99{,}2\ \Omega}$$

$$l = n \cdot d_\text{m} \cdot \pi = 500 \cdot 0{,}04\ \text{m} \cdot \pi = \mathbf{62{,}8\ m}$$

$$\text{A} = \frac{d^2 \cdot \pi}{4} = \frac{(0{,}12\ \text{mm})^2 \cdot \pi}{4} = \mathbf{0{,}0113\ mm^2}$$

$$\Delta\vartheta = \vartheta_2 - \vartheta_1 = 50\ °\text{C} - 20\ °\text{C} = \mathbf{30\ K}$$

E33 a), c), d)

E34

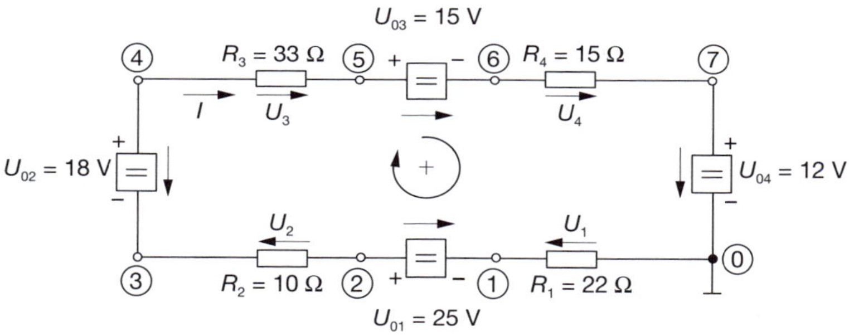

Lösungswege: 1. Zählpfeil einzeichnen
2. Stromrichtung festlegen
3. Spannungspfeile einzeichnen
4. Maschenregel aufstellen.

$$\sum U_0 = 0\ ; \quad U_1 - U_{01} + U_2 - U_{02} + U_3 + U_{03} + U_4 + U_{04} = 0$$

$$U_1 + U_2 + U_3 + U_4 = U_{01} + U_{02} - U_{03} - U_{04}$$

$$I \cdot R_1 + I \cdot R_2 + I \cdot R_3 + I \cdot R_4 = U_{01} + U_{02} - U_{03} - U_{04}$$

$$I = \frac{U_{01} + U_{02} - U_{03} - U_{04}}{R_1 + R_2 + R_3 + R_4}$$

$$= \frac{25\ \text{V} + 18\ \text{V} - 15\ \text{V} - 12\ \text{V}}{22\ \Omega + 10\ \Omega + 33\ \Omega + 15\ \Omega}$$

$$= \mathbf{0{,}2\ A}$$

$U_1 \;= I \cdot R_1 = 0{,}2\text{ A} \cdot 22\ \Omega = \mathbf{4{,}4\ V}$

$U_2 \;= I \cdot R_2 = 0{,}2\text{ A} \cdot 10\ \Omega = \mathbf{2\ V}$

$U_3 \;= I \cdot R_3 = 0{,}2\text{ A} \cdot 33\ \Omega = \mathbf{6{,}6\ V}$

$U_4 \;= I \cdot R_4 = 0{,}2\text{ A} \cdot 15\ \Omega \;= \mathbf{3\ V}$

$U_{10} = -U_1 = \mathbf{-4{,}4\ V}$

$U_{20} = U_{10} + U_{01} = -4{,}4\text{ V} + 25\text{ V} = \mathbf{20{,}6\ V}$

$U_{30} = U_{20} - U_2 = 20{,}6\text{ V} - 2\text{ V} \;= \mathbf{18{,}6\ V}$

$U_{40} = U_{30} + U_{02} = 18{,}6\text{ V} + 18\text{ V} = \mathbf{36{,}6\ V}$

$U_{50} = U_{40} - U_3 = 36{,}6\text{ V} - 6{,}6\text{ V} \;= \mathbf{30\ V}$

$U_{60} = U_{50} - U_{03} = 30\text{ V} - 15\text{ V} \;= \mathbf{15\ V}$

$U_{70} = U_{04} = \mathbf{12\ V}$

E35

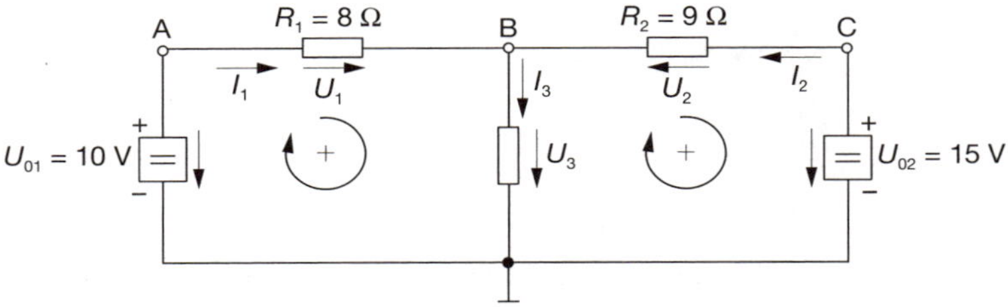

Lösungswege: 1. Zählpfeile einzeichnen
2. Stromrichtungen festlegen
3. Spannungspfeile einzeichnen
4. Gleichungen aufstellen

$$R_3 = \frac{U_3}{I_3} \qquad U_3 = U_B = \mathbf{6\ V}$$

$$= \frac{6\text{ V}}{1{,}5\text{ A}} \qquad I_3 = I_1 + I_2 = 0{,}5\text{ A} + 1\text{ A} = \mathbf{1{,}5\ A}$$

$$= \mathbf{4\ \Omega} \qquad I_1 = \frac{U_1}{R_1} = \frac{4\text{ V}}{8\ \Omega} = \mathbf{0{,}5\ A} \quad U_1 = U_A - U_B = 10\text{ V} - 6\text{ V} = \mathbf{4\ V}$$

$$I_2 = \frac{U_2}{R_2} = \frac{9\text{ V}}{9\ \Omega} = 1\text{ A} \qquad U_2 = U_C - U_B = 15\text{ V} - 6\text{ V} = \mathbf{9\ V}$$

E36

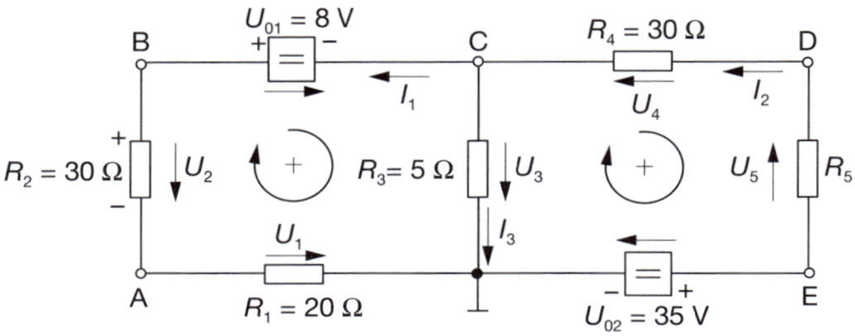

Lösungswege: 1. Zählpfeile einzeichnen
2. Stromrichtungen festlegen
3. Spannungspfeile einzeichnen
4. Gleichungen aufstellen

$$R_5 = \frac{U_5}{I_2} = \frac{15\ \text{V}}{0{,}6\ \text{A}} = \mathbf{25\ \Omega}$$

$U_5 = U_\text{E} - U_\text{D} = 35\ \text{V} - 20\ \text{V} = \mathbf{15\ V}$ $\quad U_\text{E} = U_{02} = \mathbf{35\ V}$

$U_\text{D} = U_\text{C} + U_4 = 2\ \text{V} + 18\ \text{V} = \mathbf{20\ V}$

$U_\text{C} = U_\text{B} - U_{01} = 10\ \text{V} - 8\ \text{V} = \mathbf{2\ V}$

$U_\text{B} = U_\text{A} + U_2 = 4\ \text{V} + 6\ \text{V} = \mathbf{10\ V}$

$U_2 = I_1 \cdot R_2 = 0{,}2\ \text{A} \cdot 30\ \Omega = \mathbf{6\ V}$

$$I_1 = \frac{U_\text{A}}{R_1} = \frac{4\ \text{V}}{20\ \Omega} = \mathbf{0{,}2\ A}$$

$U_4 = I_2 \cdot R_4 = 0{,}6\ \text{A} \cdot 30\ \Omega = \mathbf{18\ V}$

$I_2 = I_1 + I_3 = 0{,}2\ \text{A} + 0{,}4\ \text{A} = \mathbf{0{,}6\ A}$

$$I_3 = \frac{U_\text{C}}{R_3} = \frac{2\ \text{V}}{5\ \Omega} = \mathbf{0{,}4\ A}$$

E37 mit den Werten: **680 Ω, 220 Ω, 100 Ω**

E38 a) $R_\text{ges} = R_1 + R_2 = 150\ \Omega + 270\ \Omega = \mathbf{420\ \Omega}$

b) $$I = \frac{U}{R_\text{ges}} = \frac{230\ \text{V}}{420\ \Omega} = \mathbf{0{,}548\ A}$$

c) $U_1 = I \cdot R_1 = 0{,}548\ \text{A} \cdot 150\ \Omega = \mathbf{82{,}1\ V}$

$U_2 = U - U_1 = 230\ \text{V} - 82{,}4\ \text{V} = \mathbf{147{,}9\ V}$

E39 a) $R_3 = R_{ges} - (R_1 + R_2)$ | $R_{ges} = \frac{U}{I} = \frac{400\ \text{V}}{5\ \text{A}} = \mathbf{80\ \Omega}$

$= 80\ \Omega - (39\ \Omega + 10\ \Omega) = \mathbf{31\ \Omega}$

b) $U_1 = I \cdot R_1 = 5\ \text{A} \cdot 39\ \Omega = \mathbf{195\ V}$

$U_2 = I \cdot R_2 = 5\ \text{A} \cdot 10\ \Omega = \mathbf{50\ V}$

$U_3 = I \cdot R_3 = 5\ \text{A} \cdot 31\ \Omega = \mathbf{155\ V}$

E40 a) 10 V; b) 0 V; c) 0 V

E41 a) $R_{ges} = 10 \cdot R_{Lampe}$; $U_{ges} = 10 \cdot U_{Lampe}$
$U_{Lampe} = U_{ges} / 10 = 230\ \text{V} / 10 = \mathbf{23\ V}$
b) $R_{Lampe} = U_{Lampe} / I = 23\ \text{V} / 0{,}435\ \text{A} = \mathbf{52{,}9\ \Omega}$

E42 $U_V = U - U_L = 48\ \text{V} - 12\ \text{V} = 36\ \text{V}$
$R_V = U_V / I = 36\ \text{V} / 0{,}5\ \text{A} = \mathbf{72\ \Omega}$
Auswahl aus Reihe E12: da die Toleranz ±10% beträgt, muss der Wert **82 Ω** gewählt werden.
Kontrolle: unterer möglicher Wert:
$82\ \Omega - 10\% = 82\ \Omega - 8{,}2\ \Omega = 73{,}8\ \Omega$
$73{,}8\ \Omega > 72\ \Omega$, der Strom beträgt dann:
$I = U_V / R_V = 36\ \text{V} / 73{,}8\ \Omega = 0{,}488\ \text{A}$

E43 $R_2 = \frac{U_{A0}}{I}$ | $I = \frac{U_1}{R_1} = \frac{4{,}7\ \text{V}}{6{,}8\ \text{k}\Omega} = \mathbf{0{,}691\ mA}$

$= \frac{10{,}3\ \text{V}}{0{,}691\ \text{mA}}$ | $U_1 = U_E - U_{A0} = 15\ \text{V} - 10{,}3\ \text{V} = \mathbf{4{,}7\ V}$

$= \mathbf{14{,}9\ k\Omega}$

E44 $R_1 = \frac{U_1}{U_{A0}} \cdot R_2$; $U_1 = U_E - U_{A0} = 25\ \text{V} - 13{,}5\ \text{V} = \mathbf{11{,}5\ V}$

$= \frac{11{,}5\ \text{V}}{13{,}5\ \text{V}} \cdot 47\ \Omega = \mathbf{40\ \Omega}$

E45 $$R_L = \frac{l}{\kappa \cdot A} = \frac{2 \cdot 12\ \text{m}}{56 \frac{\text{m}}{\Omega \cdot \text{mm}^2} \cdot 4\ \text{mm}^2} = 0{,}107\ \Omega$$

$R = R_S + R_L = 0{,}12\ \Omega + 0{,}107\ \Omega = 0{,}227\ \Omega$

$U = I \cdot R = 80\ \text{A} \cdot 0{,}227\ \Omega = \mathbf{18{,}2\ V}$

E46

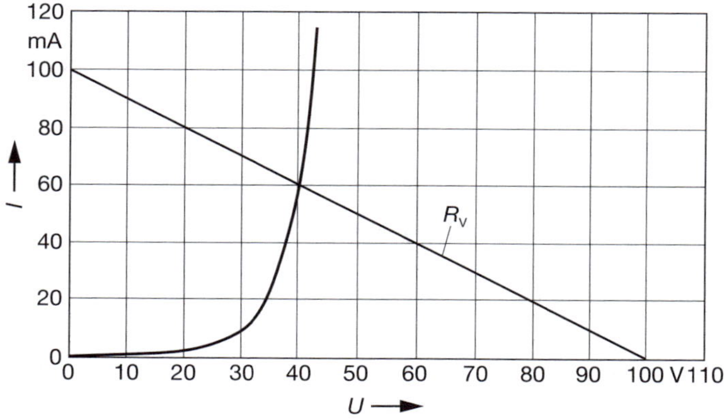

Die Widerstandsgerade für R_V ist durch $U = 100$ V und $I = \frac{U}{R_V} = 100$ mA bestimmt:

Im Arbeitspunkt ergibt sich: $I = 60$ mA; $U_A = 40$ V

$$R_{VDR} = \frac{U}{I} = \frac{40\text{ V}}{60\text{ mA}} = \mathbf{0{,}666\ k\Omega}$$

E47 $R_{Ges} = \frac{R}{m} = \frac{1{,}2\text{ k}\Omega}{3} = \mathbf{0{,}4\ k\Omega}$

E48 a) $R_2 = \frac{U_1}{I_2} = \frac{18\text{ V}}{0{,}818\text{ A}} = \mathbf{22\ \Omega}$

b) $R_{Ges} = \frac{R_1 \cdot R_2}{R_1 + R_2} = \frac{15\ \Omega \cdot 22\ \Omega}{15\ \Omega + 22\ \Omega} = \mathbf{8{,}92\ \Omega}$

c) $I_1 = \frac{U_1}{R_1} = \frac{18\text{ V}}{15\ \Omega} = \mathbf{1{,}2\ A}$

E49 $$R_4 = \frac{1}{\frac{1}{R_{ges}} - \frac{1}{(R_1} + \frac{1}{R_2} + \frac{1}{R_3)}} =$$

$$\frac{1}{\frac{1}{2{,}42\ \Omega} - \frac{1}{(11\ \Omega} + \frac{1}{15\ \Omega} + \frac{1}{8{,}2\ \Omega)}} = 7{,}48\ \Omega$$

E50 b) und c)

E51 $I = I_1 + I_2 = \frac{1}{3} I_2 + I_2 = \frac{4}{3} I_2 \rightarrow I_2 = \frac{3}{4} \cdot I = \frac{3}{4} \cdot 10\text{ A} = \mathbf{7{,}5\text{ A}}$

$$\frac{I_1}{I_2} = \frac{R_2}{R_1} \rightarrow I_1 = \frac{R_2}{R_1} \cdot I_2 = \frac{R_2}{3 \cdot R_2} \cdot I_2 = \frac{1}{3} \cdot I_2$$

$$R_1 = 3 \cdot R_2 \qquad I_1 = \frac{1}{3} \cdot 7{,}5\text{ A} = \mathbf{2{,}5\text{ A}}$$

E52 a) $U = I_3 \cdot R_3 = 1{,}48\text{ A} \cdot 270\ \Omega = \mathbf{400\text{ V}}$

b) $I_1 = \frac{U}{R_1} = \frac{400\text{ V}}{390\ \Omega} = \mathbf{1{,}03\text{ A}}$; $I_4 = \frac{U}{R_4} = \frac{400\text{ V}}{220\ \Omega} = \mathbf{1{,}82\text{ A}}$

c) $I = I_1 + I_2 + I_3 + I_4 = 1{,}03\text{ A} + 1{,}15\text{ A} + 1{,}48\text{ A} + 1{,}82\text{ A} = \mathbf{5{,}48\text{ A}}$

d) $R_2 = \frac{U}{I_2} = \frac{400\text{ V}}{1{,}15\text{ A}} = \mathbf{348\ \Omega}$

e) $R = \frac{U}{I} = \frac{400\text{ V}}{5{,}48\text{ A}} = \mathbf{73\ \Omega}$

E53 a) $R_1 = \frac{U}{I_1} = \frac{25\text{ V}}{0{,}04\text{ A}} = \mathbf{625\ \Omega}$

b) $R_{ges} = \frac{R_1}{n} = \frac{625\Omega}{4} = \mathbf{156\ \Omega}$

E54 1. b); 2. a); 3. a); 4. a); 5. a); 6. b); 7. b); 8. b); 9. b)

E55 a) $R_X = \frac{U_V}{I_A} = \frac{4{,}5\text{ V}}{1{,}2\text{ mA}} = \mathbf{3{,}75\text{ k}\Omega}$

b) $R_{X\,tats} = \frac{U_V}{I_X} = \frac{4{,}5\text{ V}}{1{,}11\text{ mA}} = \mathbf{4{,}05\text{ k}\Omega}$

$$I_X = I_A - I_V = 1{,}2\text{ mA} - 0{,}09\text{ mA} = \mathbf{1{,}11\text{ mA}}$$

$$I_V = \frac{U_V}{R_V} = \frac{4{,}5\text{ V}}{50\text{ k}\Omega} = \mathbf{0{,}09\text{ mA}}$$

$$R_V = U_m \cdot R_i = 5\text{ V} \cdot 10\ \frac{\text{k}\Omega}{\text{V}} = \mathbf{50\text{ k}\Omega}$$

c) $\text{Fehler} = \frac{R_{X\,tats} - R_X}{R_{X\,tats}} \cdot 100\% = \frac{4{,}05\text{ k}\Omega - 3{,}75\text{ k}\Omega}{4{,}05\text{ k}\Omega} \cdot 100\% = \mathbf{7{,}41\%}$

E56 $R_{ges} = \frac{(r + r) \cdot r}{(r + r) + r} = \frac{2r \cdot r}{3r} = \frac{2}{3} r$

$$r = \frac{3}{2} R_{ges} = \frac{3}{2} 8\ \Omega = \mathbf{12\ \Omega}$$

E57 $$R_{ges} = r + \frac{r \cdot r}{r + r} = r + \frac{r}{2} = \frac{\mathbf{3}}{\mathbf{2}} \boldsymbol{r}$$

$$r = \frac{2}{3} \cdot R_{ges} = \frac{2}{3} \cdot 12\ \Omega = \mathbf{8\ \Omega}$$

$$R_{ges} = \frac{U}{I} = \frac{36\ \text{V}}{3\ \text{A}} = \mathbf{12\ \Omega}$$

E59 b); c)

E58 Schalterstellung 1:

$$R_{ges} = \frac{(R_1 + R_2) \cdot R_3}{(R_1 + R_2 + R_3)} = \frac{(5\ \text{k}\Omega + 50\ \text{k}\Omega) \cdot 10\ \text{k}\Omega}{(5\ \text{k}\Omega + 50\ \text{k}\Omega + 10\ \text{k}\Omega)} = 8{,}46\ \text{k}\Omega$$

$$I = \frac{U}{R_{ges}} = \frac{60\ \text{V}}{8{,}46\ \text{k}\Omega} = \mathbf{7{,}1\ mA}$$

Schalterstellung 2:

$$R_{ges} = \frac{R_1 \cdot (R_2 + R_3)}{R_1 + R_2 + R_3} = \frac{5\ \text{k}\Omega \cdot (50\ \text{k}\Omega + 10\ \text{k}\Omega)}{5\ \text{k}\Omega + 50\ \text{k}\Omega + 10\ \text{k}\Omega} = \mathbf{4{,}62\ k\Omega}$$

$$I = \frac{U}{R_{ges}} = \frac{60\ \text{V}}{4{,}62\ \text{k}\Omega} = \mathbf{13\ mA}$$

E60 a); b)

E61 a) $$R_i = \frac{U_{KL1}}{I_1 - I_K} = \frac{9\ \text{V}}{0{,}2\ \text{A} - 0{,}5\ \text{A}} = \mathbf{30\ \Omega}$$

$$I_1 = \frac{U_{KL1}}{R_L} = \frac{9\ \text{V}}{45\ \Omega} = \mathbf{0{,}2\ A}$$

b) $U_0 = R_i \cdot I_K = 30\ \Omega \cdot 0{,}5\ \text{A} = \mathbf{15\ V}$

c) $$I_2 = \frac{U_0 - U_{KL2}}{R_i} = \frac{15\ \text{V} - 12\ \text{V}}{30\ \Omega} = \mathbf{0{,}1\ A}$$

d) $$I_3 = \frac{U_0}{R_i + R_{L3}} = \frac{15\ \text{V}}{30\ \Omega + 20\ \Omega} = \mathbf{0{,}3\ A}$$

$U_{KL3} = U_0 - I_3 \cdot R_{L3} = 15\ \text{V} - 0{,}3\ \text{A} \cdot 30\ \Omega = \mathbf{6\ V}$

E62 Konstantspannungsbereich:

$$R_{i1} = \frac{\Delta U_{KL}}{\Delta I} = \frac{U_{KL1} - U_{KL2}}{I_1 - I_2} = \frac{14{,}9\ \text{V} - 15{,}1\ \text{V}}{0{,}124\ \text{A} - 0{,}0686\ \text{A}} = \mathbf{3{,}6\ \Omega}$$

$$I_1 = \frac{U_{KL1}}{R_{B1}} = \frac{14{,}9\ \text{V}}{120\ \Omega} = \mathbf{0{,}124\ A}$$

$$I_2 = \frac{U_{KL2}}{R_{B2}} = \frac{15{,}1\ \text{V}}{220\ \Omega} = \mathbf{0{,}0686\ A}$$

Konstantstrombereich:

$$R_{i2} = \frac{\Delta U_{KL}}{\Delta I} = \frac{U_{KL3} - U_{KL4}}{I_3 - I_4} = \frac{8\ \text{V} - 1\ \text{V}}{16\ \text{A} - 1{,}605\ \text{A}} = \mathbf{1{,}4\ k\Omega}$$

$$I_3 = \frac{U_{KL3}}{R_{B3}} = \frac{8\ \text{V}}{5\ \Omega} = \mathbf{1{,}6\ A}$$

$$I_4 = \frac{U_{KL4}}{R_{B4}} = \frac{1\ \text{V}}{0{,}623\ \Omega} = \mathbf{1{,}605\ A}$$

E63 a) $U_0 = n \cdot u_0 = 3 \cdot 1{,}6\ \text{V} = \mathbf{4{,}8\ V}$

b) $R_i = n \cdot r_i = 3 \cdot 0{,}6\ \Omega = \mathbf{1{,}8\ \Omega}$

c) $I_K = \frac{U_0}{R_i} = \frac{4{,}8\ \text{V}}{1{,}8\ \Omega} = \mathbf{2{,}67\ A}$

E64 a) $U_0 = u_0 = \mathbf{1{,}6\ V}$

b) $R_i = \frac{r_i}{m} = \frac{0{,}6\ \Omega}{3} = \mathbf{0{,}2\ \Omega}$

c) $I_K = \frac{U_0}{R_i} = \frac{1{,}6\ \text{V}}{0{,}2\ \Omega} = \mathbf{8\ A}$

E65 $n = \frac{U_0}{u_0} = \frac{12\ \text{V}}{2\ \text{V}} = \mathbf{6}$ **Zellen in Reihe**

$m = \frac{n \cdot r_i}{R_i} = \frac{6 \cdot 12\ \text{m}\Omega}{12\ \text{m}\Omega} = \mathbf{6}$ **Zweige parallel**

$$R_i = \frac{U_0}{I_K} = \frac{12\ \text{V}}{1000\ \text{A}} = \mathbf{0{,}012\ \Omega}$$

E66 a) $n = \frac{U_0}{u_0} = \frac{25\ \text{V}}{2{,}083\ \text{V}} = \textbf{12 Zellen in Reihe}$

b) $I = \frac{U_{\text{KL}}}{R_{\text{L}}} = \frac{22{,}9\ \text{V}}{0{,}327\ \Omega} = \textbf{70 A}$

$$U_{\text{KL}} = U_0 - U_{\text{i}} = 25\ \text{V} - 2{,}1\ \text{V} = \textbf{22,9 V}$$

c) $m = \frac{n \cdot r_{\text{i}}}{R_{\text{i}}} = \frac{12 \cdot 0{,}02\ \Omega}{0{,}03\ \Omega} = \textbf{8 Zweige parallel}$

$$R_{\text{i}} = \frac{U_0 - U_{\text{KL}}}{I} = \frac{25\ \text{V} - 22{,}9\ \text{V}}{70\ \text{A}} = \mathbf{0{,}03\ \Omega}$$

d) $z = n \cdot m = 12 \cdot 8 = \textbf{96 Zellen}$

e) $I_{\text{K}} = \frac{U_0}{R_{\text{i}}} = \frac{25\ \text{V}}{0{,}03\ \Omega} = \textbf{833 A}$

E67 a) $U_0 = n \cdot u_0 = 25 \cdot 2{,}1\ \text{V} = \textbf{52,5 V}$

b) $R_{\text{i}} = \frac{n \cdot r_{\text{i}}}{m} = \frac{25 \cdot 0{,}3\ \Omega}{3} = \mathbf{2{,}5\ \Omega}$

c) $U_{\text{KL}} = U_0 - I \cdot R_{\text{i}} = 52{,}5\ \text{V} - 4{,}2\ \text{A} \cdot 2{,}5\ \Omega = \textbf{42 V}$

d) $i = \frac{I}{m} = \frac{4{,}2\ \text{A}}{3} = \textbf{1,4 A}$

E68 c)

E69 $$R_1 = \frac{U_{\text{E}} - U_{\text{A}}}{10 \cdot I_{\text{L}}} = \frac{40\ \text{V} - 24\ \text{V}}{10 \cdot 0{,}0727\ \text{A}} = \mathbf{22\ \Omega}$$

$$R_2 = \frac{U_{\text{A}}}{9 \cdot I_{\text{L}}} = \frac{24\ \text{V}}{9 \cdot 0{,}0727\ \text{A}} = \mathbf{36{,}7\ \Omega}$$

E70 $\frac{R_1}{R_{\text{ers}}} = \frac{U_1}{U_{\text{A}}} \rightarrow R_1 = \frac{U_1}{U_{\text{A}}} \cdot R_{\text{ers}} = \frac{6\ \text{V}}{9\ \text{V}} \cdot 24{,}8\ \Omega = \mathbf{16{,}5\ \Omega}$

$$R_{\text{ers}} = \frac{R_2 \cdot R_{\text{L}}}{R_2 + R_{\text{L}}} = \frac{33\ \Omega \cdot 100\ \Omega}{33\ \Omega + 100\ \Omega} = \mathbf{24{,}8\ \Omega}$$

$$U_1 = U - U_{\text{A}} = 15\ \text{V} - 9\ \text{V} = \textbf{6 V}$$

E71 $R_2 = \frac{U_A}{I_2} = \frac{12\ \text{V}}{0{,}0278\ \text{A}} = \mathbf{432\ \Omega}$

$I_2 = I_1 - I_L = 0{,}0533\ \text{A} - 0{,}0255\ \text{A} = \mathbf{0{,}0278\ A}$

$I_1 = \frac{U_E - U_A}{R_1} = \frac{20\ \text{V} - 12\ \text{V}}{150\ \Omega} = \mathbf{0{,}0533\ A}$

$I_L = \frac{U_A}{R_L} = \frac{12\ \text{V}}{470\ \Omega} = \mathbf{0{,}0255\ A}$

E72 $U_A = \frac{R_{ers}}{R_{Ges}} \cdot U_E = \frac{R_1 \cdot 2}{2 \cdot 3 \cdot R_1} \cdot U_E = \frac{1}{3} \cdot U_E = \frac{1}{3} \cdot 24\ \text{V} = \mathbf{8\ V}$

$R_{ers} = \boldsymbol{\frac{R_1}{2}}$

$R_{Ges} = R_1 + R_{ers} = R_1 + \frac{R_1}{2} = \boldsymbol{\frac{3}{2} \cdot R_1}$

E73 a) $\frac{R_2}{R_L} = \frac{I_L}{I_q} \rightarrow R_2 = \frac{I_L}{I_q} \cdot R_L = \frac{I_L}{6 \cdot I_L} \cdot R_L = \frac{1}{6} \cdot 150\ \Omega = \mathbf{25\ \Omega}$

b) $\frac{U_A}{U_E} = \frac{R_{ers}}{R_1 + R_{ers}} \rightarrow U_A = \frac{R_{ers}}{R_1 + R_{ers}} \cdot U_E = \frac{21{,}4\ \Omega}{15\ \Omega + 21{,}4\ \Omega} \cdot 30\ \text{V} = \mathbf{17{,}6\ V}$

$R_{ers} = \frac{R_2 \cdot R_L}{R_2 + R_L} =$

$= \frac{25\ \Omega \cdot 150\ \Omega}{25\ \Omega + 150\ \Omega} = \mathbf{21{,}4\ \Omega}$

c) $U_{A0} = \frac{R_2}{R_1 + R_2} \cdot U_E = \frac{25\ \Omega}{15\ \Omega + 25\ \Omega} \cdot 30\ \text{V} = \mathbf{18{,}75\ V}$

d) $\Delta U_A = \frac{U_{A0} - U_A}{U_{A0}} \cdot 100\,\% = \frac{18{,}75\ \text{V} - 17{,}6\text{V}}{18{,}75\ \text{V}} \cdot 100\,\% = \mathbf{5{,}92\,\%}$

E74 $U_L = U_{RE} + U_{BE} = 2{,}5\ \text{V} + 0{,}7\ \text{V} = \mathbf{3{,}2\ V}$

$I_q = 5 \cdot I_B = 5 \cdot 0{,}2\ \text{mA} = \mathbf{1\ mA}$

$R_2 = \frac{U_L}{I_q} = \frac{3{,}2\ \text{V}}{1\ \text{mA}} = \mathbf{3{,}2\ k\Omega}$

$R_1 = \frac{U - U_L}{I_q + I_L} = \frac{9\ \text{V} - 3{,}2\ \text{V}}{1\ \text{mA} + 0{,}2\ \text{mA}} = \mathbf{4{,}83\ k\Omega}$

E75 $R_1 = R_i \cdot \frac{U_E}{U_{A0}} = 100\ \Omega \cdot \frac{18\ V}{12\ V} = \mathbf{150\ \Omega}$

$$R_i = \frac{U_{A0} - U_A}{I_L} = \frac{12\ V - 10\ V}{0{,}02\ A} = \mathbf{100\ \Omega}$$

$$R_2 = R_i \cdot \frac{U_E}{U_E - U_{A0}} = 100\ \Omega \cdot \frac{18\ V}{18\ V - 12\ V} = \mathbf{300\ \Omega}$$

E76 $R_P = \frac{U_{Rp}}{I} = \frac{12{,}2\ V}{0{,}0273\ A} = \mathbf{445\ \Omega}$

$$U_{Rp} = U_E - (U_{RV} + U_{A2}) = 20\ V - (1{,}85\ V + 6\ V) = \mathbf{12{,}2\ V}$$

$$U_{RV} = I \cdot R_V = 0{,}0273\ A \cdot 68\ \Omega = \mathbf{1{,}85\ V}$$

$$I = \frac{U_{A2}}{R_L} = \frac{6\ V}{220\ \Omega} = \mathbf{0{,}0273 A}$$

$$U_{A1} = \frac{R_L}{R_V + R_L} \cdot U_E = \frac{220\ \Omega}{68\ \Omega + 220\ \Omega} \cdot 20\ V = \mathbf{15{,}3\ V}$$

E77 a); c); e); f); g)

E78 $\frac{R_X}{R_3} = \frac{R_2}{R_1} \rightarrow R_X = \frac{R_2}{R_1} \cdot R_3 = \frac{30\ \Omega}{40\ \Omega} \cdot 20\ \Omega = \mathbf{15\ \Omega}$

E79 a), b), d)

E80 a), d)

E81 a) Endstellung I:

$$U_{AB_I} = U_A - U_{B_I} = 6{,}6\ V - 12\ V = \mathbf{-5{,}4\ V}$$

$$U_A = \frac{R_2}{R_1 + R_2} \cdot U = \frac{2{,}2\ k\Omega}{1{,}8\ k\Omega + 2{,}2\ k\Omega} \cdot 12\ V = \mathbf{6{,}6\ V}$$

$$U_{B_I} = U = \mathbf{12\ V}$$

b) Endstellung II:

$$U_{AB_{II}} = U_A - U_{B_{II}} = 6{,}6\ V - 6{,}52\ V = \mathbf{0{,}08\ V}$$

$$U_{B_{II}} = \frac{R_4}{R_3 + R_4} \cdot U = \frac{5{,}6\ k\Omega}{4{,}7\ k\Omega + 5{,}6\ k\Omega} \cdot 12\ V = \mathbf{6{,}52\ V}$$

E82 a) Endstellung I:

$U_{AB_I} = U_A = U_4 = \mathbf{14{,}4\ V}$

$$U_4 = \frac{R_4}{R_3 + R_4} \cdot U = \frac{33\ \text{k}\Omega}{22\ \text{k}\Omega + 33\ \text{k}\Omega} \cdot 24\ \text{V} = \mathbf{14{,}4\ V}$$

b) Endstellung II:

$U_{AB_{II}} = U_4 - U_2 = 14\ \text{V} - 19{,}8\ \text{V} = \mathbf{-5{,}4\ V}$

$$U_2 = \frac{R_2}{R_1 + R_2} \cdot U = \frac{470\ \text{k}\Omega}{100\ \text{k}\Omega + 470\ \text{k}\Omega} \cdot 24\ \text{V} = \mathbf{19{,}8\ V}$$

E83 b), c)

E84 a) 22 kΩ ± 5%; b) 560 kΩ ± 10%; c) 75 kΩ ± 2%; d) 3,3 Ω ± 5%; e) 0,51 Ω ± 5%

E85 1. b); 2. a); 3. d); 4. c); 5. b); 6. c)

E86 a); d)

E87 1. a); 2. b); 3. a); 4. b); 5. b); 6. b); 7. a); 8. a); 9. b); 10. b); 11. a); 12. b)

E88 a) $\frac{R_1}{R_{\vartheta 1}} = \frac{U_1}{U_A} \rightarrow R_1 = \frac{U_1}{U_A} \cdot R_{\vartheta 1} = \frac{2\ \text{V}}{3\ \text{V}} \cdot 2{,}5\ \text{k}\Omega = \mathbf{1{,}67\ k\Omega}$

Gewählt nach Reihe E12 $\boldsymbol{R_1} = \mathbf{1{,}5\ k\Omega}$

Bei 40 °C $R_{\vartheta 1} = \mathbf{2{,}5\ k\Omega}$ abgelesen

$$U_1 = U - U_A = 5\ \text{V} - 3\ \text{V} = \mathbf{2\ V}$$

b) $U_{A2} = \frac{R_{\vartheta 2}}{R_1 + R_{\vartheta 2}} \cdot U_S = \frac{0{,}6\ \text{k}\Omega}{1{,}5\ \text{k}\Omega + 0{,}6\ \text{k}\Omega} \cdot 5\ \text{V} = \mathbf{1{,}43\ V}$

Bei 80 °C $\rightarrow R_{\vartheta 2} = \mathbf{0{,}6\ k\Omega}$

E89 Ausgangsstellung: $R_P = 22$ kΩ

$$\frac{R_{\vartheta 1}}{R_1 + R_P} = \frac{R_3}{R_2} \rightarrow R_{\vartheta 1} = \frac{R_3}{R_2} \cdot (R_1 + R_P) = \frac{10\ \text{k}\Omega}{22\ \text{k}\Omega} \cdot (10\ \text{k}\Omega + 22\ \text{k}\Omega)$$

$$= \mathbf{14{,}5\ k\Omega}$$

Aus Kennlinie für $R_N = 40$ kΩ $\rightarrow \boldsymbol{\vartheta}_{\mathbf{min}} \approx \mathbf{40\ °C}$

Ausgangsstellung: $R_P = 0$ kΩ

$$\frac{R_{\vartheta 2}}{R_1} = \frac{R_3}{R_2} \rightarrow R_{\vartheta 2} = \frac{R_3}{R_2} \cdot R_1 = \frac{10\ \text{k}\Omega}{22\ \text{k}\Omega} \cdot 10\ \text{k}\Omega = \mathbf{4{,}55\ k\Omega}$$

Aus Kennlinie für $R_N = 40$ kΩ $\rightarrow \boldsymbol{\vartheta}_{\mathbf{max}} \approx \mathbf{70\ °C}$

E90

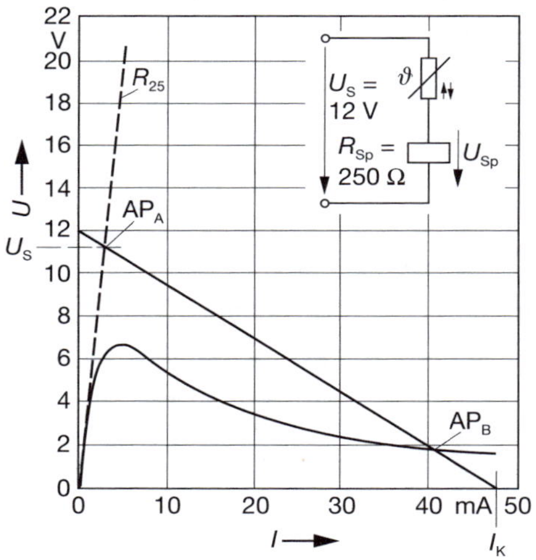

Widerstandsgerade für $R_{Sp} = 250\ \Omega$ einzeichnen. Endpunkte der Widerstandsgeraden:

1. $U_{KL} = U_S = \mathbf{12\ V}$
2. $I_K = \frac{U_S}{R_{Sp}} = \frac{12\ V}{250\ \Omega} = \mathbf{48\ mA}$

a) Abgelesen: $U_{NTCA} \approx 11{,}2$ V im Arbeitspunkt A

$U_{SpA} = U_S - U_{NTCA} = 12\ V - 11{,}2\ V = \mathbf{0{,}8\ V}$

b) Abgelesen: $U_{NTCB} \approx 1{,}8$ V im Arbeitspunkt B

$U_{SpB} = U_S - U_{NTCB} = 12\ V - 1{,}8\ V = \mathbf{10{,}2\ V}$

E91 c); e)

E92 a); d)

F Arbeit – Energie, Leistung, Wärme

F1 $W_{el} = \frac{n}{c_z} = \frac{600 \text{ kWh}}{180} = \mathbf{3{,}33\ kWh}$

$\text{Kosten} = 0{,}11\ \frac{€}{\text{kWh}} \cdot 3{,}33 \text{ kWh} = \mathbf{0{,}366\ €}$

F2 $W = U \cdot Q = 12 \text{ V} \cdot 112 \text{ Ah} = \mathbf{1344\ Wh}$

$W = 1344 \text{ Wh} \cdot 3600\ \frac{s}{h} = \mathbf{4{,}84 \cdot 10^6\ Nm}$

$W_{ab} = W \cdot \eta = 4{,}84 \cdot 10^6 \text{ Nm} \cdot 0{,}6 = \mathbf{2{,}9 \cdot 10^6\ Nm}$

$W_{ab} = F \cdot s$

$$s = \frac{W_{ab}}{F} = \frac{2{,}9 \cdot 10^6 \text{ Nm}}{750 \text{ N}} = \mathbf{3{,}87\ km}$$

F3 $W_{pot} = F_G \cdot h = m \cdot g \cdot h$

$$m = V \cdot \varrho = 100 \cdot 10^6 \text{ dm}^3 \cdot 1\ \frac{\text{kg}}{\text{dm}^3}$$

$$m = \mathbf{100 \cdot 10^6\ kg}$$

$W_{pot} = 100 \cdot 10^6 \text{ kg} \cdot 9{,}81\ \frac{\text{m}}{\text{s}^2} \cdot 200 \text{ m} = \mathbf{196 \cdot 10^9\ Nm}$

$$196 \cdot 10^9 \text{ Nm} = 196 \cdot 10^9 \text{ Ws} = 196 \cdot 10^3 \text{ MWs} =$$

$$196 \cdot 10^3\ \frac{\text{MWs} \cdot \text{h}}{3600 \text{ s}} = \mathbf{54{,}4\ MWh}$$

F4 $P = \frac{W}{t} = \frac{F \cdot h}{t} = \frac{2 \cdot 10^3 \text{ N} \cdot 3{,}25 \text{ m}}{1{,}25 \text{ s}} = 5{,}2 \cdot 10^3\ \frac{\text{Nm}}{\text{s}} = \mathbf{5{,}2\ kW}$

F5 $P_{ab} = F_G \cdot v = 20 \text{ kN} \cdot 0{,}73\ \frac{\text{m}}{\text{s}} = \mathbf{14{,}6\ kW}$

$P_{zu} = \frac{P_{ab}}{\eta} = \frac{14{,}6 \text{ kW}}{0{,}65} = \mathbf{22{,}5\ kW}$

F6 $P_{\text{zuP}} = P_{\text{abM}} = \dfrac{m \cdot g \cdot h}{t \cdot \eta_P} = \dfrac{300\ \text{kg} \cdot 9{,}81\ \text{m} \cdot 6\ \text{m}}{60\ \text{s} \cdot \text{s}^2 \cdot 0{,}735} = \mathbf{400\ W}$

F7 $P = \dfrac{n}{C_Z \cdot t} = \dfrac{10\ \text{kWh}}{180 \cdot 80\ \text{s}} = \dfrac{10\ \text{kWh} \cdot 3600\ \text{s}}{180 \cdot 80\ \text{s}\quad \text{h}} = \mathbf{2{,}5\ kW}$

F8 $P = P_{\text{LL}} + P_{\text{Dr}} = 40\ \text{W} + 10\ \text{W} = \mathbf{50\ W}$

$W = P \cdot t = 50\ \text{W} \cdot 7 \cdot 24\ \text{h} = 8400\ \text{Wh} = \mathbf{8{,}4\ kWh}$

$\text{Kosten} = \text{W} \cdot 0{,}12\ \dfrac{€}{\text{kWh}} = 8{,}4\ \text{kWh} \cdot 0{,}12\ \dfrac{€}{\text{kWh}} = \mathbf{1{,}008\ €}$

F9 a) $v = d_T \cdot \pi \cdot n_T$

$g_1 \cdot n_1 = z_2 \cdot n_T$

$n_T = \dfrac{g_1 \cdot n_1}{z_2} = \dfrac{2 \cdot 1430\ \text{min}^{-1}}{78} = \mathbf{36{,}67\ m^{-1}}$

$v = 0{,}42\ \text{m} \cdot \pi \cdot 36{,}67\ \text{min}^{-1} = 48{,}4\ \dfrac{\text{m}}{\text{min}} = \mathbf{0{,}806}\ \dfrac{\text{m}}{\text{s}}$

b) $P_{\text{abG}} = P_{\text{abM}} \cdot \eta_G = 12\ \text{kW} \cdot 0{,}7 = \mathbf{8{,}4\ kW}$

$P_{\text{abG}} = F \cdot V$

$F = \dfrac{P_{\text{abG}}}{\upsilon} = \dfrac{8{,}4\ \text{kWs}}{0{,}806\ \text{m}} = \mathbf{10{,}4\ kN}$

c) $P_{\text{zuM}} = \dfrac{P_{\text{abM}}}{\eta_M} = \dfrac{12\ \text{kW}}{0{,}8} = \mathbf{15\ kW}$

d) $\eta = \eta_G \cdot \eta_M = 0{,}7 \cdot 0{,}8 = \mathbf{0{,}56}$

F10 a) $R_L = \dfrac{U^2}{P_L} = \dfrac{(230\ \text{V})^2}{40\ \text{W}} = \mathbf{1323\ \Omega}$

$I_2 = \sqrt{\dfrac{P_2}{R_2}} = \sqrt{\dfrac{25\ \text{W}}{1323\ \Omega}} = \mathbf{137{,}5\ mA}$

$R = \dfrac{U}{I_2} = \dfrac{230\ \text{V}}{137{,}5\ \text{mA}} = \mathbf{1673\ \Omega}$

$R_V = R - R_L = 1673\ \Omega - 1323\ \Omega = \mathbf{350\ \Omega}$

b) $P_V = I_2^2 \cdot R_V = (137{,}5\ \text{mA})^2 \cdot 350\ \Omega = \mathbf{6{,}62\ W}$

c) $P = U \cdot I_2 = 230\ \text{V} \cdot 137{,}5\ \text{mA} = \mathbf{31{,}6\ W}$

F11 $R_L = \frac{U_L^2}{P_{L1}} = \frac{(220\text{ V})^2}{80\text{ W}} = \mathbf{605\ \Omega}$

$R = R_v + R_L = 160\ \Omega + 605\ \Omega = \mathbf{765\ \Omega}$

$I = \frac{U}{R} = \frac{230\text{ V}}{765\ \Omega} = \mathbf{300{,}7\ mA}$

$P_{L2} = I^2 \cdot R_L = (300{,}7\text{ mA})^2 \cdot 605\ \Omega = \mathbf{54{,}7\ W}$

F12 $P_V = I_N^2 \cdot R_W = (12\text{ A})^2 \cdot 1{,}4\ \Omega = \mathbf{202\ W}$

F13 $U_V = U - U_2 = 24\text{ V} - 15\text{ V} = \mathbf{9\ V}$

$I = \frac{U_V}{R_V} = \frac{9\text{ V}}{220\ \Omega} = \mathbf{41\ mA}$

$P_H = U_2 \cdot I = 15\text{ V} \cdot 41\text{ mA} = \mathbf{615\ mW}$

F14 a) $I = \frac{U_0}{R_i + R_L} = \frac{900\text{ mV}}{1{,}5\text{ k}\Omega + 2{,}2\text{ k}\Omega} = \mathbf{0{,}243\ mA}$

$P_L = I^2 \cdot R_L = (0{,}243\text{ mA})^2 \cdot 2{,}2\text{ k}\Omega = \mathbf{130\ \mu W}$

b) $R_i = \mathrm{R}_L = 1{,}5\text{ k}\Omega$

$P_{L\,max} = \frac{U_0^2}{4\,R_i} = \frac{(900\text{ mV})^2}{4 \cdot 1{,}5\text{ k}\Omega} = \mathbf{135\ \mu W}$

F15 $Q = m \cdot c \cdot \Delta\vartheta$

$\Delta\vartheta = \vartheta_W - \vartheta_K = 85\,°\text{C} - 11\,°\text{C} = \mathbf{74\ K}$

$m = V \cdot \varrho = 80\text{ dm}^3 \cdot 1\,\frac{\text{kg}}{\text{dm}^3} = \mathbf{80\ kg}$

$Q = 80\text{ kg} \cdot 4186{,}8\,\frac{\text{J}}{\text{kg K}} \cdot 74\text{ K} = 24{,}8 \cdot 10^6\text{ J} = \mathbf{24{,}8\ MJ}$

F16 $Q = m \cdot c \cdot \Delta\vartheta$

$m = V \cdot \varrho = 850\text{ dm}^3 \cdot 0{,}91\,\frac{\text{kg}}{\text{dm}^3} = \mathbf{773{,}5\ kg}$

$Q = 773{,}5\text{ kg} \cdot 1674\,\frac{\text{J}}{\text{kg K}} \cdot 50\text{ K} = 64{,}7 \cdot 10^6\text{ J} = \mathbf{64{,}7\ MJ}$

F17 $P \cdot t = m \cdot c \cdot \Delta\vartheta$

$$t = \frac{m \cdot c \cdot \Delta\vartheta}{P}$$

$$\Delta\vartheta = \vartheta_W - \vartheta_K = 85\,°C - 15\,°C = \mathbf{70\ K}$$

$$m = V \cdot \varrho = 2\ dm^3 \cdot 1\ \frac{kg}{dm^3} = \mathbf{2\ kg}$$

$$t = \frac{2\ kg \cdot 4186{,}8\ \frac{J}{kg\,K} \cdot 70\ K}{1200\ W} = 488{,}5\ s = \mathbf{8{,}14\ min}$$

F18 $\vartheta_m = \frac{m_W \cdot \vartheta_W + m_K \cdot \vartheta_K}{m_W + m_K}$

$$m_W = V_W \cdot \varrho = 80\ dm^3 \cdot 1\ \frac{kg}{dm^3} = \mathbf{80\ kg}$$

$$m_K = V_K \cdot \varrho = 120\ dm^3 \cdot 1\ \frac{kg}{dm^3} = \mathbf{120\ kg}$$

$$\vartheta_m = \frac{80\ kg \cdot 85\,°C + 120\ kg \cdot 13\,°C}{80\ kg + 120\ kg} = \mathbf{41{,}8\,°C}$$

F19 $\vartheta_m = \frac{m_W \cdot \vartheta_W + m_K \cdot \vartheta_K}{m_W + m_K}$

$$m_W = V_W \cdot \varrho = 70\ dm^3 \cdot 1\ \frac{kg}{dm^3} = \mathbf{70\ kg}$$

$$m_K = \frac{m_W(\vartheta_W - \vartheta_m)}{\vartheta_m - \vartheta_K} = \frac{70\ kg\ (82\,°C - 40\,°C)}{40\,°C - 12\,°C} = 105\ kg = \mathbf{105\ l}$$

F20 $Q = m \cdot c \cdot \Delta\vartheta$

$$c = \frac{Q}{m \cdot \Delta\vartheta}$$

$$\Delta\vartheta = \vartheta_W - \vartheta_K = 600\,°C - 20\,°C = \mathbf{580\ K}$$

$$F_G = m \cdot g$$

$$m = \frac{F_G}{g} = \frac{2{,}87\ kN\ s^2}{9{,}81\ m} = \mathbf{292{,}6\ kg}$$

$$c = \frac{188\ MJ}{292{,}6\ kg \cdot 580\ K} = \mathbf{1{,}108\ \frac{kJ}{kg\,K}}$$

F21 $m \cdot c \cdot \Delta\vartheta = P \cdot t \cdot \eta$

$$m = \frac{P \cdot t \cdot \eta}{c \cdot \Delta\vartheta} \qquad t = 1\ \text{min} = 60\ \text{s}$$

$$\Delta\vartheta = \vartheta_W - \vartheta_K = 40\,°\text{C} - 12\,°\text{C} = \mathbf{28\ K}$$

$$m = \frac{33\ \text{kW} \cdot 60\ \text{s} \cdot 0{,}97}{4186{,}8\ \frac{\text{J}}{\text{kg K}} \cdot 28\ \text{K}} = \mathbf{16{,}4\ kg}$$

Der Durchlauferhitzer liefert 16,4 $\frac{\text{l}}{\text{min}}$

F22 a) $P \cdot t \cdot \eta = m \cdot c \cdot \Delta\vartheta$

$$\eta = \frac{m \cdot c \cdot \Delta\vartheta}{P \cdot t}$$

$$m = V \cdot \varrho = 80\ \text{dm}^3 \cdot 1\ \frac{\text{kg}}{\text{dm}^3} = \mathbf{80\ kg}$$

$$\Delta\vartheta = \vartheta_W - \vartheta_K = 85\,°\text{C} - 12\,°\text{C} = \mathbf{73\ K}$$

$$\eta = \frac{80\ \text{kg} \cdot 4186{,}8\ \frac{\text{J}}{\text{kg K}} \cdot 73\ \text{K}}{6 \cdot 10^3\ \text{W} \cdot 4800\ \text{s}} = \mathbf{0{,}85}$$

b) $\text{Kosten} = W_{el} \cdot 0{,}10\ \frac{€}{\text{kWh}}$

$$W_{el} = P \cdot t = 6\ \text{kW} \cdot 1{,}33\ \text{h} = \mathbf{8\ kWh}$$

$$\text{Kosten} = 8\ \text{kWh} \cdot 0{,}10\ \frac{€}{\text{kWh}} = \mathbf{0{,}80\ €}$$

F23 $P \cdot t \cdot \eta = m \cdot c \cdot \Delta\vartheta$

$$t = \frac{m \cdot c \cdot \Delta\vartheta}{P \cdot \eta}$$

$$\Delta\vartheta = \vartheta_W - \vartheta_K = 235\,°\text{C} - 20\,°\text{C} = \mathbf{215\ K}$$

$$t = \frac{0{,}2\ \text{kg} \cdot 385\ \frac{\text{J}}{\text{kg K}} \cdot 215\ \text{K}}{100\ \text{W} \cdot 0{,}79} = 209{,}6\ \text{s} = \mathbf{3{,}5\ min}$$

F24 $Q_{zu} = Q_{ab}$

$Q_{zu} = m_W \cdot c_W \cdot \Delta\vartheta_1$

$\Delta\vartheta_1 = \vartheta_m - \vartheta_K = 39\,°C - 25\,°C = \mathbf{14\ K}$

$Q_{zu} = 40\ kg \cdot 4186{,}8\ \frac{J}{kg\,K} \cdot 14\ K = \mathbf{2{,}34\ MJ}$

$Q_{ab} = m_{St} \cdot c_{St} \cdot \Delta\vartheta_2$

$\Delta\vartheta_2 = \vartheta_W - \vartheta_m = 650\,°C - 39\,°C = \mathbf{611\ K}$

$$m_{St} = \frac{Q_{ab}}{c_{St} \cdot \Delta\vartheta_2} = \frac{2{,}34\ MJ}{460{,}2\ \frac{J}{kg\,K} \cdot 611\ K} = \mathbf{8{,}32\ kg}$$

G Elektrisches Feld und Kondensator

G1 Kraftwirkung auf elektrisch geladene Körper.

G2 Die Elektrostatik ist die Lehre von den elektrischen Feldern und Kräften ruhender elektrischer Ladungen.

G3 a) Homogenes oder gleichförmiges elektrisches Feld.
b) Die Feldlinien verlaufen parallel, im gleichen Abstand, d.h., die Feldstärke ist an jedem Ort die gleiche.

G4 Elektrische Feldstärke ist die elektrische Potentialdifferenz (Spannung) je Längeneinheit.

G5 $E = \frac{U}{l}$ mit

U elektrische Spannung in V
l Abstand der Polflächen in cm oder m
E elektrische Feldstärke in V/cm oder V/m

G6 Das Auftreten hoher elektrischer Feldstärken an der Oberfläche scharfkantiger elektrisch geladener Körper (Elektroden) infolge hoher Ladungsdichte (Konzentration der elektrischen Feldlinien). Sie kann zur Ionisation der Gasmoleküle (Koronarerscheinung = Lichtwirkung) und zu elektrischen Überschlägen führen.

G7 $E = \frac{U}{l} = \frac{150\ \text{V}}{50 \cdot 10^{-4}\ \text{cm}} = 3 \cdot 10^{-4}\ \frac{\text{V}}{\text{cm}} = \mathbf{30\ \frac{kV}{cm}}$

G8 Durchschlagfestigkeit ist die Feldstärke eines homogenen elektrischen Feldes, die in einem Isolierstoff gerade keinen elektrischen Durchschlag bewirkt.

G9 $E_{\text{D}} = 25$ bis 30 kV/cm

G10 Die Durchschlagfestigkeit der festen Isolierstoffe ist etwa zehnmal höher als die von Luft.

G11 $U = E \cdot l \geq 35\ \frac{\text{kV}}{\text{mm}} \cdot 0{,}1\ \text{mm} = \mathbf{3{,}5\ kV}$

G12 elektrostatische Influenz.

G13 Elektrostatische Polarisation ist die durch ein elektrisches Feld verursachte Ausrichtung bzw. Bildung von Dipolen (Ladungsverschiebung) in einem Isolierstoff (Dielektrikum).

G14 c)

G15 $C = \frac{Q}{U} = \frac{I \cdot t}{U} = \frac{10 \cdot 10^{-3}\,\text{A} \cdot 2{,}5\,\text{s}}{50\,\text{V}} = 500 \cdot 10^{-6}\,\text{F} = \mathbf{500\,\mu F}$

G16 a); c); e)

G17 b); d)

G18 c)

G19 a) $C = \frac{Q}{U}$

$Q = U \cdot C = 25\,\text{V} \cdot 1{,}5 \cdot 10^{-3}\,\text{F} = \mathbf{37{,}5\,mAs}$

b) $W = \frac{U^2 \cdot C}{2} = \frac{(25\,\text{V})^2 \cdot 1{,}5 \cdot 10^{-3}\,\text{F}}{2} = \mathbf{469\,mWs}$

oder

$W = \frac{U \cdot Q}{2} = \frac{25\,\text{V} \cdot 37{,}5\,\text{mAs}}{2} = \mathbf{469\,mWs}$

G20 a) $t = \frac{Q}{I}; \quad Q = U \cdot C$

$t = \frac{U \cdot C}{I} = \frac{300\,\text{V} \cdot 1 \cdot 10^{-3}\,\text{F}}{10 \cdot 10^{-3}\,\text{A}} = \mathbf{30\,s}$

b) $W = \frac{U^2 \cdot C}{2} = \frac{(300\,\text{V})^2 \cdot 1 \cdot 10^{-3}\,\text{F}}{2} = \mathbf{45\,Ws}$

c) $P = \frac{W}{t} = \frac{45\,\text{Ws}}{2 \cdot 10^{-3}\,\text{s}} = \mathbf{22{,}5\,kW}$

G21 a) Um Kapazitäten für höhere Nennspannung zu erhalten.
b) Unterschiedliche Isolationswiderstände führen zu ungleichmäßiger Spannungsverteilung. (Abhilfe durch Parallelschaltung von Widerständen zu den einzelnen Kondensatoren.)

G22 1. b); 2. a); 3. b); 4. a); 5. a); 6. a)

G23 a) $C = 3{,}5\,\mu\text{F} + 4{,}5\,\mu\text{F} = \mathbf{8\,\mu F}$

b) $C = \frac{1{,}5\,\mu\text{F}}{4} = \mathbf{0{,}375\,\mu F}$

c) $C = (10 + 100 + 33 + 0{,}047 + 68)\,\text{nF} = \mathbf{211\,nF}$

d) $C = 2 \cdot 2{,}2\ \text{nF} + \dfrac{2{,}2\ \text{nF}}{2} = \mathbf{5{,}5\ nF}$

e) $C = \left(\dfrac{1}{\dfrac{1}{200} + \dfrac{1}{200} + \dfrac{1}{200 + \dfrac{200}{3}}} \right) \text{pF} = \mathbf{72{,}7\ pF}$

G24 a) Die Spannung ändert sich nach einer linearen Funktion.
b) Die Spannung ändert sich nach einer e-Funktion oder Exponentialfunktion.

G25 b); e); g)

G26 Maximale Spannung ist der Scheitelwert

$$U_0 = \hat{u} = \sqrt{2} \cdot U_{\text{RMS}} = \sqrt{2} \cdot 400\ \text{V} = 565{,}7\ \text{V}$$

$$\frac{u_{\text{C}}}{U_0} = \frac{50\ \text{V}}{565{,}7\ \text{V}} = 0{,}0884 \triangleq \frac{t}{\tau} = 2{,}43$$

(aus der normierten Exponentialfunktion abgelesen oder mit Taschenrechner – ln 0,0884)

$$\tau = \frac{t}{2{,}43} = \frac{20\ \text{s}}{2{,}43} = 8{,}244\ \text{s}$$

$$R = \frac{\tau}{C} = \frac{8{,}244\ \text{s}}{22 \cdot 10^{-6}\ \text{F}} = 375\ \text{k}\Omega$$

gewählt $\boldsymbol{R = 330\ \text{k}\Omega}$

$$P = \frac{U_{\text{RMS}}^2}{R} = \frac{(400\ \text{V})^2}{330\ \text{k}\Omega} = 0{,}485\ \text{W}$$

gewählt $\boldsymbol{P = 0{,}5\ \text{W}}$

G27 Das Relais fällt ab, wenn C sich aufgeladen hat auf:

$$u_{\text{C}} = U_{\text{B}} - U_{\text{ab}} = 24\ \text{V} - 9\ \text{V} = 15\ \text{V}$$

$$\frac{u_{\text{C}}}{U_{\text{B}}} = \frac{15\ \text{V}}{24\ \text{V}} = 0{,}625 \triangleq \frac{t_{\text{an}}}{\tau} = 0{,}981$$

(aus normierter Exponentialfunktion abgelesen oder mit Taschenrechner – ln (1 – 0,625))

$$\tau = \frac{t_{\text{an}}}{0{,}981} = \frac{2\ \text{s}}{0{,}981} = 2{,}04\ \text{s}$$

$$C = \frac{\tau}{R_{Sp}} = \frac{2{,}04\ \text{s}}{1{,}5 \cdot 10^3\ \Omega} = 1{,}36\ \text{mF} = \mathbf{1360\ \mu F}$$

G28 1. b), d), e), g); 2. a), c), f), h); 3. c), f); 4. b), d); 5. d)

G29 a) Nennkapazität $C_N = 470\ \mu F$, Nenngleichspannung $U_N = 25\ V$;
b) $C_N = 0{,}1\ \mu F$, Toleranz der Nennkapazität $\pm 5\%$, Nenngleichspannung $U_N = 100\ V$;
c) $C_N = 2{,}2\ nF$, Toleranz $\pm 10\%$, $U_N = 250\ V$;
d) $C_N = 4{,}7\ nF$

G30 Der gekennzeichnete Anschluss führt an den Außenbelag. Der Außenbelag dient als Abschirmung, wenn dieser Anschluss an Masse gelegt wird.

G31 a) Wickelkondensatoren, b) Vielschichtkondensatoren, c) Massekondensatoren.

G32 a) Selbstheilung bei Durchschlag des Dielektrikums,
b) Höhere spezifische Kapazität (oder kleinere Bauform).

G33 1. d); 2. c); 3. a), b); 4. c); 5. a); 6. b); 7. c)

G34 Auf die sehr geringe Dicke der als Dielektrikum dienenden Oxidschicht (und vergrößerte Oberfläche durch Anrauung – «Ätzung» – der Anodenfolie).

G35 Normale Elektrolytkondensatoren sind gepolt, sie können daher nur an Gleichspannung (oder mit überlagerter Gleichspannung) eingesetzt werden.

H Magnetisches Feld

H1 1. b); 2. b); 3. a)

H2 1. a); 2. b); 3. a); 4. b)

H3 a); c);

H4 b)

H5 1. d); 2. a); 3. f); 4. b); 5. e); 6. –); 7. c)

H6 1. e); 2. f); 3. d); 4. a); 5. c); 6. g); 7. b); 8. e)

H7 1. f); 2. d); 3. b); 4. e); 5. c); 6. a)

H8 1. c); d); 2. e); 3. b); 4. a)

H9 $$\mu = \frac{B}{H} = \frac{1{,}6 \cdot \frac{\text{Vs}}{\text{m}^2}}{4000\,\frac{\text{A}}{\text{m}}} = \mathbf{0{,}4 \cdot 10^{-3}\,\frac{Vs}{Am}}$$

H10 a); d)

H11 b); c); e)

H12 1. b); 2. c); 3. d); 4. e); 5. a); 6. –); 7. –)

H13 1. b); 2. b); 3. a); 4. a); 5. b); 6. b)

H14 1. d); 2. e); 3. a); 4. b), c), d); 5. a), b), c); 6. a), b), c)

H15 Blechkerne und Bandkerne (auch Schnittkerne). Die magnetische Vorzugsrichtung ist von der Walzrichtung der Bleche abhängig.

H16 Pulverkerne eignen sich für hohe Frequenzen, da sie aus weichmagnetischen isolierten Kügelchen bestehen und dadurch Wirbelstromverluste klein halten.

H17 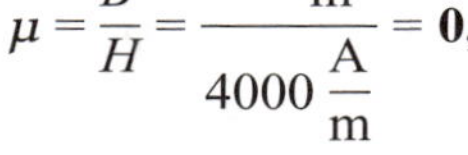

H18 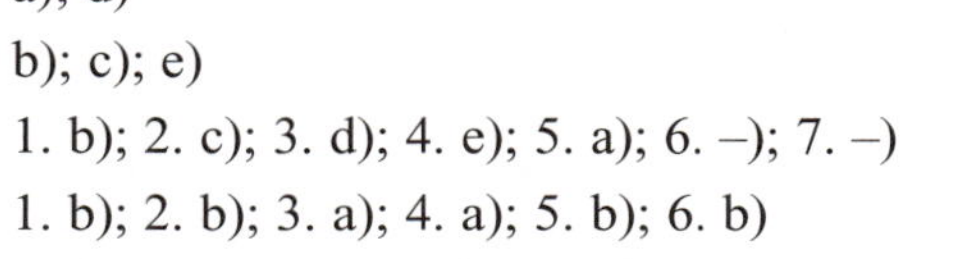

H19 1. a); 2. b); 3. a); 4. b)

H20 $F = \frac{\mu_0}{2 \cdot \pi} \cdot \frac{l}{a} \cdot I_1 \cdot I_2$

$$F = \frac{1{,}257 \cdot 10^{-6} \frac{\text{Vs}}{\text{Am}}}{2 \cdot \pi} \cdot \frac{3\ \text{m}}{0{,}25\ \text{m}} \cdot 30 \cdot 10^3\ \text{A} \cdot 30 \cdot 10^3\ \text{A} = \mathbf{2{,}16\ KN}$$

H21 c); d)

H22 b)

H23 a)

H24 d)

H25 c)

H26 $F = B \cdot l \cdot I = 0{,}9\ \text{T} \cdot 0{,}3\ \text{m} \cdot 25\ \text{A} = \mathbf{6{,}75\ N}$

H27 a); c)

H28 a); c)

H29 Jeder von einer induzierten Spannung hervorgerufene Strom ist so gerichtet, dass sein Magnetfeld die erzeugende Bewegung hemmt.

H30 Eine Spule hat die Induktivität 1 H, wenn durch eine gleichmäßige Stromänderung um 1 A in der Zeit 1 s eine Selbstinduktionsspannung von 1 V entsteht.

H31 d); e)

H32 a); b)

H33 b)

H34 $L = A_{\text{L}} \cdot \text{N}^2$

$$A_{\text{L}} = \frac{L}{N^2} = \frac{20 \cdot 10^{-3}\ \text{H}}{80^2} = \mathbf{3{,}13 \cdot 10^{-6}\ H}$$

H35 Das Reihenersatzschaltbild ist richtig. Die Induktivität hat keinen Gleichstromwiderstand. Somit wäre bei der Parallelschaltung der Gesamtwiderstand «0», und das kann nicht sein, da der Kupferwiderstand mit 200 Ω gemessen wurde.

H36 a)

H37 b); e)

H38 1. Langsames Verringern des Stromes auf den Wert «0». 2. Parallelschaltung zur Induktivität durch eine Freilaufdiode.

H39 1. a); 2. b); 3. –); 4. a), b); 5. a), b)

H40 Schmelzvorgang im Induktionsofen, Bremsung der Zählerscheibe und Dämpfung von Messwerken; Wirbelstrombremse bei elektrischen Maschinen; Abschirmung in der HF-Technik.

I Wechselstromtechnik

I1 1. a); 2. b); 3. a); 4. b)

I2 $f = \frac{1}{T} = \frac{1}{20\ \text{ms}} = \mathbf{50\ Hz}$

I3 $f = \frac{1}{T} \Rightarrow T = \frac{1}{f} = \frac{1}{16^2/_3\ \text{s}^{-1}} = \mathbf{60\ ms}$

I4 a) $T = \frac{t}{p} = \frac{1{,}2\ \text{s}}{120} = \mathbf{10\ ms}$

b) $f = \frac{1}{T} = \frac{1}{10\ \text{ms}} = \mathbf{100\ Hz}$

c) $\hat{u} = \sqrt{2} \cdot U = \sqrt{2} \cdot 12\ \text{V} = \mathbf{16{,}97\ V}$

I5 $n_0 = \frac{f}{p} \Rightarrow f = n_0 \cdot p = 50\ \text{s}^{-1} \cdot 3 = \mathbf{150\ Hz}$, $n_0 = 3000\ \text{min}^{-1} = 50\ \text{s}^{-1}$

I6 $n_0 = \frac{f}{p} = \frac{50\ \text{s}^{-1}}{5} = 10\ \text{s}^{-1} = \mathbf{600\ min^{-1}}$

I7 a) $f_\text{G} = n_0 \cdot p$

$$n_0 = \frac{f}{p} = \frac{50\ \text{s}^{-1}}{4} = 12{,}5\ \text{s}^{-1}$$

$f_\text{G} = 12{,}5\ \text{s}^{-1} \cdot 1 = \mathbf{12{,}5\ Hz}$

b) $n_0 = \frac{f}{p} \Rightarrow p = \frac{f}{n_0} = \frac{100\ \text{s}^{-1}}{12{,}5\ \text{s}^{-1}} = \mathbf{8}$

I8 a); c); d)

I9 c); d)

I10 $X_\text{L} = \omega \cdot L \Rightarrow L = \frac{X_\text{L}}{\omega} = \frac{X_\text{L}}{2 \cdot \pi \cdot f} = \frac{120\ \Omega}{2 \cdot \pi \cdot 50\ \text{s}^{-1}} = \mathbf{0{,}382\ H}$

I11 $X_{L2} = \omega_2 \cdot L = 2 \cdot \pi \cdot f_2 \cdot L \Rightarrow f_2 = \dfrac{X_{L2}}{2 \cdot \pi \cdot L}$

$$X_{L1} = 2 \cdot \pi \cdot f_1 \cdot L \Rightarrow L = \frac{X_{L1}}{2 \cdot \pi \cdot f_1}$$

$$L = \frac{85\ \Omega}{2 \cdot \pi \cdot 750\ \text{s}^{-1}} = 18{,}04\ \text{mH}$$

$$f_2 = \frac{100\ \Omega}{2 \cdot \pi \cdot 18{,}04\ \text{mH}} = \mathbf{882\ Hz}$$

I12 a) $Z = \sqrt{R^2 + X_L^2}$

$$X_L = 2 \cdot \pi \cdot f \cdot L = 2 \cdot \pi \cdot 50\ \text{s}^{-1} \cdot 0{,}05\ \text{H} = 15{,}7\ \Omega$$

$$Z = \sqrt{15^2\ \Omega^2 + 15{,}7^2\ \Omega^2} = \mathbf{21{,}7\ \Omega}$$

b) $\tan\varphi = \dfrac{X_L}{R} = \dfrac{15{,}7\ \Omega}{15\ \Omega} = 1{,}047 \rightarrow \varphi = \mathbf{46{,}3°\ ind.}$

I13 $X_L = 2 \cdot \pi \cdot f \cdot L$

$$L = \frac{X_L}{2 \cdot \pi \cdot f} =$$

$$R = \frac{U_{DC}}{I_{DC}} = \frac{12\ \text{V}}{1{,}6\ \text{A}} = 7{,}5\ \Omega\ ,\ Z = \frac{U_{AC}}{I_{AC}} = \frac{12\ \text{V}}{0{,}9\ \text{A}} = 13{,}3\ \Omega$$

$$X_L = \sqrt{Z^2 - R^2} = \sqrt{13{,}3^2\ \Omega^2 - 7{,}5^2\ \Omega^2} = 11{,}0\ \Omega$$

$$L = \frac{11\ \Omega}{2 \cdot \pi \cdot 50\ \text{s}^{-1}} = \mathbf{35\ mH}$$

I14 a) $X_L = 2 \cdot \pi \cdot f \cdot L = 2 \cdot \pi \cdot 50\ \text{s}^{-1} \cdot 76{,}4 \cdot 10^{-3}\ \text{H} = \mathbf{24{,}0\ \Omega}$

b) $Z = \sqrt{R^2 + X_L^2} = \sqrt{24^2\ \Omega^2 + 24^2\ \Omega^2} = \mathbf{33{,}9\ \Omega}$

c) $I = \dfrac{U}{Z} = \dfrac{230\ \text{V}}{33{,}9\ \Omega} = \mathbf{6{,}78\ A}$

d) $U_R = I \cdot R = 6{,}78\ \text{A} \cdot 24\ \Omega = \mathbf{163\ V}$,
$U_L = I \cdot X_L = 6{,}78\ \text{A} \cdot 24\ \Omega = \mathbf{163\ V}$

e) $S = U \cdot I = 230\ \text{V} \cdot 6{,}78\ \text{A} = \mathbf{1{,}56\ kVA}$
$P = I^2 \cdot R = 6{,}78^2\ \text{A}^2 \cdot 24\ \Omega = \mathbf{1{,}1\ kW}$
$Q_L = I^2 \cdot X_L = 6{,}78^2\ \text{A}^2 \cdot 24\ \Omega = \mathbf{1{,}1\ kvar}$

I15 $X_L = 2 \cdot \pi \cdot f \cdot L$

$$L = \frac{X_L}{2 \cdot \pi \cdot f} =$$

$$\cos\varphi = \frac{R}{Z} \Rightarrow R = Z \cdot \cos\varphi = 180\ \Omega \cdot 0{,}848 = 153\ \Omega$$

$$\sin\varphi = \frac{X_L}{Z} \Rightarrow X_L = Z \cdot \sin\varphi = 180\ \Omega \cdot 0{,}53 = 95{,}4\ \Omega$$

$$L = \frac{95{,}4\ \Omega}{2 \cdot \pi \cdot 600\ \text{s}^{-1}} = \mathbf{25{,}3\ mH}$$

I16 $X_L = 2 \cdot \pi \cdot f \cdot L$

$$L = \frac{X_L}{2 \cdot \pi \cdot f} =$$

$$S = U \cdot I = 230\ \text{V} \cdot 0{,}9\ \text{A} = 207\ \text{VA}$$

$$P = P_L + P_V = 65\ \text{W} + 12\ \text{W} = 77\ \text{W}$$

$$\cos\varphi = \frac{P}{S} = \frac{77\ \text{W}}{207\ \text{VA}} = 0{,}372$$

$$Z = \frac{U}{I} = \frac{230\ \text{V}}{0{,}9\ \text{A}} = 256\ \Omega$$

$$\sin\varphi = \frac{X_L}{Z} \Rightarrow X_L = Z \cdot \sin\varphi = 256\ \Omega \cdot 0{,}928 = 237\ \Omega$$

$$L = \frac{237\ \Omega}{2 \cdot \pi \cdot 50\ \text{s}^{-1}} = \mathbf{0{,}76\ H}$$

I17 a); c)

I18 1. a); 2. b); 3. c)

I19 a) $X_L = 2 \cdot \pi \cdot f \cdot L = 2 \cdot \pi \cdot 100\ \text{s}^{-1} \cdot 12 \cdot 10^{-3}\ \text{H} = \mathbf{7{,}54\ \Omega}$

b) $I = \sqrt{I_R^2 + I_L^2}$

$$I_R = \frac{U}{R} = \frac{60\ \text{V}}{5\ \Omega} = 12\ \text{A}, \quad I_L = \frac{U}{X_L} = \frac{60\ \text{V}}{7{,}54\ \text{W}} = 7{,}96\ \text{A}$$

$$I = \sqrt{12^2\ \text{A}^2 + 7{,}96^2\ \text{A}^2} = \mathbf{14{,}4\ A}$$

c) $Z = \frac{U}{I} = \frac{60\ \text{V}}{14{,}4\ \text{A}} = \mathbf{4{,}17\ \Omega}$

d) $\tan\varphi = \frac{I_L}{I_R} = \frac{7{,}96\text{ A}}{12\text{ A}} = 0{,}6633 \rightarrow \varphi = \mathbf{33{,}6°\ ind.}$

I20 a) $Z = \frac{U}{I} = \frac{230\text{ V}}{4\text{ A}} = \mathbf{57{,}5\ \Omega}$

b) $\cos\varphi = \frac{I_R}{I} \Rightarrow I_R = I \cdot \cos\varphi = 4\text{ A} \cdot 0{,}76 = \mathbf{3{,}04\ A}$

$\sin\varphi = \frac{I_L}{I} \Rightarrow I_L = I \cdot \sin\varphi = 4\text{ A} \cdot 0{,}65 = \mathbf{2{,}6\ A}$

c) $R_P = \frac{U}{I_R} = \frac{230\text{ V}}{3{,}04\text{ A}} = \mathbf{75{,}7\ \Omega}$, $X_L = \frac{U}{I_L} = \frac{230\text{ V}}{2{,}6\text{ A}} = \mathbf{88{,}5\ \Omega}$

I21 a) $X_c = \frac{1}{2 \cdot \pi \cdot f \cdot C} = \frac{1}{2 \cdot \pi \cdot 50\text{ s}^{-1} \cdot 0{,}6 \cdot 10^{-6}\text{ F}} = \mathbf{5{,}31\ k\Omega}$

b) $X_c = \frac{1}{2 \cdot \pi \cdot f \cdot C} = \frac{1}{2 \cdot \pi \cdot 150\text{ s}^{-1} \cdot 1{,}4 \cdot 10^{-6}\text{ F}} = \mathbf{758\ \Omega}$

I22 $I = \frac{U}{X_c} = U \cdot 2 \cdot \pi \cdot f \cdot C = 230\text{ V} \cdot 2 \cdot \pi \cdot 50\text{ s}^{-1} \cdot 3 \cdot 10^{-6}\text{ F} = \mathbf{0{,}217\ A}$

I23 $I = U \cdot 2 \cdot \pi \cdot f \cdot C \Rightarrow C = \frac{I}{U \cdot 2 \cdot \pi \cdot f}$

$= \frac{18{,}3 \cdot 10^{-3}\text{ A}}{230\text{ V} \cdot 2 \cdot \pi \cdot 50\text{ s}^{-1}} = \mathbf{0{,}253\ \mu F}$

I24 b); c)

I25 $Z = \sqrt{R^2 + X_C^2}$

$X_C = \frac{1}{2 \cdot \pi \cdot f \cdot C} = \frac{1}{2 \cdot \pi \cdot 380 \cdot 10^3\text{ s}^{-1} \cdot 350 \cdot 10^{-12}\text{ F}} = 1{,}2\text{ k}\Omega$

$Z = \sqrt{2{,}5^2 \cdot 10^6\ \Omega^2 + 1{,}2^2 \cdot 10^6\ \Omega^2} = \mathbf{2{,}77\ k\Omega}$

$\tan\varphi = \frac{X_C}{R} = \frac{1{,}2\text{ k}\Omega}{2{,}5\text{ k}\Omega} = 0{,}48 \rightarrow \varphi = \mathbf{25{,}6°\ kap.}$

I26 $X_C = \frac{1}{2 \cdot \pi \cdot f \cdot C}$

$$C = \frac{1}{2 \cdot \pi \cdot f \cdot X_C}$$

$$I = \frac{P_G}{U_G} = \frac{100\ \text{W}}{115\ \text{V}} = 0{,}87\ \text{A}\,, \quad Z = \frac{U}{I} = \frac{230\ \text{V}}{0{,}87\ \text{A}} = 264\ \Omega$$

$$P_G = \frac{U_G^2}{R} \Rightarrow R = \frac{U_G^2}{P_G} = \frac{115^2\ \text{V}^2}{100\ \text{W}} = 132\ \Omega$$

$$X_C = \sqrt{Z^2 - R^2} = \sqrt{264^2\ \Omega^2 - 132^2\ \Omega^2} = 229\ \Omega$$

$$C = \frac{1}{2 \cdot \pi \cdot 50\ \text{s}^{-1} \cdot 229\ \Omega} = \mathbf{13{,}9\ \mu F}$$

I27 $C = \frac{1}{2 \cdot \pi \cdot f \cdot X_C}$

$$P = \frac{U^2}{R} \Rightarrow R = \frac{U^2}{P} = \frac{230^2\ \text{V}^2}{100\ \text{W}} = 529\ \Omega$$

$$P_2 = I_2^2 \cdot R \Rightarrow I_2 = \sqrt{\frac{P_2}{R}} = \sqrt{\frac{25\ \text{W}}{529\ \Omega}} = 0{,}217\ \text{A}$$

$$Z = \frac{U}{I_2} = \frac{230\ \text{V}}{0{,}217\ \text{A}} = 1058\ \Omega$$

$$X_C = \sqrt{Z^2 - R^2} = \sqrt{1058^2\ \Omega^2 - 529^2\ \Omega^2} = 916\ \Omega$$

$$C = \frac{1}{2 \cdot \pi \cdot 50\ \text{s}^{-1} \cdot 916\ \Omega} = \mathbf{3{,}47\ \mu F}$$

I28 a) $I_R = \frac{U}{R} = \frac{125\ \text{V}}{25\ \Omega} = \mathbf{5\ A}$

$$I_C = \frac{U}{X_C}$$

$$X_C = \frac{1}{2 \cdot \pi \cdot f \cdot C} = \frac{1}{2 \cdot \pi \cdot 40\ \text{s}^{-1} \cdot 50 \cdot 10^{-6}\ \text{F}} = 79{,}6\ \Omega$$

$$I_C = \frac{125\ \text{V}}{79{,}6\ \Omega} = \mathbf{1{,}57\ A}$$

$$I = \sqrt{I_R^2 + I_C^2} = \sqrt{5^2\ \text{A}^2 + 1{,}57^2\ \text{A}^2} = \mathbf{5{,}24\ A}$$

b) $\cos\varphi = \frac{I_R}{I} = \frac{5\ \text{A}}{5{,}24\ \text{A}} = \mathbf{0{,}954}$

c) $S = U \cdot I = 125\ \text{V} \cdot 5{,}24\ \text{A} = \mathbf{655\ VA}$

$P = S \cdot \cos\varphi = 655\ \text{VA} \cdot 0{,}954 = \mathbf{625\ W}$

$Q = S \cdot \sin\varphi = 655\ \text{VA} \cdot 0{,}3 = \mathbf{196\ var}$

I29 1. d); 2. f); 3. b); 4. a)

I30 1. d); 2. b); 3. a); 4. c); 5. –

I31 1. a); 2. c); 3. d); 4. b)

I32 a) $X_L = 2 \cdot \pi \cdot f \cdot L$

$$L = L_1 + L_2 + L_3 = 20\ \text{mH} + 16\ \text{mH} + 95\ \text{mH} = 131\ \text{mH}$$

$X_L = 2 \cdot \pi \cdot 50\ \text{s}^{-1} \cdot 0{,}131\ \text{H} = \mathbf{41{,}2\ \Omega}$

b) $X_L = 2 \cdot \pi \cdot f \cdot L$

$$\frac{1}{L} = \frac{1}{L_1} + \frac{1}{L_2} + \frac{1}{L_3} = \frac{1}{20\ \text{mH}} + \frac{1}{16\ \text{mH}} + \frac{1}{95\ \text{mH}} = 123\ 1/\text{H}$$

$$L = \frac{1}{123\ 1/\text{H}} = 8{,}13\ \text{mH}$$

$X_L = 2 \cdot \pi \cdot 50\ \text{s}^{-1} \cdot 8{,}13 \cdot 10^{-3}\ \text{H} = \mathbf{2{,}55\ \Omega}$

I33 a) $\frac{1}{C} \approx \frac{1}{C_2} \Rightarrow C \approx C_2 = \mathbf{2{,}7\ pF}$

b) $C \approx C_1 + C_3 = 1350\ \mu\text{F} + 9{,}75\ \mu\text{F} = \mathbf{2325\ \mu F}$

I34 Reihenschaltung

$$X_C = \frac{1}{2 \cdot \pi \cdot f \cdot C} \Rightarrow C = \frac{1}{2 \cdot \pi \cdot f \cdot X_C}$$

$$= \frac{1}{2 \cdot \pi \cdot 50\ \text{s}^{-1} \cdot 600\ \Omega} = 5{,}3\ \mu\text{F}$$

$$\frac{1}{C} = \frac{1}{C_1} + \frac{1}{C_2}$$

$$\frac{1}{C_2} = \frac{1}{C} - \frac{1}{C_1}$$

$$\frac{1}{C_2} = \frac{1}{53\ \mu F} - \frac{1}{10\ \mu F} = 0{,}0885\ 1/\mu F$$

$$C_2 = \frac{1}{0{,}0855\ 1/\mu F} = \mathbf{11{,}3\ \mu F}$$

I35 a) $Z = \frac{U}{I} = \frac{400\ V}{1{,}9\ A} = \mathbf{211\ \Omega}$

b) $L_2 = L - L_1$

$$R = R_1 + R_2 = 20\ \Omega + 40\ \Omega = 60\ \Omega$$

$$X_L = \sqrt{Z^2 - R^2} = \sqrt{210{,}5^2\ \Omega^2 - 60^2\ \Omega^2} = 201{,}8\ \Omega$$

$$L = \frac{X_L}{2 \cdot \pi \cdot f} = \frac{201{,}8\ \Omega}{2 \cdot \pi \cdot 50\ s^{-1}} = 0{,}642\ H$$

$$L_2 = 0{,}642\ H - 0{,}382\ H = \mathbf{0{,}26\ H}$$

I36 a) $I_{Sp} = \frac{U}{Z_{Sp}}$

$$Z_{Sp} = \sqrt{R_1^2 + X_L^2} =$$

$$X_L = 2 \cdot \pi \cdot f \cdot L = 2 \cdot \pi \cdot 50\ s^{-1} \cdot 0{,}24\ H = 75{,}4\ \Omega$$

$$Z_{Sp} = \sqrt{45^2\ \Omega^2 + 75{,}4^2\ \Omega^2} = 87{,}81\ \Omega$$

$$I_{Sp} = \frac{125\ V}{87{,}81\ \Omega} = \mathbf{1{,}424\ A}$$

$$I_{R2} = \frac{U}{R_2} = \frac{125\ V}{25\ \Omega} = \mathbf{5\ A}$$

b) $Q_L = I_{Sp}^2 \cdot X_L = 1{,}424^2\ A^2 \cdot 75{,}4\ \Omega = \mathbf{153\ var}$

$P = P_{Sp} + P_2 =$

$$P_{Sp} = I_{Sp}^2 \cdot R_1 = 1{,}424^2\ A^2 \cdot 45\ \Omega = 91\ W$$

$$P_2 = U \cdot I_{R2} = 125\ V \cdot 5\ A = 625\ W$$

$$P = 91\ \text{W} + 625\ \text{W} = \mathbf{716\ W}$$

$$S = \sqrt{P^2 + Q_L^2} = \sqrt{716^2\ \text{W}^2 + 153^2\ \text{var}^2} = \mathbf{732\ VA}$$

c) $\cos\varphi = \frac{P}{S} = \frac{716\ \text{W}}{732\ \text{VA}} = \mathbf{0{,}978}$

I37 $I = \sqrt{I_W^2 + I_L^2} =$

$$I_{W1} = I_1 \cdot \cos\varphi_1 = 4{,}5\ \text{A} \cdot 0{,}8 = 3{,}6\ \text{A}$$
$$I_{L1} = I_1 \cdot \sin\varphi_1 = 4{,}5\ \text{A} \cdot 0{,}6 = 2{,}7\ \text{A}$$
$$I_{W2} = I_2 \cdot \cos\varphi_2 = 7\ \text{A} \cdot 0{,}6 = 4{,}2\ \text{A}$$
$$I_{L2} = I_2 \cdot \sin\varphi_2 = 7\ \text{A} \cdot 0{,}8 = 5{,}6\ \text{A}$$
$$I_W = I_{W1} + I_{W2} = 3{,}6\ \text{A} + 4{,}2\ \text{A} = 7{,}8\ \text{A}$$
$$I_L = I_{L1} + I_{L2} = 2{,}7\ \text{A} + 5{,}6\ \text{A} = 8{,}3\ \text{A}$$

$$I = \sqrt{7{,}8^2\ \text{A}^2 + 8{,}3^2\ \text{A}^2} = \mathbf{11{,}4\ A}$$

$$\cos\varphi = \frac{I_W}{I} = \frac{7{,}8\ \text{A}}{11{,}4\ \text{A}} = \mathbf{0{,}684}$$

I38 a) $I_{Sp} = \frac{U}{Z_{Sp}}$

$$Z_{Sp} = \sqrt{R^2 + X_L^2}$$

$$X_L = 2 \cdot \pi \cdot f \cdot L$$
$$= 2 \cdot \pi \cdot 50\ \text{s}^{-1} \cdot 0{,}8\ \text{H} = 251\ \Omega$$

$$Z_{Sp} = \sqrt{40^2\ \Omega^2 + 251^2\ \Omega^2} = 254\ \Omega$$

$$I_{Sp} = \frac{400\ \text{V}}{254\ \Omega} = \mathbf{1{,}575\ A}$$

$$\cos\varphi_{Sp} = \frac{R}{Z_{Sp}} = \frac{40\ \Omega}{254\ \Omega} = \mathbf{0{,}1575} \rightarrow \sin\varphi_{Sp} = 0{,}9875$$

$$I_C = \frac{U}{X_C}$$

$$X_C = \frac{1}{2 \cdot \pi \cdot f \cdot C} = \frac{1}{2 \cdot \pi \cdot 50\ \text{s}^{-1} \cdot 10 \cdot 10^{-6}\ \text{F}} = 318\ \Omega$$

$$I_C = \frac{400\ \text{V}}{318\ \Omega} = \mathbf{1{,}258\ A}$$

$$I = \sqrt{I_W^2 + I_X^2} =$$

$$I_W = I_{Sp} \cdot \cos\varphi_{Sp} = 1{,}575\ \text{A} \cdot 0{,}1575 = 0{,}248\ \text{A}$$

$$I_L = I_{Sp} \cdot \sin\varphi_{Sp} = 1{,}575\ \text{A} \cdot 0{,}9875 = 1{,}555\ \text{A}$$

$$I_X = I_L - I_c = 1{,}555\ \text{A} - 1{,}258\ \text{A} = 0{,}297\ \text{A}$$

$$I = \sqrt{0{,}248^2\ \text{A}^2 + 0{,}297^2\ \text{A}^2} = \mathbf{0{,}387\ A}$$

b) $\cos\varphi = \dfrac{I_W}{I} = \dfrac{0{,}248\ \text{A}}{0{,}387\ \text{A}} = \mathbf{0{,}64\ ind.}$

I39 a) $I = \sqrt{I_W^2 + I_X^2}$

$$I_{Sp} = \frac{U}{Z_{Sp}}$$

$$Z_{Sp} = \frac{R}{\cos\varphi_{Sp}} = \frac{100\ \Omega}{0{,}65} = 153{,}8\ \Omega$$

$$I_{Sp} = \frac{230\ \text{V}}{153{,}8\ \Omega} = 1{,}495\ \text{A}$$

$$I_W = I_{Sp} \cdot \cos\varphi_{Sp} = 1{,}495\ \text{A} \cdot 0{,}65 = 0{,}972\ \text{A}$$

$$I_L = I_{Sp} \cdot \sin\varphi_{Sp} = 1{,}495\ \text{A} \cdot 0{,}76 = 1{,}136\ \text{A}$$

$$I_C = \frac{U}{X_C} =$$

$$X_C = \frac{1}{2 \cdot \pi \cdot f \cdot C} = \frac{1}{2 \cdot \pi \cdot 50\ \text{s}^{-1} \cdot 25 \cdot 10^{-6}\ \text{F}} = 127{,}3\ \Omega$$

$$I_C = \frac{230\ \text{V}}{127{,}3\ \Omega} = 1{,}807\ \text{A}$$

$$I_X = I_C - I_L = 1{,}807\ \text{A} - 1{,}136\ \text{A} = 0{,}671\ \text{A kap.}$$

$$I = \sqrt{0{,}972^2\ \text{A}^2 + 0{,}671^2\ \text{A}^2} = \mathbf{1{,}18\ A}$$

b) $\cos\varphi = \dfrac{I_W}{I} = \dfrac{0{,}972\ \text{A}}{1{,}18\ \text{A}} = 0{,}824 \rightarrow \varphi = \mathbf{34{,}5°\ kap.}$

I40 $X_C = \frac{1}{2 \cdot \pi \cdot f \cdot C} = \frac{1}{2 \cdot \pi \cdot 5 \cdot 10^3\ s^{-1} \cdot 5{,}32 \cdot 10^{-9}\ F} = \mathbf{5{,}98\ k\Omega}$

$X_L = 2 \cdot \pi \cdot f \cdot L = 2 \cdot \pi \cdot 5 \cdot 10^3\ s^{-1} \cdot 0{,}318\ H \quad = \mathbf{9{,}99\ k\Omega}$

$Z = \sqrt{R^2 + X^2}$

$X = X_L - X_C = 9{,}99\ k\Omega - 5{,}98\ k\Omega = 4{,}01\ k\Omega$

$Z = \sqrt{12^2 \cdot 10^6\ \Omega^2 + 4{,}01^2 \cdot 10^6\ \Omega^2} = \mathbf{12{,}7\ k\Omega}$

$U = I \cdot Z = 1{,}9\ mA \cdot 12{,}7\ k\Omega \quad = \mathbf{24{,}1\ V}$

$U_R = I \cdot R = 1{,}9\ mA \cdot 12\ k\Omega \quad = \mathbf{22{,}8\ V}$

$U_C = I \cdot X_C = 1{,}9\ mA \cdot 5{,}98\ k\Omega \quad = \mathbf{11{,}4\ V}$

$U_L = I \cdot X_L = 1{,}9\ mA \cdot 9{,}99\ k\Omega \quad = \mathbf{19\ V}$

$f_0 = \frac{1}{2 \cdot \pi \sqrt{L \cdot C}} = \frac{1}{2 \cdot \pi \sqrt{0{,}318\ H \cdot 5{,}32 \cdot 10^{-9}\ F}} = \mathbf{3{,}87\ kHz}$

I41 a) $X_L = 2 \cdot \pi \cdot f \cdot L$

$L = \frac{X_L}{2 \cdot \pi \cdot f}$

$X_0 = X_L = X_C = \frac{1}{2 \cdot \pi \cdot f_0 \cdot C}$

$= \frac{1}{2 \cdot \pi \cdot 10^5\ s^{-1} \cdot 30 \cdot 10^{-9}\ F} = 53{,}05\ \Omega$

$L = \frac{53{,}05\ \Omega}{2 \cdot 10^5\ s^{-1}} = \mathbf{84{,}4\ \mu H}$

b) $Q = \frac{X_0}{R_S} \Rightarrow R_S = \frac{X_0}{Q} = \frac{53{,}05\ \Omega}{30} = \mathbf{1{,}77\ \Omega}$

I42 a) $X_C = \frac{1}{2 \cdot \pi \cdot f \cdot C}$

$C = \frac{1}{2 \cdot \pi \cdot f \cdot X_C}$

$X_0 = X_C = X_L = 2 \cdot \pi \cdot f \cdot L$

$= 2 \cdot \pi \cdot 50\ s^{-1} \cdot 0{,}1\ H = 31{,}4\ \Omega$

$C = \frac{1}{2 \cdot \pi \cdot 50\ s^{-1} \cdot 31{,}4\ \Omega} = \mathbf{101\ \mu F}$

b) $U_L = U_C = I \cdot X_0$

$$Z = R\,, \quad I = \frac{U}{R} = \frac{230\ \text{V}}{10\ \Omega} = 23\ \text{A}$$

$U_L = U_C = 23\ \text{A} \cdot 31{,}4\ \Omega = \mathbf{722\ V}$

I43 c); d)

I44 a) $f_0 = \dfrac{1}{2 \cdot \pi \cdot \sqrt{L \cdot C}} = \dfrac{1}{2 \cdot \pi \cdot \sqrt{10^{-3}\ \text{H} \cdot 0{,}9 \cdot 10^{-9}\ \text{F}}} = \mathbf{168\ kHz}$

b) $Q = \dfrac{R_P}{X_0}$

$R_P = Q \cdot X_0 =$

$$Q = \frac{f_0}{b} = \frac{168\ \text{kHz}}{1\ \text{kHz}} = 168$$

$$X_0 = X_L = 2 \cdot \pi \cdot f_0 \cdot L$$

$$= 2 \cdot \pi \cdot 168 \cdot 10^3\ \text{s}^{-1} \cdot 10^{-3}\ \text{H} = 1056\ \Omega$$

$R_P = 168 \cdot 1056\ \Omega = \mathbf{177\ k\Omega}$

I45 a) $C = \dfrac{Q_C}{2 \cdot \pi \cdot f \cdot U_C^2}$

$$Q_C = P_{zu} \cdot (\tan\varphi_1 - \tan\varphi_2)$$

$$\cos\varphi_1 = \frac{P}{S_1} = \frac{P}{U \cdot I_1}$$

$$\cos\varphi_1 = \frac{46\ \text{W}}{230\ \text{V} \cdot 0{,}43\ \text{A}} = 0{,}4651$$

$$Q_C = 46\ \text{W}\ (1{,}903 - 0{,}2917) = 74{,}1\ \text{var}$$

$C = \dfrac{74{,}1\ \text{var}}{2 \cdot \pi \cdot 50\ \text{s}^{-1} \cdot 230^2\ \text{V}^2} = \mathbf{4{,}46\ \mu F}$

b) $I_2 = \dfrac{S_2}{U}, \quad S_2 = \dfrac{P}{\cos\varphi_2}$

$I_2 = \dfrac{P}{U \cdot \cos\varphi_2} = \dfrac{46\ \text{W}}{230\ \text{V} \cdot 0{,}96} = \mathbf{0{,}208\ A}$

I46 $P = P_1 + P_2 + P_3 + P_4 + P_5$

$$P_1 = n_1 \cdot 60\ \text{W} = 6 \cdot 60\ \text{W} = 360\ \text{W}$$
$$P_2 = n_2 \cdot 100\ \text{W} = 3 \cdot 100\ \text{W} = 300\ \text{W}$$
$$P_3 = n_3 \cdot 71\ \text{W} = 12 \cdot 71\ \text{W} = 852\ \text{W}$$
$$P_4 = n_4 \cdot U \cdot I_4 \cdot \cos\varphi_4$$
$$P_4 = 2 \cdot 230\ \text{V} \cdot 3{,}8\ \text{A} \cdot 0{,}7 = 1224\ \text{W}$$
$$P_5 = U \cdot I_5 \cdot \cos\varphi_5$$
$$P_5 = 230\ \text{V} \cdot 4{,}9\ \text{A} \cdot 0{,}82 = 924\ \text{W}$$

$$P = 360\ \text{W} + 300\ \text{W} + 852\ \text{W} + 1224\ \text{W} + 924\ \text{W} = \mathbf{3{,}66\ kW}$$

$$Q_\text{L} = Q_\text{L3} + Q_\text{L4} + Q_\text{L5}$$

$$Q_\text{L3} = P_3 \cdot \tan\varphi_3 = 852\ \text{W} \cdot 1{,}9845 = 1690\ \text{var}$$
$$Q_\text{L4} = P_4 \cdot \tan\varphi_4 = 1224\ \text{W} \cdot 1{,}02 = 1249\ \text{var}$$
$$Q_\text{L5} = P_5 \cdot \tan\varphi_5 = 924\ \text{W} \cdot 0{,}698 = 645\ \text{var}$$

$$Q_\text{ges} = 1690\ \text{var} + 1249\ \text{var} + 645\ \text{var} = \mathbf{3{,}58\ kvar}$$

$$S_\text{ges} = \sqrt{P^2 + Q_2^2} = \sqrt{3{,}66^2 \cdot 10^6\ \text{W}^2 + 3{,}58^2 \cdot 10^6\ \text{var}^2} = \mathbf{5{,}12\ kVA}$$

$$I_1 = \frac{S}{U} = \frac{5{,}12\ \text{kVA}}{230\ \text{V}} = \mathbf{22{,}3\ A}$$

$$\cos\varphi_1 = \frac{P}{S} = \frac{3{,}66\ \text{kW}}{5{,}12\ \text{kVA}} = \mathbf{0{,}715}$$

$$C = \frac{Q_\text{C}}{2 \cdot \pi \cdot f \cdot U_\text{C}^2}$$

$$Q_\text{C} = P_\text{zu} \cdot (\tan\varphi_1 - \tan\varphi_2)$$
$$Q_\text{C} = 3{,}66\ \text{kW} \cdot (0{,}9782 - 0{,}4843) = 1{,}808\ \text{kvar}$$

$$C = \frac{1808\ \text{var}}{2 \cdot \pi \cdot 50\ \text{s}^{-1} \cdot 230^2\ \text{V}^2} = \mathbf{109\ \mu F}$$

$$\cos\varphi_2 = \frac{P}{S_2} = \frac{P}{U \cdot I_2}$$

$$I_2 = \frac{P}{U \cdot \cos\varphi_2} = \frac{3{,}66\ \text{kW}}{230\ \text{V} \cdot 0{,}9} = \mathbf{17{,}7\ A}$$

I47 a) $Q_C = 0{,}6 \cdot S = 0{,}6 \cdot U \cdot I = 0{,}6 \cdot 230\ \text{V} \cdot 15\ \text{A} = \mathbf{2070\ var}$

b) $C = \dfrac{Q_C}{2 \cdot \pi \cdot f \cdot U_C^2} = \dfrac{2070\ \text{var}}{2 \cdot \pi \cdot 50\ \text{s}^{-1} \cdot 230^2\ \text{V}^2} = \mathbf{125\ \mu F}$

I48 a) $C = \dfrac{Q_C}{2 \cdot \pi \cdot f \cdot U_C^2}$

$$Q_C = P_{zu}\,(\tan\varphi_1 - \tan\varphi_2)$$

$$\cos\varphi_1 = \frac{P}{S_1} = \frac{P}{U \cdot I_1}$$

$$\cos\varphi_1 = \frac{407\ \text{W}}{230\ \text{V} \cdot 3{,}4\ \text{A}} = 0{,}601$$

$$Q_C = 470\ \text{W}\ (1{,}33 - 0{,}329) = 470\ \text{var}$$

$$C = \frac{470\ \text{var}}{2 \cdot \pi \cdot 50\ \text{s}^{-1} \cdot 230^2\ \text{V}^2} = \mathbf{28{,}3\ \mu F}$$

b) $I_2 = \dfrac{P}{U \cdot \cos\varphi_2} = \dfrac{470\ \text{W}}{230\ \text{V} \cdot 0{,}95} = \mathbf{2{,}15\ A}$

I49 $S_1 = U \cdot I_1 =$

$$P_{zu} = \frac{P_{ab}}{\eta} = \frac{810\ \text{W}}{0{,}72} = \mathbf{1125\ W}$$

$$I_1 = \frac{P_{zu}}{U \cdot \cos\varphi_1} = \frac{1125\ \text{W}}{230\ \text{V} \cdot 0{,}78} = \mathbf{6{,}27\ A}$$

$$S_1 = 230\ \text{V} \cdot 6{,}27\ \text{A} = \mathbf{1442\ VA}$$

$$Q_{L1} = P_{zu} \cdot \tan\varphi_1 = 1125\ \text{W} \cdot 0{,}8023 = \mathbf{903\ var}$$

$$Q_{L2} = Q_{L1} - Q_C$$

$$Q_C = 2 \cdot \pi \cdot f \cdot U_C^2 \cdot C$$
$$= 2 \cdot \pi \cdot 50\ \text{s}^{-1} \cdot 230^2\ \text{V}^2 \cdot 25 \cdot 10^{-6} = 415\ \text{var}$$

$$Q_{L2} = 903\ \text{var} - 415\ \text{var} = \mathbf{488\ var}$$

$$S_2 = \sqrt{P_{zu}^2 + Q_{L2}^2} = \sqrt{1125^2\ \text{W}^2 + 488^2\ \text{var}^2} = \mathbf{1226\ VA}$$

$$I_2 = \frac{S_2}{U} = \frac{1226\ \text{VA}}{230\ \text{V}} = \mathbf{5{,}33\ A}$$

K Drehstromtechnik

K1 $I = I_{Str} = \frac{U_{Str}}{R_{Str}} = \frac{230\ \text{V}}{34{,}9\ \Omega} = \mathbf{6{,}6\ A}$

$P = \sqrt{3} \cdot U \cdot I = \sqrt{3} \cdot 400\ \text{V} \cdot 6{,}6\ \text{A} = \mathbf{4{,}57\ kW}$

K2 a) $I_{Str} = \frac{U_{Str}}{R_{Str}} = \frac{230\ \text{V}}{60\ \Omega} = \mathbf{3{,}83\ A}$

b) $I_N = I_{Str} = \mathbf{3{,}83\ A}$

c) $I_{L2} = I_{L3}\ \frac{U}{2 \cdot R_{Str}} = \frac{400\ \text{V}}{2 \cdot 60\ \Omega} = \mathbf{3{,}33\ A}$

K3 $P = \sqrt{3} \cdot U \cdot I$

$$I = I_{Str} = \frac{P}{\sqrt{3} \cdot U} = \frac{6000\ \text{W}}{\sqrt{3} \cdot 400\ \text{V}} = \mathbf{8{,}66\ A}$$

$$P_{Str} = \frac{P}{3} = I^2_{Str} \cdot R_{Str}$$

$$R_{Str} = \frac{P}{3 \cdot I^2_{Str}} = \frac{6000\ \text{W}}{3 \cdot 8{,}66^2\ \text{A}^2} = \mathbf{26{,}7\ \Omega}$$

K4 a) $I_{Str} = \frac{U_{Str}}{R_{Str}} = \frac{400\ \text{V}}{19\ \Omega} = \mathbf{21{,}1\ A}$

b) $I = \sqrt{3} \cdot I_{Str} = \sqrt{3} \cdot 21{,}1\ \text{A} = \mathbf{36{,}5\ A}$

c) $P = \sqrt{3} \cdot U \cdot I = \sqrt{3} \cdot 400\ \text{V} \cdot 36{,}5\ \text{A} = \mathbf{25{,}3\ kW}$

K5 $X_{C\,Str} = \frac{1}{2 \cdot \pi \cdot f \cdot C_{Str}}$

$$C_{Str} = \frac{1}{2 \cdot \pi \cdot f \cdot X_{C\,Str}}$$

$$X_{C\,Str} = \frac{U_{Str}}{I_{Str}} = \frac{U \cdot \sqrt{3}}{I} = \frac{400\ \text{V} \cdot \sqrt{3}}{20{,}7\ \text{A}} = 33{,}5\ \Omega$$

$$C_{Str} = \frac{1}{2 \cdot \pi \cdot 50\ s^{-1} \cdot 33{,}5\ \Omega} = \mathbf{95\ \mu F}$$

K6 a) $R_{Str} = \frac{U_{Str}}{I_{Str}} = \frac{230\ V}{6\ A} = \mathbf{38{,}3\ \Omega}$

b) $I_{\triangle} = 3 \cdot I_{Y} = 3 \cdot 6\ A = \mathbf{18\ A}$

c) $P_{Y} = \sqrt{3} \cdot U \cdot I = \sqrt{3} \cdot 400\ V \cdot 6\ A = \mathbf{4{,}16\ kW}$

d) $P_{\triangle} = 3 \cdot P_{Y} = 3 \cdot 4{,}16\ kW = \mathbf{12{,}5\ kW}$

K7 a) $U_{Str} = U = \mathbf{400\ V}$

b) $I_{Str} = \frac{U_{Str}}{R_{Str}} = \frac{400\ V}{25\ \Omega} = \mathbf{16\ A}$

c) $I = \sqrt{3} \cdot I_{Str} = \sqrt{3} \cdot 16\ A = \mathbf{27{,}7\ A}$

d) $I_{Str\,1} = \frac{U}{2 \cdot R} = \frac{400\ V}{2 \cdot 25\ \Omega} = \mathbf{8\ A}$

$$I_{Str\,3} = \frac{U}{R} = \frac{400\ V}{25\ \Omega} = \mathbf{16\ A}$$

$$I_{L1} = I_{L3} = \frac{U}{R_{ers}}$$

$$R_{ers} = \frac{2R \cdot R}{2R + R} = \frac{2 \cdot R}{3} = \frac{2 \cdot 25\ \Omega}{3} = 16{,}67\ \Omega$$

$$I_{L1} = I_{L3} = \frac{400\ V}{16{,}67\ \Omega} = \mathbf{24\ A}$$

e) $I_{L1} = I_{L2} = I_{Str} = \mathbf{16\ A}$

$$I_{L3} = \sqrt{3} \cdot I_{Str} = \sqrt{3} \cdot 16\ A = \mathbf{27{,}7\ A}$$

K8 1. a); 2. a); 3. b); 4. b); 5. b); 6. b)

K9 a) $I_{\text{Str}1} = \dfrac{U_{\text{Str}}}{R_1} = \dfrac{230\ \text{V}}{15\ \Omega} = \mathbf{15{,}3\ A}$

$I_{\text{Str}2} = \dfrac{U_{\text{Str}}}{R_2} = \dfrac{230\ \text{V}}{20\ \Omega} = \mathbf{11{,}5\ A}$

$I_{\text{Str}3} = \dfrac{U_{\text{Str}}}{R_3} = \dfrac{230\ \text{V}}{25\ \Omega} = \mathbf{9{,}2\ A}$

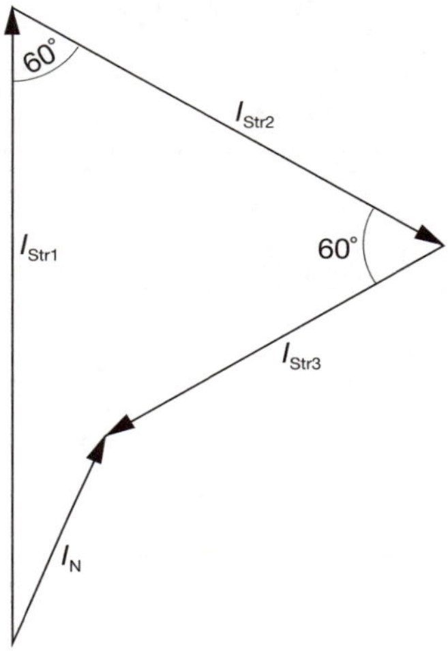

b) $m = 2\ \text{A/cm}$

$l_1 = \dfrac{I_{\text{Str}1}}{m} = \dfrac{15{,}3\ \text{A}}{2\ \text{A/cm}} = 7{,}65\ \text{cm}$

$l_2 = \dfrac{I_{\text{Str}2}}{m} = \dfrac{11{,}5\ \text{A}}{2\ \text{A/cm}} = 5{,}75\ \text{cm}$

$l_3 = \dfrac{I_{\text{Str}3}}{m} = \dfrac{9{,}2\ \text{A}}{2\ \text{A/cm}} = 4{,}6\ \text{cm}$

$I_{\text{N}} = l_{\text{N}} \cdot m = 2{,}7\ \text{cm} \cdot 2\ \text{A/cm}$

$I_{\text{N}} = \mathbf{5{,}4\ A}$

c) $P = P_{\text{Str}1} + P_{\text{Str}2} + P_{\text{Str}3}$

$P_{\text{Str}1} = U_{\text{Str}} \cdot I_{\text{Str}1} = 230\ \text{V} \cdot 15{,}3\ \text{A} = 3{,}52\ \text{kW}$

$P_{\text{Str}2} = U_{\text{Str}} \cdot I_{\text{Str}2} = 230\ \text{V} \cdot 11{,}5\ \text{A} = 2{,}65\ \text{kW}$

$P_{\text{Str}3} = U_{\text{Str}} \cdot I_{\text{Str}3} = 230\ \text{V} \cdot 9{,}2\ \text{A} = 2{,}12\ \text{kW}$

$P = 3{,}52\ \text{kW} + 2{,}65\ \text{kW} + 2{,}12\ \text{kW} = \mathbf{8{,}29\ kW}$

K10 1. a); 2. b); 3. c)

K11 a) $Q_c = 0{,}45 \cdot P_N = 0{,}45 \cdot 11\ \text{kW} = \mathbf{4{,}95\ kvar}$

b) $C_{Str} = \dfrac{Q_c}{3 \cdot 2 \cdot \pi \cdot f \cdot U_c^2} = \dfrac{4{,}95 \cdot 10^3\ \text{var}}{3 \cdot 2 \cdot \pi \cdot 50\ \text{s}^{-1} \cdot 400^2\ \text{V}^2} = \mathbf{32{,}8\ \mu F}$

K12 $C_{Str} = \dfrac{Q_c}{3 \cdot 2 \cdot \pi \cdot f \cdot U_c^2}$

$\cos\varphi_1 = \dfrac{P}{U_{Str} \cdot I_{Str}} = \dfrac{50\ \text{W}}{230\ \text{V} \cdot 0{,}44\ \text{A}} = 0{,}494$

$\tan\varphi_1 = 1{,}76$

$\tan\varphi_2 = 0{,}329$

$P_{zu} = n \cdot P_1 = 48 \cdot 50\ \text{W} = 2{,}4\ \text{kW}$

$Q_c = P_{zu} \cdot (\tan\varphi_1 - \tan\varphi_2) =$

$Q_c = 2{,}4\ \text{kW}\ (1{,}76 - 0{,}329) = 3{,}43\ \text{kvar}$

$C_{Str} = \dfrac{3{,}43 \cdot 10^3\ \text{var}}{3 \cdot 2 \cdot \pi \cdot 50\ \text{s}^{-1} \cdot 400^2\ \text{V}^2} = \mathbf{22{,}8\ \mu F}$

K13 $Q_c = Q_{L1} + Q_{L2} - Q_{L3}$

$Q_{L1} = P_1 \cdot \tan\varphi_1$

$\cos\varphi_1 = \dfrac{P_1}{S_1} = \dfrac{120\ \text{kW}}{200\ \text{kVA}} = 0{,}6$

$Q_{L1} = 120\ \text{kW} \cdot 1{,}333 = 160\ \text{kvar}$

$Q_{L2} = P_2 \cdot \tan\varphi_2 = 60\ \text{kW} \cdot 1{,}0202 = 61{,}2\ \text{kvar}$

$Q_{L3} = (P_1 + P_2) \cdot \tan\varphi_3 =$

$\cos\varphi_3 = \dfrac{P_1 + P_2}{S} = \dfrac{180\ \text{kW}}{200\ \text{kVA}} = 0{,}9$

$Q_{L3} = 180\ \text{kW} \cdot 0{,}484 = 87{,}2\ \text{kvar}$

$Q_c = 160\ \text{kvar} + 61{,}2\ \text{kvar} - 87{,}2\ \text{kvar} = \mathbf{134\ kvar}$

K14 a) $Q_c = P_{zu} \cdot (\tan\varphi_1 - \tan\varphi_2)$

$\cos\varphi_1 = \dfrac{P}{S_1} = \dfrac{P}{\sqrt{3} \cdot U \cdot I_1}$

$\cos\varphi_1 = \dfrac{36 \cdot 10^3\ \text{W}}{\sqrt{3} \cdot 400\ \text{V} \cdot 90\ \text{A}} = 0{,}5774$

$$\cos\varphi_2 = \frac{P}{S_2} = \frac{P}{\sqrt{3} \cdot U \cdot I_2}$$

$$\cos\varphi_2 = \frac{36 \cdot 10^3\ \text{W}}{\sqrt{3} \cdot 400\ \text{V} \cdot 60\ \text{A}} = 0{,}866$$

$Q_c = 36\ \text{kW}\ (1{,}414 - 0{,}5774) = \mathbf{30{,}1\ kvar}$

b) $C_{\text{Str}} = \frac{Q_c}{3 \cdot 2 \cdot \pi \cdot f \cdot U_c^2} = \frac{30{,}1 \cdot 10^3\ \text{var}}{3 \cdot 2 \cdot \pi \cdot 50\ \text{s}^{-1} \cdot 400^2\ \text{V}^2} = \mathbf{199\ \mu F}$

K15 a) $\cos\varphi_2 = \frac{P}{S_2}$

$$P = \frac{n}{C_z \cdot t} = \frac{15 \cdot 3600\ \text{s/h}}{90\ 1/\text{kWh} \cdot 30\ \text{s}} = 20\ \text{kW}$$

$$S_2 = \sqrt{3} \cdot U \cdot I = \sqrt{3} \cdot 400\ \text{V} \cdot 33{,}4\ \text{A} = 23{,}14\ \text{kVa}$$

$\cos\varphi_2 = \frac{20\ \text{kW}}{23{,}14\ \text{kVA}} = \mathbf{0{,}864}$

$Q_c = P_{zu}(\tan\varphi_1 - \tan\varphi_2)$

$\tan\varphi_1 = \frac{Q_c}{P_{zu}} + \tan\varphi_2$

$$Q_c = \sqrt{3} \cdot U \cdot I_c = \sqrt{3} \cdot 400\ \text{V} \cdot 16{,}4\ \text{A} = 11{,}36\ \text{kvar}$$

$\tan\varphi_1 = \frac{11{,}36\ \text{kvar}}{20\ \text{kW}} + 0{,}582 = 1{,}15$

$\cos\varphi_1 = \mathbf{0{,}656}$

b) $P = \sqrt{3} \cdot U \cdot I_1 \cdot \cos\varphi_1$

$I_1 = \frac{P}{\sqrt{3} \cdot U \cdot \cos\varphi_1} = \frac{20 \cdot 10^3\ \text{W}}{\sqrt{3} \cdot 400\ \text{V} \cdot 0{,}656} = \mathbf{44\ A}$

c) $C_{\text{Str}} = \frac{Q_c}{3 \cdot 2 \cdot \pi \cdot f \cdot U_c^2} = \frac{11{,}36 \cdot 10^3\ \text{var}}{3 \cdot 2 \cdot \pi \cdot 50\ \text{s}^{-1} \cdot 400^2\ \text{V}^2} = \mathbf{75{,}3\ \mu F}$

K16 c)

L Leitungsberechnungen

L1 a) $A = \frac{2 \cdot l \cdot I \cdot \cos\varphi}{\kappa \cdot U_v}$

$= \frac{2 \cdot 58\ \text{m} \cdot 15{,}5\ \text{A} \cdot 0{,}7}{56\ \frac{\text{m}}{\Omega \cdot \text{mm}^2} \cdot 6{,}9\ \text{V}}$

$P_{Zu} = \frac{P_{ab}}{\eta} = \frac{2000\ \text{W}}{0{,}8} = 2500\ \text{W}$

$I = \frac{P_{zu}}{U \cdot \cos\varphi} = \frac{2500\ \text{W}}{230\ \text{V} \cdot 0{,}7} = 15{,}5\ \text{A}$

$U_v = 3\,\%$ von $230\ \text{V} = 6{,}9\ \text{V}$

$= 3{,}28\ \text{mm}^2$ nach Spannungsfall

b) $A = 1{,}5\ \text{mm}^2$ nach Strombelastbarkeit

c) gewählt: $\boldsymbol{A = 4\ \text{mm}^2}$ wegen Spannungsfall

L2 Nach Spannungsfall

a) $A = \frac{P \cdot l \cdot \mu}{\kappa \cdot U_v \cdot U}$

$\mu = 1$, da eine Heizung

$\kappa = 56\ \frac{\text{m}}{\Omega \cdot \text{mm}^2}$, da Kupfer

$U_v = 3\,\%$ von $400\ \text{V} = 12\ \text{V}$

$$A = \frac{30\,000\ \text{W} \cdot 40\ \text{m} \cdot 1}{56\ \frac{\text{m}}{\Omega \cdot \text{mm}^2} \cdot 12\ \text{V} \cdot 400\ \text{V}} = 4{,}46\ \text{mm}^2$$

b) Nach Strombelastbarkeit

$$I = \frac{P}{\sqrt{3} \cdot U \cdot \cos\varphi} = \frac{30\,000\ \text{W}}{\sqrt{3} \cdot 400\ \text{V} \cdot 1} = 43{,}3\ \text{A}$$

aus Tabelle $A = 10\ \text{mm}^2$

c) gewählt: $\boldsymbol{A = 10\ \text{mm}^2}$ wegen Strombelastbarkeit

L3 $P_{ges} = 2000\text{ W} + 3 \times 60\text{ W} + 250\text{ W} = 2430\text{ W}$

$U_v = 1{,}5\,\%$ von $230\text{ V} = 3{,}45\text{ V}$

a) $A = \dfrac{2 \cdot P \cdot l}{\kappa \cdot U_v \cdot U}$

$$= \frac{2 \cdot 2430\text{ W} \cdot 40\text{ m}}{56\,\dfrac{\text{m}}{\Omega \cdot \text{mm}^2} \cdot 3{,}45\text{ V} \cdot 230\text{ V}}$$

$= 4{,}37\text{ mm}^2$ nach Spannungsfall

b) $I = \dfrac{P}{U \cdot \cos\varphi} = \dfrac{2430\text{ W}}{230\text{ V} \cdot 1} = 10{,}6\text{ A}$

$A = 1{,}5\text{ mm}^2$ nach Strombelastbarkeit

c) gewählt: $\boldsymbol{A = 6\textbf{ mm}^2}$

L4 $A = \dfrac{2 \cdot P \cdot l}{\kappa \cdot U_v \cdot U}$

$$l = \frac{A \cdot \kappa \cdot U_v \cdot U}{2 \cdot P} = \frac{1\text{ mm}^2 \cdot 56\,\dfrac{\text{m}}{\Omega \cdot \text{m}^2} \cdot 20\text{ V} \cdot 230\text{ V}}{2 \cdot 1000\text{ W}}$$

$\boldsymbol{l = 128{,}8\textbf{ m}}$

L5 a) $A = \dfrac{2 \cdot l \cdot I \cdot \cos\varphi}{\kappa \cdot U_v}$ | $I = \dfrac{S}{U} = \dfrac{8000\text{ VA}}{230\text{ V}} = 34{,}8\text{ A}$

$$= \frac{2 \cdot 45\text{ m} \cdot 34{,}8\text{ A} \cdot 0{,}85}{56\,\dfrac{\text{m}}{\text{mm}^2\,\Omega} \cdot 3{,}45\text{ V}}$$

$= 13{,}8\text{ mm}^2$ nach Spannungsfall

b) $A = 4\text{ mm}^2$ nach Strombelastbarkeit

c) gewählt: $\boldsymbol{A = 16\textbf{ mm}^2}$

L6 $U_v = \dfrac{2 \cdot P_{zu} \cdot l}{\kappa \cdot A \cdot U} =$ | $P_{zu} = \dfrac{P_{ab}}{\eta} = \dfrac{2000\text{ W}}{0{,}8} = 2500\text{ W}$

$$= \frac{2 \cdot 2500\text{ W} \cdot 360\text{ m}}{56\,\dfrac{\text{m}}{\Omega \cdot \text{mm}^2} \cdot 4\text{ mm}^2 \cdot 230\text{ V}}$$

$$\boldsymbol{U_v = 34{,}94\ \mathrm{V}}$$

$$u_{v\%} = \frac{34{,}94\ \mathrm{V}}{230\ \mathrm{V}} = \mathbf{15{,}2\,\%}$$

L7 a) $A = \dfrac{2 \cdot (l_1 \cdot I_1 + l_2 \cdot I_2 + l_3 \cdot I_3)}{\kappa \cdot U_v}$

$$= \frac{2 \cdot (10\ \mathrm{A} \cdot 5\ \mathrm{m} + 9\ \mathrm{A} \cdot 13\ \mathrm{m} + 11\ \mathrm{A} \cdot 20\ \mathrm{m})}{56\ \dfrac{\mathrm{m}}{\Omega \cdot \mathrm{mm}^2} \cdot 2{,}3\ \mathrm{V}}$$

$U_v = 1\%$ von 230 V $= 2{,}3$ V

$= 6\ \mathrm{mm}^2$

b) $A_{\text{Strombelastbarkeit}} = 4\ \mathrm{mm}^2$, da der Gesamtstrom

$$I = I_1 + I_2 + I_3 = 10\ \mathrm{A} + 9\ \mathrm{A} + 11\ \mathrm{A} = 30\ \mathrm{A}$$

c) $\boldsymbol{A = 6\ \mathrm{mm}^2}$

L8 a) $A = \dfrac{2 \cdot (l_1 \cdot I_1 + l_2 \cdot I_2 + l_3 \cdot I_3 + l_4 \cdot I_4)}{\kappa \cdot U_v}$

$U_v = 3\,\%$ von 230 V $= 6{,}9$ V

$$= \frac{2 \cdot (9\ \mathrm{m} \cdot 12\ \mathrm{A} + 14\ \mathrm{m} \cdot 10\ \mathrm{A} + 20\ \mathrm{m} \cdot 20\ \mathrm{A} + 29\ \mathrm{m} \cdot 15\ \mathrm{A})}{56\ \dfrac{\mathrm{m}}{\Omega \cdot \mathrm{mm}^2} \cdot 6{,}9\ \mathrm{V}}$$

$A = 5{,}6\ \mathrm{mm}^2$

b) $I_{ges} = I_1 + I_2 + I_3 + I_4 = 12\ \mathrm{A} + 10\ \mathrm{A} + 20\ \mathrm{A} + 15\ \mathrm{A} = 57\ \mathrm{A}$
dafür:
$A = 10\ \mathrm{mm}^2$

c) gewählt: $\boldsymbol{A = 10\ \mathrm{mm}^2}$

L9 a) $A = \dfrac{\sqrt{3} \cdot \sum (I \cdot l \cdot \cos\varphi) \cdot \mu}{\kappa \cdot U_v}$

$$U_v = u_v \cdot U = 3\,\%\ \text{von}\ 400\ \mathrm{V} = 12\ \mathrm{V}$$

$$\begin{aligned}
I_1 \cdot l_1 \cdot \cos\varphi_1 &= 8\ \mathrm{A} \cdot 10\ \mathrm{m} \cdot 0{,}8 &&= 64\ \mathrm{A \cdot m}\\
I_2 \cdot l_2 \cdot \cos\varphi_2 &= 7\ \mathrm{A} \cdot 19\ \mathrm{m} \cdot 0{,}9 &&= 120\ \mathrm{A \cdot m}\\
I_3 \cdot l_3 \cdot \cos\varphi_3 &= 4{,}5\ \mathrm{A} \cdot 23\ \mathrm{m} \cdot 0{,}85 &&= 88\ \mathrm{A \cdot m}\\
I_4 \cdot l_4 \cdot \cos\varphi_4 &= 6\ \mathrm{A} \cdot 29\ \mathrm{m} \cdot 1 &&= 174\ \mathrm{A \cdot m}\\
I_5 \cdot l_5 \cdot \cos\varphi_5 &= 3{,}5\ \mathrm{A} \cdot 34\ \mathrm{m} \cdot 0{,}9 &&= 107\ \mathrm{A \cdot m}\\
\hline
\sum (I \cdot l \cdot \cos\varphi) & &&= 553\ \mathrm{A \cdot m}
\end{aligned}$$

$$A = \frac{\sqrt{3} \cdot 553 \cdot \text{A} \cdot \text{m} \cdot 1}{56 \frac{\text{m}}{\Omega \cdot \text{mm}^2} \cdot 12\ \text{V}} = 1{,}43\ \text{mm}^2$$

b) $I_{ges} = I_1 + I_2 + I_3 + I_4 + I_5 = 29$ A dafür ist $A = 4$ mm² erforderlich

c) gewählt: $\boldsymbol{A} = \mathbf{4\ mm^2}$

M Elektrische Mess- und Regelungstechnik

M1 1. b); 2. a); 3. –); 4. c)

M2 1. c); 2. a); 3. d); 4. e); 5. b)

M3 1. h); 2. f); 3. k); 4. i); 5. b); 6. a); 7. d); 8. g); 9. e); 10. c)

M4 Betriebsbereich (früher Nenngebrauchsbereich)

M5 Der Betriebsbereich für die Einflussgröße Temperatur liegt zwischen –15 °C bis +40 °C. Der Referenzbereich (in dem die durch die Genauigkeitsklasse spezifizierten Grenzen der Messunsicherheit eingehalten werden müssen), liegt zwischen +20 °C bis +30 °C.

M6 1. c); 2. a); 3. b)

M7 a) Messunsicherheit: $\frac{\pm 1{,}5\% \cdot 400\ \text{V}}{100\%} = \mathbf{\pm 6\ V}$

b) Fehlergrenzen: 230 V – 6 V = 224 V … 230 V + 6 V = **236 V**

c) relative Messunsicherheit: $\frac{\pm 6\ \text{V} \cdot 100\%}{230\ \text{V}} = \mathbf{\pm 2{,}61\,\%}$

M8 a) Auflösung: 1 Digit = **0,1 mA**

b) Eigenabweichung: 2% von 112,5 mA = **2,25 mA**

c) Gesamtmessunsicherheit: ±(2,25 + 0,3) mA = **±2,55 mA**

d) relative Messunsicherheit: $\frac{\pm 2{,}55\ \text{mA} \cdot 100\%}{112{,}5\ \text{mA}} = \mathbf{\pm 2{,}27\,\%}$

M9 1. b); 2. c); 3. a); 4. f); 5. a); 6. e); 7. d); 8. e); 9. f); 10. a); 11. b)

M10 Der Effektivwert mindert sich durch Gleichrichtung um den Faktor:

$$\frac{1}{\sqrt{2}} \approx \mathbf{0{,}707}$$

M11 Von diesen Instrumenten wird der Gleichrichtwert gemessen. Der Effektivwert wird nur bei sinusförmigen Größen richtig angezeigt, da deren Formfaktor (1,11) eingeeicht wurde.

M12 Das Instrument misst den wahren Effektivwert und kann daher auch bei nicht sinusförmigen Wechselstromgrößen eingesetzt werden.

M13 Das Vielfachinstrument muss den wahren Effektivwert messen (Kennzeichnung RMS oder TRMS).

M14 Das Instrument muss über eine gleichstrommäßige Signalankopplung verfügen und muss bei einer Umschaltmöglichkeit (zwischen DC- und AC-Kopplung) auf DC-Ankopplung geschaltet werden.

M15 Man wählt einen größeren Messbereich, bei dem der Messwert einen ausreichenden Abstand zum Messbereichsendwert hat. (Dadurch wird eine Übersteuerung des Messverstärkers bzw. Begrenzung des Messsignals verhindert.)

M16 Der Effektivwert ohne Phasenanschnitt ist $\frac{\hat{u}}{\sqrt{2}}$

Durch Halbierung der Leistung reduziert sich der Effektivwert um den Faktor: $\frac{1}{\sqrt{2}}$

Der Effektivwert nach Phasenanschnitt ist damit: $\frac{\hat{u}}{\sqrt{2}\cdot\sqrt{2}} = \frac{\hat{u}}{2}$

$$Crestfaktor = \frac{Scheitelwert}{Effektivwert} = \frac{\hat{u}\cdot 2}{\hat{u}} = 2$$

M17 $U = \sqrt{U_1^2 + U_2^2} = \sqrt{15^2 + 10^2}\ \text{V} \approx \mathbf{18\ V}$

M18 1. a), d), e); 2. a), b), c), d), e); 3. a) d), e); 4. a), e)

M19 1. b); 2. a); 3. c); 4. b); 5. a); 6. c); 7. b); 8. a); 9. b); 10. b)

M20 a) $R_\text{i} = 20\ \text{k}\Omega/\text{V} \cdot 50\ \text{V} = \mathbf{4\ M\Omega}$ b) $I_\text{M} = \frac{1}{20\ \text{k}\Omega/\text{V}} = \mathbf{50\ mA}$

M21 1. d); 2. b); 3. k); 4. –); 5. m); 6. i); 7. g); 8. n); 9. f); 10. e); 11. –); 12. 1); 13. o); 14. a); 15. h); 16. c); 17. q); 18. p)

M22 Dreheiseninstrument für Gleich- und Wechselstrom mit Genauigkeitsklasse 2,5 für waagerechte Gebrauchslage, Prüfspannung (spannungsführende Teile gegen Gehäuse) 2 kV. Instrument für Wandleranschluss mit Messbereich 600 A und Auslegung der Stromspule für 5 A (Übersetzungsverhältnis des Wandlers 600/5 A).

M23 1. a); 2. a); 3. b)

M24

Gerätefunktion/-merkmal	Betriebliches Anwendungsbeispiel
Min.-/Max.-Speicher	Langzeitmessung mit Speicherung z.B. Stromaufnahme an Elektroverbrauchern möglich
Frequenzmessung	Frequenzprüfung an Ersatzstromerzeugern
CAT III/600 V	Gerät ist sicher anwendbar im 230/400-V-Netz vom Endstromkreis bis zum Verteilerniveau
Kalibrierzertifikat	Anerkennung des Messgerätes im Rahmen eines Qualitätssicherungssystems
Auto Power-Off (abschaltbar)	Batterieschonender Betrieb mit der Möglichkeit von Langzeitmessungen
Beleuchtetes LCD-Display	Ablesen der Anzeige auch bei mangelhaften Lichtverhältnissen, z.B. im Außenbereich
TRMS	Effektivwertmessung auch bei nicht sinusförmigen Spannungen wie z.B. Dimmerschaltungen
Anschlussmöglichkeit für Pt 100	Temperaturmessung z.B. an überhitzten Betriebsmitteln (Motoren, Leuchten) möglich

M25 a) nichtlineare Skalencharakteristik mit doppeltem Überlastbereich
b) Dreheisenmesswerk
c) 50 A bis 300 A

$$\frac{250\text{ V} \pm 1{,}5\,\% \cdot 300\text{ V}}{100\,\%} = 250\text{ V} \pm 4{,}5\text{ V} = \mathbf{245{,}5\ V \ldots 254{,}5\ V}$$

M26 c); d)

M27

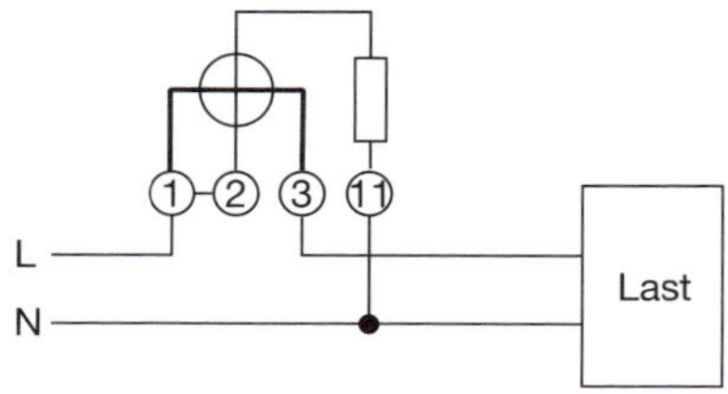

M28

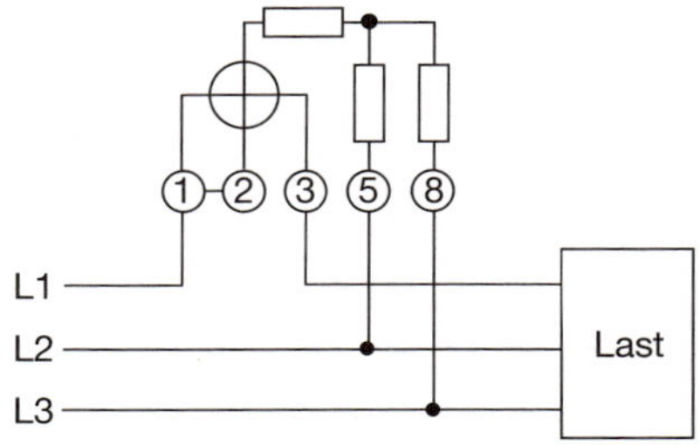
1
2
3
5
8
L1
L2
L3
Last

M29

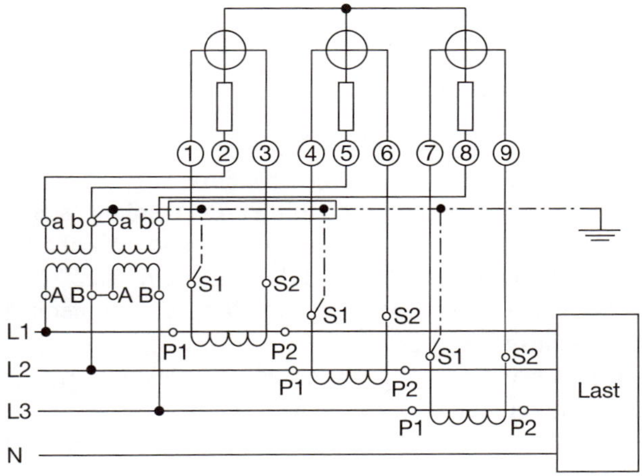
1
2
3
4
5
6
7
8
9
a b
a b
A B
A B
S1
S2
S1
S2
S1
S2
P1
P2
P1
P2
P1
P2
L1
L2
L3
N
Last

M30

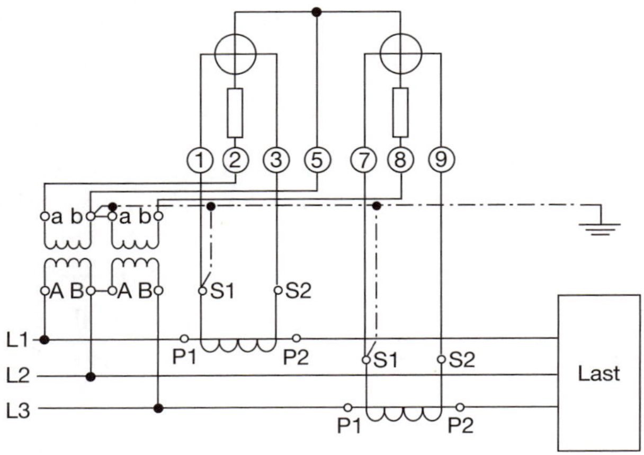
1
2
3
5
7
8
9
a b
a b
A B
A B
S1
S2
S1
S2
P1
P2
P1
P2
L1
L2
L3
Last

M31

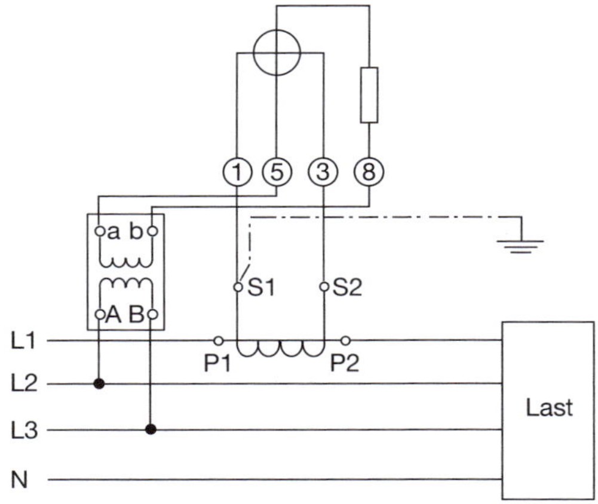

M32 Vorteile von Messumformern für Starkstromgrößen:

- Das Messsignal kann gleichzeitig auf mehrere Geräte geschaltet werden (z. B. Anzeiger, Schreiber, Regler, PC-Schnittstellenkarten).
- Durch den geringen Eigenverbrauch der Signaleingänge können vorgeschaltete Strom- und Spannungswandler mit kleinerer Bemessungsleistung ausgelegt werden.
- Für die Messwertübertragung sind (auch bei Leistungsmessung) nur 2-adrige Signalleitungen erforderlich.
- Die Ausgangssignale können zur Summen- oder Differenzbildung einfach addiert oder subtrahiert werden.
- Durch besondere Kennlinien der Umformer kann zur verbesserten Auflösung bei analoger Anzeige z. B. der Anfangs- oder der Endbereich gedehnt oder unterdrückt dargestellt werden.
- Das Messsignal Ausgang ist vom Eingang des Messumformers galvanisch getrennt.

M33 Vorteil einer Messwertübertragung mit Stromsignal: Spannungsfälle auf längeren Leitungen und an den Klemmverbindungen sowie Thermospannungen an Klemmverbindungen wirken sich nicht auf das Messergebnis aus. Die Übertragung erfolgt mit höherer Störsicherheit.

M34 Die Eingänge der angeschlossenen Geräte müssen in Reihe geschaltet werden. Dabei darf der maximale Bürdenwiderstand nicht überschritten werden.

M35 $\dfrac{100\text{ kW}}{20\text{ mA} - 4\text{ mA}} = 6{,}25\,\dfrac{\text{kW}}{\text{mA}}$; $12{,}5\text{ mA} - 4\text{ mA} = 8{,}5\text{ mA}$

$$\equiv 8{,}5\text{ mA} \cdot 6{,}25\,\frac{\text{kW}}{\text{mA}} = \mathbf{53{,}13\ kW}$$

M36 $R_{\text{max}} = \dfrac{U_{\text{max}}}{I_{\text{max}}} = \dfrac{12\text{ V}}{20\text{ mA}} = \mathbf{600\ \Omega}$

M37 Live-zero-Ausgang:

a) Dem durch die Messgröße spezifizierten Messstrom ist immer ein konstanter Strom (Offsetstrom von 4 mA) überlagert. Der Übertragungsbereich liegt zwischen 4 mA und 20 mA.

b) Vorteil: Unterbrechung oder Kurzschluss in den Übertragungsleitungen werden sofort erkannt.

M38 a); b)

M39 1. a); 2. b); 3. b); 4. b); 5. a)

M40 c)

M41 $P = \dfrac{n}{C_z \cdot t}$

$$P = \frac{30 \cdot 60\,\dfrac{\text{min}}{n}}{60\,\dfrac{1}{\text{kWh}} \cdot 5\text{ min}} = \mathbf{6\ kWh}$$

M42 c)

M43 78 h, da die Messperiode insgesamt 96 h dauert, bis zum Ende des Gebrauches der hohen Leistungen aber 10 h + 8 h = 18 h vergangen waren. 96 h – 18 h = 78 h

M44 c); d)

M45 b)

M46 b); c); f); g)

M47 Der 1-polig isolierte Spannungswandler besitzt nur einen hochspannungsmäßig isolierten Primäranschluss. Die Bezeichnung der isolierten Klemme lautet *A* und die der nicht isolierten *N*. Beim 2-polig isolierten Spannungswandler sind beide Primäranschlüsse gegen Erde isoliert. Die Klemmenbezeichnungen lauten *A* und *B*.

M48 1. a); 2. b); 3. a); 4. b); 5. a); 6. a)

M49 $S = 34{,}5$ VA; b) $S = 5{,}7$ VA; c) $A = 4{,}25\text{ mm}^2$ – gewählt: 6 mm^2

M50 1. b); 2. d); 3. a); 4. c); 5. d); 6. g); 7. a); 8. e); 9. f); 10. a); 11. g); 12. g); 13. a); 14. f); 15. g)

M51 b);

M52 b);

M53 Die Vergleichsstellenkorrektur kompensiert den Einfluss der Vergleichsstellentemperatur auf die Messgröße. Sie ist bei der thermoelektrischen Temperaturmessung erforderlich, da sich die Messspannung aus der Differenz der Messstellen- und der Vergleichsstellentemperatur ergibt.

M54 Bei Metall-Widerstandstemperaturfühlern (PT100) wird durch die 4-Leiter-Anschlusstechnik der Einfluss des Widerstandes der Fühlerleitung und damit auch der Einfluss der Umgebungstemperatur kompensiert.

M55 Dehnungsmessstreifen:

a) Der DMS besteht aus einem feinen metallischen Messgitter, das in Ätztechnik (oder aus feinen Widerstandsdrähten) zwischen dünnen Kunststofffolien eingebettet ist. Das Messgitter wird mit spezieller Klebetechnik auf das mechanisch beanspruchte Werkstück aufgeklebt.

b) Die von der zu messenden Kraft erzeugte Verformung des Werkstückes wird an der Oberfläche auf das Messgitter übertragen. Die von der Längenänderung verursachte Widerstandsänderung wird über eine Wheatstone-Brückenschaltung in ein Spannungssignal umgeformt.

c) Durch die entsprechende Anordnung mehrerer DMS in einer Brückenschaltung, bei der gleichartige Widerstandsänderungen kompensiert werden.

M56 Silizium-Drucksensoren arbeiten nach dem Prinzip der Dehnungsmessstreifen. Die Widerstände sind in einer Brückenschaltung auf einer dünnen Siliziummembran integriert, die nur wenige hundertstel Millimeter dick ist.

M57 Ein piezoelektrischer Schwingungsaufnehmer besteht aus einem Piezokristall, der mit einem Metallblock (seismische Masse) fest verbunden ist. Bei mechanischen Schwingungen ändert sich der Druck auf den Kristall infolge der Massenträgheit. Der Piezokristall erzeugt eine der Kraft und damit der Beschleunigung proportionale elektrische Spannung.

M58 1. f); 2. b); 3. a); 4. g); 5. e); 6. c); 7. d)

M59 Katalytische Gassensoren sind poröse Pillen aus Sinterkeramik, die mit speziellen katalytischen Stoffen angereichert sind. In die Pille ist ein Heizelement mit einem temperaturabhängigen Widerstand eingesintert. Bei ausreichender Temperatur und dem Vorhandensein des betreffenden Gases beschleunigt der Katalysator chemische Reaktionen und damit eine zusätzliche Erwärmung der Pille, die mit dem temperaturabhängigen Widerstand erfasst wird.

M60 Im kapazitiven Feuchtesensor wird die hohe Permitivitätszahl (Dielektrizitätszahl) von Wasser im Vergleich zur Luft ausgenutzt. Das dünne Dielektrikum des flachen Messkondensators nimmt Wassermoleküle aus der Luft auf. Die dadurch verursachte Kapazitätsvergrößerung wird mittels einer Brückenschaltung, die an hochfrequenter Wechselspannung liegt, in das Messsignal umgeformt.

M61 1. c); 2. a); 3. e); 4. d), f); 5. b); 6. e)

M62 a) $\Delta U_{\text{LSB}} = \dfrac{\Delta U_{\text{FS}}}{2^{10}} = \dfrac{10\ \text{V}}{1024} = \mathbf{9{,}766\ V}$

b) *Quantisierungsfehler* $= \pm 0{,}5 \cdot \Delta U_{\text{LSB}} = \mathbf{\pm 4{,}883\ mV}$

c) $z = \dfrac{U_{\text{a}}}{\Delta U_{\text{LSB}}} = \dfrac{7{,}621\ \text{V}}{9{,}766\ \text{mV}} = 780{,}4 \approx 780$

Umwandlung in eine 10-Bit-Dualzahl ergibt: $\mathbf{11\,0000\,1100}_{(2)}$

M63 $\Delta I_{\text{LSB}} = \dfrac{\Delta I_{\text{FS}}}{2^8} = \dfrac{20\ \text{mA} - 4\ \text{mA}}{256} = 62{,}5\ \mu\text{A}$

Umwandlung des Eingangswortes ergibt: $1001\,0111_{(2)} = 151_{(10)}$

$I_{\text{a}} = 151 \cdot 62{,}5\ \mu\text{A} + 4\ \text{mA} = \mathbf{13{,}44\ mA}$

M64 $\Delta U_{\text{LSB}} = \dfrac{\Delta U_{\text{FS}}}{2^{10}} = \dfrac{2 \cdot 10\ \text{V}}{1024} = 19{,}53\ \text{mV}$

$$z = \frac{|U_{\text{a}}|}{\Delta U_{\text{SB}}} = \frac{6{,}45\ \text{V}}{19{,}53\ \text{mV}} = 330{,}24 \approx 330$$

Umwandlung der Dezimalzahl 330 in eine 9-Bit-Dualzahl ergibt: $1\,0100\,1010_{(2)}$.

Das Vorzeichenbit (MSB) wird auf 1 gesetzt, so dass sich eine Wortbreite von 10 Bit ergibt: **11 0100 1010**

M65 Die maximale Abtastfrequenz eines Analogsignals soll $f_T < 2\,f_{a\,max}$ sein.

$$f_{a\,max} = \frac{f_T}{2} = \frac{1}{2 \cdot \Delta t} = \frac{1}{2 \cdot 20\ \mu s} = \mathbf{25\ kHz}$$

M66 1. d); 2. a); 3. g); 4. c); 5. j); 6. a); 7. e); 8. j); 9. b); 10. i); 11. h); 12. g); 13. b); 14. f); 15. e); 16. k); 17. c)

M67 a) y; b) w; c) x; d) e; e) z

M68 c); d); e)

M69 3.

M70 b)

M71 1. c); 2. a); 3. d); 4. b)

M72

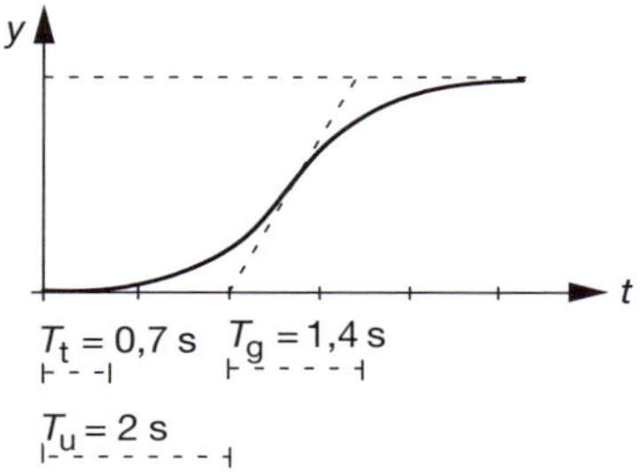

M73 b); d); e)

M74 1. b); 3. a)

M75 1. c); 2. a); 3. e); 4. b); 5. d)

M76 a) Der Antrieb wird zur höchstmöglichen Drehzahl beschleunigt.

b) Der Regler versucht die vermeintlichen Drehzahlschwankungen auszugleichen und verursacht dabei weitere Istwertschwankungen.

M77 a) K_p verringern

b) T_n verringern

c) x_p erhöhen

d) T_v verringern

M78 b); c); d); f)

M79 1. d); 2. a); 4. b); 5. c)

N Elektrische Maschinen

N1 Der Anker ist Teil einer elektrischen Maschine, in dessen Wicklungen Spannungen induziert werden.

N2 a); c)

N3 1. d); 2. b); 3. c); 4. a); 5. e); 6. f)

N4

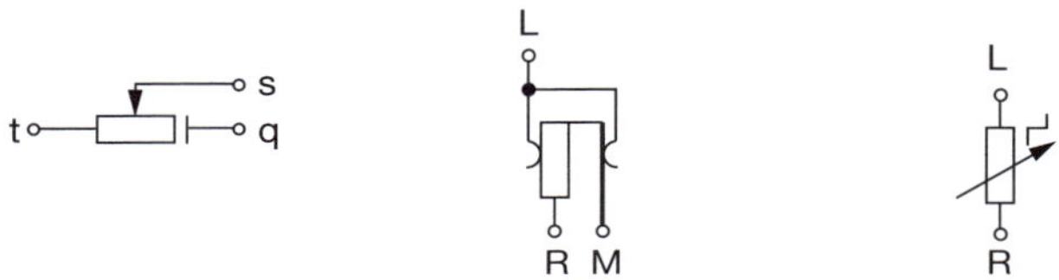

N5 a) Klemme A1: negativ
Klemme A2: positiv
Drehrichtung: links

b) Klemme A1: positiv
Klemme A2: negativ
Drehrichtung: rechts

c) Klemme A1: positiv
Klemme A2: negativ
Drehrichtung: rechts

d) Klemme A1: negativ
Klemme A2: positiv
Drehrichtung: rechts

N6 1. a); 2. d); 3. b)

N7

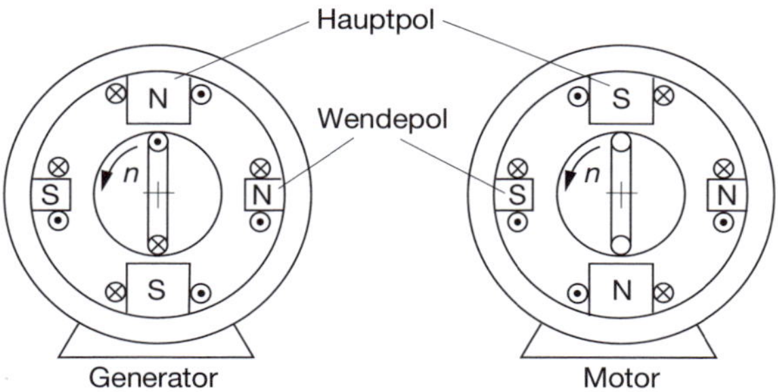

N8 a); b); d)

N9 a); b)

N10 a); c); d)

N11 1. c); 2. a); 3. b)

N12 a); b)

N13 c)

N14 b)

N15 b)

N16 b)

N17 b); c)

N18 a); c)

N19 Durch diese Schaltung wird die Drosselwirkung der Erregerwicklung ausgenützt, damit die durch die Kommutierung hervorgerufenen hochfrequenten Wechselspannungen nicht ins Netz gelangen.

N20 c)

N21 a); d); f)

N22 a) Brücke: A1–D1 und D2–E2
Maschinentyp: Doppelschlussmotor
Drehrichtung: links
b) Brücke: A1–D1
Maschinentyp: Reihenschlussgenerator
Drehrichtung: links
c) Brücke: 1D2–A1 und A2–2D1
Maschinentyp: Universalmotor
Drehrichtung: rechts
d) Brücke: 1B1–E2
Maschinentyp: Nebenschlussgenerator
Drehrichtung: links
e) Brücke: D2–B2 und D1–E2
Maschinentyp: Doppelschlussgenerator
Drehrichtung: rechts

N23 1. e); 2. a); 3. b); 4. f)

N24 b)

N25 c)

$$\eta = \frac{P_{ab}}{P_{zu}} \qquad P_{ab} = M \cdot \omega$$

$$M = G \cdot l = 56\ \text{N} \cdot 0{,}7\ \text{m} = 39{,}2\ \text{Nm}$$

$$\omega = \frac{2 \cdot \pi \cdot n}{60} = \frac{2 \cdot \pi \cdot 960\ \text{min}^{-1}}{60\ \text{s/min}} = 100{,}5\ \text{s}^{-1}$$

$$P_{ab} = 39{,}2\ \text{Nm} \cdot 100{,}5\ \text{s}^{-1} = 3940\ \text{Nm/s} = 3940\ \text{W}$$

$$P_{zu} = U \cdot I = 440\ \text{V} \cdot 12{,}8\ \text{A} = 5632\ \text{W}$$

$$\eta = \frac{3940\ \text{W}}{5632\ \text{W}} = \mathbf{0{,}7}$$

N26 b); d)

N27 1. c); 2. b); 3. d); 4. e); 5. a); 6. d); 7. c); 8. a); 9. b); 10. e)

N28 c)
N29 a); b); d)
N30 c)
N31 b); c); d)
N32 b)
N33 b); c)
N34 a)
N35 c); d)
N36 1. c); 2. b); 3. c); 4. a); 5. c)
N37 b); c); d); e); f)
N38 a); b); c); e)
N39 a); c)
N40 c)
N41 c)
N42 c); d); f)
N43 a); b); d); e)
N44 a); c)
N45 b); c)
N46 1. e); 2. d); 3. c); 4. b); 5. a); 6. f)
N47 b); c); e)
N48 b); c); d)
N49 e)
N50 b); c)

N51 a)

$$\eta = \frac{P_{\text{ab}}}{P_{\text{zu}}}$$

$$P_{\text{Zu}} = U \cdot I \cdot \cos\varphi = 230 \text{ V} \cdot 1{,}3 \text{ A} \cdot 0{,}71 = 212 \text{ W}$$

$$\eta = \frac{150 \text{ W}}{212 \text{ W}} = \mathbf{0{,}707}$$

N52 c); e)
N53 c)
N54 c)
N55 a); c); d)
N56 d)
N57 d)
N58 c)
N59 1. e); 2. c); 3. b); 4. a)
N60 1. a); 2. c); 3. d); 4. b); 5. d); 6. c)
N61 1. b); 2. d); 3. a); 4. c); 5. e); 6. a); 7. d); 8. b); 9. e); 10. c)
N62 1. c); 2. b); 3. d); 4. a)
N63 d); g)
N64 b); c); d)
N65 c); d)
N66 1. a); 2. a); 3. b); 4. b); 5. c); 6. a); 7. b); 8. a); 9. b); 10. a); 11. b)
N67 a); b); d); e); f)
N68 d)
N69 c); e)
N70 c)
N71 a); b); f); g)
N72 d); e)
N73 1. d); 2. f); 3. b); 4. g); 5. e); 6. c); 7. d); 8. a); 9. e); 10. g)

N74 b); c)

N75 $\eta = \frac{P_{ab}}{P_{zu}}$

$P_{zu} = \sqrt{3} \cdot U \cdot I \cdot \cos\varphi = \sqrt{3} \cdot 400 \cdot 2{,}3\ \text{A} \cdot 0{,}7 = 1114\ \text{W}$

$\eta = \frac{800\ \text{W}}{1114\ \text{W}} \approx \mathbf{0{,}72}$

N76

Netzspannung		690 V	400 V	230 V	500 V
Strangspannung der Motor-wicklung	230 V	–	Y	△	–
	289 V	–	–	–	Y
	400 V	Y	△	–	–
	500 V	–	–	–	△

N77 $f_2 = s \cdot f_1$

$f_1 = 50\ \text{Hz} \rightarrow n_0 = 1500\ \text{min}^{-1}$

$s = \frac{n_0 - n}{n_0} = \frac{1500\ \text{min}^{-1} - 1430\ \text{min}^{-1}}{1500\ \text{min}^{-1}} = 0{,}0467$

$f_2 = 0{,}0467 \cdot 50\ \text{Hz} = \mathbf{2{,}33\ Hz}$

N78 1. c); 2. f); 3. g); 4. e);
5. b); 6. d); 7. h); 8. a)

N79 b); d)

N80 c); d)

N81 b); c); d); e); f)

N82 a); c)

N83 b); f); h); l)

N84 1. d); 2. a); 3. c); 4. d);
5. b); 6. e); 7. c); 8. b);
9. a); 10. e)

N85 a); c)

N86 c); e); f)

N87 c)

N88 b); d)

N89 1. c); 2. a); 3. b); 4. b);
5. a); 6. c)

N90 d)

N91 $n_0 = \frac{120 \cdot f}{z_{\text{Zähne}}} = \frac{2 \cdot 60\ \text{s} \cdot \text{min}^{-1} \cdot 50\ \text{s}^{-1}}{60} = \mathbf{100\ min^{-1}}$

N92 b); c); e); f)

N93 1. a); 2. b); 3. a); 4. a); 5. b) 6. c); 7. a); 8. b); 9. b)

N94 1. b); 2. a); 3. a); 4. b); 5. b); 6. a); 7. b); 8. b)

N95 1. f); 2. b); 3. a); 4. c); 5. b); 6. e); 7. f); 8. a); 9. d); 10. e)

N96 1. b); 2. c); 3. a); 4. c); 5. a); 6. b); 7. a); 8. b); 9. a); 10. a); 11. b); 12. a)

N97 a)

O Schaltungs- und Steuerungstechnik

O1 1. f); 2. b); 3. c); 4. a)

O2 1. a), c); 2. b; 3. b);
4. a), c); 5. a), c); 6. a), c)

O3 b)

O4 c)

O5 d)

O6 b)

O7 1. c), d), e); 2. a);
3. a), b); 4. e)

O8 1. c); 2. b), c), d);
3. a); 4. b), c)

O9 1. d); 2. b); 3. c);
4. a); 5. e)

O10 b); c); d)

O11 b); d); e)

O12 1. c); 2. b); 3. a)

O13 b); c); d)

O14 b); c); e)

O15 1. a); 2. c); 3. b)

O16 1. b); 2. a)

O17 b)

O18 b)

O19

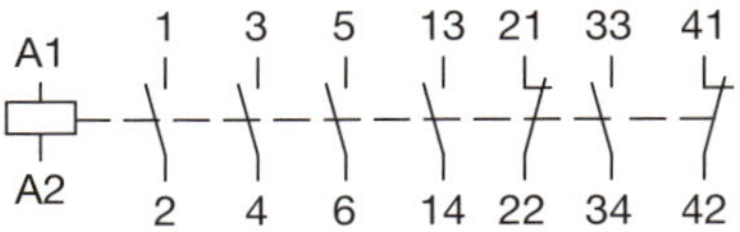

O20 1. e); 2. d); 3. a); 4. a), b)

O21 a); b); d)

O22 1. 16 A; 2. 25 A; 3. 32 A

O23 b); c)

O24 a)

O25 c)

O26 a) 5 s; b) 0,4 s

O27 b); c); d)

O28 1. a), c); 2. b); 3. a), c);
4. a), c)

O29 1. a); 2. b); 3. a); 4. b);
5. a); 6. b)

O30 a) ca. 100 A; b) ca. 150 A;
c) ca. $5 \times I_N = 80$ A;
d) ca. $10 \times I_N = 160$ A

O31 d)

O32 1. a); 2. a); 3. –);
4. b); 5. a)

O33 1. a); 2. c); 3. b); 4. c); 5. a);
6. b); 7. a); 8. b), c); 9. c);
10. c); 11. a)

O34 c); d); e)

O35 b); c)

O36 d)

O37 b); c); d); e)

O38 a); d)

O39 1. T; 2. K; 3. S; 4. F; 5. K; 6. Q

O40

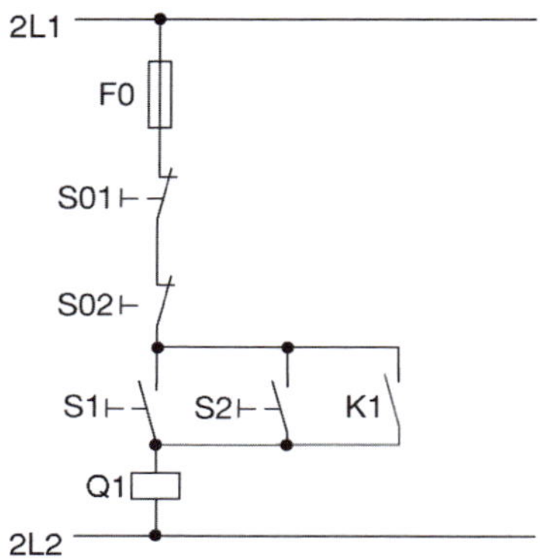

O41

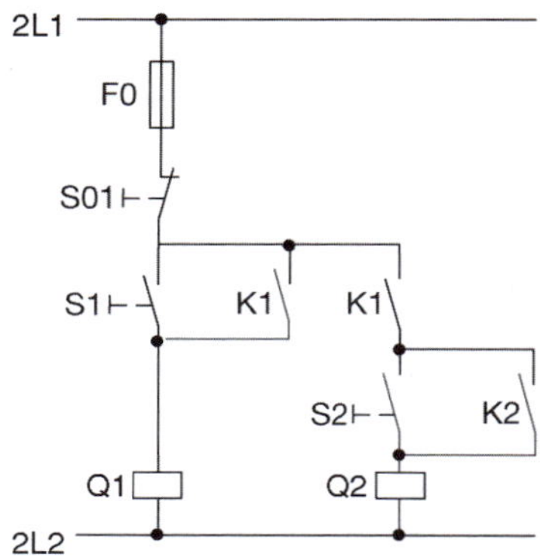

O42

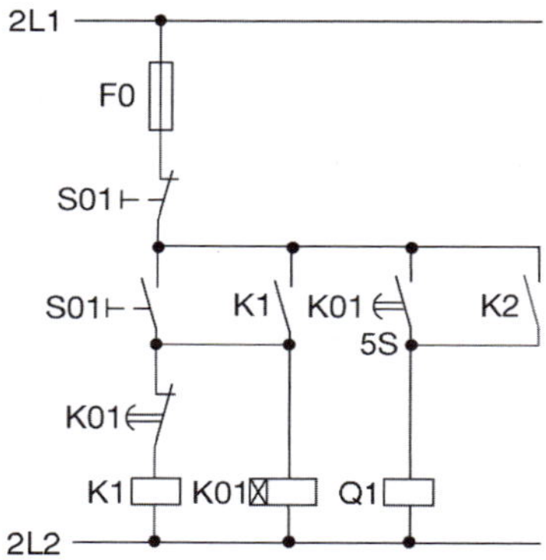

O43

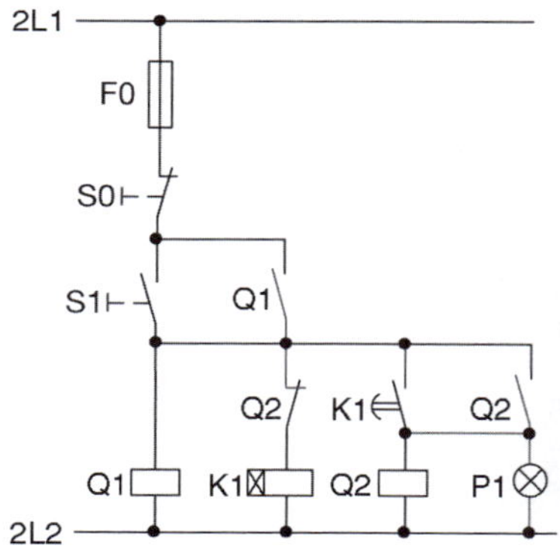

O44

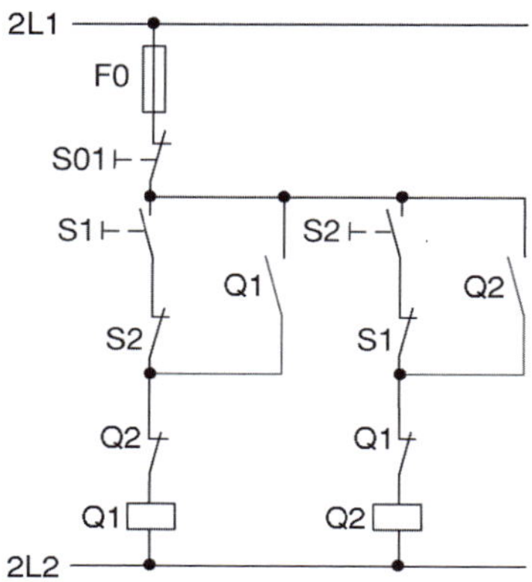

O45 a) Strompfad 1, 2, 3, 4, 5, 6, 8
b) Strompfad 1, 3, 4, 5, 6, 8
c) Strompfad 1, 6, 7, 8

O46 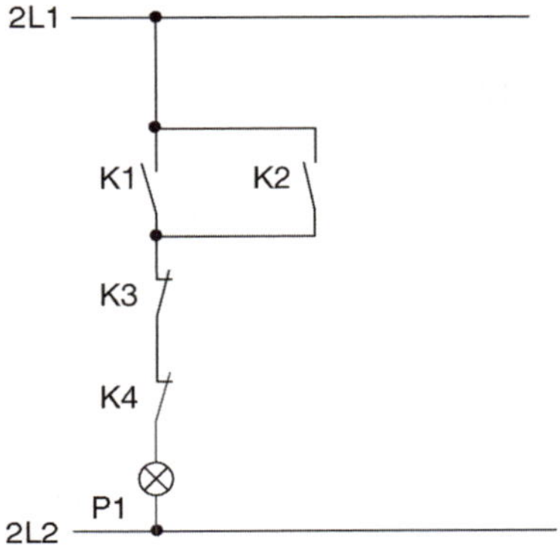

O47 13 verschiedene Potentiale

O48 a) 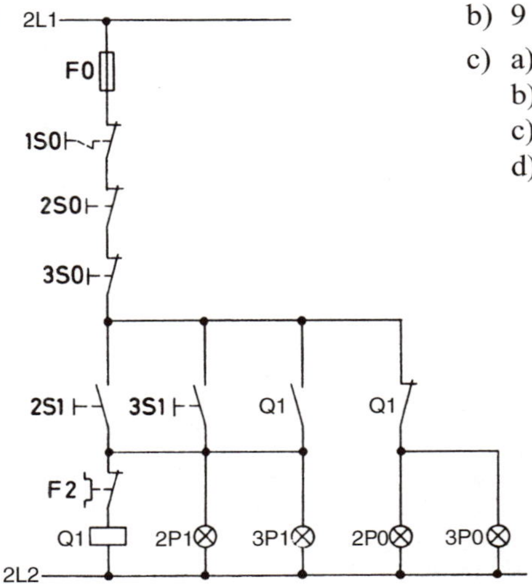

b) 9 Leitungspotentiale

c) a) 2 Adern
b) 5 Adern
c) 6 Adern
d) 5 Adern

O49 1. c); 2. b); 3. a); 4. d)

O50 d)

O51 c)

O52 1. a); 2. b); 3. a); 4. b)

O53 c); e)

O54 Operation, Kennzeichen, Parameter

O55 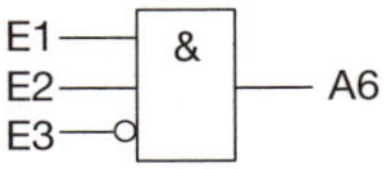

P Drehzahlverstellung elektrischer Antriebe

P1 a) $\frac{I_{TRMS}}{I_d} = 0{,}707$

$I_{TRMS} = I_d \cdot 0{,}707 = 15\ A \cdot 0707 = \mathbf{10{,}6\ A}$

$\frac{I_{TAV}}{I_d} = 0{,}5$

$I_{TAV} = I_d \cdot 0{,}5 = 15\ A \cdot 0{,}5 = \mathbf{7{,}5\ A}$

b) $\frac{I_d}{I_I} = 1$

$I_I = I_d = 15\ A \rightarrow$ Sicherung gewählt 16 A superflink!

c) $\frac{U_d}{U_I} = 0{,}9$

$U_i = \frac{U_d}{0{,}9} = \frac{150\ V}{0{,}9} = \mathbf{166{,}7\ V}$

d) $U_{d\,max} = 0{,}9 \cdot U_I = 0{,}9 \cdot 230\ V = 207\ V$

Regelreserve $U_{d\,max} - U_d = 207\ V - 150\ V = \mathbf{57\ V}$

e) tatsächlich auftretende periodische Spitzensperrspannung

$U_{RRM} = 1{,}57 \cdot U_d = 1{,}57 \cdot 207\ V = \mathbf{325\ V}$

mit Sicherheitsreserve Faktor 2

$U_{RRM} = \mathbf{650\ V}$

P2 b)

P3 a)

P4 c); d); e)

P5 c)

P6 c)

P7 b)

P8 a) Taktfrequenz des Umrichters erhöhen.

b) Die Verluste im Umrichter nehmen zu, d.h., die Leistung, die der

Umrichter an den Motor abgeben kann, verringert sich. Die kapazitiven Verluste im Motorkabel erhöhen sich.

c) Einen zusätzlichen Sinusfilter am Ausgang des Umrichters.

Q Hausgerätetechnik

Q1 c); d)

Q2 1. –); 2. c); 3. a); 4. b); 5. b)

Q3 1. c); 2. b); 3. –); 4. a); 5. c)

Q4 c); e)

Q5 1. a), b); 2. b); 3. b); 4. b)

Q6 1. a); 2. b); 3. a); 4. b)

Q7 c)

Q8 1. a); 2. –); 3. b); 4. b); 5. b)

Q9 1. a); 2. b); 3. b); 4. b); 5. b); 6. b); 7. a)

Q10 1. a); 2. c); 3. c); 4. b); 5. b)

Q11 a); d); e); f)

Q12 1. Verdampfer; 2. Verdichter oder Kompressor; 3. Kondensator oder Verflüssiger; 4. Drosselstelle

Q13 d); e)

Q14 b); d); e)

Q15 1. Absorber; 2. Kocher; 3. Kondensator oder Verflüssiger; 4. Verdampfer

Q16 1. b); 2. a); 3. b); 4. b); 5. a); 6. b); 7. b); 8. b)

Q17 Die Sterne kennzeichnen die im Tiefkühlfach erreichbare Temperatur. Es bedeuten …
1 Stern → Es sind mindestens $-6\,°C$ erreichbar,
2 Sterne → Es sind mindestens $-12\,°C$ erreichbar,
3 Sterne → Es sind mindestens $-18\,°C$ erreichbar.

Q18 Zwischen $+4\,°C$ und $+8\,°C$

Q19 d)

Q20 c)

Q21 1. b); 2. a); 3. b); 4. a); 5. b); 6. a)

Q22 1. b); 2. a); 3. b); 4. a); 5. b); 6. a), b); 7. a); 8. a)

Q23 a), b), e), f)

Q24 b), c), d), f), i)

Q25 a)

Q26 a); c); d)

Q27 a) Man sollte die Temperatur des Wassers auf maximal 60 °C begrenzen.

b) Kesselstein lässt sich dadurch entfernen, dass man die betroffenen Teile in eine erwärmte Ameisensäure- oder Fruchtsäurelösung taucht.

Q28 a) $V = 10$ l oder 15 l. Wenn gesichert feststeht, dass eine Geschirrspülmaschine vorhanden ist, genügt auch ein 5-l-Gerät.

b) $V = 5$ l

c) $V = 15$ l oder 30 l

d) $V = 80$ l oder 120 l

Q29 a); b); d)

Q30 1. b); 2. a); 3. –); 4. –)

Q31 b); c); d); e)

Q32 b); c); d); e)

Q33 a); e)

Q34 c)

Q35 Gerät 2

Q36 c)

R Beleuchtungstechnik

R1 b); c); d); e)

R2 c); d)

R3 $\lambda = c/f$ (λ = Wellenlänge der Strahlung; c = Lichtgeschwindigkeit; f = Frequenz der Strahlung)

R4 a); c); d)

R5 b); c); d)

R6 b); c); d)

R7 c); d)

R8 1. c); 2. b); 3. a)

R9 b)

R10 a); c); d)

R11 1. b); 2. b); 3. a); 4. a); 5. b); 6. a); 7. b)

R12 d)

R13 a) … das Lumen (lm)
b) … Φ
c) … Lichtleistung oder Strahlungsleistung

R14 b); e)

R15 a) … Lumen je Watt (lm/W)
b) … η
c) … Wirkungsgrad …
d) … dem abgestrahlten Lichtstrom Φ_0 einer Lampe zur aufgenommenen elektrischen Leistung P.

R16 d)

R17 b)

R18 a)

R19 c)

R20 b); c); e)

R21 Quecksilberdampf leuchtet bläulich, Neon leuchtet rot und Natriumdampf leuchtet gelb.

R22 d); e)

R23 b); d); e)

R24 c)

R25 b)

R26 d); e); f)

R27 c)

R28 b); f); a); e); i); d); c); g); h)

R29 b); d)

R30 1. a); 2. a); 3. b); 4. a); 5. b); 6. a)

R31 c)

R32 a); b); c); d); e)

R33 a) 3,75 kV (neuer Wert: 5 kV)
b) 7,5 kV (neuer Wert: 10 kV)

R34 1. b); 2. b); 3. a); 4. c)

R35 1. b); 2. d); 3. a); 4. e); 5. c)

R36 1. b); 2. c); 3. d); 4. a); 5. e)

R37 Die Leuchten unterscheiden sich durch die Art der Lichtverteilung: Zum Typ A gehören alle direkt strahlenden, zum Typ B alle vorwiegend direkt strahlenden, zum Typ C alle direkt-indirekt strahlenden, zum Typ D alle vorwiegend indirekt strahlenden und zum Typ E alle indirekt strahlenden Leuchten.

R38 1. b); 2. a); 3. –); 4. c)

R39 a); b); c); e); h)

R40 a) $h = H - 0{,}85\ \text{m} = 3{,}2\ \text{m} - 0{,}85\ \text{m} = 2{,}35\ \text{m}$

$$k = \frac{a \cdot b}{h\,(a + b)} = \frac{8\ \text{m} \cdot 6\ \text{m}}{2{,}35\ \text{m}\ (8\ \text{m} + 6\ \text{m})} = 1{,}46 \rightarrow \text{gewählt } k = 1{,}5$$

b) $h = H - (0{,}85\ \text{m} + 0{,}6\ \text{m}) = 3{,}2\ \text{m} - (0{,}85\ \text{m} + 0{,}6\ \text{m}) = 1{,}75\ \text{m}$

$$k = \frac{8\ \text{m} \cdot 6\ \text{m}}{1{,}75\ \text{m}\ (8\ \text{m} + 6\ \text{m})} = 1{,}96 \rightarrow \text{gewählt } k = 2{,}0$$

R41 $\eta_R = 0{,}88$

R42 a) $A = a \cdot b = 12\ \text{m} \cdot 7\ \text{m} = 84\ \text{m}^2$

$$\eta_B = \eta_{LB} \cdot \eta_R = 0{,}6 \cdot 0{,}78 = 0{,}468$$

$$\Phi_{ges} = \frac{E_n \cdot A \cdot p}{\eta_B} = \frac{500\ \text{lx} \cdot 84\ \text{m}^2 \cdot 1{,}25}{0{,}468} = 112\,000\ \text{lm}$$

$$n = \frac{\Phi_{ges}}{\Phi_0} = \frac{112\,000\ \text{lm}}{5200\ \text{lm}} = 21{,}6$$

b) Die gewählte Zahl muss zugleich durch 2 und durch 3 (also durch 6) teilbar sein. Gewählt werden deshalb $n = 24$ Lampen.

S Elektrische Klimatechnik

S1 1. a); 2. d); 3. b); 4. c); 5. –); 6. c)

S2 relative Luftfeuchte $= \frac{12{,}4 \text{ g/m}^3}{17{,}3 \text{ g/m}^3} = \mathbf{71{,}7\,\%}$

S3 absolute Luftfeuchte bei 5 °C = 60 % von 6,8 g/m³ = 4,08 g/m³

relative Luftfeuchte bei 20 °C $= \frac{4{,}08 \text{ g/m}^3}{17{,}3 \text{ g/m}^3} = \mathbf{23{,}6\,\%}$

S4 a) $V = A \cdot h = 30 \text{ m}^2 \cdot 2{,}6 \text{ m} = 78 \text{ m}^3$

$$\text{absolute Feuchtigkeitsmenge}_{90\%} = \frac{90\% \cdot 17{,}3 \text{ g/m}^3}{100\%} = \mathbf{15{,}57 \text{ g/m}^3}$$

$$\text{absolute Feuchtigkeitsmenge}_{50\%} = \frac{50\% \cdot 17{,}3 \text{ g/m}^3}{100\%} = \mathbf{8{,}65 \text{ g/m}^3}$$

entzogene Feuchtigkeitsmenge =
(abs. Feuchtigkeitsmenge $_{90\%}$ – abs. Feuchtigkeitsmenge $_{50\%}$) · V =
$(15{,}57 \text{ g/m}^3 - 8{,}65 \text{ g/m}^3) \cdot 78 \text{ m}^3 = 540 \text{ g}$

b) W = entz. Feuchtigkeitsmenge · 0,628 kWh/kg =
0,54 kg · 0,628 kWh/kg = 0,339 kWh

S5 1. a); 2. a); 3. b)

S6 $$\varepsilon = \frac{\text{abgegebene Leistung am Verflüssiger}}{\text{zugeführte Leistung zur Wärmepumpe}}$$

$$\beta_a = \frac{\text{Wärmebedarf einer Heizperiode}}{\text{Jahresenergieverbrauch}}$$

S7 1. b); 2. a); 3. a); 4. b); 5. b)

S8 1. c); 2. –); 3. b); 4. a)

S9 1. c); 2. a); 3. a); 4. d); 5. b)

S10 c) und d)

S11 1. a), b), c); 2. a); 3. –); 4. –); 5. b); 6. c); 7. a), b), c)

S12 b) und f)

S13 1. a); 2. c); 3. –); 4. b); 5. c)

S14 $U_N = U + \Delta U_A + \Delta U_s$

a) Außenfenster: $U_N = (1{,}8 + 0{,}1 - 0{,}3)\,\frac{W}{m^2 \cdot K} = \mathbf{1{,}6\,\frac{W}{m^2 \cdot K}}$

b) Außentür: $U_N = (3{,}5 + 0{,}2 + 0)\,\frac{W}{m^2 \cdot K} = \mathbf{3{,}7\,\frac{W}{m^2 \cdot K}}$

c) Außenwand: $U_N = (0{,}8 + 0 + 0)\,\frac{W}{m^2 \cdot K} = \mathbf{0{,}8\,\frac{W}{m^2 \cdot K}}$

S15 1. b); 2. c); 3. c); 4. d)

S16 1. c); 2. a); 3. b); 4. b), c)

S17 $\dot{Q}_T = \sum (A \cdot U_N \cdot \Delta\vartheta)$

$U_N = U$, da laut Text Korrekturen vernachlässigt werden sollen.

$$\Delta\vartheta = \vartheta_i - \vartheta_a = 20\,°C - (-15\,°C) = 35\ K$$

$$\dot{Q}_{T_{Wand}} = 20\ m^2 \cdot 0{,}6\,\frac{W}{m^2 \cdot K} \cdot 35\ K = 420\ W$$

$$\dot{Q}_{T_{Fenster}} = 15\ m^2 \cdot 1{,}5\,\frac{W}{m^2 \cdot K} \cdot 35\ K = 788\ W$$

$$\dot{Q}_T = \dot{Q}_{T_{Wand}} + \dot{Q}_{T_{Fenster}} = \mathbf{1208\ W}$$

S18 $\dot{Q}_L = \beta_{min} \cdot V_{Raum} \cdot C \cdot \Delta\vartheta$

$$V_{Raum} = A \cdot h = 200\ m^2 \cdot 4\ m = 800\ m^3$$

$$\Delta\vartheta = \vartheta_i - \vartheta_a = 22\,°C - (-15\,°C) = 37\ K$$

$$\dot{Q}_L = 8\,\frac{1}{h} \cdot 800\ m^3 \cdot 0{,}36\,\frac{Wh}{m^3 \cdot K} \cdot 37\ K = 85\,248\ W \approx \mathbf{85{,}2\ kW}$$

S19 $\dot{Q}_L = \beta_{min} \cdot V_{Raum} \cdot C \cdot \Delta\vartheta$

$$\Delta\vartheta = \vartheta_i - \vartheta_a = 24\,°C - 15\,°C = 9\ K$$

$$V_R = A \cdot h = 6\ m^2 \cdot 2{,}5\ m = 15\ m^3$$

$$\dot{Q}_L = 6\,\frac{1}{h} \cdot 15\ m^3 \cdot 0{,}36\,\frac{Wh}{m^3 \cdot K} \cdot 9\ K = \mathbf{292\ W}$$

T VDE-Bestimmungen

T1 c); d)

T2 b)

T3 c)

T4 b); c); d)

T5  ; ◁VDE▷; ◁HAR▷; Kennfaden: schwarz/rot;
Kennfaden: schwarz/rot/gelb

T6 1. c); 2. f); 3. d); 4. b)

T7 VDE 0211

T8 1. e); 2. b); 3. d); 4. f); 5. a); 6. c), e)

T9 b); c); d)

T10 a); e)

T11 Isolieren, Abdecken, Umhüllen

T12 Schutzisolierung, Schutzkleinspannung, Schutztrennung, Schutz durch nichtleitende Räume

T13 IP 54

T14 IP 68

T15 a) IP X5; b) IP X8; c) IP 54; d) IP 6X

T16 50 V~

T17 

T18 a); b) d); e); f)

T19 Funktionskleinspannung

T20 

T21 a); b)

T22 

T23 $U = 500$ V

T24 b)

T25 1. b); 2. c); 3. a); 4. d)

T26 1. TT-System; 2. IT-System; 3. TN-System

T27 c); d); f)

T28 grün/gelb

T29 1. 10 mm^2; 2. 16 mm^2; 3. 16 mm^2; 4. 16 mm^2; 5. 35 mm^2

T30 50 V

T31 115 V

T32 a); d)

T33 6 A

T34 a)

T35 b)
T36 83 Ω
T37 230 V
T38 $R_A \leqq 100\ \Omega$
T39 d); e)
T40 $R_B \leqq 100\ \Omega$
T41 c); e)
T42 c)
T43 500 kΩ
T44 500 kΩ
T45 50 kΩ
T46 a); c); e)
T47 c)
T48 115 A
T49 10 A
T50 16 A
T51 20 m
T52 c)
T53 a); b)
T54 a); b); d); e)
T55 a) II; b) III; c) I; d) III; e) II
T56 a) 0,3 MΩ; b) 12 mA; c) 0,3 Ω
T57 1. c); 2. –); 3. d); 4. d); 5. a); 6. b)
T58 c); f)
T59 c)
T60 a) 6 mm^2; b) 10 mm^2; c) 10 mm^2; d) 10 mm^2; e) 25 mm^2
T61 1,5 mm^2 Cu; 16 mm^2 Al

T62

$$l \leq \frac{A \cdot \kappa \cdot U_v}{2 \cdot I} \leq \frac{1{,}5\ \text{mm}^2 \cdot 56\ \dfrac{\text{m}}{\Omega \cdot \text{mm}^2} \cdot 6{,}9\ \text{V}}{2 \cdot 16\ \text{A}}$$

$\mathbf{\leq 18{,}1\ m}$

T63 Eine Leitung mit max. Leitertemperatur von 180 °C kann bei der Raumtemperatur von 100 °C mit 100% des I_Z-Wertes nach DIN VDE 0298 Teil 4 belastet werden

$\boldsymbol{I_{Z\,(100\,°C)} = 26\ A}$

T64 $I_{Z\,(55\,°C)} = 0{,}61 \cdot I_{Z\,(30\,°C)} = 0{,}61 \cdot 32\ \text{A} = \mathbf{19{,}52\ A}$

I_N (LS-Schalter) $\leq I_Z$

$\boldsymbol{I_N = 16\ A}$

T65 a); d)
T66 1. br-sw-gr; 2. bl; 3. gn/ge; 4. gn/ge
T67 a) gn/ge-sw-bl; b) sw-bl-br-gr; c) gn/ge-6x sw
T68 a); b); d); e)
T69 c)
T70 NYY; NYKY
T71 1. a); 2. c); 3. b)

T72 Kupfer beeinflusst die Isolierfähigkeit des Gummis: Als Katalysator macht Kupfer den Gummi brüchig; Kupfer verbindet sich mit dem Schwefel, der bei der Herstellung dem Gummi zugemischt wird.

T73 b); d); e)

T74 NYLRZY

T75 H: harmonisierte Leitung
05: Nennspannung = 500 V
V: Kunststoffaderisolierung
V: Kunststoffmantel
F: feindrähtig, für flexible Verlegung
2: Aderzahl = 2
x: ohne Schutzleiter
1,5: Querschnitt = 1,5 mm^2

T76 0,6 m

T77 a); c); d)

T78 IP 20

T79 a = 1,75 m; b = 2,60 m; c = 1,60 m

T80 c)

T81 4 mm^2

T82 d); e)

T83 a); d); e)

T84 d); e)

T85 IP X5

T86 1. a); 2. b); 3. a); 4. b)

T87 a) 2 m; b) 2,5 m

T88 a); c); d); e)

T89 c); d)

T90 a); c); e); f)

T91 c)

T92 a); c); d); e)

T93 IP 5x

T94 b); c); d); f)

T95 a); d); e)

T96 a); c); d); e)

T97 a); b); d); e); f)

T98 a), c)

T99 a); f)

T100 a); c); e)

T101 b)

T102 1. c); 2. e); 3. a); 4. b) u. f); 5. d)

T103 a); d); e)

T104 1. –); 2. a); 3. –); 4. b)

T105 b); c); f); g); h)

T106 c)

T107 c)

T108 1. e); 2. f); 3. d); 4. –); 5. c); 6. a)

T109 1. d); 2. q); 3. e); 4. p); 5. o); 6. i); 7. s); 8. m)

T110 1. Zone 2; 2. Zone u; 3. Zone 0; 4. Zone 1; 5. Zone 0; 6. Zone 1; 7. Zone 0

T111 b); e); f); h)

T112 b)

T113 b); d); e)

T114 b); c)

T115 d)

T116 1. a); 2. c); 3. b); 4. b); 5. c)

T117 b); d); e); g)

T118 c)

T119 b); c); d); e); f)

T120 c)

T121 1. d); 2. c); 3. a), b); 4. a); 5. b)

T122 1. 20 mm; 2. 2 Stromkreise; 3. 12 Lampen; 4. 10 A; 5. 60%; 6. 6 A; 7. 2 Lampen; 8. 500 kΩ

U Blitzschutz-, Antennen- und Fernmeldeanlagen

U1 b); d); e)
U2 b)
U3 a)
U4 d–b–c–a
U5 a); b); d); e); f)
U6 6
U7 8 mm ∅
U8 b); d)
U9 b); c); e)
U10 4
U11 e)
U12 b)
U13 1. b); 2. b); 3. a); 4. a)
U14 d)
U15 c); e)
U16 1. d); 2. f); 3. b); 4. a); 5. c); 6. e)

U17 a) $\lambda = \frac{c}{f} = \frac{300 \cdot 10^6 \frac{\text{m}}{\text{s}}}{91{,}65 \cdot 10^6 \frac{1}{\text{s}}} = 3{,}27$

b) UKW

U18 c); e)
U19 b)
U20 1. a); 2. b); 3. b); 4. a)
U21 a); c)
U22 d)
U23 d)
U24 c)
U25 a); d)
U26 1. c); 2. a); 3. –); 4. b)
U27 b); c)
U28 a); d); e)
U29 1. c); 2. a); 3. d); 4. b)
U30 a); c); e)
U31 a); c); d)

U32 Gewinn $[G]_{\text{Antenne 2}}$ = (Rauschpegel $[n_{\text{R}}]_{\text{Verstärker}}$ + Rauschabstand)
– (Pegel $[n]_{\text{Antenne 1}}$ – Gewinn $[G]_{\text{Antenne 1}}$)
= 9 dBµV + 46 dB – 49 dBµV + 5,5 dB = **11,5 dB**

U33 a)
U34 1. c); 2. b); 3. d); 4. a); 5. e)
U35 a); d); e)
U36 b); d)

U37

Angaben in dBµV bzw. dB	UKW	K 32	K 42	K 55
Auskoppeldämpfung der schlechtest versorgten Dose	15	15	15	15
Durchgangsdämpfung der davor liegenden Dosen	2	2	2	2
Verteilerdämpfung	8	8	8	8
Weichendämpfung	0	1	1	0
Kabeldämpfung (21 m)	1,9	5,0	5,0	6,1
∑ Dämpfung	26,9	31	31	31,1
+ Mindestpegel	56	60	60	60
Verstärker-Ausgangspegel	82,9	91	91	91,1
– Antennenmesswert	60	62	57	68
erforderliche Verstärkung	**22,9**	**29**	**34**	**23**
Auskoppeldämpfung der am besten versorgten Dose	15	15	15	15
Verteilerdämpfung	8	8	8	8
Weichendämpfung	0	1	1	0
Kabeldämpfung (9 m)	0,8	2,2	2,2	2,6
∑ Dämpfung	23,8	26,2	26,2	25,6
Maximalpegel	80	84	84	84
Nutzpegel	60	62	57	68
Max. Verstärkung = Maximalpegel – Nutzpegel + ∑ Dämpfung	**43,8**	**48,2**	**53,2**	**41,6**

V Unfallverhütungsvorschriften

V1 d)

V2 b); c); d)

V3 b); d)

V4 a); d); e); f);

V5 1. c); 2. e); 3. a); 4. d); 5. f); 6. b)

V6 b); c); e); f)

V7 a); d)

V8 a) 7 m; b) 1 m; c) 2 m

W Elektronik

W1.1 a) Aufbrechen von Kristallbindungen infolge thermischer Bewegung.
b) Dotierung von Halbleiterkristallen; Einbau von Fremdatomen in Halbleiterkristalle.

W1.2 a); b); d); f)

W2.1 b)

W2.2 b); d)

W2.3 c)

W2.4 a); c); d); e)

W3.1 a) Der Sperrstrom verdoppelt sich in etwa je 10 K Temperaturerhöhung.
b) Die Schwellspannung sinkt bei Temperaturerhöhung (mit ca. –2 mV/K).

W3.2 b)

W3.3 Die Kapazität wird kleiner.

W3.4 b)

$U_F = U_I - U_{RV}$

$U_F = 10\text{ V} - 9{,}7\text{ V} = 0{,}3\text{ V}$

Bei $U_F = 0{,}3$ V handelt es sich um eine Germaniumdiode.

W3.5 Es müssen Dioden mit ausgesuchten, gleichen Durchlasskennlinien sein. Durch niederohmige Widerstände in Reihe mit den Dioden lässt sich der Laststrom gleichmäßig aufteilen und auf zulässige Werte begrenzen.

W3.6 Widerstandsgerade zwischen

$4\ \mathrm{V}$ und $\dfrac{4\ \mathrm{V}}{70\ \Omega} = 57\ \mathrm{mA}$

ergibt: $U_F \approx \mathbf{0{,}8\ V}$, $U_{RV} = \mathbf{3{,}2\ V}$

$I_F \approx 44\ \mathrm{mA}$

$P_V = U_F \cdot I_F$

$P_V = 0{,}8\ \mathrm{V} \cdot 0{,}044\ \mathrm{A} = \mathbf{35\ mW}$

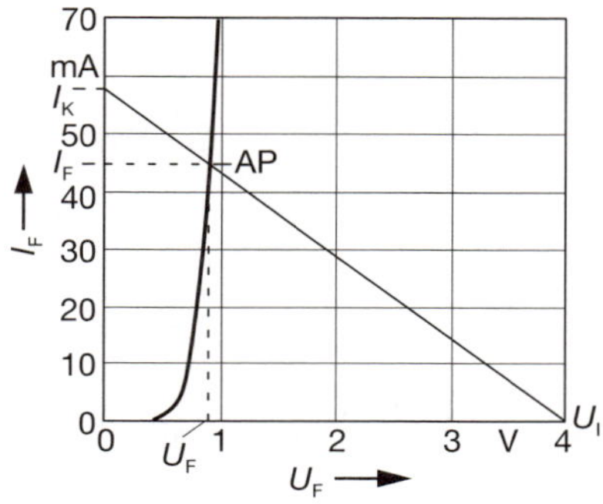

W3.7 a) $U_Q = U_I - U_F$

$U_Q = 5\ \mathrm{V} - 0{,}7\ \mathrm{V} = \mathbf{4{,}3\ V}$

b) $U_Q = U_F = \mathbf{0{,}7\ V}$

c) $U_Q = U_F = \mathbf{0{,}7\ V}$

d) $U_Q \approx \mathbf{0\ V}$ Diode in Sperrrichtung

e) $U_Q \approx \mathbf{5\ V}$ Diode in Sperrrichtung

f) $U_Q \approx \mathbf{5\ V}$

W3.8 1. c); 2. e); 3. b); 4. d); 5. f); 6. a)

W3.9 a) $U_Q = U_{I2/I3} - U_F$

$U_Q = 9\ \mathrm{V} - 0{,}8\ \mathrm{V} = \mathbf{8{,}2\ V}$

b) $U_Q = U_{I1/I3} = \mathbf{12\ V}$

W3.10 a)

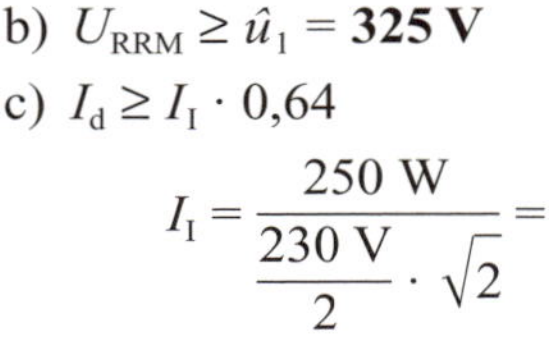

b) $U_{RRM} \geq \hat{u}_1 = \mathbf{325\ V}$

c) $I_d \geq I_I \cdot 0{,}64$

$$I_I = \frac{250\ \mathrm{W}}{\frac{230\ \mathrm{V}}{2} \cdot \sqrt{2}} = \mathbf{1{,}537\ A}$$

$I_d \geq 1{,}537\ \mathrm{A} \cdot 0{,}64 = \mathbf{98\ mA}$

W3.11 a) $\frac{U_{RRM}}{U_d} = 3{,}14\,, \quad \frac{U_d}{U_I} = 0{,}45$

$U_{RRM} = U_I \cdot 0{,}45 \cdot 3{,}14 = 100\ \text{V} \cdot 1{,}41 = \mathbf{141\ V}$

b) $\frac{U_{RRM}}{U_I} = 2{,}83$

$U_{RRM} = 2{,}83 \cdot U_I = 2{,}83 \cdot 100\ \text{V} = \mathbf{283\ V}$

c) $\frac{U_{RRM}}{U_d} = 1{,}57\,, \quad \frac{U_d}{U_I} = 0{,}9$

$U_{RRM} = U_I \cdot 0{,}9 \cdot 1{,}57 = 100\ \text{V} \cdot 1{,}41 = \mathbf{141\ V}$

d) $\frac{U_{RRM}}{U_I} = 1{,}41$

$U_{RRM} = 1{,}41 \cdot U_I = 1{,}41 \cdot 100\ \text{V} = \mathbf{141\ V}$

W3.12 B Brückengleichrichter
40 Nennanschlussspannung 40 V (Effektivwert)
C Kennbuchstabe für kapazitive Last (Ladekondensator)
900 Nenngleichstrom mit Zusatzkühlung (Kühlblech- oder Chassismontage) 900 mA
600 Nenngleichstrom bei Anordnung in ruhender Luft 600 mA

W3.13 Brummspannung

W3.14 Vom Laststrom, der Kapazität des Ladekondensators und Frequenzen der Brummspannung

W3.15 Die Frequenz wird verdoppelt.

W3.16 $C_L = \frac{0{,}25 \cdot I_d}{U_w \cdot f_w} = \frac{0{,}25 \cdot \frac{6\ \text{V}}{750\ \Omega}}{5\% \cdot 6\ \text{V} \cdot 50\ \text{Hz}}$

$C_L = \mathbf{133\ \mu F}$

W3.17 $C_L = \frac{0{,}2 \cdot I_d}{U_w \cdot f_w} = \frac{0{,}2 \cdot \frac{12\ \text{V}}{380\ \Omega}}{5\% \cdot 12\ \text{V} \cdot 100\ \text{Hz}}$

$C_L = \mathbf{105\ \mu F}$

W3.18 a) $C_L = \frac{0{,}2 \cdot I_d}{U_w \cdot f_w} = \frac{0{,}2 \cdot 1{,}2\ \text{A}}{5\% \cdot 24\ \text{V} \cdot 100\ \text{Hz}} = \mathbf{2000\ \mu F}$

nach E6: $C_L = \mathbf{2200\ \mu F}$

b) $\frac{U_d}{U_I} = 1{,}25$

$$U_I = \frac{U_d}{1{,}25} = \frac{24\ \text{V}}{1{,}25} \approx \mathbf{20\ V}$$

c) $S_T = U_d \cdot I_d \cdot 1{,}24 = 24\ \text{V} \cdot 1{,}2\ \text{A} \cdot 1{,}24 \approx \mathbf{36\ VA}$

W3.19 1. e); 2. c); 3. d); 4. f); 5. g); 6. a); 7. h); 8. b)

W3.20 Strom durch R_V und Z-Diode: $I = \frac{U_I - U_Q}{R_V} = \frac{12\ \text{V} - 5{,}6\ \text{V}}{100\ \Omega} = 64\ \text{mA}$

a) $P_Z = U_Q \cdot I = 5{,}6\ \text{V} \cdot 64\ \text{mA} \approx \mathbf{358\ mW}$

b) $P_{RV} = R_V \cdot I^2 = 100\ \Omega \cdot (64\ \text{mA})^2 \approx \mathbf{410\ mW}$

W3.21 $r_Z = \frac{\Delta U_Z}{\Delta I_Z} = \frac{\pm 10\ \text{mV}}{\pm 9\% \cdot 12\ \text{mA}} \approx \mathbf{9{,}26\ \Omega}$

W3.22 $P_Z = \left(\frac{U_I - U_Z}{R_V} - I_L\right) \cdot U_Z$

$$P_Z = \left(\frac{15\ \text{V} - 9\ \text{V}}{330\ \Omega} - 10\ \text{mA}\right) \cdot 9\ \text{V} \approx \mathbf{73{,}6\ mW}$$

W3.23 $P_Z = \left(\frac{U_I - U_Z}{R_V} - I_{L\,min}\right) \cdot U_Z$

$$I_{L\,min} = \frac{U_I - U_Z}{R_V} - \frac{P_Z}{U_Z} = \frac{24\ \text{V} - 15\ \text{V}}{270\ \Omega} - \frac{300\ \text{mW}}{15\ \text{V}} \approx \mathbf{13{,}3\ mA}$$

W3.24 $P_Z = \left(\frac{U_{I\,max} - U_Z}{R_V} - I_{L\,min}\right) \cdot U_Z$

$$U_{I\,max} = \left(\frac{P_Z}{U_Z} + I_{L\,min}\right) \cdot R_V + U_Z$$

$$U_{\text{I max}} = \left(\frac{400\ \text{mW}}{12\ \text{V}} + 5\ \text{mA}\right) \cdot 470\ \Omega + 12\ \text{V} \approx \mathbf{30\ V}$$

W3.25 Gleichrichterschaltung M1 mit Ladekondensator:

$$\frac{U_\text{d}}{U_\text{I}} = 1{,}18 \qquad U_{\text{d max}} = 1{,}18 \cdot U_{\text{I max}} = 1{,}18 \cdot 25\ \text{V} = 29{,}5\ \text{V}$$

a) $$R_{\text{V min}} = \frac{U_{\text{I max}} - U_\text{Z}}{I_{\text{Z max}} + I_{\text{L min}}} = \frac{29{,}5\ \text{V} - 12\ \text{V}}{\frac{300\ \text{mW}}{12\ \text{V}} + 5\ \text{mA}} \approx 583\ \Omega$$

nächsthöherer Wert aus Reihe E6: $R_{\text{V gew}} = \mathbf{680\ \Omega}$

$$P_{\text{RV}} = \frac{(U_{\text{I max}} - U_\text{Z})^2}{R_{\text{V gew}}} = \frac{(29{,}5\ \text{V} - 12\ \text{V})^2}{680\ \Omega} \approx \mathbf{0{,}45\ W}$$

b) Strom durch R_V:

$$I_{\text{d max}} = \frac{U_{\text{d max}} - U_\text{Z}}{R_{\text{V gew}}} = \frac{29{,}5\ \text{V} - 12\ \text{V}}{680\ \Omega} \approx 25{,}7\ \text{mA}$$

50-Hz-Netz vorausgesetzt: $f_\text{W} = 50\ \text{Hz}$

Formelsammlung Gleichrichterschaltungen: $w = \frac{U_\text{W}}{U_\text{d}} = 5\,\%$

$$U_{\text{W max}} = w \cdot U_{\text{d max}}$$

$$C_\text{L} = \frac{0{,}25 \cdot I_{\text{d max}}}{U_{\text{W max}} \cdot f_\text{W}} = \frac{0{,}25 \cdot 25{,}7\ \text{mA}}{5\,\% \cdot 29{,}5\ \text{V} \cdot 50\ \text{Hz}} \approx 87\ \mu\text{F}$$

Aus Reihe E6:

$C_{\text{L gew}} = \mathbf{100\ \mu F}$

c) Glättungsfaktor $G = \frac{U_{\text{W1}}}{U_{\text{W2}}} \approx \frac{R_\text{V}}{r_\text{Z}}$

$$U_{\text{W2}} \approx U_{\text{W1}} \cdot \frac{r_\text{Z}}{R_\text{V}}$$

$$U_{\text{W2 max}} \approx 5\,\% \cdot 29{,}5\ \text{V} \cdot \frac{20\ \Omega}{680\ \Omega} \approx \mathbf{43{,}4\ mV} \quad (\text{mit } C_\text{L} = 87\ \mu\text{F})$$

W3.26 a) $$G = \frac{\Delta U_\text{I}}{\Delta U_\text{Z}} \approx \frac{R_\text{V}}{r_\text{Z}}$$

$$\Delta U_\text{Z} \approx \Delta U_\text{I} \cdot \frac{r_\text{Z}}{R_\text{V}} = \pm 10\,\% \cdot 24\ \text{V} \cdot \frac{8\ \Omega}{470\ \Omega} = \pm \mathbf{40{,}9\ mV}$$

b) $\Delta U_Z = r_Z \cdot \Delta I_Z$

bei U_I = konst: $\Delta I_Z = \Delta I_L = I_{L\,max} - I_{L\,min}$

$$I_{L\,max} = \frac{U_Z}{R_{L\,min}} = \frac{10\text{ V}}{0{,}5\text{ k}\Omega} = 20\text{ mA}$$

$$I_{L\,min} = \frac{U_Z}{R_{L\,max}} = \frac{10\text{ V}}{10\text{ k}\Omega} = 1\text{ mA}$$

$$\Delta I_L = (20 - 1)\text{ mA} = 19\text{ mA} = \Delta I_Z$$

$\Delta U_Z = 8\ \Omega \cdot 19\text{ mA} = \mathbf{152\ mV}$

c) $\Delta\vartheta_j = R_{thU} \cdot \Delta P_Z$

$\Delta P_Z = U_Z \cdot \Delta I_Z$

Wenn sich U_I und R_L ändern, wird

$\Delta I_Z = \Delta I_I + \Delta I_L$

$$\Delta I_I = \frac{\Delta U_I}{R_V} = \frac{20\% \cdot 24\text{ V}}{470\ \Omega} \approx 10{,}2\text{ mA}$$

$\Delta I_L = 19$ mA (siehe unter b)

$\Delta I_Z = (10{,}2 + 19)\text{ mA} = 29{,}2\text{ mA}$

$$\Delta\vartheta_j = 0{,}3\,\frac{\text{K}}{\text{mW}} \cdot 10\text{ V} \cdot 29{,}2\text{ mA} \approx \mathbf{87{,}6\ K}$$

d) $\Delta U_Z = \alpha_{UZ} \cdot U_Z \cdot \Delta\vartheta_j = 6 \cdot 10^{-4}\,\frac{1}{\text{K}} \cdot 10\text{ V} \cdot 87{,}6\text{ K} \approx \mathbf{526\ mV}$

W4.1 a)

W4.2 c)

W4.3 1. e); 2. b), c); 3. a), d), f)

W4.4 a); c); f); i)

W4.5 d)

W4.6 a); d)

W4.7 b); e)

W4.8 a); d)

W4.9 $I_C = \frac{U_S - U_C}{R3} = \frac{(9-5)\text{ V}}{820\ \Omega} \approx 4{,}88\text{ mA}$

$$I_B = \frac{I_C}{B} \approx \frac{4{,}88\text{ mA}}{180} \approx 27{,}1\ \mu\text{A}$$

$$I_q = 3 \cdot I_B$$

Basispotential: $U_B = U_E + U_{BE} = 1{,}65\text{ V}$

$$R1 = \frac{U_S - U_B}{I_q + I_B} = \frac{9\text{ V} - 1{,}65\text{ V}}{4 \cdot 27{,}1\ \mu\text{A}} \approx \mathbf{67{,}8\ k\Omega}$$

$$R2 = \frac{U_B}{I_q} = \frac{1{,}65\text{ V}}{3 \cdot 27{,}1\ \mu\text{A}} \approx \mathbf{20{,}3\ k\Omega}$$

$$R4 = \frac{U_E}{I_E} \approx \frac{U_E}{I_C} = \frac{1\text{ V}}{4{,}88\text{ mA}} \approx \mathbf{205\ \Omega}$$

W4.10 $P_{max} = \frac{U^2_{RMS\,max}}{R_L}$

Für sinusförmigen Verlauf: $U_{RMS} = \frac{\hat{u}}{\sqrt{2}}$

$$\hat{u}_{max} = U_S - U_{CE\,Rest}$$

$$P_{max} = \frac{\left(\frac{U_S - U_{CE\,Rest}}{\sqrt{2}}\right)^2}{R_L} = \frac{(56\text{ V} - 3{,}5\text{ V})^2}{2 \cdot 12\ \Omega} \approx \mathbf{115\ W}$$

W4.11 b); d); e)

W4.12

	Transistor sperrt	Transistor leitet
am Kollektor	$+U_S = 12$ V	$U_{CE\,sat} \approx 0{,}2$ V … 0,5 V
an der Basis	$U_{BE} \leqq 0{,}5$ V	$U_{BE} \approx 0{,}7$ … 0,8 V

W4.13 a); c)

W4.14 e)

W4.15 Für a) bis d) gilt: $I_B = 0$ (Transistor gesperrt)

a) Durch beide Widerstände fließt der gleiche Strom, daher fällt an beiden Widerständen die gleiche Spannung ab. Deshalb:

$U_I = U_{BE} + 2 \cdot U_F + U_{BE}$

$U_I \leq 0{,}5\ \mathrm{V} + 1{,}2\ \mathrm{V} + 0{,}5\ \mathrm{V} = \mathbf{2{,}2\ V}$

b) $= \frac{U_I}{U_{BE}} = \frac{(22 + 10)\ \mathrm{k\Omega}}{10\ \mathrm{k\Omega}}$

$U_I \leq \frac{32\ \mathrm{k\Omega}}{10\ \mathrm{k\Omega}} \cdot 0{,}5\ \mathrm{V} = \mathbf{1{,}6\ V}$

c) An 10 kΩ kein Spannungsfall ($I_B = 0$). Deshalb:

$U_I = U_Z + U_{BE} \leq 6\ \mathrm{V} + 0{,}5\ \mathrm{V} = \mathbf{6{,}5\ V}$

d) Gleicher Strom durch beide Widerstände, deshalb auch gleicher Spannungsfall U_R an beiden Widerständen:

$U_I \leq U_R + U_{BE} = 5{,}5\ \mathrm{V} + 0{,}5\ \mathrm{V} = \mathbf{6\ V}$

W4.16 $I_C = \frac{U_{An}}{R_{Cu}} = \frac{16\ \mathrm{V}}{600\ \Omega}$

$$I_B = \frac{I_C}{B} = \frac{U_{An}}{R_{Cu} \cdot B} = \frac{16\ \mathrm{V}}{600\ \Omega \cdot 200} \approx 133\ \mu\mathrm{A}$$

$$R1\,(I_q + I_B) = U_S - U_{BE}$$

$$I_q = \frac{U_S - U_{BE}}{R1} - I_B = \frac{(24 - 0{,}7)\ \mathrm{V}}{33\ \mathrm{k\Omega}} - 133\ \mu\mathrm{A} \approx 573\ \mu\mathrm{A}$$

$$R_{Fp} = \frac{U_{BE}}{I_q} = \frac{0{,}7\ \mathrm{V}}{573\ \mu\mathrm{A}} \approx 1{,}22\ \mathrm{k\Omega}$$

Abgelesen aus Kennlinie: $B \approx$ **0,83 T**

W4.17 1. c), d); 2. c), d); 3. a), b); 4. b), c), d), f)

W4.18 1. b), d); 2. a); 3. c); 4. c); 5. a); 6. b), c), d); 7. –); 8. d); 9. b); 10. c); 11. –); 12. d); 13. b), c); 14. b)

W4.19 $R1$ und $C1$

W4.20 $f = \frac{1}{T}$

$$T = t_i + t_p$$

$$t_i \approx 0{,}7 \cdot R1 \cdot C1 \qquad t_p \approx 0{,}7 \cdot R2 \cdot C2$$

Mit $R1 = R2 = R$ und $C1 = C2 = C$:

$$T = 2 \cdot 0{,}7 \cdot R \cdot C$$

$$f \approx \frac{1}{1{,}4 \cdot R \cdot C} = \frac{1}{1{,}4 \cdot 100\ \text{k}\Omega \cdot 10\ \text{nF}} \approx \mathbf{714\ Hz}$$

W4.21 d)

W4.22 2

W5.1 1. c); 2. a); 3. d); 4. e); 5. b); 6. a); 7. c); 8. b); 9. d); 10. e)

W5.2 Der Bipolartransistor wird mit einem Strom (Basisstrom) und der Feldeffekttransistor mit einer Spannung (Gatesourcespannung) gesteuert.
Vorteil des Feldeffekttransistors: Praktisch leistungslose Ansteuerung bzw. sehr hoher Eingangswiderstand (bei niedrigen Frequenzen).

W5.3 Bei der Berührung der (unbeschalteten) Gateanschlüsse mit elektrostatisch aufgeladenen Objekten oder Personen kann die zulässige Gatespannung überschritten und die isolierende Oxidschicht dadurch zerstört werden.
Schutzmaßnahmen: Transport von MOS-Schaltungen (bzw. Leiterplatten mit MOS-IC) nur in elektrisch leitfähigen Materialien. Einbeziehung aller Objekte und der Person, die mit den Schaltkreisen in Berührung kommen, in einen Potentialausgleich (z.B. leitfähige Arbeitsplatzunterlage, Werkzeuge und das Gerät, an dem gearbeitet wird).

W5.4 *Vorteile von Power-MOS-FET:*
- nahezu leistungslose Ansteuerung (eventuell direkt mit Logikpegel), da der MOS-FET spannungsgesteuert ist,
- kürzere Schaltzeiten, insbesondere Ausschaltzeit, da der MOS-FET keine Speicherzeit aufweist,
- höhere Überlastbarkeit, da der Einschaltwiderstand $R_{DS\,(ON)}$ einen positiven Temperaturkoeffizienten aufweist,
- Power-MOS-FET können problemlos parallel geschaltet werden, da der Einschaltwiderstand $R_{DS\,(ON)}$ einen positiven Temperaturkoeffizienten aufweist.

W5.5 *Vorteile der CMOS-Technik:*
- extrem kleine Ruheverlustleistung (Stromverbrauch),

- geringer Ausgangswiderstand (in beiden Schaltzuständen),
- hohe (statische) Störsicherheit,
- großer Funktionsbereich in Bezug auf die Höhe der Betriebsspannung (bei Standardschaltkreisen 40XX von 3 V … 18 V),
- sehr hohe Integrationsdichte möglich.

W5.6 Die Verlustleistung von digitalen integrierten CMOS-Schaltkreisen ist von der Schalt- oder Taktfrequenz abhängig, sie verhält sich etwa proportional zur Taktfrequenz.

W5.7 Mit Abtast-Haltegliedern werden analoge Signale mit einem Zeittakt abgetastet und der Analogwert mittels einer Kapazität zwischengespeichert.
Abtast-Halteglieder werden bei der Digitalisierung analoger Signale benötigt (bei bestimmten A/D-Wandlern muss das Eingangssignal während der Wandlungszeit konstant bleiben).

W5.8 1. a); 2. b); 3. b); 4. a); 5. b); 6. b); 7. b)

W5.9 Die Inversdioden übernehmen die Funktion von Freilaufdioden. Sie schützen die Transistoren gegen Überspannungen durch die induzierte Spannung beim Abschalten.

W6.1 1. b); 2. a); 3. b); 4. b); 5. a); 6. b); 7. a); 8. a)

W6.2 $$V_U = 10^{\frac{110\text{ dB}}{20\text{ dB}}} = 10^{5,5} = 316 \cdot 10^3$$

$$\Delta U_I = \frac{\Delta U_Q}{V_U} = \frac{12\text{ V}}{316 \cdot 10^3} \approx \mathbf{38\ \mu V}$$

W6.3 $$f_g = \frac{f_T}{V_U} = \frac{1 \cdot 10^6\text{ Hz}}{50} = \mathbf{20\ kHz}$$

W6.4 1. d); 2. f); 3. c); 4. a); 5. b); 6. e)

W6.5 a) $$V_U = -\frac{R_2}{R_1} = -\frac{50\text{ k}\Omega}{10\text{ k}\Omega} = -5\,; \quad U_Q = U_I \cdot V_U = 2\text{ V} \cdot (-5) = \mathbf{-10\ V}$$

b) $$V_U = 1 + \frac{R_2}{R_1} = 1 + \frac{90\text{ k}\Omega}{10\text{ k}\Omega} = 10\,; \quad U_Q = U_I \cdot V_U = 0{,}5\text{ V} \cdot 10 = \mathbf{5\ V}$$

c) $$V_U = \frac{R_4}{R_3 + R_4} \cdot \left(1 + \frac{R_2}{R_1}\right) = \frac{100\text{ k}\Omega}{(10 + 100)\text{ k}\Omega} \cdot \left(1 + \frac{100\text{ k}\Omega}{10\text{ k}\Omega}\right) = 10$$

$$U_Q = U_I \cdot V_U = -1\text{ V} \cdot 10 = \mathbf{-10\ V}$$

W6.6 $V_D = \frac{R_2}{R_1} = \frac{R_4}{R_3} = \frac{100\ \text{k}\Omega}{10\ \text{k}\Omega} = 10$

$$U_Q = V_D \cdot (U_{I1} - U_{I2}) = 10\ (0{,}5\ \text{V} - 1{,}0\ \text{V}) = \mathbf{-5\ V}$$

W6.7 $U_Q = -\frac{R_2}{R_1} \cdot (U_{I1} + U_{I2} + U_{I3})$ weil $R_1 = R_{11} = R_{12} = R_{13}$

$$U_Q = -\frac{22\ \text{k}\Omega}{10\ \text{k}\Omega}\ (1{,}5\ \text{V} - 3\ \text{V} + 4\ \text{V}) = \mathbf{-5{,}5\ V}$$

W6.8 b)

W6.9 d); e)

W6.10 Die Schaltspannungen liegen bei $\frac{1}{3}\ U_S$ und $\frac{2}{3}\ U_S$ weil $R_2 = R_3 = R_4$. Dadurch ist:

$$f_{max} \approx \frac{1}{1{,}4 \cdot R_1 \cdot C} \quad (\text{bei } R_T = 0\ \Omega)$$

$$R_1 \approx \frac{1}{1{,}4 \cdot f_{max} \cdot C} = \frac{1}{1{,}4 \cdot 60\ \text{Hz} \cdot 1\ \mu\text{F}} = 11{,}9\ \text{k}\Omega \approx \mathbf{12\ k\Omega}$$

$$f_{min} \approx \frac{1}{1{,}4\ (R_1 + R_T) \cdot C} \quad (\text{bei } R_T \text{ auf Maximalwert})$$

$$R_T \approx \frac{1}{1{,}4 \cdot f_{min} \cdot C} - R_1 = \frac{1}{1{,}4 \cdot 20\ \text{Hz} \cdot 1\ \mu\text{F}} - 12\ \text{k}\Omega$$

$$R_T \approx 23{,}7\ \text{k}\Omega \quad (\text{gewählt } 22\ \text{k}\Omega \text{ bzw. } 25\ \text{k}\Omega)$$

W6.11 1. b); 2. c), d)

W6.12 $U_{QSS} = |\Delta U_Q| = \frac{U_I \cdot \Delta t}{T_I}$; $\quad T_I = R_I \cdot C_I$

$$U_I = \frac{U_{ISS}}{2} = \frac{5\ \text{V}}{2} = 2{,}5\ \text{V}$$

$$\Delta t = \frac{T}{2} = \frac{1}{2 \cdot f} = \frac{1}{2 \cdot 200\ \text{Hz}} = 2{,}5\ \text{ms}$$

$$T_I = \frac{U_I \cdot \Delta t}{U_{QSS}} = \frac{2{,}5\ \text{V} \cdot 2{,}5\ \text{ms}}{10\ \text{V}} = 625\ \mu\text{s}$$

$$R_I = \frac{T_I}{C_I} = \frac{625\ \mu\text{s}}{15\ \text{nF}} = \mathbf{41{,}7\ k\Omega}$$

W7.1 1. e); 2. a); 3. b); 4. d);
5. c); 6. f)

W7.2 1. b); 2. a); 3. d); 4. c)

W7.3 a); d)

W7.4 1. b); 4. a); 5. c)

W7.5 Die Zeitdauer nach dem Stromnulldurchgang des Hauptstromes bis zur wiederkehrenden positiven Spannung, die ein Thyristor verträgt, ohne in den Durchlasszustand zu kippen.

W7.6 Zulässige max. Augenblickswerte der Spannung, mit der ein Thyristor periodisch in Vorwärtsrichtung (Blockierrichtung) und Rückwärtsrichtung belastet werden darf.

W7.7 Durch Synchronisierung der Zündschaltung mit der Netzfrequenz.

W7.8 1. d); 2. c)

W7.9 1. a); 2. b)

W7.10 1. c); 2. i); 3. c), d); 4. e), f); 5. g); 6. f); 7. a), b); 8. h); 9. g)

W7.11 a) Um Fehlzündungen zu vermeiden. Wegen der Phasenverschiebung des Stromes (Nacheilung) ist die Netzspannung bei Unterschreitung des Haltestromes bereits in Gegenrichtung wieder angestiegen. Der Kondensator verringert die Spannungssteilheit im Kommutierungspunkt und vermeidet eine sofortige Neuzündung des Triacs.

b) Um sichere Zündung zu ermöglichen. Im Zündmoment liefert der Kondensator sofort den zum Durchschalten des Triacs erforderlichen Haltestrom, da der Laststrom wegen der Wicklungsinduktivität nicht schlagartig ansteigt.

W7.12 a) $P_0 = \dfrac{U^2}{R} = \dfrac{(230\ \text{V})^2}{24{,}2\ \Omega} = 2186\ \text{W}$

$$\frac{P_{\alpha 1}}{P_0} = \frac{200\ \text{W}}{2186\ \text{W}} = 0{,}091 \rightarrow \alpha_1 \approx \mathbf{135°}$$

$$\frac{P_{\alpha 2}}{P_0} = \frac{1600\ \text{W}}{2186\ \text{W}} = 0{,}731 \rightarrow \alpha_2 \approx \mathbf{68°}$$

b) $P_\alpha = \dfrac{U_\alpha^2}{R}$

$$U_\alpha^2 = P_\alpha \cdot R$$

$$U_\alpha = \sqrt{P_\alpha \cdot R}$$

$$U_{\alpha 1} = \sqrt{200\ \text{W} \cdot 24{,}2\ \Omega} = \mathbf{69{,}5\ V}$$

$$U_{\alpha 2} = \sqrt{1600\ \Omega \cdot 24{,}2\ \Omega} = \mathbf{197\ V}$$

$$I_{\alpha 1} = \frac{69{,}5\ \text{V}}{24{,}2\ \Omega} = \mathbf{2{,}88\ A}$$

$$I_{\alpha 2} = \frac{197\ \text{V}}{24{,}2\ \text{W}} = \mathbf{8{,}13\ A}$$

W7.13 zu a) Höhere Lebensdauer der Glühlampen, da Einschaltstromspitzen vermieden werden; zu b) Praktisch keine Hochfrequenzstörung im Netz, d.h., es sind keine Entstörfilter notwendig. Keine Verschlechterung des Leistungsfaktors ($\cos\varphi$).

W7.14 1. a); 2. b); 3. b); 4. a); 5. b); 6. a)

W7.15 $$T = \frac{1}{f} = \frac{1}{0{,}5\ \text{Hz}} = 2\ \text{s}$$

$$\frac{P_1}{P_{\text{max}}} = \frac{t_{\text{E1}}}{T} = \frac{400\ \text{ms}}{2000\ \text{ms}} = 0{,}2$$

$$\frac{P_2}{P_{\text{max}}} = \frac{t_{\text{E2}}}{T} = \frac{1600\ \text{ms}}{2000\ \text{ms}} = 0{,}8$$

$$\frac{P}{P_{\text{max}}} = \mathbf{0{,}2\ bis\ 0{,}8}$$

W7.16 $$P_{\text{max}} = \frac{U^2}{R} = \frac{(230\ \text{V})^2}{20\ \Omega} = 2645\ \text{W}$$

$$\frac{P}{P_{\text{max}}} = \frac{t_{\text{E}}}{T}$$

$$t_{\text{E}} = \frac{P}{P_{\text{max}}} \cdot T$$

$$t_{\text{E1}} = \frac{100\ \text{W} \cdot 4\ \text{s}}{2645\ \text{W}} = \mathbf{0{,}151\ s}$$

$$t_{\text{E2}} = \frac{2000\ \text{W} \cdot 4\ \text{s}}{2645\ \text{W}} = \mathbf{3\ s}$$

W8.1 1. a); 2. d); 3. e); 4. d), a); 5. c); 6. a); 7. b); 8. b); 9. c); 10. b, c); 11. d); 12. b)

W8.2 b); d)

W8.3 abgelesener Widerstandswert bei $E = 50$ lx:

$R_{\text{LDR}} \approx 5{,}5\ \text{k}\Omega$

$$I = \frac{U_{\text{Q}}}{R_{\text{LDR}}} = \frac{3\ \text{V}}{5{,}5\ \text{k}\Omega} = 0{,}545\ \text{mA}$$

$$R_{\text{V}} = \frac{U_{\text{I}} - U_{\text{Q}}}{I} = \frac{9\ \text{V} - 3\ \text{V}}{0{,}545\ \text{mA}} = \mathbf{11\ k\Omega}$$

W8.4 $R_{\text{V}} = \frac{U_{\text{Rv}}}{I_{\text{F}}} = \frac{U_{\text{S}} - U_{\text{F}}}{I_{\text{F}}} = \frac{24\ \text{V} - 1{,}6\ \text{V}}{20\ \text{mA}} = \mathbf{1{,}12\ k\Omega}$

$P_{\text{Rv}} = U_{\text{Rv}} \cdot I_{\text{F}} = 22{,}4\ \text{V} \cdot 20\ \text{mA} = \mathbf{448\ mW}$

W8.5 $U_{\text{R}} = U_{\text{d}} = 0{,}45 \cdot U_{\text{eff}}$ (arithmetischer Mittelwert der gleichgerichteten Spannung)

$$R_{\text{V}} = \frac{U_{\text{R}}}{I_{\text{FAV}}} = \frac{0{,}45 \cdot U_{\text{eff}}}{I_{\text{FAV}}} = \frac{0{,}45 \cdot 15\ \text{V}}{10\ \text{mA}} = \mathbf{675\ \Omega}$$

$P_{\text{Rv}} = \frac{1}{2} \cdot \frac{U_{\text{eff}}^2}{R_{\text{V}}}$ (durch Einweggleichrichtung halbiert sich die Leistung am Widerstand)

$$P_{\text{Rv}} = \frac{1}{2} \cdot \frac{(15\ \text{V})^2}{675\ \Omega} = \mathbf{167\ mW}$$

(gewählt: 680 Ω/0,25 W)

W8.6 c); e)

W8.7 b); e)

W8.8 a); c); d); f)

W9.1 b); d); e)

W9.2 a); c); d); f)

W9.3 d)

W9.4 c); d); f)

W9.5 a)

W10.1 a) $P_V = U_{CE} \cdot I_C = (U_I - U_Q) \cdot I_L = 10\ \text{V} \cdot 0{,}2\ \text{A} = \mathbf{2\ W}$

b) $U_Z = U_Q + U_{BE} = 5\ \text{V} + 0{,}7\ \text{V} = \mathbf{5{,}7\ V}$

c) $$R_{V\,max} = \frac{U_I - U_Z}{I_{Z\,min} + I_{B\,max}}$$

$$I_{B\,max} \approx \frac{I_{L\,max}}{B} \quad (I_B \text{ gegen } I_L \text{ vernachlässigt})$$

$$R_{V\,max} = \frac{15\ \text{V} - 5{,}7\ \text{V}}{5\ \text{mA} - 2\ \text{mA}} \approx \mathbf{1{,}33\ k\Omega}$$

W10.2 a) $$R_E \approx \frac{U_Z - U_{BE}}{I_{konst}} = \frac{4\ \text{V}}{10\ \text{mA}} = \mathbf{400\ \Omega} \quad (I_B \text{ gegen } I_C \text{ vernachlässigt})$$

b) $U_{Q\,max} = U_B - (U_E + U_{CE\,min}) = 20\ \text{V} - 4\ \text{V} - 0{,}5\ \text{V}$

$$R_{L\,max} = \frac{U_{Q\,max}}{I_{konst}} = \frac{15{,}5\ \text{V}}{10\ \text{mA}} = \mathbf{1{,}55\ k\Omega}$$

c) $P_{v\,max} = U_{CE\,max} \cdot I_{konst}$

Bei $R_L = 0$ wird $U_{CE} = U_{CE\,max} = U_B - U_E = 16\ \text{V}$

$P_{v\,max} = 16\ \text{V} \cdot 10\ \text{mA} = \mathbf{160\ mW}$

W10.3 Die Begrenzung setzt ein, wenn der Transistor BC… leitend wird:

$I_{L\,grenz} \cdot R_2 \approx 0{,}6\ \text{V}$

$$I_{L\,grenz} \approx \frac{0{,}6\ \text{V}}{1{,}5\ \Omega} = \mathbf{400\ mA}$$

W10.4 $U_2 = U_Z = \mathbf{4{,}7\ V}$

$U_4 = U_Z + U_{BE} = 4{,}7\ \text{V} + 0{,}6\ \text{V} = \mathbf{5{,}3\ V}$

$U_5 = U_Q = 2 \cdot U_4 = \mathbf{10{,}6\ V}$

$U_3 = U_Q + U_{BE} = 10{,}6\ \text{V} + 0{,}6\ \text{V} = \mathbf{11{,}2\ V}$

Unbelastet lädt sich der Ladekondensator auf die Sekundär-Scheitelspannung auf. Spannungsfall am Brückengleichrichter und Belastung durch Z-Dioden- und Spannungsteilerstrom vernachlässigt:

$$U_1 = 20\ \text{V} \cdot \sqrt{2} \approx \mathbf{28{,}3\ V}$$

W10.5 a) $R = \dfrac{U_{BE}}{I_{7805}} = \dfrac{0{,}7\ \text{V}}{0{,}5\ \text{A}} = \mathbf{1{,}4\ \Omega}$

b) $R_{th\,KU} \leq R_{th\,ges} - R_{th\,JG} - R_{th\,GK}$

$$P_{V1} = U_{CE} \cdot I_C = 3\ \text{V} \cdot 1\ \text{A} = 3\ \text{W}$$

$$R_{th\,ges} \leq \frac{\Delta\vartheta}{P_{V1}} = \frac{120\ \text{K}}{3\ \text{W}} = 40\ \frac{\text{K}}{\text{W}}$$

$$R_{th\,KU} \leq (40 - 4{,}5 - 0{,}5)\ \text{K/W} = \mathbf{35\ K/W}$$

W10.6 Mit dem Trimmer Tr lässt sich die Ausgangsspannung auf einen Wert >10 V einstellen.

W10.7 a) Sperrwandler sind kurzschlussfest, wenn die Sekundärwicklung des Transformators T und die Diode V2 für den Kurzschlussstrom ausgelegt sind.

b) Da Sperrwandler am Ausgang einen annähernd eingeprägten Strom liefern, sind im Leerlauffall folgende Bauteile durch Überspannung gefährdet:
Die Sekundärwicklung des Transformators T, die Diode V2 und der Kondensator C.

W10.8 U_{QA} ist die Ausgangsspannung einer als Verdoppler geschalteten Ladungspumpe, deshalb $U_{QA} = 2 \cdot U_I$
U_{QB} ist die Ausgangsspannung einer als Invertspannungsquelle geschalteten Ladungspumpe. Deshalb wird $U_{QB} = U_I$

W10.9 a) U_Q ist negativ (Invertwandler)

b) Bei Kurzschluss am Ausgang sind die Induktivität L und die Diode V2 durch Überstrom gefährdet.

W10.10 $P_{max} = \dfrac{\Delta\vartheta}{R_{th\,JU}} = \dfrac{90\ \text{K}}{50\ \text{K/W}} = 1{,}8\ \text{W}$

$$I_{L\,max} = \frac{P_{max}}{U_I - U_Q} = \frac{1{,}8\ \text{W}}{(24 - 15)\ \text{V}} = \mathbf{0{,}2\ A}$$

W11.1 a) $781 : 2 = 390$ Rest 1 (LSB)
$390 : 2 = 195$ Rest 0
$195 : 2 = 97$ Rest 1
$97 : 2 = 48$ Rest 1
$48 : 2 = 24$ Rest 0
$24 : 2 = 12$ Rest 0
$12 : 2 = 6$ Rest 0
$6 : 2 = 3$ Rest 0
$3 : 2 = 1$ Rest 1
$1 : 2 = 0$ Rest 1 (MSB)

$781_{(10)} \triangleq \mathbf{1100001101_{(2)}}$

b) $2364_{(10)} \triangleq \mathbf{100100111100_{(2)}}$

W11.2 a) 110101101

$$\begin{aligned} & 1 \cdot 2^0 = && 1 \\ + & 1 \cdot 2^2 = && 4 \\ + & 1 \cdot 2^3 = && 8 \\ + & 1 \cdot 2^5 = && 32 \\ + & 1 \cdot 2^7 = && 128 \\ + & 1 \cdot 2^8 = && 256 \end{aligned}$$

$110101101_{(2)} \triangleq \mathbf{429_{(10)}}$

b) $1101001100_{(2)} \triangleq \mathbf{844_{(10)}}$

W11.3 a) $0110 \quad 1101 \quad 0101 \quad 1110_{(2)}$
$\triangleq \quad \mathbf{6 \quad D \quad 5 \quad E_{(16)}}$

b) $0011 \quad 0100 \quad 1101_{(2)}$
$\triangleq \quad \mathbf{3 \quad 4 \quad D_{(16)}}$

W11.4 a) $4 \quad D \quad 6 \quad C_{(16)}$
$\triangleq \mathbf{0100 \quad 1101 \quad 0110 \quad 1100_{(2)}}$
$\triangleq 19820_{(10)}$ vgl. Lösungsweg Aufg. W11.2

b) $\mathbf{F \quad C \quad 0 \quad 2}$
$\triangleq 1111 \quad 1100 \quad 0000 \quad 0010_{(2)}$
$\triangleq 64514$

W11.5 a) $7 \quad 5 \quad 1 \quad 8_{(10)}$
$\triangleq \mathbf{0111 \quad 0101 \quad 0001 \quad 1000_{(8\text{-}4\text{-}2\text{-}1\text{-}BCD)}}$

b) $9 \quad 0 \quad 2 \quad 5_{(10)}$
$\triangleq \mathbf{1001 \quad 0000 \quad 0010 \quad 0101_{(8\text{-}4\text{-}2\text{-}1\text{-}BCD)}}$

W11.6 a) $0110 \quad 1001_{(8\text{-}4\text{-}2\text{-}1\text{-}BCD)}$
$\triangleq \quad \mathbf{6 \quad 9_{(10)}}$

b) $0010 \quad 1000 \quad 0110_{(8\text{-}4\text{-}2\text{-}1\text{-}BCD)}$
$\triangleq \quad \mathbf{2 \quad 8 \quad 6_{(10)}}$

W11.7 a)

$$\begin{array}{r} 0100111_{(2)} \\ +\ 0101110_{(2)} \\ \hline \text{ü}\ 101110 \\ \hline \mathbf{1010101_{(2)}} \end{array}$$

b)

$$\begin{array}{r} 10110001_{(2)} \\ +\ 10111011_{(2)} \\ \hline \text{ü}\ 10110011 \\ \hline \mathbf{101101100_{(2)}} \end{array}$$

W11.8 Bezeichnung — Anzahl möglicher Bitkombinationen

a) Halbbyte, Tetrade, Nibble: $2^4 = 16$

b) Byte: $2^8 = 256$

c) Word, Doublebyte: $2^{16} = 65536$ (64 K)

d) Doubleword: $2^{32} = 4294967296 \approx 4{,}295 \cdot 10^9$ (4 M)

W11.9 Bei einem numerischen Code werden die Ziffern eines Zahlensystems codiert.
Bei einem alphanumerischen Code werden die Buchstaben und ggf. Sonderzeichen einer Sprache sowie die Ziffern des Zahlensystems codiert.

W11.10 Der 7-Bit-ASCII-Code; er definiert mit 7 Bit Wortlänge 128 Zeichen.

W11.11 «5» ≙ $\mathbf{010101_{(2)}}$ ≙ $\mathbf{35_{(16)}}$

W11.12 Relais mit Eingang A und Relais mit Eingang B dürfen nicht aktiv sein, damit U_Q vorhanden ist; H-NOR-Funktion

U_{IB}	U_{IA}	U_Q
L	L	H
L	H	L
H	L	L
H	H	L

W11.13

U_{IC}	U_{IB}	U_{IA}	U_Q
L	L	L	L
L	L	H	L
L	H	L	L
L	H	H	L
H	L	L	L
H	L	H	L
H	H	L	L
H	H	H	H

H-UND-Funktion

W11.14 1. e); 2. c); 3. a); 4. d); 5. b); 6. f)

W11.15 1. d); 2. e); 3. a); 4. –); 5. e); 6. d); 7. b); 8. c)

W11.16 **ODER-Verknüpfung**

W11.17 a)

B	A	Z1	Z2	Z3	Q
0	0	1	1	1	0
0	1	1	0	1	1
1	0	1	1	0	1
1	1	0	1	1	0

b) Exklusiv-Oder, EXOR, Antivalenz

c)

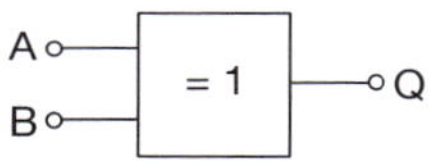

W11.18 a)

Fall	Q1	Q2	Q3
1	0	0	1
2	0	0	1
3	1	0	0
4	0	1	0

b) $I_1 = 1$ ($+ U_S$) ; $I_2 = I_3 = 0$ (0 V)

W11.19 a)

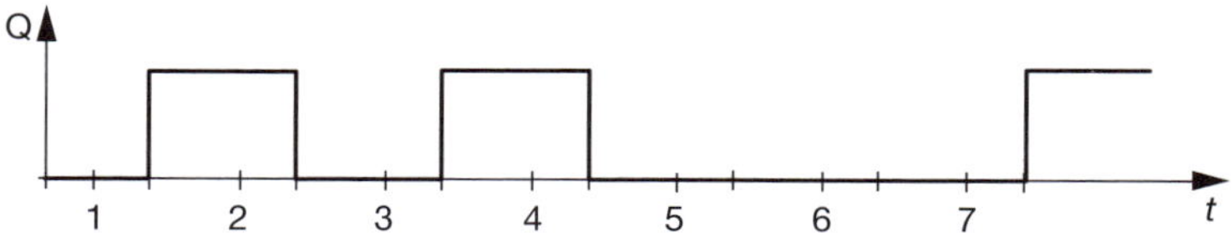

b) Master-Slave-JK-Kippglied oder 2-flankengesteuertes JK-Flipflop.

c)

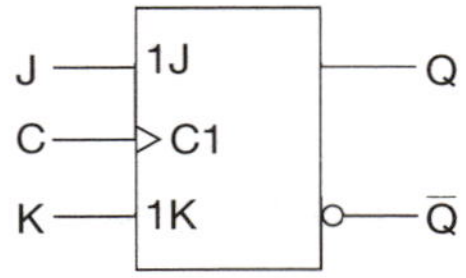

W11.20

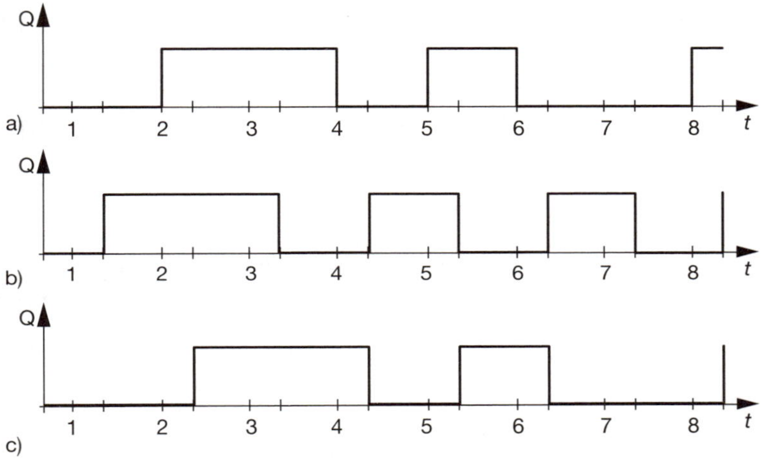

W11.21

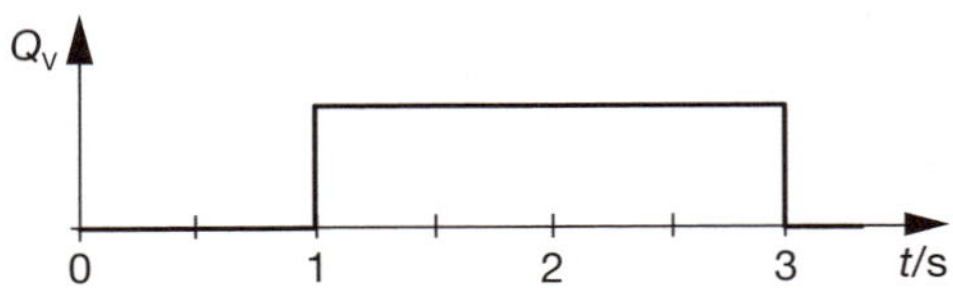

a)

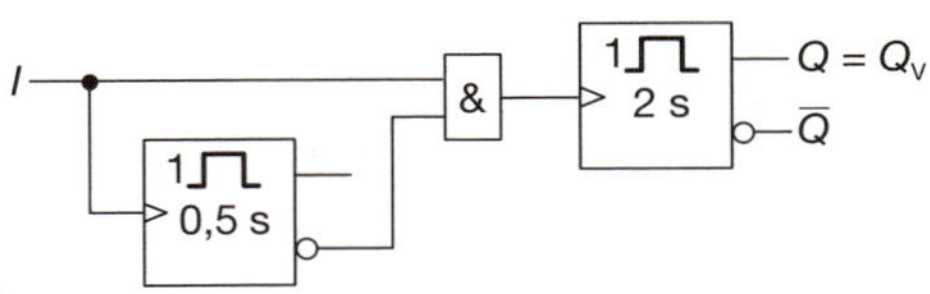

b)

W11.22 a) asynchroner Vorwärtszähler

b) Nach 15 Impulsen wird der Ausgangszustand wieder erreicht.

c) Der $\overline{\text{R}}$-Eingang muss während des Zählvorgangs an H-Pegel liegen. Durch L-Pegel wird der Zähler zurückgesetzt (taktunabhängig).

W11.23 a) Modulo-2-Zähler (Eingang C1, Ausgang Q0)
Modulo-5-Zähler (Eingang C2, Ausgang Q3)
Modulo-10-Zähler (Eingang C1, Ausgang Q3)
b) R dient zum Rücksetzen aller Ausgänge Q0 – Q3
c) Verbindung Q0 auf C2

W11.24

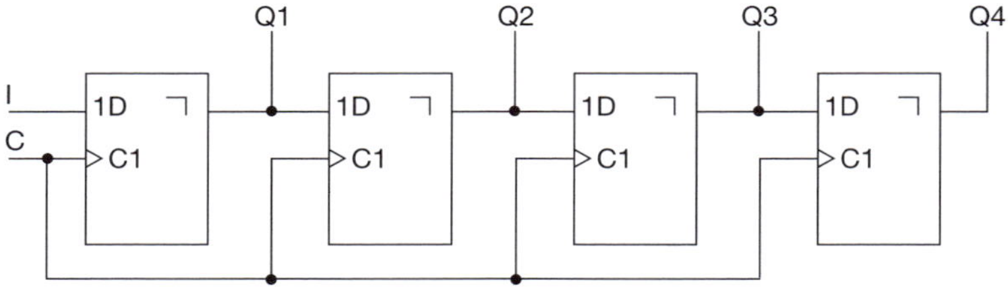

b) Schieberegister mit 2-flankengesteuertem D-Flipflop, rechtsschiebend (mit seriellem Eingang und parallelen Ausgängen).

c)

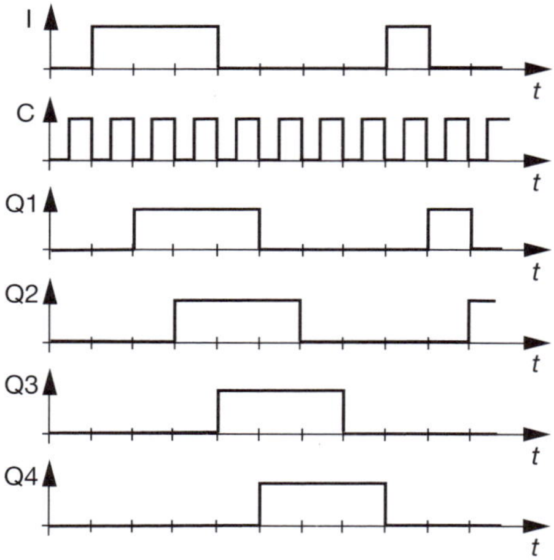

W12.1 $P_V \approx U_{CE} \cdot I_C = 15\ \text{V} \cdot 0{,}4\ \text{A} = 6\ \text{W}$

$$R_{\text{th KU}} \leq \frac{\vartheta_{\text{j max}} - \vartheta_U}{P_V} - R_{\text{th JG}} = \frac{150\,°\text{C} - 40\,°\text{C}}{6\ \text{W}} - 5\ \text{K/W}$$

$\boldsymbol{R_{\text{th KU}} \leq 13{,}3\ \text{K/W}}$

W12.2 $$P_{\text{V zul}} \leq \frac{\vartheta_{\text{j max}} - \vartheta_{\text{U}}}{R_{\text{th JU}}} = \frac{175\,°\text{C} - 60\,°\text{C}}{500\ \text{K/W}} = 0{,}23\ \text{W}$$

$$I_{\text{C zul}} \leq \frac{P_{\text{V zul}}}{U_{\text{CE}}} = \frac{0{,}23\ \text{W}}{5\ \text{V}} = \mathbf{46\ mA}$$

W12.3 $U_{\text{max}} = U_{\text{I max}} - U_{\text{Q}} = 26\ \text{V} - 15\ \text{V} = 11\ \text{V}$ (Spannung am IC 7815)

$P_{\text{V max}} = I_{\text{L max}} \cdot U_{\text{max}} = 0{,}8\ \text{A} \cdot 11\ \text{V} = 8{,}8\ \text{W}$

$$R_{\text{th KU}} = \frac{\vartheta_{\text{j max}} - \vartheta_{\text{U}}}{P_{\text{V max}}} - R_{\text{th JG}} - R_{\text{th GK}}$$

$$R_{\text{th KU}} = \frac{150\,°\text{C} - 70\,°\text{C}}{8{,}8\ \text{W}} - 4\ \text{K/W} - 1{,}4\ \text{K/W}$$

$\boldsymbol{R_{\text{th KU}} \leq 3{,}69\ \text{K/W}}$

Kühlblechmaße abgelesen:
5 mm dick: mindestens 135 mm × 135 mm
2 mm dick: mindestens 160 mm × 160 mm
1 mm dick: mindestens 200 mm × 200 mm

X Telekommunikations- und Gefahrenmeldetechnik

X1 Der Bereich von 300 Hz bis 3400 Hz

X2 Es ist die 1.TAE. Diese gehört noch zum Netzbetreiberbereich und darf nur durch Stecken oder an den Klemmen 5 und 6 genutzt werden für die weitere Installation im Hause.

X3 Es fließt ein Schleifenstrom von mindestens 19 mA und maximal 60 mA.

X4 Beim Impulswählverfahren wird der Schleifenstrom 4-mal für ca. 40 ms mit Zwischenzeiten von ca. 60 ms unterbrochen; beim Mehrfrequenzwählverfahren wird für eine Zeit von mind. 40 ms ein Gemisch aus zwei Frequenzen im Bereich 300 Hz bis 3400 Hz auf die a/b-Schnittstelle gelegt.

X5 Er ist auf die Klemmen 5 und 6 in der Dose zu legen.

X6 0,5 MByte entsprechen 500 KByte und sind 500 · 1024 · 8 Bit = 4 096 000 Bit.

a) 4 096 000 Bit/128 000 bit/s = 32 s

b) 4 096 000 Bit/64 000 bit/s = 64 s

c) Da der Netzbetreiber für jeden B-Kanal pro Minute 0,12 Euro berechnet, ist in beiden Fällen 0,24 Euro zu zahlen.

X7 Mit dem SAR ist es möglich, über einen potentialfreien Kontakt einen Starkstromverbraucher wie Glocke oder Leuchte einen Anruf am analogen Telefonanschluss zu signalisieren.

X8 Auf dem D-Kanal werden die Signalisierungsinformationen zwischen der Vermittlungstechnik und Endeinrichtung übertragen. Der B-Kanal steht von Endgerät zu Endgerät für die Übertragung von Nutzinformationen, z.B. digitalisierte Sprache, zur Verfügung.

X9 Mit einem B-Kanal 64 000 bit/s; mit zwei gebündelten B-Kanälen 128 000 bit/s

X10 Die S0-Adern a1, b1, a2 und b2 werden bei einer UAE in der Reihenfolge 4, 5, 3, 6 zugeordnet. Bei einer IAE sind die Bezeichnungen der Klemmen im Gegensatz zur UAE (1 bis 8) wie beim NTBA a1, b1, a2, b2. Es sind auch nur vier statt acht Klemmen, ggf. zusätzlich Schirmung vorhanden.

X11 Mit einem Multiplexer lassen sich auf verschiedenen Leitungen ankommende Signale auf eine Leitung zusammenführen.

X12 Die Anschlussschnur hat mindestens 4 Adern. Die ankommenden a- und b-Adern werden bei Inaktivität des Modems intern durchgeschleift und auf den Klemmen 5 und 6 weitergegeben.

X13 Wählverbindung über ISDN-Basisanschluss, Wählverbindung über analogen Tk-Anschluss; Wählverbindung über ein Funknetz. Redundanter Übertragungsweg bezeichnet einen weiteren eingerichteten Übertragungsweg für Alarme in dem Fall, dass der reguläre ausgefallen ist.

X14 Es handelt sich um Telefonwählgeräte zum automatischen Absetzen eines Alarms, z.B. einer Einbruchmeldeanlage über ein Tk-Wählnetz. Beim AWAG wird eine Sprachansage, beim AWUG eine digitale Information übertragen.

X15 Beim Einsatz eines AWAG oder AWUG an einem ISDN_Basisanschluss in der Betriebsart Mehrgeräteanschluss kann hierüber die Funktion des Anschlusses festgestellt werden, da mit diesem Leistungsmerkmal die Synchronisation zwischen Netz und TWG aufrechterhalten bleibt.

X16 Freilandüberwachung, Außenhautüberwachung, Innenraumüberwachung, Objektüberwachung.

X17 Es handelt sich hierbei um ein Codeschloss. Den Code muss man sich merken.

X18 Bei einer Kombination aus Elektronik wird ein Angriff durch die Elektronik frühzeitig gemeldet, und die Mechanik hält den Einbrecher möglichst bis zum Eintreffen von Hilfe auf.

X19 Magnetkontakte, Glasbruchmelder, Körperschallmelder, Erschütterungsmelder, Alarmtapeten, Alarmglas

X20 Grundsätzlich Bewegungsmelder mit der Technik Passiv Infrarot, Ultraschall oder Mikrowellen

X21 Es handelt sich in der Gefahrenmeldetechnik um Verbindungen, die auf Unterbrechung, Kurzschluss und Sabotage überwacht werden, z.B. die Leitungen zwischen Melder und Gefahrenmeldezentrale.

Y Kombinierte auftragsorientierte Aufgaben zur Prüfung

Y1 a) $P_{\triangle} = \sqrt{3} \cdot U \cdot I = \sqrt{3} \cdot 400\ \text{V} \cdot 5{,}63\ \text{A} = \mathbf{3{,}9\ kW}$

b) $R_{\text{Str}} = \dfrac{U_{\text{Str}}}{I_{\text{Str}}} = \dfrac{\sqrt{3} \cdot U}{I} = \dfrac{\sqrt{3} \cdot 400\ \text{V}}{5{,}63\ \text{A}} = \mathbf{123\ \Omega}$

c) $I_{\text{Y}} = \dfrac{I_{\triangle}}{3} = \dfrac{5{,}63\ \text{A}}{3} = \mathbf{1{,}88\ A}$

d) $P_{\text{Y}} = \dfrac{P_{\triangle}}{3} = \dfrac{3{,}9\ \text{kW}}{3} = \mathbf{1{,}3\ kW}$

Y2

$$I_{\text{B}}(\text{Motor}) = \frac{P}{U \cdot \sqrt{3} \cdot \cos\varphi \cdot \eta} = \frac{7500\ \text{W}}{400\ \text{V} \cdot \sqrt{3} \cdot 0{,}77 \cdot 0{,}8} = \mathbf{17{,}6\ A}$$

$$I_{\text{N}}(\text{Sicherung}) = \mathbf{35\ A}$$

$$I_{\text{A}}(\text{Abschaltstrom}) = 5 \cdot I_{\text{N}} = 5 \cdot 35\ \text{A} = 175\ \text{A}$$

$$R_{\text{S}}(\text{Schleifenwiderstand}) = \frac{U_0}{I_{\text{K}}} \rightarrow I_{\text{K}} \geq I_{\text{A}}$$

$$R_{\text{S}} \leq \frac{230\ \text{V}}{175\ \text{A}} = \mathbf{1{,}31\ \Omega}$$

Der Schleifenwiderstand R_{S} von 2,1 Ω ist zu groß, er darf den Wert 1,31 Ω nicht überschreiten.

Y3 Betriebsstrom des Stromkreises:

$$I_{\text{b}} = \frac{P}{U \cdot \sqrt{3}} = \frac{24\,000\ \text{W}}{400\ \text{V} \cdot \sqrt{3}} = 34{,}7\ \text{A}$$

Bemessungsstrom der Überstromschutzeinrichtung(en):

$I_{\text{n}} \geq 34{,}7$ A; gewählt: $\boldsymbol{I_{\text{n}}} = \mathbf{40\ A}$.

Leitungsquerschnitt nach zulässiger Strombelastung I_z:

$I_z \geq 40$ A; gewählt: $\boldsymbol{A}$ **= 6 mm²**
(Tabelle, Referenzverlegeart «C», 3 belastete Adern)

Querschnitt nach Spannungsfall:

UV = 3% von 400 V = 12 V

$$A = \frac{1 \cdot P}{\kappa \cdot U_V \cdot U} = \frac{60 \text{ m} \cdot 24\,000 \text{ W}}{56 \frac{\text{m}}{\Omega \cdot \text{mm}^2} \cdot 12 \text{ V} \cdot 400 \text{ V}} = 5{,}36 \text{ mm}^2$$

Querschnitt nach Schutzmaßnahme:
$I_n = 40$ A
Kurzschlussstrom $I_K \geq I_A = 5 \cdot I_n = 5 \cdot 40 \text{ A} = 200 \text{ A}$

$$U_0 = \frac{U}{\sqrt{3}} = \frac{400 \text{ V}}{\sqrt{3}} = 230 \text{ V}$$

$$Z_S \leq \frac{U_0}{I_K} = \frac{230 \text{ V}}{200 \text{ A}} = 1{,}15 \ \Omega$$

Widerstand der Leitung $R_l \leq Z_S - 100 \text{ m}\Omega \approx$
$1{,}15 \ \Omega - 0{,}1 \ \Omega = 1{,}05 \ \Omega$

$$A = \frac{2 \cdot 1}{\kappa \cdot R_l} = \frac{2 \cdot 60 \text{ m}}{56 \frac{\text{m}}{\Omega \cdot \text{mm}^2} \cdot 1{,}05 \ \Omega} = 2{,}04 \text{ mm}^2$$

Lösung: Der Querschnitt $\boldsymbol{A}$ **= 6 mm²** erfüllt die Anforderungen an den maximal zulässigen Spannungsfall und gewährleistet bei Einsatz der Leitungsschutzschalter $\boldsymbol{I_n}$ **= 40 A** die Wirksamkeit der Schutzmaßnahme.

Y4 a) $A = a \cdot b = 20 \text{ m} \cdot 10 \text{ m} = 200 \text{ m}^2$

$$\phi_{ges} = \frac{E_n \cdot A \cdot p}{\eta_{LB} \cdot \eta_R} = \frac{500 \text{ lx} \cdot 20 \text{ m} \cdot 10 \text{ m}}{0{,}8 \cdot 0{,}8 \cdot 0{,}6} = \mathbf{260\,000 \text{ lm}}$$

b) $$n_{La} = \frac{\phi_{ges}}{\phi_0} = \frac{260\,000 \text{ lm}}{5200 \text{ lm}} = \mathbf{50 \text{ Lampen}}$$

c) $$P = (P_{Lampe} + P_V) \cdot n_{La} = (58 \text{ W} + 8 \text{ W}) \cdot 50 = \mathbf{3300 \text{ W}}$$

d) $$I = \frac{P}{U \cdot \cos\varphi} = \frac{3300\ \text{W}}{230\ \text{V} \cdot 0{,}95} = \mathbf{15{,}1\ A}$$

→ Es sind 2 Stromkreise erforderlich

Y5 a) $$P = \frac{n}{c_Z \cdot t} = \frac{20 \cdot 3600\ \text{s/h}}{96\ \text{1/kWh} \cdot 36\ \text{s}} = \mathbf{20{,}8\ kW}$$

b) $$R_Y = \frac{U_{Str}^2}{P_{Str}} = \frac{230^2\ \text{V}^2}{6{,}94\ \text{kW}} = \mathbf{7{,}62\ \Omega}$$

c) $$R_\triangle = \frac{U^2}{P_{Str}} = \frac{400^2\ \text{V}^2}{6{,}94\ \text{kW}} = \mathbf{23{,}1\ \Omega}$$

d) $R_{MY} = 2 \cdot R_Y = 2 \cdot 7{,}62\ \Omega = \mathbf{16{,}2\ \Omega}$

e) $$R_{M\triangle} = \frac{R_\triangle \cdot 2R_\triangle}{R_\triangle + 2R_\triangle} = \frac{23{,}1\ \Omega \cdot 46{,}2\ \Omega}{23{,}1\ \Omega + 46{,}2\ \Omega} = 15{,}4\ \Omega$$

f) $m \cdot c \cdot \Delta\vartheta = 3{,}6 \cdot 10^6 \cdot P \cdot t \cdot \eta$

$$\frac{m}{t} = \frac{3{,}6 \cdot 10^6 \cdot P \cdot \eta}{c \cdot \Delta\vartheta}$$

$$\frac{m}{t} = \frac{3{,}6 \cdot 10^6\ \text{J/kWh} \cdot 20{,}8\ \text{kW} \cdot 1}{4187\ \text{J/(kg} \cdot \text{K)} \cdot 35\ \text{K}} = 512\ \text{kg/h} = \mathbf{8{,}53\ kg/min}$$

Y6 a) $P_{abG} = P_{abM} \cdot \eta_G = 5{,}5\ \text{kW} \cdot 0{,}82 = 4{,}51\ \text{kW}$

b) $P_{zuM} = P_{abM} / \eta_M = 5{,}5\ \text{kW} / 0{,}85 = 6{,}47\ \text{kW}$

c) $\eta_\Sigma = \eta_M \cdot \eta_G = 0{,}85 \cdot 0{,}82 = 0{,}70$

d) $P_{abM} = M \cdot \omega$

$$M = \frac{P_{abM}}{\omega} = \frac{P_{abM}}{\frac{2 \cdot \pi \cdot n}{60}} = \frac{5{,}5 \cdot 10^3\ \text{W}}{\frac{2 \cdot \pi \cdot 1440\ \text{min}^{-1}}{60\ \frac{\text{s}}{\text{min}}}} = \mathbf{36{,}47\ Nm}$$

e) $f_1 = 50\ \text{Hz} \rightarrow n_0 = 1500\ \text{min}^{-1}$

$$s = \frac{n_0 - n}{n_0} = \frac{1500\ \text{min}^{-1} - 1440\ \text{min}^{-1}}{1500\ \text{min}^{-1}} = 0{,}04 = 4\%$$

f) $$I = \frac{P_{zu\,M}}{\sqrt{3} \cdot U \cdot \cos\varphi} = \frac{6{,}47 \cdot 10^3\ \text{W}}{\sqrt{3} \cdot 400\ \text{V} \cdot 0{,}78} = \mathbf{11{,}97\ A}$$

g) $U_V = \frac{U_{V\%} \cdot U}{100} = \frac{3\% \cdot 400\ \text{V}}{100} = 12\ \text{V}$

$$A = \frac{\sqrt{3} \cdot l \cdot I \cdot \cos\varphi \cdot \mu}{\kappa \cdot U_V} = \frac{\sqrt{3} \cdot 11{,}97\ \text{A} \cdot 23\ \text{m} \cdot 0{,}78}{56\ \frac{\text{m}}{\text{mm}^2 \cdot \Omega} \cdot 12\ \text{V}} = \mathbf{0{,}55\ mm^2}$$

h) Grundabweichung: 2% vom Messwert = 0,02 · 11,97 A = 0,24 A
Digit-Abweichung: 7 Digits = 7 · 0,01 A = 0,07 A
Gesamtabweichung: ± (0,24 A + 0,07 A) = ± 0,31 A

relative Abweichung: $\frac{0{,}31\text{A}}{11{,}97\text{A}} = 0{,}026 = 2{,}6\%$

i) Der Leiter wird zweimal durch die Stromzangenöffnung geführt

Dadurch wird der relative Einfluss des Digitfehlers geringer:

Grundabweichung: 2% vom Messwert = 0,02 · 2 · 11,97 A = 0,48 A

Digit-Abweichung: 7 Digits = 7 · 0,01 A = 0,07 A

Gesamtabweichung: ± (0,48 A + 0,07 A) = ± 0,55 A

relative Abweichung: $\frac{0{,}55\text{A}}{2 \cdot 11{,}97\text{A}} \cdot = 0{,}023 = 2{,}3\%$

Y7 a) $m \cdot c \cdot \Delta\vartheta = 3{,}6 \cdot 10^6 \cdot P \cdot t \cdot \eta$

$$t = \frac{m \cdot c \cdot \Delta\vartheta}{3{,}6 \cdot 10^6 \cdot P \cdot \eta}$$

$$t_1 = \frac{m \cdot c \cdot \Delta\vartheta_1}{3{,}6 \cdot 10^6 \cdot P \cdot \eta}$$

$$= \frac{30\ \text{kg} \cdot 4187\ \text{J/(kg} \cdot \text{K)} \cdot 23\ \text{K}}{3{,}6 \cdot 10^6\ \text{J/kWh} \cdot 4\ \text{kW} \cdot 0{,}97} = 0{,}207\ \text{h} = \mathbf{12{,}4\ min}$$

$$t_2 = t_1 \cdot \frac{\Delta\vartheta_2}{\Delta\vartheta_1} = 12{,}4\ \text{min} \cdot \frac{43\ \text{K}}{23\ \text{K}} = \mathbf{23{,}2\ min}$$

$$t_3 = t_1 \cdot \frac{\Delta\vartheta_3}{\Delta\vartheta_1} = 12{,}4\ \text{min} \cdot \frac{73\ \text{K}}{23\ \text{K}} = \mathbf{39{,}4\ min}$$

b) $P = U \cdot I \rightarrow I = \frac{P}{U} = \frac{4000\ \text{K}}{230\ \text{V}} = \mathbf{17{,}4\ A}$

c) $A = \frac{2 \cdot P \cdot l}{\kappa \cdot U_v \cdot U} = \frac{2 \cdot 4000\ \text{W} \cdot 20\ \text{m}}{56\ \text{m}/(\Omega \cdot \text{mm}^2) \cdot 6{,}9\ \text{V} \cdot 230\ \text{V}} = 1{,}8\ \text{mm}^2$

$A_{\text{verlegt}} = \mathbf{2{,}5\ mm^2}$

d) Kosten $K = W \cdot T = P \cdot t \cdot T$

$K_1 = P \cdot t_1 \cdot T = 4\ \text{kW} \cdot 0{,}207\ \text{h} \cdot 0{,}125\ €/\text{kWh} = \mathbf{0{,}10\ €}$

$K_2 = P \cdot t_2 \cdot T = 4\ \text{kW} \cdot 0{,}387\ \text{h} \cdot 0{,}125\ €/\text{kWh} = \mathbf{0{,}19\ €}$

$K_3 = P \cdot t_3 \cdot T = 4\ \text{kW} \cdot 0{,}657\ \text{h} \cdot 0{,}125\ €/\text{kWh} = \mathbf{0{,}33\ €}$

Y8 a) $P_{ab} = M \cdot \omega = M \cdot \frac{2 \cdot \pi \cdot n}{60} = 36{,}7\ \text{Nm}\ \frac{2 \cdot \pi \cdot 1430\ \text{min}^{-1}}{60\ \frac{\text{s}}{\text{min}}}$

$P_{ab} = \mathbf{5{,}5\ kW}$

b) $\eta = \frac{P_{ab}}{P_{zu}} = \frac{5{,}5\ \text{kW}}{6{,}2\ \text{kW}} = \mathbf{0{,}886 \mathrel{\hat{=}} 88{,}6\%}$

c) $I_Y = \frac{P_{zu}}{\sqrt{3} \cdot U \cdot \cos\varphi} = \frac{6{,}2 \cdot 10^3\ \text{W}}{\sqrt{3} \cdot 400\ \text{V} \cdot 0{,}8} = \mathbf{11{,}2\ A}$

$I_\triangle = \sqrt{3} \cdot I_Y = \sqrt{3} \cdot 11{,}2\ \text{A} = \mathbf{19{,}4\ A}$

d) $f_1 = 50\ \text{Hz} \rightarrow n_0 = 1500\ \text{min}^{-1}$

$s = \frac{n_0 - n}{n_0} = \frac{1500\ \text{min}^{-1} - 1430\ \text{min}^{-1}}{1500\ \text{min}^{-1}} = \mathbf{0{,}0467 \mathrel{\hat{=}} 4{,}67\%}$

Y9 a) $I_e = \frac{4\% \cdot I_N}{100\%} = \frac{4\% \cdot 13{,}5\ \text{A}}{100\%} = 0{,}54\ \text{A}$

$P_{Ve} = U_N \cdot I_e = 440\ \text{V} \cdot 0{,}54\ \text{A} = \mathbf{238\ W}$

b) $I_A = I_N - I_e = 13{,}5\ \text{A} - 0{,}54\ \text{A} = 12{,}96\ \text{A}$

$P_{VB} = U_{VB} \cdot I_A = 2\ \text{V} \cdot 12{,}96\ \text{A} = \mathbf{25{,}9\ W}$

c) $U_{VA} = I_A \cdot R_A = 12{,}96\ \text{A} \cdot 0{,}5\ \Omega = \mathbf{6{,}48\ V}$

d) $U_0 = U_N - I_A(R_A + R_W) - U_{VB}$

$U_0 = 440\ \text{V} - 12{,}96\ \text{A}\ (0{,}5\ \Omega + 0{,}6\ \Omega) - 2\ \text{V} = \mathbf{424\ V}$

e) $P_{VW} = I_A^2 \cdot R_W = (12{,}96\ \text{A})^2 \cdot 0{,}6\ \Omega = \mathbf{100{,}8\ W}$

f) $\eta = \frac{P_N}{U_N \cdot I_N} = \frac{5 \cdot 10^3\ \text{W}}{440\ \text{V} \cdot 13{,}5\ \text{A}} = \mathbf{0{,}84}$

Y10 a) $I_{N2} = \frac{S_{N2}}{U_{N2}} = \frac{250\ \text{VA}}{24\ \text{V}} = \mathbf{10{,}42\ A}$

b) $P_2 = S_{N2} \cdot \cos\varphi_2 = 250\ \text{VA} \cdot 0{,}8 = \mathbf{200\ W}$

c) $P_1 = \frac{P_2}{\eta} = \frac{200\ \text{W}}{0{,}91} = \mathbf{220\ W}$

d) $P_{\text{V ges}} = P_1 - P_2 = 220\ \text{W} - 200\ \text{W} = 20\ \text{W}$

$P_{\text{cu}} = P_{\text{V ges}} - P_{\text{Fe}} = 20\ \text{W} - 5\ \text{W} = \mathbf{15\ W}$

e) $S_{N1} = \frac{P_1}{\cos\varphi_1} = \frac{220\ \text{W}}{0{,}78} = \mathbf{282\ VA}$

f) $Q_1 = \sqrt{S_{N1}^2 - P_1^2} = \sqrt{(282\ \text{VA})^2 - (220\ \text{W})^2} = \mathbf{176{,}4\ var}$

g) $I_{N1} = \frac{S_{N1}}{U_1} = \frac{282\ \text{VA}}{230\ \text{V}} = \mathbf{1{,}23\ A}$

Y11 a) $u_{\text{km}} = \frac{\sum S_N}{\frac{S_{N1}}{u_{k1}} + \frac{S_{N2}}{u_{k2}} + \frac{S_{N3}}{u_{k3}}} \qquad u_{\text{km}} = \frac{155\ \text{kVA}}{\frac{5\ \text{kVA}}{2\%} + \frac{50\ \text{kVA}}{2{,}5\%} + \frac{100\ \text{kVA}}{3\%}} = \mathbf{2{,}78\,\%}$

b) $S_1 = S_{N1} \cdot \frac{u_{\text{km}}}{u_{k1}} = 5\ \text{kVA} \cdot \frac{2{,}78\%}{2\%} = \mathbf{6{,}94\ kVA}$

$S_2 = S_{N2} \cdot \frac{u_{\text{km}}}{u_{k2}} = 50\ \text{kVA} \cdot \frac{2{,}78\%}{2{,}5\%} = \mathbf{55{,}5\ kVA}$

$S_3 = S_{N3} \cdot \frac{u_{\text{km}}}{u_{k3}} = 100\ \text{kVA} \cdot \frac{2{,}78\%}{3\%} = \mathbf{92{,}55\ kVA}$

5-kVA-Transformator wird mit 6,94 kVA belastet ≙ 139%
50-kVA-Transformator wird mit 55,5 kVA belastet ≙ 111%
100-kVA-Transformator wird mit 92,55 kVA belastet ≙ 92,7%

c) Schon bei der Ermittlung der mittleren Kurzschlussspannung u_{km} ist erkennbar, welche Transformatoren über- bzw. unterbelastet sind. Liegt die Einzelkurzschlussspannung mit ihrem Wert unter der mittleren Kurzschlussspannung, erfolgt eine Überbelastung des Transformators. Im anderen Fall liegt eine Unterbelastung vor.
Da laut VDE 0532 die Kurzschlussspannungsbedingungen nicht erfüllt sind, ist eine Parallelschaltung der Transformatoren nicht zulässig.

Y12 a) $$\eta = \frac{S_{N2} \cdot \cos\varphi_2}{S_{N2} \cdot \cos\varphi_2 + P_{Cu} + P_{Fe}} = \frac{P_{ab}}{P_{ab} + P_{Cu} + P_{Fe}}$$

$$\eta = \frac{500\ \text{kVA} \cdot 1}{500\ \text{kVA} \cdot 1 + 7{,}5\ \text{kW} + 5\ \text{kW}} = \mathbf{0{,}975}$$

b) $$I_{N2} = \frac{S_{N2}}{\sqrt{3} \cdot U_2} = \frac{500 \cdot 10^3\ \text{VA}}{\sqrt{3} \cdot 400\ \text{V}} = \mathbf{721{,}7\ A}$$

c) $$P_1 = P_2 + P_{Cu} + P_{Fe} = 500\ \text{kW} + 7{,}5\ \text{kW} + 5\ \text{kW} = 512{,}5\ \text{kW}$$

$$S_1 = \frac{P_1}{\cos\varphi_1} = \frac{512{,}5\ \text{kW}}{0{,}98} = 523\ \text{kVA}$$

$$I_{N1} = \frac{S_1}{\sqrt{3} \cdot U_1} = \frac{523\ \text{kVA}}{\sqrt{3} \cdot 20\ \text{kV}} = \mathbf{15{,}12\ A}$$

d) $$I_{KD2} = \frac{I_{N2} \cdot 100\%}{u_k} = \frac{721{,}7\ \text{A} \cdot 100\%}{6\%} = \mathbf{12\,028\ A}$$

Y13 $$A = a \cdot b = 15\ \text{m} \cdot 10\ \text{m} = 150\ \text{m}^2$$

$$A_{j1} = A_{j2} = a \cdot H = 15\ \text{m} \cdot 3{,}4\ \text{m} = 51\ \text{m}^2$$

$$A_{j3} = b \cdot H = 10\ \text{m} \cdot 3{,}4\ \text{m} = 34\ \text{m}^2$$

$$\bar{\varrho}_{Wand} = \frac{(\varrho_{j1} \cdot A_{j1}) + (\varrho_{j2} \cdot A_{j2}) + 2(\varrho_{j3} \cdot A_{j3})}{A_{j1} + A_{j2} + (2 \cdot A_{j3})}$$

$$\bar{\varrho}_{Wand} = \frac{(0{,}65 \cdot 51\ \text{m}^2) + (0{,}1 \cdot 51\ \text{m}^2) + 2 \cdot (0{,}5 \cdot 34\ \text{m}^2)}{51\ \text{m}^2 + 51\ \text{m}^2 + (2 \cdot 34\ \text{m}^2)}$$

$$= 0{,}425 \rightarrow \text{gewählt: } \mathbf{0{,}5}$$

$$h = H - 0{,}85\ \text{m} = 3{,}4\ \text{m} - 0{,}85\ \text{m} = 2{,}55\ \text{m}$$

$$k = \frac{a \cdot b}{h \cdot (a + b)} = \frac{15\ \text{m} \cdot 10\ \text{m}}{2{,}55\ \text{m} \cdot (15\ \text{m} + 10\ \text{m})} = 2{,}35 \quad \text{gewählt } k = 2{,}5$$

$\eta_R = 0{,}74$ (nach LiTG-Raumwirkungsgradtabelle)

$$\eta_B = \eta_{LB} \cdot \eta_R = 0{,}65 \cdot 0{,}74 = 0{,}481$$

$$\Phi_{ges} = \frac{E_m \cdot A}{\eta_B \cdot WF} = \frac{500\ \text{lx} \cdot 150\ \text{m}^2}{0{,}481 \cdot 0{,}8} = \mathbf{195\,000\ lm}$$

$$n_{La} = \frac{\Phi_{ges}}{\Phi_0} = \frac{\mathbf{195\,000\ lm}}{5200\ lm} = \mathbf{37{,}5}$$ → gewählt: **42** (bei 2-lampigen Leuchten und Drehstrom)

$$n_C = \frac{n_{La}}{2} = \frac{42}{2} = \mathbf{21}$$

$$n = \frac{42}{2} = \mathbf{21}$$

$$P_{ges} = n_{La} \cdot (P_{Lampe} + P_V) = 42 \cdot (58\ W + 13\ W) = 2980\ W = \mathbf{2{,}98\ kW}$$

Y14 a) $S = U \cdot I = 230\ V \cdot 0{,}67\ A = \mathbf{154\ VA}$

$P = P_{Lampe} + P_V = 58\ W + 11\ W = 69\ W$

$$Q_L = \sqrt{S^2 - P^2} = \sqrt{(154\ VA)^2 - (69\ W)^2} = \mathbf{138\ var}$$

$$\cos\varphi = \frac{P}{S} = \frac{69\ W}{154\ VA}$$

$= \mathbf{0{,}448}$ → Phasenverschiebungswinkel $\varphi = \mathbf{63{,}4°}$

b) $$I = \frac{P}{U} = \frac{69\ W}{230\ V} = \mathbf{0{,}3\ A}$$

Die Stromaufnahme der Schaltung hat sich von $J = 0{,}67$ A auf $J = 0{,}3$ A verringert und damit infolge der Kompensation mehr als halbiert.

Y15 a) $$P_{auf} = \frac{P_{ab}}{\eta} = \frac{25\ kW}{0{,}8} = 31{,}25\ kW$$

$$Q_1(36{,}9°) = P_{auf} \cdot \tan\varphi_1 = 31{,}25\ kW \cdot 0{,}75 = 23{,}44\ kvar$$

$$Q_2(25{,}8°) = P_{auf} \cdot \tan\varphi_2 = 31{,}25\ kW \cdot 0{,}484 = 15{,}13\ kvar$$

$$Q_C = Q_1 - Q_2 = 23{,}44\ kvar - 15{,}13\ kvar = \mathbf{8{,}31\ kvar}$$

b) $$I_B = \frac{P}{U \cdot \sqrt{3} \cdot \cos\varphi \cdot \eta} = \frac{25\,000\ W}{400\ V \cdot \sqrt{3} \cdot 0{,}8 \cdot 0{,}8} = 56{,}38\ A$$

Einstellstrom $$I_E = \frac{0{,}8}{0{,}9} \cdot I_B = 50{,}1\ A$$

c) $$A_1 \geq \frac{\sqrt{3} \cdot l \cdot I_E}{\kappa \cdot u_V} \geq \frac{\sqrt{3} \cdot 100\ m \cdot 50{,}1\ A}{56\ \frac{m}{\Omega \cdot mm^2} \cdot 12\ V} = \geq 12{,}91\ mm^2$$

Gewählt: $\boldsymbol{A_1 = 16\ \mathrm{mm}^2}$

d) Belastbarkeit bei 45 °C → 79 % (DIN VDE 0298 Teil 4)

$$I_Z \geq \frac{I_E}{0{,}79} \geq \frac{50{,}1}{0{,}79} \geq 63{,}4\ \mathrm{A}$$

Gewählter Leitungsquerschnitt $A = 16\ \mathrm{mm}^2$

Gewählt: $\boldsymbol{A_2 = 16\ \mathrm{mm}^2}$ mit $I_Z = 76\ \mathrm{A}$ (DIN VDE 0298 Teil 4)

e) $R_{S1}(\text{Stromquelle bis Sicherung}) = \dfrac{U_0}{I_{K1}} = \dfrac{230\ \mathrm{V}}{1150\ \mathrm{A}} = 0{,}2\ \Omega$

Gewählter Leitungsdurchschnitt $A = 16\ \mathrm{mm}^2$

$\boldsymbol{I_N = 63\ \mathrm{A}}$ (aus DIN VDE 0100 Beiblatt 5)

f) $$R_{S2}(\text{Sicherung bis Motor}) = \frac{2\,l}{\kappa \cdot A} = \frac{2 \cdot 100\ \mathrm{m}}{56\,\dfrac{\mathrm{m}}{\Omega \cdot \mathrm{mm}^2} \cdot 16\ \mathrm{mm}^2}$$

$$= 0{,}223\ \Omega$$

$$R_S = R_{S1} + R_{S2} = 0{,}2\ \Omega + 0{,}223\ \Omega = 0{,}423\ \Omega$$

$$I_K = \frac{U_0}{R_S} = \frac{230\ \mathrm{V}}{0{,}423\ \Omega} = \mathbf{544\ A}$$

$$I_A = 5 \cdot I_N = 5 \cdot 63\ \mathrm{A} = \mathbf{315\ A}$$

$$\boldsymbol{I_K \geq I_A}$$

Y16 Bei Stromausfall ist auch die erforderliche Energiezufuhr von der 230-V-Steckdose über den NTBA zu den drei Telefonen nicht mehr möglich. Hier sind die Telefone wahrscheinlich so eingestellt, dass das nicht berücksichtigt ist. Sie gehen zu dem Kunden und stellen zwei der vorhandenen ISDN-Telefone auf «nicht notspeisefähig». Das dritte Telefon belassen Sie in dem Zustand «notspeisefähig». Dieses wird dann, auch bei Ausfall 230 V, von der eingeschränkt vom Netzbetreiber gelieferten Energie gespeist.

Y17 Materialzusammenstellung und Kosten (ZVEH Kalkulationshilfe, Stand 2003/2004)

Stück	Materialart	Lohn in € Einzelpreis	Lohn in € Summe Pos.	Material in € Einzelpreis	Material in € Summe Pos.	Bemerkungen
1	Montageplatte für Zähler	10,00 €	10,00 €	5,00 €	5,00 €	Preis geschätzt
1	Drehstrom-Wandlerzähler 5A, fabrikneu; regeneriert und geeicht	26,62 €	26,62 €	130,56 €	130,56 €	
3	Leitungsschutzschalter Typ B, 6A	2,77 €	8,31 €	5,56 €	16,68 €	Absicherung Spannungspfade
3	Stromwandler 150/0	24,95 €	74,85 €	20,16 €	60,48 €	
		Summe Lohn	119,78 €	Summe Mat.	212,72 €	
	Verdrahtungsmaterial 10%				21,27 €	
		Gesamt Lohn	1199,78€	Gesamt Mat.	233,99 €	

Lohn + Material	353,77 €
MwSt. 16%	56,60 €
Gesamtsumme	410,38 €